A. OSTROWSKI

AUFGABENSAMMLUNG ZUR INFINITESIMALRECHNUNG

BAND II A

MATHEMATISCHE REIHE

BAND 38

LEHRBÜCHER UND MONOGRAPHIEN

AUS DEM GEBIETE DER EXAKTEN WISSENSCHAFTEN

AUFGABENSAMMLUNG ZUR INFINITESIMALRECHNUNG

von

A. OSTROWSKI
Professor an der Universität Basel

BAND II A

Differentialrechnung auf dem Gebiete mehrerer Variablen

AUFGABEN UND HINWEISE

1972
BIRKHÄUSER VERLAG BASEL
UND STUTTGART

ISBN 3 7643 0534 7

VORWORT

Der vorliegende zweite Band meiner Aufgabensammlung entspricht in der Auswahl des Stoffes dem Inhalt des zweiten Bandes meiner „Vorlesungen über Differential- und Integralrechnung". Er enthält neben den Ergänzungen zur Infinitesimalrechnung einer Variablen grundlegenden Stoff aus der Infinitesimalrechnung mit mehreren Variablen nebst Anwendungen auf numerische Rechenmethoden, sowie auf die Differentialgeometrie. Das Buch kann natürlich auch ohne gleichzeitige Benutzung meines Lehrbuches verwendet werden, da auch in diesem Band in jedem Abschnitt der in Frage kommende Hintergrund an Begriffen, Formeln und Sätzen zusammengestellt ist, von dem aus die Aufgaben angepackt werden können.

Wie im ersten Band, sind die Lösungen der Aufgaben zumeist in zwei Schritten angegeben, zuerst in den „Hinweisen" und sodann in den „Lösungen".

Aus praktischen Gründen ist dieser Band in zwei getrennte und einzeln erhältliche Teilbände aufgeteilt worden, von denen der erste (II A) Aufgaben und Hinweise und der zweite (II B) Lösungen enthält.

Der Verlag hat wie immer den zahlreichen Wünschen des Autors mit freundlicher Geduld und Ausdauer entsprochen.

A. Ostrowski

INHALTSVERZEICHNIS

ABKÜRZUNGEN

Abl.	Ableitung	Fig.	Figur	OBdA	Ohne Beschränkung der Allgemeinheit
Beh.	Behauptung, behaupten	Fkt.	Funktion		
		Gl.	Gleichung		
Bew.	Beweis, beweisen	Int.	Integral, integrieren	Pkt.	Punkt
				pos.	positiv
bzw.	beziehungsweise	Konv.	Konvergenz, konvergieren	Stet.	Stetigkeit, stetig
d.	der, die, das			u.	und
d. h.	das heißt	MWS	Mittelwertsatz	Ungl.	Ungleichung
Div.	Divergenz, divergieren	neg.	negativ	v.	von
		NF	Nullfolge, Nullfunktion	v. Ind.	vollständige Induktion
e.	ein, eine, eines				
f.	für	m.	man	vgl.	vergleiche

$\ll$ ist das Symbol für Majorisierung. $\Sigma a_\nu \ll \Sigma b_\nu$ bedeutet, daß für alle in Frage kommenden ν: $|a_\nu| \leq b_\nu$ gilt. $A \prec B$ bedeutet: A ist in B enthalten, $A \succ B$ bedeutet: A enthält B.

Im allgemeinen bedeutet n eine beliebige natürliche Zahl, m eine beliebige ganze Zahl.

Verweise auf Aufgaben, Hinweise oder Lösungen aus einem Paragraphen werden wie folgt angegeben: A 5a) § 7, H 5a) § 7, L 5a) § 7. Die Paragraphenbezeichnung wird weggelassen, wenn es sich um den Paragraphen handelt, zu dem der Verweis gehört.

§ 1. Allgemeine Mengen

Eine *Menge* M aus ganz beliebigen Elementen ist *definiert,* wenn es von jedem in Frage kommenden Element feststeht, ob es zu M gehört oder nicht. Sind alle Elemente einer Menge M_1 in der Menge M_2 enthalten, so heißt M_1 eine *Teilmenge* oder Untermenge von M_2. Dies wird durch $M_1 \prec M_2$, $M_2 \succ M_1$ zum Ausdruck gebracht. Sind die Mengen M_1, M_2 gegeben, so ist die Menge aller Elemente, die in wenigstens einer dieser Mengen vorkommen, die *Summe* oder *Vereinigungsmenge* von M_1 und M_2 und wird mit $M_1 + M_2$ bezeichnet. In analoger Weise wird die Vereinigungsmenge von endlich oder unendlich vielen gegebenen Mengen definiert und mit den Symbolen wie $\sum_{\nu=1}^{n} M_\nu$, $\sum_{\nu=1}^{\infty} M_\nu$ bezeichnet.

Als *Produkt* oder *Durchschnitt* aller Mengen eines gewissen Systems wird die Menge aller Elemente bezeichnet, die zugleich in jeder Menge des Systems vorkommen. Der Durchschnitt wird mit gewöhnlichem Produktzeichen dargestellt oder durch das Nebeneinandersetzen der Symbole, die die einzelnen Mengen darstellen, z. B. $M_1 M_2 M_3$.

Als *Differenz* $M_1 - M_2$ der Mengen M_1 und M_2 wird die Menge aller Elemente von M_1 bezeichnet, die nicht in M_2 vorkommen. Dabei muß M_2 keineswegs eine Teilmenge von M_1 sein.

Unter unendlichen Mengen sind besonders einfach die sogenannten *abzählbaren* Mengen. Eine Menge M heißt *abzählbar,* wenn sich ihre Elemente mit ganzen positiven Nummern so versehen lassen, daß jeder ganzen positiven Zahl als Nummer höchstens ein Element von M entspricht. Man beachte, daß eine durchaus abzählbare Menge in einer Weise dargestellt werden kann, die ihre Abzählbarkeit keineswegs erkennen läßt. Beispiele von abzählbaren Mengen sind: die Menge aller ganzen Zahlen, die Menge aller rationalen Zahlen, die Menge aller Punkte des n-dimensionalen Raumes mit rationalen Koordinaten, die Menge aller algebraischen Zahlen. Ist eine endliche oder abzählbare Folge von Mengen A_ν gegeben, von denen jede endlich oder abzählbar ist, so ist die Vereinigungsmenge aller dieser Mengen gleichfalls endlich oder abzählbar. Dagegen ist die Menge aller reellen Zahlen aus einem festen Intervall überabzählbar.

Können zwei Mengen M' und M'' so aufeinander bezogen werden, dass jedem Element von M' genau ein Element von M'' entspricht; und umgekehrt, so heissen sie *äquivalent.*

1. Durchläuft μ alle positiven und negativen ganzen Zahlen, so wird die Menge dieser Zahlen abgezählt, indem man jedem μ als Nummer die Zahl $2|\mu|+(1-\operatorname{sgn}\mu)/2$ zuordnet.

In den weiteren Aufgaben bedeuten $M_1, M_2, \ldots; N_1, N_2, \ldots$ beliebige Mengen ohne „mehrfache" Elemente.

2. Für die Addition und Multiplikation von Mengen gelten das kommutative und das assoziative Gesetz:

$$M_1+M_2 = M_2+M_1, \quad M_1 M_2 = M_2 M_1;$$
$$(M_1+M_2)+M_3 = M_1+(M_2+M_3), \quad (M_1 M_2) M_3 = M_1(M_2 M_3).$$

3. Man beweise die distributiven Gesetze für das Rechnen mit Mengen:

$$M_3(M_1+M_2) = M_3 M_1+M_3 M_2, \quad M_3(M_1-M_2) = M_3 M_1-M_3 M_2;$$
$$M_1 M_2+M_3 = (M_3+M_1)(M_3+M_2),$$
$$M_1 M_2-M_3 = (M_1-M_3)(M_2-M_3).$$

4. Es gilt $(M_3-M_1)(M_3-M_2) = M_3-M_1-M_2$.

5. Notwendig und hinreichend für $M_1 \prec M_2$ ist, daß $M_1 M_2 = M_1$, und ebenso, daß $M_1+M_2 = M_2$ ist.

6. Es gilt

$$M_1 M_2+M_2 M_3+M_3 M_1 = (M_1+M_2+M_3)(M_1 M_2+M_2 M_3+M_3 M_1)$$
$$= (M_1+M_2)(M_2+M_3)(M_3+M_1).$$

7. Es gilt $M_1-M_2=M_1-M_1 M_2, \quad M_1 M_2 = M_1-(M_1-M_2)$.

8. Die Menge aller Punkte der Ebene, deren Koordinaten in bezug auf ein festes Koordinatensystem algebraische Zahlen sind, ist abzählbar.

* * *

9. Entfernt man aus einer unendlichen Menge M ein Element E, so ist die so entstehende Menge M_1 äquivalent mit M.

10. Die Menge der Punkte eines Intervalls $\langle a, b\rangle$, $a<b$, ist äquivalent zur Menge der Punkte des Intervalls $\langle 0, 1\rangle$.

11. Die Menge der Punkte eines beliebigen Intervalls $\langle a, b\rangle$, $a<b$, ist äquivalent zur Menge aller positiven Zahlen.

12. Die Menge der Punkte eines beliebigen Intervalls auf der Zahlengeraden ist der Menge aller Punkte der Zahlengeraden äquivalent.

13. Sind die Mengen $M_\nu\,(\nu = 1, 2, \ldots)$ untereinander elementenfremd und ebenso die Mengen $N_\nu\,(\nu = 1, 2, \ldots)$ und ist jedes M_ν mit dem entsprechenden N_ν äquivalent, so sind auch die beiden Mengen $\sum_{\nu=1}^{\infty} M_\nu$, $\sum_{\nu=1}^{\infty} N_\nu$ äquivalent.

14. Es gilt

$$\sum_\nu (M_\nu - M) = \sum_\nu M_\nu - M; \qquad \prod_\nu (M_\nu - M) = \prod_\nu M_\nu - M;$$

$$M - \prod_\nu M_\nu = \sum_\nu (M - M_\nu); \qquad M - \sum_\nu M_\nu = \prod_\nu (M - M_\nu).$$

15. Man überlege, daß $M_1 + (M_2 - M)$ nicht immer $= (M_1 + M_2) - M$ ist.

16. Ist $M_1 \succ M_2 \succ M_3$, so gilt $M_1 - (M_2 - M_3) = (M_1 - M_2) + M_3$.

17. Es gilt

$$M_1 - (M_2 - M_3) = (M_1 - M_2) + M_1 M_2 M_3,$$
$$M_1 + (M_2 - M_3) = (M_1 + M_2) - M_3 + M_1 M_3.$$

18. Es gilt

$$\prod_{n=1}^{\infty} \sum_{\nu=1}^{n} M_\nu = M_1, \qquad \sum_{n=1}^{\infty} \prod_{\nu=1}^{n} M_\nu = M_1.$$

19. $\prod_{n=1}^{\infty} \sum_{\nu=n}^{\infty} M_\nu$ ist die Gesamtheit aller Elemente, die in unendlich vielen M_ν vorkommen.

20. $\sum_{n=1}^{\infty} \prod_{\nu=n}^{\infty} M_\nu$ ist die Gesamtheit aller Elemente, die nur in endlich vielen M_ν fehlen.

21. Es gilt $(M_1 - M_2) + (M_3 - M_4)$

$$= (M_1 + M_3) - (M_2 + M_4) + (M_1 M_4 + M_3 M_2) - M_2 M_4.$$

22. Es gilt $(M_1 - M_2) - (M_3 - M_4) = M_1 - M_2 - M_3 + (M_4 M_1 - M_4 M_2)$.

23. Sind alle in einem bestimmten Zusammenhang betrachteten Mengen in einer festen Menge E enthalten, so bezeichnet man allgemein $E - M$ mit $C\,M$ und nennt diese Menge zu M *komplementär*. Dann gelten die Relationen

$$C(C\,M) = M, \quad C(M+N) = (C\,M)\cdot(C\,N), \quad C(M\,N) = C\,M + C\,N.$$

Ferner ist $M \succ N$ äquivalent mit $C\,M \prec C\,N$.

24. Es gilt $C(M_1 - M_2) = C\,M_1 + M_1 M_2$.

25. Besteht zwischen beliebig variablen Untermengen $M_1, M_2, \ldots, M_n$ einer festen Menge E eine bestimmte „identische" Relation, in der nur die Zeichen der Summe und des Produkts, $\succ$ und $\prec$ vorkommen, so erhält man daraus allgemein eine richtige Relation, wenn man Summe- und Produktzeichen und zugleich $\succ$ und $\prec$ miteinander vertauscht (Prinzip der Dualität).

26. Eine Menge von punktfremden Teilintervallen eines endlichen Intervalls ist abzählbar.

27. Eine Menge von punktfremden Intervallen auf der Zahlengeraden ist abzählbar.

28. Die Menge aller Geraden der Ebene, die je zwei rationale Punkte der Ebene (d. h. Punkte (x, y) mit rationalen x und y) enthalten, ist abzählbar.

29. Die Menge aller Ebenen von R_3, die durch drei beliebig variable rationale Punkte (d. h. Punkte (x, y, z) mit rationalen x, y, z) hindurchgehen, ist abzählbar.

30. Die Menge aller Ebenen des Raumes R_3, mit zwei festen Punkten, ist überabzählbar.

31. Die Menge aller Funktionen $\varphi(\nu)$, die für alle natürlichen ν definiert und nur der Werte $0, 1, \ldots, 9$ fähig sind, ist überabzählbar.

§ 2. Punktmengen. Konvergenz. Häufungsstellen

Unter dem *n-dimensionalen Raum* R_n versteht man die Menge aller n-tupel reeller Zahlen. Jedes solche n-tupel $(x_1, \ldots, x_n)$ wird als ein *Punkt des n-dimensionalen Raumes* bezeichnet und die Zahlen $x_1, \ldots, x_n$ als *Koordinaten* dieses Punktes, x_1 als die erste, ..., x_n als die n-te Koordinate. Als *Distanz zweier Punkte* $P, Q < R_n$ mit Koordinaten x_ν bzw. y_ν bezeichnet man den Ausdruck

$$|PQ| = \sqrt{(x_1-y_1)^2+\cdots+(x_n-y_n)^2}.$$

Es gilt dann die *Dreiecksungleichung* für drei beliebige Punkte A, B, C von R_n:

$$|AC| \leqq |AB|+|BC|.$$

Sind zwei Punkte von R_n, $A(x_1, \ldots, x_n)$ und $B(y_1, \ldots, y_n)$ gegeben, so bezeichnen wir für jedes reelle t den Punkt mit Koordinaten $t x_\nu+(1-t) y_\nu$ als $P_t = tA+(1-t)B$. Durchläuft hier t die ganze Zahlengerade $(-\infty < t < \infty)$, so durchlaufen die Punkte P_t die „Gerade durch A und B". Durchläuft t das ganze Intervall $\langle 0, 1\rangle$, so durchläuft P_t die „Strecke von A nach B (oder von B nach A)".

Von einer unendlichen Punktfolge P_ν des R_n sagt man, sie *konvergiere gegen* einen Punkt Q, wenn $|P_\nu Q| \to 0$.

Für ein positives ε wird die „Sphäre um P_0 mit dem Radius ε", das heißt die Gesamtheit aller Punkte P mit

$$|PP_0| \leqq \varepsilon \quad \text{oder} \quad |PP_0| < \varepsilon,$$

als eine („sphärische") *Umgebung von* P_0 bezeichnet, wenn dabei der genaue Wert von ε unwesentlich ist. Für $|PP_0| \leqq \varepsilon$ heißt diese Umgebung *abgeschlossen*, für $|PP_0| < \varepsilon$ *offen*.

Ein Punkt P_0 heißt eine *Häufungsstelle* der Punktmenge M, wenn es in jeder Umgebung von P_0 Punkte von M gibt, die von P_0 verschieden sind. Die Menge der Häufungsstellen von M heißt die *erste derivierte Menge* von M und wird mit M' bezeichnet. $(M')'$ wird mit M'' bezeichnet und heißt *die zweite Derivierte* von M usw. Ein Punkt P von M, der nicht in M' liegt, heißt ein *isolierter Punkt von M*.

Wenn eine Menge M alle ihre Häufungsstellen enthält, heißt sie *im Endlichen abgeschlossen*. Ist eine solche Menge zugleich *beschränkt* (d. h. vollständig in irgendeiner Umgebung eines festen Punkte enthalten), so heißt sie *abgeschlossen*. Hat der Punkt P einer Menge M die Eigenschaft, daß auch alle Punkte einer Umgebung von P zu M gehören, so heißt er ein *innerer Punkt von M*. Ein Punkt Q mit der Eigenschaft, daß der Durchschnitt einer gewissen Umgebung von Q mit M „*leer*" ist, d. h. keine Punkte enthält, heißt ein *äußerer Punkt von M*. Ein Punkt, in dessen beliebiger Umgebung es sowohl Punkte von M als auch nicht zu M gehörige Punkte gibt, heißt ein *Randpunkt von M*. Die Gesamtheit der Randpunkte von M heißt der *Rand von M*. Der Rand von M wird bezeichnet mit ∂M. Eine Punktmenge, die nur innere Punkte enthält, heißt *offen*. Eine offene Menge heißt in speziellem Zusammenhang ein *Gebiet*. Wird zu einem beschränkten Gebiet sein gesamter Rand hinzugefügt, so erhält man einem *Bereich*.

Ist Q eine Häufungsstelle von M, so enthält M eine Teilfolge von Punkten P_ν, die gegen Q konvergiert (Auswahlsatz).

1. Ist $0 < t < 1$, so gilt unter Benutzung der obigen Bezeichnung:

$$\frac{|P_t A|}{|P_t B|} = \frac{1-t}{t} \qquad (A \neq B).$$

2. Ist $t_1 \neq t_2$, so ist die durch die Punkte P_{t_1}, P_{t_2} gelegte Gerade, als Punktmenge aufgefaßt, identisch mit der durch A, B gelegten Geraden.

3. Die Menge aller Zahlen von der Form

$$\frac{1 \pm n}{n} \qquad (n = 1, 2, \ldots)$$

hat genau die Häufungsstellen ± 1.

4. Alle Häufungsstellen von

$$\frac{(-1)^n}{1+1/n} \qquad (n = 1, 2, \ldots)$$

sind zu bestimmen.

5. Alle Häufungsstellen der Folge

$$\cos\left(n+\frac{(-1)^n}{n}\right)\pi \qquad (n = 1, 2, \ldots)$$

sind aufzustellen.

6. Bestimme die Häufungsstellen aller Wurzeln der Gleichung

$$\sin\frac{\pi}{x^2-1} = a\,.$$

7. Welches sind die Häufungspunkte der Menge

$$(-1)^n+\frac{1}{m} \qquad (n, m = 1, 2, \ldots)\,?$$

8. Welches sind die Häufungspunkte der Mengen

a) $$\frac{1}{n}+\frac{1}{m} \qquad (n, m = 1, 2, \ldots),$$

b) $$\left(\frac{1}{n}+\frac{1}{m}\right)^{n+m} \qquad (n, m = 1, 2, \ldots)\,?$$

9. Man bestimme die derivierte Menge zur Menge der Punkte (x, y) mit $x^2/a^2+y^2/b^2 < 1$ bzw. zur Menge der Punkte (x, y) mit $x^2/a^2+y^2/b^2 < 1$, $y \neq 0$.

10. Man bestimme die derivierte Menge zur Menge der Zahlen von der Form $n\,2^{-m}$, wo n und m alle ganzen positiven Werte durchlaufen.

11. Gilt $a_\nu \to \alpha$, $b_\nu \to \beta$, $\ldots$, $c_\nu \to \gamma$, so hat die aus allen Zahlen a_ν, b_ν, $\ldots$, c_ν bestehende Menge genau und nur die Häufungsstellen α, β, $\ldots$, γ.

* * *

12. Es sind alle Häufungsstellen von

$$\frac{n}{n+2}\sin\frac{n\pi}{4} \qquad (n = 1, 2, \ldots)$$

zu ermitteln.

13. Man bestimme alle Häufungsstellen der Punktfolge

$$\left(\frac{1+\left(\frac{-n}{1+n}\right)^n}{2},\ \frac{3-\left(\frac{n}{1-n}\right)^n}{2}\right) \qquad (n = 2, 3, \ldots).$$

14. Ist die Menge der Punkte (x, y) mit $x^2 - y^2 < 1$ abgeschlossen?

15. Enthält die Menge der Zahlen, die sich mit natürlichen m und n in der Form $n/2^m$ schreiben lassen, isolierte Punkte?

16. Wenn $a_\nu \to \alpha$ $(\nu \to \infty)$ und $|b_\nu| < C$ $(\nu = 1, 2, \ldots)$ gilt, dann gehen alle Häufungswerte von $a_\nu b_\nu$ $(\nu = 1, 2, \ldots)$ aus denen von b_ν $(\nu = 1, 2, \ldots)$ durch Multiplikation mit α hervor.

17. Gilt $a_\nu \geqq 0$ $(\nu = 1, 2, \ldots)$, so sind die Häufungsstellen der Folge $\sqrt{a_\nu}$ $(\nu = 1, 2, \ldots)$ Quadratwurzeln aus den Häufungsstellen von a_ν $(\nu = 1, 2, \ldots)$.

18. Hat die Zahlenfolge a_ν eine Häufungsstelle α, so hat die Zahlenfolge $\sin a_\nu$ die Zahl $\sin \alpha$ als Häufungsstelle. Man zeige an Beispielen, daß nicht notwendig jede Häufungsstelle der Folge $\sin a_\nu$ sich in der Form $\sin \alpha$ darstellen läßt, wo α eine Häufungsstelle der Folge a_ν ist.

19. Man betrachte die Menge

$$e^{-\nu + 1/\mu} \qquad (\nu = 1, 2, \ldots; \quad \mu = 1, 2, \ldots)$$

und bestimme ihre erste und zweite derivierte Menge.

20. Sind P_ν, Q_ν zwei Punktfolgen aus R_n, konvergiert P_ν gegen P_0, $|P_\nu Q_\nu|$ gegen α, so strebt auch $|P_0 Q_\nu|$ gegen α.

21. Die Vereinigungsmenge und der Durchschnitt (wenn er nicht leer ist) von endlich vielen abgeschlossenen Mengen sind abgeschlossen.

22. Ist A eine abgeschlossene und G eine offene Menge in R_n, so ist $G - A$ offen in R_n und $A - G$ ist abgeschlossen.

23. Die Vereinigungsmenge $\mathfrak{M}$ beliebig vieler offener Mengen M in R_n ist offen.

24. $\partial(M_1 + \cdots + M_n)$ ist in der Vereinigungsmenge der Mengen ∂M_ν enthalten.

25. Man bilde das Beispiel einer unendlichen Mengenfolge M_ν $(\nu = 1, 2, \ldots)$, für die $\partial\left(\sum_{\nu=1}^{\infty} M_\nu\right)$ Punkte enthält, die für jede Menge M_n äußere Punkte sind.

26. Ist Ω offen in R_n und die Punktmenge $M \prec \Omega$, so ist $\partial M \prec \partial(\Omega - M)$.

27. Es gilt für beliebige Mengen M, M_1, M_2 aus R_n, unter Benutzung der Bezeichnungen von A 23 § 1: *a*) $(M_1 M_2)' \prec M_1' M_2'$; *b*) $(C\,M)' \succ C\,M'$; *c*) $(M_1 - M_2)' \succ M_1' - (M_1 M_2)' \succ M_1' - M_2'$.

28. Haben zwei Bereiche B_1, B_2 in R_n keine inneren Punkte gemeinsam, so gilt $B_1 B_2 = (\partial B_1)(\partial B_2)$.

29. Ist B_1 ein echter Teilbereich des Bereiches B_2, so gibt es einen Bereich B_0 derart, daß $B_2 = B_1 + B_0$ ist, während $\partial B_0 \prec \partial B_1 + \partial B_2$, $B_1 B_0 = (\partial B_1)(\partial B_0)$ ist.

§ 3. Weitere Diskussion der infinitären Eigenschaften von Mengen

Wird jedem Punkt P einer abgeschlossenen Menge M nach irgendeinem Gesetz eine offene Umgebung von P zugeordnet, so gibt es ein endliches System dieser Umgebungen, deren Vereinigungsmenge M enthält *(Borelscher Überdeckungssatz)*.

Jede beschränkte und unendliche Punktmenge besitzt wenigstens eine Häufungsstelle *(Häufungsstellensatz)*.

Notwendig und hinreichend, damit die Punktfolge $P_\nu (\nu = 1, 2, \ldots)$ konvergiert, ist, daß zu jedem positiven ε eine Schranke $N(\varepsilon)$ gefunden werden kann, so daß $|P_\nu P_\mu| \leqq \varepsilon$ gilt, sobald ν und μ beide $\geqq N(\varepsilon)$ sind *(Cauchy-Bolzanosches Konvergenzkriterium)*.

Unter dem Maximum (Minimum) einer Zahlenmenge versteht man eine Zahl der Menge, die von keiner anderen Zahl übertroffen (unterschritten) wird. Jede abgeschlossene Zahlenmenge besitzt sowohl ein Maximum als auch ein Minimum. Unter allen oberen (unteren) Schranken einer nach oben (unten) beschränkten Zahlenmenge gibt es eine kleinste (größte), die *obere Grenze (untere Grenze)* oder Supremum (Infimum) von M genannt und mit Sup M (Inf M) bezeichnet wird. Besitzt eine solche Menge M ein Maximum M_0 (Minimum m_0), so ist Sup $M = M_0$ (Inf $M = m_0$). Sonst ist Sup M = Max M' (Inf M = Min M'). Ist M nicht nach oben (unten) beschränkt, so schreibt man Sup $M = \infty$ (Inf $M = -\infty$).

1. Für die folgenden Zahlenmengen bestimme man obere und untere Grenze, Maximum und Minimum (dabei durchlaufen ν und μ alle natürlichen Zahlen):

$$\text{a)}\ \frac{1}{\nu},\quad \text{b)}\ \sqrt[\nu]{\nu},\quad \text{c)}\ \frac{1}{\sqrt[\nu]{\nu}},\quad \text{d)}\ \frac{1}{\nu}+\frac{1}{\mu},\quad \text{e)}\ \left(\frac{(-1)^\nu}{\nu}+\frac{(-1)^\mu}{\mu}\right)^{\nu+\mu},$$

$$\text{f)}\ \left(\frac{(-1)^\nu}{\nu}+\frac{(-1)^\mu}{\mu}\right)^{\nu\mu},\quad \text{g)}\ \left(\frac{(-1)^\nu}{\mu}+\frac{(-1)^\mu}{\nu}\right)^{\nu\mu}.$$

2. Hat eine abgeschlossene Punktmenge M die Eigenschaft, daß zu jedem ihrer Punkte P eine Umgebung von P existiert, in der höchstens endlich viele Punkte von M liegen, so ist M endlich.

3. Eine abgeschlossene Menge M, deren sämtliche Punkte isoliert sind, ist endlich.

4. Man bestimme $\operatorname{Sup}(x+y)$ für $x > 0$, $y > 0$ und $[x]+[y] = 100$.

5. Für welche x gilt

$$\operatorname*{Lim}_{\nu \to \infty} x^\nu \sin \frac{\pi}{x-1} = 0\,?$$

Man bestimme das Supremum dieser x.

* * *

6. Man bestimme ($\mu, \nu = 1, 2, \ldots$)

$$M = \operatorname*{Lim}_{\mu \to \infty} \operatorname*{Lim}_{\nu \to \infty} \sin \frac{\pi}{2\,\mu^{1/\nu}} \quad \text{und} \quad m = \operatorname*{Lim}_{\nu \to \infty} \operatorname*{Lim}_{\mu \to \infty} \sin \frac{\pi}{2\,\mu^{1/\nu}}.$$

7. Man bestimme ($\mu, \nu = 1, 2, \ldots$)

$$M = \operatorname*{Lim}_{\mu \to \infty} \operatorname*{Lim}_{\nu \to \infty} \left(1 - \frac{1}{\nu}\right)^\mu \quad \text{und} \quad m = \operatorname*{Lim}_{\nu \to \infty} \operatorname*{Lim}_{\mu \to \infty} \left(1 - \frac{1}{\nu}\right)^\mu.$$

8. Man bestimme ($\mu, \nu = 1, 2, \ldots$)

$$M = \operatorname{Sup} \left(\frac{\sqrt[\nu]{\nu}}{\sqrt[\mu]{\mu}}\right)^{\sqrt[\nu]{\nu}/\sqrt[\mu]{\mu}} \quad \text{und} \quad m = \operatorname{Inf} \left(\frac{\sqrt[\nu]{\nu}}{\sqrt[\mu]{\mu}}\right)^{\sqrt[\nu]{\nu}/\sqrt[\mu]{\mu}}.$$

9. Man bestimme ($\mu, \nu = 1, 2, \ldots$)

$$M = \operatorname*{Lim}_{\mu \to \infty} \operatorname*{Lim}_{\nu \to \infty} \left(\frac{\sqrt[\nu]{\nu}}{\sqrt[\mu]{\mu}}\right)^{\sqrt[\mu]{\mu}/\sqrt[\nu]{\nu}} \quad \text{und} \quad m = \operatorname*{Lim}_{\nu \to \infty} \operatorname*{Lim}_{\mu \to \infty} \left(\frac{\sqrt[\nu]{\nu}}{\sqrt[\mu]{\mu}}\right)^{\sqrt[\mu]{\mu}/\sqrt[\nu]{\nu}}.$$

10. Sei $f(x)$ in $\langle \alpha, \beta \rangle$ stetig und nehme beim Durchgang durch jeden Punkt dieses Intervalls monoton zu. Dann nimmt $f(x)$ in $\langle \alpha, \beta \rangle$ monoton zu.

11. In einer abgeschlossenen Menge M von R_n seien die Punkte P so verteilt, daß ihre gegenseitigen Distanzen eine positive Schranke d nicht unterschreiten. Dann ist die Anzahl dieser Punkte endlich.

12. Eine Menge K von punktfremden Umgebungen in R_n ist abzählbar.

13. Eine Menge offener punktfremder Mengen in R_n ist abzählbar.

14. Die allgemeinste offene Menge M auf einer Geraden ist Vereinigungsmenge von offenen, punktfremden Intervallen.

15. Die allgemeinste abgeschlossene Menge M auf einer Geraden entsteht aus einem abgeschlossenen Intervall durch Wegnahme von offenen punktfremden Intervallen.

16. Hat eine Teilmenge M einer abgeschlossenen Menge A die Eigenschaft, daß zu jedem Punkt von A eine Umgebung existiert, in der höchstens abzählbar viele Punkte von M liegen, so ist M abzählbar.

17. Ist eine Punktmenge M in R_n überabzählbar, so existiert ein Punkt P von R_n, dessen jede Umgebung überabzählbar viele Punkte von M enthält.

18. Zu jedem Punkte P einer beschränkten Menge M werde die Umgebung von P mit einem Radius $\geqq r > 0$ betrachtet. Dann läßt sich M durch endlich viele dieser Umgebungen überdecken.

19. Jedem Punkt P einer beschränkten Menge M sei eine Umgebung $U(P)$ zugeordnet. Dann ist M durch abzählbar viele dieser Umgebungen überdeckt.

20. Ist jedem Punkte P einer beliebigen Menge M eine Umgebung $U(P)$ zugeordnet, so läßt sich M durch abzählbar viele dieser Umgebungen überdecken (der Lindelöfsche Überdeckungssatz).

21. Ist eine Menge M in R_n überabzählbar, so gibt es einen Punkt von M, dessen jede Umgebung überabzählbar viele Punkte von M enthält, einen sogenannten *Kondensationspunkt* von M (Bendixson).

22. Unter Voraussetzungen der A 21 ist die Menge K der Kondensationspunkte von M im Endlichen abgeschlossen, und kein Punkt von K ist isoliert in bezug auf K.

23. Hat eine Menge M aus R_n die Eigenschaft, daß jedesmal, wenn jedem ihrer Punkte eine feste Umgebung dieses Punktes zugeordnet wird, M durch endlich viele Umgebungen überdeckt werden kann, so ist M abgeschlossen.

24. Sind M_ν ($\nu = 1, 2, \ldots$) Punktmengen aus R_n, so heißt ein Punkt Π ein *vollständiger Grenzpunkt* der Mengenfolge M_ν, wenn in jeder Umgebung von Π Punkte jeder der Mengen M_ν, bis auf endlich viele ν, vorhanden sind. Man zeige, daß Π dann und nur dann ein vollständiger Grenzpunkt der Mengen M_ν ist, wenn sich aus jedem M_ν ein Punkt P_ν herausgreifen läßt, derart, daß $P_\nu \to \Pi$ gilt.

25. Man zeige, daß die Menge $\mathfrak{M}$ der vollständigen Grenzpunkte der Mengenfolge M_ν im Endlichen abgeschlossen ist.

26. Ein Punkt π heißt ein *Grenzpunkt* der Punktmengenfolge M_ν ($\nu = 1, 2, \ldots$), wenn in jeder Umgebung von π Punkte aus unendlich vielen verschiedenen M_ν liegen. Man beweise, daß ein solcher Grenz-

punkt der Mengenfolge M_ν zugleich Grenzpunkt einer Folge von Punkten ist, die lauter verschiedenen M_ν angehören.

27. Es sei $M_\nu (\nu = 1, 2, \ldots)$ eine unendliche Folge von punktfremden und nichtleeren Punktmengen, die sämtlich innerhalb eines festen Rechtecks liegen. Dann besitzt diese Mengenfolge sicherlich Grenzpunkte.

28. Man beweise, daß die Menge $\mathfrak{M}^*$ aller Grenzpunkte einer Punktmengenfolge $M_\nu (\nu = 1, 2, \ldots)$ im Endlichen abgeschlossen ist.

29. Unter dem Durchmesser D_M einer Punktmenge M versteht man $\operatorname{Sup} |PQ|$, wenn P und Q unabhängig voneinander alle Punkte der Menge M durchlaufen. Man beweise, daß der Durchmesser einer Teilmenge von M höchstens gleich dem Durchmesser von M und daß der Durchmesser D_{M+N} der Vereinigungsmenge zweier Punktmengen M und N höchstens gleich $D_M + D_N$ ist, wenn MN nicht leer ist.

30. Man leite aus der Existenz der oberen Grenze den Häufungsstellensatz für eine beschränkte unendliche Menge M reeller Zahlen her.

31. Ist $f(P)$ in einem Gebiet G definiert und ist $M = \operatorname{Sup} f(P)$ $(P \prec G)$, so gibt es eine Punktfolge P_ν aus G, die gegen einen Punkt von $G + \partial G'$ oder ins Unendliche strebt, so daß $M = \lim\limits_{\nu \to \infty} f(P_\nu)$ ist.

32. Ist $f(x)$ in $\langle \alpha, \beta \rangle$ stetig und existiert in jedem Punkt von $(\alpha, \beta\rangle$ eine linksseitige Ableitung $f'_-(x)$ von $f(x)$, so ist $f(x)$ in $\langle \alpha, \beta \rangle$ eigentlich monoton wachsend, wenn durchweg $f'_-(x) > 0$, und eigentlich monoton abnehmend, wenn durchweg $f'_-(x) < 0$ ist.

33. Unter den Voraussetzungen von A 32 ist $f(x)$ dann und nur dann monoton wachsend, wenn $f'_-(x) \geqq 0$, und dann und nur dann monoton abnehmend, wenn $f'_-(x) \leqq 0$ ist.

34. Man stelle die den Aussagen der A 32, 33 analogen Aussagen für die *rechtsseitige* Ableitung $f'_+(x)$ auf.

35. Jeder Häufungsstelle P' einer abgeschlossenen Menge M in R_n sei eine feste offene Umgebung $U(P')$ zugeordnet, derart, daß $M \prec \Sigma\, U(P')$ ist, wenn die Summation über alle Häufungsstellen P' von M erstreckt wird. Dann ist M durch endlich viele geeignet gewählte dieser Umgebungen überdeckt.

§ 4. Konvergenz von Funktionen auf Punktmengen

Unter den *Grenzlagen* einer Menge M versteht man erstens die Häufungsstellen von M. Ist M nicht beschränkt, so wird daneben die sogenannte *Grenzlage im Unendlichen*, oder *Unendlich* als *Grenzlage* betrachtet, wobei definitionsgemäß ein Punkt P von M gegen die Grenzlage im Unendlichen rückt (geht, strebt oder konvergiert), wenn die Distanz von P nach dem Ursprung ins Unendliche strebt. In diesem Zusammenhang wird als die ε-Umgebung *der Grenzlage im Unendlichen* das *Äußere* einer Sphäre um den Ursprung mit dem Radius $1/\varepsilon$ bezeichnet.

Rückt ein Punkt P von M gegen eine Grenzlage P_0 von M, so sagen wir von einer auf M definierten Funktion $f(p)$, sie *konvergiere gegen* α, wenn zu jedem positiven ε eine solche Umgebung von P_0, $U(P_0)$, gefunden werden kann, daß $|f(P)-\alpha| \leqq \varepsilon$ ist, sobald $P \prec U(P_0)\,M$ ist für $P \neq P_0$.

Dies gilt dann und nur dann, wenn für jede Punktfolge P_ν aus M mit $P_\nu \neq P_0, P_\nu \to P_0$ die Zahlenfolge $f(P_\nu)$ gegen α konvergiert *(Übertragungsprinzip)*.

Ist $f(P)$ auf M definiert und P_0 eine Grenzlage von M, so ist, damit $f(P)$ für $P \to P_0$, $P \prec M$ einen Grenzwert besitzt, notwendig und hinreichend, daß zu jedem $\varepsilon > 0$ eine solche Umgebung $U(P_0)$ von P_0 existiert, daß $|f(P)-f(Q)| \leqq \varepsilon$ wird, sobald P und Q in $U(P_0)$ liegen und beide von P_0 verschieden sind.

1. Wenn der Punkt (x, y) längs der Geraden $y = t\,x$ $(t \neq 0)$ in den Ursprung hineinrückt, ist der Grenzwert von

$$\text{a)}\quad z = \frac{x\,y}{x^2+y^2}, \qquad \text{b)}\quad z = \frac{\sin x\,y}{\sin x \sin y}$$

als Funktion von t zu bestimmen.

2. Haben die beiden Zahlenfolgen a_ν, b_ν denselben Grenzwert α, so hat die aus der Vereinigungsmenge der a_ν, b_ν bei irgendeiner Abzählung entstehende Zahlenfolge denselben Grenzwert.

3. Rückt der Punkt (x, y) in den Ursprung längs der Geraden $y = x \operatorname{tg}\varphi$ $(0 < |\varphi| < \pi/2, x > 0)$, so strebt

$$z = \frac{x}{\sqrt{x^2+y^2+100\,x^3}}$$

gegen $\cos\varphi$.

4. Wenn der Punkt (x, y) längs der Geraden $y = t\,x\ (t \neq 0)$ in den Ursprung hineinrückt, ist der Grenzwert von

$$\text{a)}\quad z = \frac{\sin|x\,y|}{x^2+y^2}, \qquad \text{b)}\quad z = \frac{\operatorname{tg} x\,y}{2-\cos x-\cos y}$$

als Funktion von t zu bestimmen.

5. Welchem Grenzwert strebt

$$z = \frac{x^2-y^2}{x^2+y^2}$$

zu, wenn der Punkt (x, y) in den Ursprung hineinrückt, und zwar:

a) längs der Geraden $y = \alpha\,x$,
b) längs der Parabel $y = \beta\,x^2$,
c) längs der Parabel $y^2 = 2\,p\,x\ (p \neq 0)$?

* * *

6. Es sei

$$f(x) = e^{-\frac{1}{(x-\alpha)^2}-\frac{1}{(x-\beta)^2}} \qquad (\alpha \neq \beta).$$

Gilt dann $a_\nu \to \alpha$, $b_\nu \to \beta$ und ist stets $\alpha_\nu \neq \alpha$, $a_\nu \neq \beta$, $b_\nu \neq \alpha$, $b_\nu \neq \beta$, so konvergiert die aus den Zahlen $f(a_\nu)$, $f(b_\nu)$ bei beliebiger Durchnumerierung entstehende Zahlenfolge gegen Null.

7. Es sei

$$f(P) = f(x, y) = e^{-\frac{|x-\alpha|+|y-\beta|}{(x-\alpha)^2+(y-\beta)^2}-\frac{|x-\alpha_1|+|y-\beta_1|}{(x-\alpha_1)^2+(y-\beta_1)^2}}.$$

Konvergiert dann die Punktfolge verschiedener P_ν gegen (α, β) und die Punktfolge verschiedener Q_ν gegen (α_1, β_1), so konvergiert die aus den Zahlen $f(P_\nu)$, $f(Q_\nu)$ bei beliebiger Durchnumerierung entstehende Zahlenfolge gegen Null, wenn keiner der Punkte P_ν, Q_ν gleich (α, β) oder (α_1, β_1) ist.

8. Man finde eine in den Ursprung einmündende Kurve, längs deren

$$a)\ z = \frac{x}{x^2+y^2}, \qquad \text{b)}\ z = \frac{\operatorname{tg} x}{\sin^2 x+\sin^2 y}$$

gegen α konvergiert, wenn $0 < \alpha < \infty$ ist.

9. Sei $f(x)$ stetig in $\langle 0, 1\rangle$. Dann gilt, wenn x und y, $x \neq y$, unabhängig voneinander gegen 0 fallen,

$$K \equiv \frac{1}{y}\int_0^x [f(t+y)-f(t)]\,dt \to 0.$$

10. Unter den Voraussetzungen von A 9 gilt

$$K^* \equiv \frac{1}{x\,y}\int_0^x t[f(t+y)-f(t)]\,dt \to 0\,.$$

11. Seien $f(P)$, $g(P)$ auf der Menge $\mathfrak{M}$ definiert, und es sei für eine Konstante $\varepsilon: |f(P)-g(P)| \leqq \varepsilon$ auf $\mathfrak{M}$. Ist $\mathfrak{N}$ eine Teilmenge von $\mathfrak{M}$ und setzt man $m_f = \operatorname*{Inf}_{\mathfrak{N}} f$, $m_g = \operatorname*{Inf}_{\mathfrak{N}} g$, so gilt $|m_f - m_g| \leqq \varepsilon$.

12. Sei $f(x)$ für $x_0 \leqq x < \infty$ beschränkt und $f(x) \to 0$ für $x \to \infty$. Setzt man dann $f^*(x) = \operatorname*{Sup}_{y \geqq x} |f(y)|$, so gilt

$$|f(x)| \leqq f^*(x), \quad f^*(x) \downarrow 0 \qquad (x_0 \leqq x \uparrow \infty)\,.$$

13. Ist $F(x)$ unter Beibehaltung der Bezeichnungen der A 12 irgendeine für $x \geqq x_0$ definierte und monoton abnehmende Funktion mit der Eigenschaft, daß

$$f(x) \leqq F(x) \qquad (x_0 \leqq x)$$

ist, so gilt

$$f^*(x) \leqq F(x) \qquad (x_0 \leqq x < \infty)\,.$$

14. Ist $f(x)$ für $x_0 \leqq x < \infty$ definiert und gilt $f(x) \to \infty$ $(x \to \infty)$, so gilt, $f^*(x) = \operatorname*{Inf}_{y \geqq x} |f(y)|$ gesetzt,

$$f(x) \geqq f^*(x), \quad f^*(x) \uparrow \infty \qquad (x_0 \leqq x \uparrow \infty)\,,$$

und für jede Funktion $F(x)$ mit der Eigenschaft, daß $f(x) \geqq F(x)$, $F(x) \uparrow \infty$ $(x_0 \leqq x \uparrow \infty)$ ist, gilt

$$F(x) \leqq f^*(x)\,.$$

15. Man übertrage die Aufgaben 12, 13 und 14 auf den Fall der Grenzübergänge $x \uparrow x_1$, $x \downarrow x_1$.

16. Sei M eine Punktmenge in R_n, P_0 eine Grenzlage von M, $f(P)$ auf M definiert und $f(P) \to 0$, wenn $P \to P_0$, $P \prec M$ ist. Dann läßt sich auf M eine Funktion $\varphi(P)$ definieren, so daß für $P \to P_0$, $P \prec M$, gilt: $\varphi(P) \to \infty$, $f(P)\,\varphi(P) \to 0$.

17. Unter den Voraussetzungen der A 16 sei $g(P)$ eine zweite auf M definierte Funktion mit

$$g(P) \to 0 \qquad (P \prec M, \quad P \to P_0)\,.$$

Dann läßt sich auf M eine Funktion $\varphi(P)$ so definieren, daß für $P \to P_0$, $P \prec M$ gilt:

$$\varphi(P) \to \infty, \quad f(P)\,\varphi(P) \to 0, \quad g(P)\,\varphi(P) \to 0\,.$$

18. Sei P_0 eine Häufungsstelle einer Menge M in R_n und $f(P)$ auf M definiert und in der Umgebung von P_0 beschränkt. Setzt man für jedes $r > 0$

$$\omega(r, P_0) = \operatorname{Sup} |f(P) - f(Q)| \quad (P, Q \prec M\, U_r(P_0);\; P, Q \neq P_0),$$

so gilt

$$\omega(r, P_0) \downarrow \Omega(P_0) \quad (r \downarrow 0),$$

wo dann und nur dann $\Omega(P_0) = 0$ ist, wenn $f(P)$ für $P \to P_0$, $P \prec M$ einen Grenzwert besitzt.

19. Der Borelsche Überdeckungssatz bleibt richtig, wenn in seiner Aussage in § 3 unter einer offenen Umgebung von P allgemein eine beliebige offene, P enthaltende Menge verstanden wird.

20. Sei M abgeschlossen und $f(P)$ eine auf M definierte Funktion. Zu jedem Punkt P von M möge eine Umgebung $U(P)$ von P und eine positive Konstante $\delta(P)$ gehören, so daß $f(P^*) \geqq \delta(P)$ $(P^* \prec U(P))$ gilt. Dann gibt es eine positive Zahl p derart, daß $f(P) \geqq p\,(P \prec M)$ ist.

21. Ist M eine Punktmenge und P ein Punkt im R_n, so definieren wir als die *Distanz* $|P, M|$ *von* P *nach* M die untere Grenze der Distanzen von P nach den Punkten von M. Man beweise, daß es eine unendliche Folge von (nicht notwendig voneinander verschiedenen) Punkten Q_ν aus M gibt, derart, daß

$$|P, M| = \operatorname*{Lim}_{\nu \to \infty} |P Q_\nu|$$

gilt und daß zugleich gilt $|P, M| = |P, M + M'| = |P Q_0|$, wo Q_0 ein geeigneter Punkt von $M + M'$ ist.

22. Unter Benutzung der Bezeichnungen der A 21 gilt

$$\big||P_1, M| - |P_2, M|\big| \leqq |P_1 P_2|.$$

23. Sind M und N zwei Punktmengen aus R_n, so bezeichnen wir die untere Grenze der Distanzen von P nach M, wenn P die Menge N durchläuft, als die *Distanz* $|N, M|$ *von* N *nach* M.

Man beweise, daß diese Distanz gleich der unteren Grenze der Distanzen von Punkten von N nach den Punkten von M ist und daß ferner

$$|N, M| = |M, N| = |N + N', M + M'|$$

ist. Sind ferner die Mengen M, N abgeschlossen, so ist $|N, M|$ gleich der Distanz eines geeigneten Punktes von N nach einem geeigneten Punkt von M.

24. Ist $M \prec M_1$, $N \prec N_1$, so ist $|M, N| \geqq |M_1, N_1|$.

25. Sei

$$M_1 \prec M_2 \prec \ldots, \quad \sum_{\nu=1}^{\infty} M_\nu = M;$$

$$N_1 \prec N_2 \prec \ldots, \quad \sum_{\nu=1}^{\infty} N_\nu = N.$$

Dann gilt

$$|M_\nu, N_\nu| \downarrow |M, N| \qquad (\nu \to \infty).$$

26. Sei $M = \sum_{\mu=1}^{m} M_\mu$, $N = \sum_{\nu=1}^{k} N_\nu$, wo $M_\mu, N_\nu \prec R_n$ ist. Dann gilt

$$|M, N| = \operatorname*{Min}_{\substack{\mu=1,\ldots,m\\ \nu=1,\ldots,k}} |M_\mu, N_\nu|.$$

27. Ist $M = \sum_{\mu=1}^{\infty} M_\mu$, $N = \sum_{\nu=1}^{\infty} N_\nu$, so ist

$$|M, N| = \operatorname*{Inf}_{\mu,\nu} |M_\mu, N_\nu|.$$

28. Ist $P \prec R_n$ und die abgeschlossene Punktmenge $M \prec R_n$, so gehört P dann und nur dann zu M, wenn $|P, M| = 0$ ist.

29. Es sei M_ν $(\nu = 1, 2, \ldots)$ eine Folge von Punktmengen aus R_n. Jedem $\varepsilon > 0$ möge ein solches $N(\varepsilon)$ entsprechen, daß zwei beliebige Mengen M_μ, M_ν mit μ, $\nu > N(\varepsilon)$ in einer geeigneten gemeinsamen ε-Umgebung enthalten sind. Dann sind die Mengen der Grenzpunkte bzw. der vollständigen Grenzpunkte (vgl. A 26 und A 24 v. § 3) der Mengenfolge M_ν miteinander identisch und bestehen aus einem einzigen Punkt.

30. Sei P_0 eine Grenzlage der Menge M in R_n und $f(P)$, $g(P)$, $F(P)$, $G(P)$ seien in einer Umgebung von P_0 definiert und $F(P)$, $G(P)$ dort positiv. Gilt

$$\frac{f(P)}{F(P)} \to \alpha, \quad \frac{g(P)}{G(P)} \to \alpha \quad (P \to P_0, P \prec M),$$

so gilt

$$\frac{f(P)+g(P)}{F(P)+G(P)} \to \alpha \quad (P \to P_0, P \prec M).$$

§ 5. Stetigkeit von Funktionen auf Punktmengen

Ist die Funktion $f(P)$ auf $M \prec R_n$ definiert, so heißt sie in einem Punkt $P_0 \prec M$ *stetig* (relativ zu M), wenn entweder P_0 ein isolierter Punkt von M ist oder, falls $P \prec M'$ ist, wenn $f(P) \to f(P_0)$ gilt für gegen P_0 über M konvergierende P. Ist $f(P)$ auf M definiert und dort überall relativ zu M stetig, so heißt $f(P)$ auf M *gleichmäßig stetig*, wenn es zu jedem $\varepsilon > 0$ ein solches $\delta = \delta(\varepsilon) > 0$ gibt, daß $|f(P) - f(Q)| \leqq \varepsilon$ gilt, sobald $|PQ| \leqq \delta, P \prec M, Q \prec M$. Eine Funktion $f(P)$, die auf einer abgeschlossenen Menge $M < R_n$ relativ zu M stetig ist, ist dort gleichmäßig stetig (*Satz von der gleichmäßigen Stetigkeit*) und gleichmäßig beschränkt. Die Wertmenge einer solchen Funktion auf M ist eine abgeschlossene Zahlenmenge, so daß $f(P)$ auf M irgendwo einen größten Wert (Maximum) und irgendwo einen kleinsten Wert (Minimum) annimmt.

Ist $f(x)$ in $\langle a, b \rangle$ stetig, so nimmt $f(x)$ in diesem Intervall jeden zwischen $f(a)$ und $f(b)$ liegenden Wert an (*Bolzanoscher Zwischenwertsatz*). Gilt $f(x) = g'(x)$ in $\langle \alpha, \beta \rangle$, wobei $f(\alpha)$ und $f(\beta)$ die entsprechenden einseitigen Ableitungen sind, so nimmt $f(x)$ in $\langle \alpha, \beta \rangle$ jeden Wert an, der zwischen $f(\alpha)$ und $f(\beta)$ liegt (*Darbouxscher Zwischenwertsatz*).

1. Man beweise, daß

$$f(x, y) = \frac{x^3 y^3}{x^2 + y^2} \qquad (x^2 + y^2 \neq 0)$$

im Nullpunkt stetig ist, wenn $f(0, 0) = 0$ festgelegt wird.

2. Man beweise, daß

$$f(x, y) = \frac{1}{x} \sin x y \qquad (x \neq 0)$$

in jedem Punkt mit $x = 0$ stetig ist, wenn $f(0, y) = y$ festgelegt wird.

3. Können die Funktionen

$$\text{a)}\quad x \sin \frac{1}{y}, \qquad \text{b)}\quad \frac{1}{y} \sin^2 xy, \qquad \text{c)}\quad \frac{1 - \cos \sqrt{x y}}{\sqrt{y}}, \qquad \text{d)}\quad x \lg x^2$$

in den Punkten mit $y = 0$ so definiert werden, daß sie dort stetig sind?

4. Man beweise, daß die Funktion

$$f(x, y) = \frac{x\,|y|^{1+\varepsilon}}{x^2 + y^2} \quad (x^2 + y^2 \neq 0), \qquad f(0, 0) = 0,$$

im Nullpunkt stetig ist, wenn ε eine positive Konstante ist.

5. Man beweise, daß die folgenden Funktionen *für alle* x gleichmäßig stetig sind:

$$\sin x, \quad \cos x, \quad \sqrt{1+x^2}.$$

6. Ist $\varphi(x)$ eine im Intervall $\langle a, b\rangle$ stetige Funktion, so gibt es eine *positive* Zahl p derart, daß

$$e^{\varphi(x)} \geqq p \qquad (a \leqq x \leqq b)$$

gilt.

7. Man beweise, daß jede der Funktionen

$$\text{a)}\quad \operatorname{tg} x - \frac{1}{x}, \qquad \text{b)}\quad x + \operatorname{tg} x - \frac{1}{x}, \qquad \text{c)}\quad e^x + \operatorname{tg} x - \frac{1}{x}$$

im Intervall $(0, \pi/2)$ jeden Wert einmal und nur einmal annimmt.

* * *

8. Man beweise, daß die durch

$$f(x, y) = \frac{\sin x - \sin y}{\operatorname{tg} x - \operatorname{tg} y} \quad (\operatorname{tg} x \neq \operatorname{tg} y), \qquad f(x, y) = \cos^3 x \quad (\operatorname{tg} x = \operatorname{tg} y)$$

gegebene Funktion $f(x, y)$ überall stetig ist.

9. Man beweise, daß für ein positives ε die folgenden Funktion im Ursprung stetig sind, wenn ihr Wert dort als Null festgelegt wird:

$$\text{a)}\qquad \frac{|x|^{1+\varepsilon}\, y}{\sqrt{x^2+y^2}\,\sqrt{\sin^2 x + \sin^2 y}}, \quad \frac{|x|^{1+\varepsilon}\, y}{\sqrt{\sin^2 x + \sin^2 y}\,\sqrt{\operatorname{tg}^2 x + \operatorname{tg}^2 y}},$$

während dies für Funktionen

$$\text{b)}\qquad \frac{\sin^2 x + \sin^2 y}{x^2+y^2}, \quad \frac{\operatorname{tg}^2 x + \operatorname{tg}^2 y}{x^2+y^2}$$

zutrifft, wenn ihr Wert im Ursprung als 1 definiert wird.

10. Man beweise durch direkte Abschätzungen, ohne Benutzung des Borelschen Überdeckungssatzes, daß ein Polynom in x auf jedem endlichen Intervall gleichmäßig stetig ist.

11. Man finde zu einem beliebigen positiven ε ein positives δ derart, daß für beliebige x, y in $\langle 0, 1\rangle$ stets aus $|y-x| \leqq \delta$ folgt: $\left|\sqrt{y} - \sqrt{x}\right| \leqq \varepsilon$.

12. Ist P_0 ein fester und P ein beliebiger Punkt des R_n, so ist die Funktion $\sin|P P_0|$ eine für alle P gleichmäßig stetige Funktion von P.

13. Die Funktion $x + \sin x$ ist für alle x gleichmäßig stetig.

14. Es sei $f(P)$ eine auf einer Menge M des R_n gleichmäßig stetige Funktion von P, und es sei W die Menge der Werte, die $f(P)$ auf M an-

nimmt. Ist dann $g(x)$ eine auf W gleichmäßig stetige Funktion von x, so ist $g[f(P)]$ eine auf M gleichmäßig stetige Funktion von P.

15. Man finde zu einem beliebigen positiven ε ein positives δ derart, daß für beliebige x, y in $(0,1)$ stets aus $|y-x| < \delta$ folgt:

$$y \lg y - x \lg x < \varepsilon.$$

16. Es sei $f(x)$ stetig und nicht negativ in $\langle 0, 2\rangle$ und es sei $f(1/2) > 0$. Dann gibt es ein positives p, so daß

$$\int_0^x f(x)\,dx > p \qquad (1 \leqq x \leqq 2)$$

gilt.

17. Es sei $F(P)$ eine auf einem Kreisbogen K definierte und stetige Funktion. Nimmt $F(P)$ auf K zwei Werte w_1, w_2 an, so nimmt $F(P)$ auf K auch jeden zwischen w_1 und w_2 liegenden Wert an.

18. Es sei $\varphi(x)$ in $\langle 0, 1\rangle$ stetig und monoton wachsend. Dann nehmen die Funktionen

$$\text{a)}\quad \varphi(x) - \frac{1}{x} + \frac{1}{1-x}, \qquad \text{b)}\quad \varphi(x) - \operatorname{ctg}\frac{\pi x}{2} + \operatorname{tg}\frac{\pi x}{2}$$

in $\langle 0, 1\rangle$ jeden Wert einmal und nur einmal an. Dasselbe gilt für

$$\text{c)}\quad \varphi(x) + \frac{1}{\varphi(0)-\varphi(x)} + \frac{1}{\varphi(1)-\varphi(x)},$$

wenn $\varphi(x)$ eigentlich monoton wächst.

19. Es sei $f(x) = 1/n$, wenn x rational und gleich m/n ist, wo $n > 0$ und m ganz und teilerfremd sind. Für irrationale x sei $f(x) = 0$. Dann ist $f(x)$ stetig für jedes irrationale x und unstetig für jedes rationale x.

20. Ist die Punktmenge M abgeschlossen, so gibt es auf M wenigstens ein Punktepaar P, Q derart, daß $|PQ|$ gleich dem Durchmesser D der Menge ist.

21. Ist M eine beliebige Punktmenge aus R_n, so ist für einen variablen Punkt P von R_n die Größe $|P, M|$ eine gleichmäßig stetige Funktion von P.

22. Es sei $\mathfrak{M}$ eine Klasse von auf einer beschränkten Menge M von R_n definierten Funktionen und P_0 eine Häufungsstelle von M. Es sei für ein hinreichend kleines positives r

$$w(r, P_0) = \operatorname{Sup} |f(P) - f(Q)|$$

endlich, wo P und Q unabhängig voneinander alle von P_0 verschiedenen Punkte von $M\,U_r(P_0)$ und f alle Funktionen der Klasse $\mathfrak{M}$ durchlaufen. Dann gilt

$$w(r, P_0) \downarrow \Omega(P_0) \qquad (r \downarrow 0),$$

wo $\Omega(P_0)$ als *die Schwankung von* $\mathfrak{M}$ *in* P_0 bezeichnet wird.

23. Verschwindet unter den Voraussetzungen von A 22 die Schwankung von $\mathfrak{M}$ in jeder Häufungsstelle von M, so gehört zu jedem $\varepsilon > 0$ ein $\delta(\varepsilon) > 0$ derart, daß für alle $f(P)$ aus $\mathfrak{M}$

$$|f(P) - f(Q)| < \varepsilon \qquad (|P\,Q| \leqq \delta)$$

gilt, sobald $|P\,Q| \leqq \delta$ ist und P und Q auf M liegen.

24. Es seien die Voraussetzungen von A 23 erfüllt, es sei M abgeschlossen und zusammenhängend, P_0 ein Punkt von M und K eine feste positive Konstante. Dann ist die Gesamtheit aller Funktionen $f(P)$ von $\mathfrak{M}$, die der Bedingung $|f(P_0)| \leqq K$ genügen, gleichmäßig beschränkt in M.

25. Es sei Ω eine offene Menge in R_n, und es seien die endlich vielen Funktionen $f, \ldots, g$ in Ω stetig. Dann ist die Gesamtheit Ω^* aller Punkte aus Ω mit $f < 0, \ldots, g < 0$ offen, wenn sie überhaupt Punkte enthält.

26. Es sei Γ eine abgeschlossene Menge in R_n, und es seien die Funktionen $f, \ldots, g$ stetig auf Γ. Dann ist die Gesamtheit A der Punkte aus Γ mit $f \leqq 0, \ldots, g \leqq 0$ abgeschlossen, wenn A überhaupt unendlich viele Punkte enthält.

27. Sei $f(P, Q)$ stetig in P und Q, wenn P eine abgeschlossene Menge M und Q irgendeine Menge N durchläuft. Sei $\operatorname*{Max}_{P \prec M} f(P, Q) = m(Q)$. Dann ist $m(Q)$ stetig in N.

28. Sei $f(P)$ eine auf einer abgeschlossenen Punktmenge $\mathfrak{M}$ definierte und dort stetige Funktion. Wenn es ein festes positives δ und eine Konstante C gibt, derart, daß für beliebige Punkte P, Q aus $\mathfrak{M}$ die Relation besteht $|f(P) - f(Q)| \leqq C\,|P\,Q|^\delta$, so sagt man, $f(P)$ genüge der Lipschitz-Bedingung der Ordnung δ auf $\mathfrak{M}$. Man zeige, daß, wenn $f(P)$, $g(P)$ der Lipschitz-Bedingung der Ordnung δ auf $\mathfrak{M}$ genügen, dasselbe für $f(P) \pm g(P)$, $f(P)\,g(P)$, und, wenn $g(P)$ nirgends auf $\mathfrak{M}$ verschwindet, für $f(P)/g(P)$ der Fall ist.

29. Eine in $\langle\alpha, \beta\rangle$ definierte Funktion $\varphi(x)$ heißt dort *konvex*, wenn für a, b aus $\langle\alpha, \beta\rangle$ stets

$$\varphi\left(\frac{a+b}{2}\right) \leqq \frac{1}{2}\,[\varphi(a) + \varphi(b)]$$

ist. Für eine in $\langle\alpha,\beta\rangle$ konvexe Funktion $\varphi(x)$ gilt für jedes natürliche $n > 1$

a) $$\varphi\left(2^{-n}\sum_{\nu=1}^{2^n} a_\nu\right) \leqq 2^{-n}\sum_{\nu=1}^{n}\varphi(a_\nu)\,,$$

und allgemeiner

b) $$\varphi\left(\frac{1}{n}\sum_{\nu=1}^{n} a_\nu\right) \leqq \frac{1}{n}\sum_{\nu=1}^{n}\varphi(a_\nu)\,,$$

wenn alle a_ν in $\langle\alpha,\beta\rangle$ liegen. Ferner ist $\varphi(-x)$ in $\langle-\beta,-\alpha\rangle$ konvex. Ist $f(x)$ konvex, so ist für jede konstante $a \neq 0$ auch $f(a\,x)$ konvex im entsprechenden Intervall (J. L. W. V. Jensen).

30. Es sei $f(x)$ in $\langle\alpha,\beta\rangle$ stetig und $f(\alpha) = f(\beta) = 0$. Verschwindet dann $f(x)$ nicht durchweg in $\langle\alpha,\beta\rangle$, so ist entweder $f(x)$ im ganzen Innern des Intervalls (α,β) negativ, oder aber es gibt im Innern von (α,β) einen Punkt ξ derart, daß für eine geeignete Folge positiver, gegen Null konvergierender h_ν $(\nu = 1, 2, \ldots)$ die Relation gilt:

$$f(\xi+h_\nu)-2f(\xi)+f(\xi-h_\nu) < 0.$$

31. Es sei $f(x)$ stetig in $\langle\alpha,\beta\rangle$. Ist dann $f(x)$ in $\langle\alpha,\beta\rangle$ nicht durchweg linear, so gilt entweder:

$$f(x) < \frac{f(\alpha)(\beta-x)+f(\beta)(x-\alpha)}{\beta-\alpha} \qquad (\alpha < x < \beta),$$

oder es gibt in $\langle\alpha,\beta\rangle$ einen Punkt ξ derart, daß für unendlich viele nach Null fallende h gilt:

$$f(\xi+h)-2f(\xi)+f(\xi-h) < 0\,.$$

32. Es gelte für eine in $\langle\alpha,\beta\rangle$ stetige Funktion $f(x)$:

$$f(x+h)-2f(x)+f(x-h) \geqq 0$$

für jedes x aus (α,β) und für alle hinreichend kleinen h, $|h| \leqq \delta(x)$, für die $x+h$ und $x-h$ in $\langle\alpha,\beta\rangle$ liegen. Dann ist $f(x)$ in $\langle\alpha,\beta\rangle$ konvex, und es gilt für $\alpha \leqq x_1 < x < x_2 \leqq \beta$:

$$f(x) \leqq \frac{f(x_1)(x_2-x)+f(x_2)(x-x_1)}{x_2-x_1}\,.$$

33. Ist $\varphi(x)$ konvex in $\langle\alpha,\beta\rangle$, so gilt

$$L \equiv \frac{\varphi(a+n_1\,\delta)-\varphi(a+m_1\,\delta)}{(n_1-m_1)\,\delta} \leqq \frac{\varphi(a+n_2\,\delta)-\varphi(a+m_2\,\delta)}{(n_2-m_2)\,\delta} \equiv R\,,$$

wenn $\delta > 0$ ist, n_1, n_2, m_1, m_2, natürliche Zahlen mit $n_1 \leqq n_2$, $m_1 \leqq m_2$, $n_1 > m_1$, $n_2 > m_2$ sind und alle Argumente in $\langle\alpha,\beta\rangle$ liegen.

34. Ist $\varphi(x)$ in $\langle\alpha, \beta\rangle$ stetig und konvex, so gilt für $\alpha < \gamma < \beta$

$$\frac{\varphi(\gamma)-\varphi(\alpha)}{\gamma-\alpha} \leqq \frac{\varphi(\beta)-\varphi(\alpha)}{\beta-\alpha} \leqq \frac{\varphi(\beta)-\varphi(\gamma)}{\beta-\gamma},$$

$$\varphi(\gamma) \leqq \frac{\varphi(\alpha)(\beta-\gamma)+\varphi(\beta)(\gamma-\alpha)}{\beta-\alpha}.$$

35. Eine in $\langle\alpha, \beta\rangle$ definierte Funktion $\varphi(x)$ heißt dort *eigentlich konvex*, wenn für $a \neq b$ aus $\langle\alpha, \beta\rangle$ stets

$$\varphi\left(\frac{a+b}{2}\right) < \frac{\varphi(a)+\varphi(b)}{2}$$

ist. Hat eine in $\langle\alpha, \beta\rangle$ stetige Funktion $\varphi(x)$ die Eigenschaft, daß für jedes x aus (α, β) und für alle hinreichend kleinen positiven $h, h \leqq \delta(x)$, für die $x+h$ und $x-h$ in $\langle\alpha, \beta\rangle$ liegen,

$$\varphi(x) < \frac{\varphi(x+h)+\varphi(x-h)}{2}$$

ist, so ist $\varphi(x)$ in $\langle\alpha, \beta\rangle$ eigentlich konvex, und für $\varphi(x)$ gelten die Relationen von A 34 mit Kleinzeichen.

36. Sind $c_1, \ldots, c_n$ n positive Konstanten und $\varphi_1(x), \ldots, \varphi_n(x)$ in $\langle\alpha, \beta\rangle$ konvex, so ist auch $\sum_{\nu=1}^{n} c_\nu \varphi_\nu(x)$ in $\langle\alpha, \beta\rangle$ konvex. Ist darüber hinaus auch nur eines der $\varphi_\nu(x)$ in $\langle\alpha, \beta\rangle$ eigentlich konvex, so ist auch $\sum_{\nu=1}^{n} c_\nu \varphi_\nu(x)$ in $\langle\alpha, \beta\rangle$ eigentlich konvex.

37. Sind $\varphi_1(x), \ldots, \varphi_n(x)$ in $\langle\alpha, \beta\rangle$ konvex, so ist auch $\Phi(x) = \operatorname{Max} \varphi_\nu(x)$ dort konvex. Sind alle $\varphi_\nu(x)$ in $\langle\alpha, \beta\rangle$ eigentlich konvex, so gilt dasselbe für $\Phi(x)$.

38. Es sei K eine Menge von in $\langle\alpha, \beta\rangle$ konvexen Funktionen. Setzt man

$$\Phi(x) = \operatorname{Sup} \varphi(x) \quad [\varphi(x) \prec K],$$

so ist auch $\Phi(x)$ konvex in $\langle\alpha, \beta\rangle$.

39. Ist $\varphi(x)$ in $\langle\alpha, \beta\rangle$ konvex und ist dort für eine Konstante $C: \varphi(x) \leqq C$ $(\alpha \leqq x \leqq \beta)$, so ist $\varphi(x)$ in (α, β) stetig, und es gilt genauer

$$\left|\frac{\varphi(x \pm \varepsilon)-\varphi(x)}{\varepsilon}\right| \leqq 2\,\frac{C-\varphi(x)}{\operatorname{Min}(x-\alpha, \beta-x)},$$

sobald $x+\varepsilon$ bzw. $x-\varepsilon$ in $\langle\alpha, \beta\rangle$ liegt.

40. Ist $f(x)$ stetig in $\langle\alpha, \beta\rangle$ und gilt für jedes x aus (α, β):

$$\lim_{\delta \to 0} \frac{f(x+\delta)+f(x-\delta)-2f(x)}{\delta^2} = 0,$$

so ist $f(x)$ linear in $\langle\alpha, \beta\rangle$ (H. A. Schwarz).

41. Es sei $f(x)$ eine im Intervall $\langle\alpha, \beta\rangle$ stetige und konvexe Funktion. Dann zerfällt $\langle\alpha, \beta\rangle$ in drei Teilintervalle, von denen sich eines oder auch zwei auf einen Punkt zusammenziehen können:

$$\alpha \leqq x \leqq a_1,\ a_1 \leqq x \leqq a_2,\ a_2 \leqq x \leqq \beta,$$

derart, daß $f(x)$ in $\langle\alpha, a_1\rangle$ eigentlich monoton fällt, in $\langle a_1, a_2\rangle$ konstant ist und in $\langle a_2, \beta\rangle$ eigentlich monoton wächst.

42. Sei $f(x)$ eine für $a \leqq x \leqq A$ konvexe, stetige und stückweise lineare Funktion. Dann läßt sich $f(x)$ für einen geeigneten Wert der Konstanten γ in der Form darstellen:

$$f(x) = \varphi(x) \equiv \sum_{\nu=1}^{n} \frac{\beta_{\nu+1}-\beta_\nu}{2} \left(|x-\alpha_\nu| + (x-\alpha_\nu)\overset{+}{\operatorname{sgn}}\,\beta_\nu\right) + \gamma.$$

Hier bedeutet allgemein $\overset{+}{\operatorname{sgn}}\,u$ den Wert -1, wenn $u < 0$ ist, und $+1$, wenn $u \geqq 0$ ist. γ ist $\operatorname{Min}_{\langle a, A\rangle} f(x) = \alpha_\varkappa$, während $\alpha_1, \ldots, \alpha_n$ die wachsend geordneten Abszissen der Eckpunkte von $y = f(x)$ aus $\langle a, A\rangle$ sind. β_ν ist allgemein $f'(x)$ im Intervall zwischen $\alpha_{\nu-1}$ und α_ν, wenn $\alpha_0 = a$, $\alpha_{n+1} = A$ gesetzt wird. Dabei soll aber, falls $f(x)$ in $\langle a, A\rangle$ sein Minimum nur in einem einzigen Punkte annimmt, dieser Punkt unter den α_ν ($\nu = 0, 1, \ldots, n+1$) *zweimal* aufgeführt werden, etwa als $\alpha_\varkappa$ und $\alpha_{\varkappa+1}$, wobei $\beta_{\varkappa+1} = 0$ zu setzen ist. (Dies läuft darauf hinaus, daß man, wenn der Polygonzug $y = f(x)$ keine zur x-Achse parallele Seite positiver Länge besitzt, gewissermaßen eine fiktive Seite von der Länge Null einführt.)

43. Ist $\varphi(x)$ in $\langle\alpha, \beta\rangle$ konvex und $f(x)$ in einem Intervall, das alle entsprechenden Werte von $\varphi(x)$ enthält, konvex und monoton wachsend, so ist $f[\varphi(x)]$ in $\langle\alpha, \beta\rangle$ konvex.

§ 6. Unendliche Folgen

Für eine Zahlenfolge a_ν wird $\limsup a_\nu = \overline{\lim}\, a_\nu$ (*Limes superior* oder die *obere Unbestimmtheitsgrenze* der a_ν) wie folgt definiert:

Wenn die a_ν nicht nach oben beschränkt sind, ist $\overline{\lim}\, a_\nu = \infty$. Gilt $a_\nu \to -\infty$, so ist $\overline{\lim}\, a_\nu = -\infty$. Sonst aber besitzt die Menge der

a_ν Häufungsstellen, und unter diesen Häufungsstellen gibt es eine größte. Dann wird $\overline{\lim}\, a_\nu$ als diese größte Häufungsstelle definiert.

$\underline{\lim}\, a_\nu = \liminf a_\nu$ (*Limes inferior* oder *untere Unbestimmtheitsgrenze* der a_ν) wird in durchaus symmetrischer Weise definiert. Es gilt

$$\underline{\lim}\, a_\nu = -\overline{\lim}\,(-a_\nu), \qquad \operatorname{Inf} a_\nu \leqq \underline{\lim}\, a_\nu \leqq \overline{\lim}\, a_\nu \leqq \operatorname{Sup} a_\nu,$$

$$\overline{\lim}\,(a_\nu + b_\nu) \leqq \overline{\lim}\, a_\nu + \overline{\lim}\, b_\nu .$$

Ist $a_\nu \leqq b_\nu$, so gilt $\overline{\lim}\, a_\nu \leqq \overline{\lim}\, b_\nu$, $\underline{\lim}\, a_\nu \leqq \underline{\lim}\, b_\nu$. Gilt $a_\nu \to \alpha$, so ist $\underline{\lim}\, a_\nu = \overline{\lim}\, a_\nu = \alpha$, ob α ein eigentlicher oder uneigentlicher Grenzwert ist.

Es sei P_0 eine Grenzlage einer Menge $M \prec R_n$ und $f(P)$ auf M definiert. Für eine Teilfolge P_ν aus M, die nach P_0 strebt, betrachte man $\overline{\lim}\, f(P_\nu)$ und sodann die obere Grenze aller dieser Werte für alle nach P_0 gehenden Teilfolgen aus M. Diese obere Grenze wird dann bezeichnet als $\overline{\lim}\, f(P) = \limsup f(P)$ *für über* M *nach* P_0 *strebende* P. Analog wird $\underline{\lim}\, f(P) = \liminf f(P)$ für $P \to P_0$, $P \prec M$ definiert. Die so definierten Begriffe haben ähnliche Eigenschaften wie $\underline{\lim}\, a_\nu$, $\overline{\lim}\, a_\nu$.

Es gilt: notwendig und hinreichend für $f(P) \to \alpha\,(P \to P_0, P \prec M)$ ist, daß

$$\overline{\lim_{\substack{P \to P_0 \\ P \prec M}}}\, f(P) = \alpha$$

ist.

Strebt A_ν eigentlich monoton wachsend gegen ∞, und gilt für eine Zahlenfolge a_ν: $\dfrac{a_{\nu+1} - a_\nu}{A_{\nu+1} - A_\nu} \to \alpha$, so gilt auch $\dfrac{a_\nu}{A_\nu} \to \alpha \; (-\infty \leqq \alpha \leqq \infty)$ (*Cauchyscher Konvergenzsatz*).

1. Man bestimme die obere und untere Grenze sowie die beiden Unbestimmtheitsgrenzen der folgenden Zahlenfolgen ($\nu = 1, 2, \ldots$):

$$\text{a)}\quad (-1)^\nu \left(1 + \frac{1}{\nu}\right), \qquad \text{b)}\quad \frac{(-1)^\nu}{\nu}, \qquad \text{c)}\quad \sin \frac{\nu\pi}{5}.$$

2. Ist $\overline{\lim\limits_{\nu \to \infty}}\, a_\nu = \alpha$, dann ist $\overline{\lim\limits_{\nu \to \infty}}\, e^{a_\nu} = e^\alpha$.

3. Ist $\overline{\lim\limits_{\nu \to \infty}}\, \sqrt[\nu]{|a_\nu|} = \alpha$, dann ist $\overline{\lim\limits_{\nu \to \infty}}\, \sqrt[\nu]{|a_{20+\nu}|} = \alpha$.

4. Zu beweisen

$$\overline{\lim}\,(a_\nu - b_\nu) \leqq \overline{\lim}\, a_\nu - \underline{\lim}\, b_\nu ,$$

sofern nicht $\overline{\lim}\, a_\nu = \infty$ und $b_\nu \to \infty$ ist.

5. Sind a_ν und b_ν $(\nu = 1, 2, \ldots)$ positive Zahlenfolgen, so gilt

$$\overline{\lim}\, a_\nu b_\nu \leqq \overline{\lim}\, a_\nu \overline{\lim}\, b_\nu$$

und

$$\underline{\lim}\, a_\nu b_\nu \geqq \underline{\lim}\, a_\nu \underline{\lim}\, b_\nu .$$

6. Entsteht die Zahlenfolge a_ν durch das Ineinanderschieben der Zahlenfolgen b_ν und c_ν, so ist

$$\overline{\lim}\, a_\nu = \mathrm{Max}\,(\overline{\lim}\, b_\nu, \overline{\lim}\, c_\nu)$$

und

$$\underline{\lim}\, a_\nu = \mathrm{Min}\,(\underline{\lim}\, b_\nu, \underline{\lim}\, c_\nu).$$

7. Aus $a_\nu + b_\nu \to 1$, $\underline{\lim}\, a_\nu \geqq \eta$, $\underline{\lim}\, b_\nu \geqq 1-\eta$ folgt:

$$a_\nu \to \eta, \quad b_\nu \to 1-\eta \qquad (\nu \to \infty).$$

8. Für jede Konstante β gilt

a) $$\overline{\lim}\,(a_\nu + \beta) = \overline{\lim}\, a_\nu + \beta, \quad \underline{\lim}\,(a_\nu + \beta) = \underline{\lim}\, a_\nu + \beta.$$

b) Für jede *positive* Konstante β gilt

$$\overline{\lim}\, \beta\, a_\nu = \beta\, \overline{\lim}\, a_\nu, \quad \underline{\lim}\, \beta\, a_\nu = \beta\, \underline{\lim}\, a_\nu;$$

für *negative* β dagegen

$$\overline{\lim}\, \beta\, a_\nu = \beta\, \underline{\lim}\, a_\nu, \quad \underline{\lim}\, \beta\, a_\nu = \beta\, \overline{\lim}\, a_\nu .$$

9. Es gilt

$$\frac{1 + \sqrt[2]{2} + \sqrt[3]{3} + \cdots + \sqrt[n]{n}}{n} \to 1 \qquad (n \to \infty).$$

10. Es gilt

$$\frac{\sum_{\nu=1}^{n} 1/\nu}{\lg n} \to 1 \qquad (n \to \infty).$$

11. Es gilt

$$\frac{1 + 2^2 + 3^3 + \cdots + n^n}{n^n} \to 1 \qquad (n \to \infty).$$

12. Für ganze $p > -1$ gilt

$$\operatorname*{Lim}_{n \to \infty} \frac{1^p + 3^p + 5^p + \cdots + (2n-1)^p}{n^{p+1}} = \frac{2^p}{p+1}.$$

13. Aus $a_\nu \to s$ $(\nu \to \infty)$ folgt

$$\frac{a_1 + \cdots + a_n}{n} \to s \qquad (n \to \infty),$$

und allgemeiner aus $\sum_{\nu=1}^{n} A_\nu \uparrow \infty$, $a_\nu \to \alpha$ folgt

$$\frac{a_1 A_1 + a_2 A_2 + \cdots + a_n A_n}{A_1 + A_2 + \cdots + A_n} \to \alpha \qquad (n \to \infty).$$

14. Aus $a_\nu \to s$ folgt

$$\frac{a_1 + 2a_2 + 3a_3 + \cdots + n a_n}{n(n+1)/2} \to s \qquad (n \to \infty).$$

15. Aus $q_\nu \to q\ (\nu \to \infty)$, $q_\nu > 0$, folgt

$$\sqrt[n]{q_1 q_2 \ldots q_n} \to q \qquad (n \to \infty).$$

16. Für $a > 0$ gilt

$$\sqrt[n]{\frac{(a+1)(a+2)\ldots(a+n)}{n!}} \to ? \qquad (n \to \infty).$$

17. Für $a > 0$, $b > 0$ gilt

$$\sqrt[n]{\frac{(a+1)(a+2)\ldots(a+n)}{(b+1)(b+2)\ldots(b+n)}} \to ? \qquad (n \to \infty).$$

18. Man leite aus A 15 her: a) $\sqrt[n]{n!} \sim \frac{n}{e}$; b) $\sqrt[n^2]{n!} \to 1\ (n \to \infty)$.

* * *

19. Ist $b_\nu \to \beta$, wo β endlich ist, so gilt

$$\overline{\lim}\,(a_\nu + b_\nu) = \overline{\lim}\,a_\nu + \beta, \quad \underline{\lim}\,(a_\nu + b_\nu) = \underline{\lim}\,a_\nu + \beta.$$

20. Ist $b_\nu \to \beta$, wo β endlich ist, und ist $\beta \geqq 0$ und sowohl $\overline{\lim}\ a_\nu$ als auch $\underline{\lim}\ a_\nu$ endlich, so gilt

$$\overline{\lim}\,a_\nu b_\nu = \beta\,\overline{\lim}\,a_\nu, \quad \underline{\lim}\,a_\nu b_\nu = \beta\,\underline{\lim}\,a_\nu,$$

dagegen für $\beta < 0$

$$\overline{\lim}\,a_\nu b_\nu = \beta\,\underline{\lim}\,a_\nu, \quad \underline{\lim}\,a_\nu b_\nu = \beta\,\overline{\lim}\,a_\nu.$$

21. Es gilt

$$\overline{\lim}\,(a_\nu + b_\nu) \geqq \overline{\lim}\,a_\nu + \underline{\lim}\,b_\nu \geqq \underline{\lim}\,(a_\nu + b_\nu).$$

22. Sind a_ν und b_ν positiv, so gilt

$$\overline{\lim}\,a_\nu b_\nu \geqq \overline{\lim}\,a_\nu\,\underline{\lim}\,b_\nu \geqq \underline{\lim}\,a_\nu b_\nu.$$

23. Aus $\overline{\lim}\,a_\nu/b_\nu \leqq 1$, $a_\nu > 0$, $b_\nu > 0$ folgt

$$\overline{\lim}\,a_\nu \leqq \overline{\lim}\,b_\nu, \quad \underline{\lim}\,a_\nu \leqq \underline{\lim}\,b_\nu.$$

24. Man bestimme

$$\operatorname*{Lim}_{n\to\infty} \frac{1}{n} \sqrt[n]{(n+1)(n+2)\ldots(n+n)}\,.$$

25. Ist $a_\nu \to 1$, so beweise man

$$\operatorname*{Lim}_{n\to\infty} \frac{\sum\limits_{\nu=1}^{n} a_\nu/\sqrt{\nu}}{\sqrt{n}} = \operatorname*{Lim}_{n\to\infty} \frac{\sum\limits_{\nu=1}^{n} 1/\sqrt{\nu}}{\sqrt{n}}$$

und bestimme diesen Grenzwert.

26. Beide Differenzen

$$\overline{\lim}\, a_\nu - \overline{\lim}\, b_\nu\,, \qquad \underline{\lim}\, a_\nu - \underline{\lim}\, b_\nu$$

liegen zwischen $\overline{\lim}\,(a_\nu - b_\nu)$ und $\underline{\lim}\,(a_\nu - b_\nu)$.

27. Es gilt

$$\underline{\lim}\,(a_\nu - b_\nu) \geqq \underline{\lim}\, a_\nu - \overline{\lim}\, b_\nu\,.$$

28. Man beweise

$$\underline{\lim}\, x_\nu \leqq \underline{\lim}\, \frac{x_1 + \cdots + x_n}{n} \leqq \overline{\lim}\, \frac{x_1 + \cdots + x_n}{n} \leqq \overline{\lim}\, x_\nu\,.$$

29. Man verallgemeinere den Cauchyschen Konvergenzsatz dahin, daß aus $A^\nu \uparrow \infty$ für eine beliebige Zahlenfolge a_ν die Relationen

$$\alpha = \underline{\lim}\, \frac{a_{\nu+1} - a_\nu}{A_{\nu+1} - A_\nu} \leqq \underline{\lim}\, \frac{a_\nu}{A_\nu}$$

und

$$\beta = \overline{\lim}\, \frac{a_{\nu+1} - a_\nu}{A_{\nu+1} - A_\nu} \geqq \overline{\lim}\, \frac{a_\nu}{A_\nu}$$

folgen.

30. Im Cauchyschen Konvergenzsatz bleibt die Behauptung richtig, wenn die Annahme $A_\nu \uparrow \infty$ $(\nu \to \infty)$ ersetzt wird durch die Annahme, daß die $A_\nu > 0$ sind, $A_\nu \to \infty$ $(\nu \to \infty)$ ist, und $(1/A_n) \sum\limits_{\nu=1}^{n-1} |A_{\nu+1} - A_\nu|$ unterhalb einer von n unabhängigen Schranke K bleibt (J. L. W. V. Jensen).

31. Bilden die a_ν eine Nullfolge und nehmen die b_ν eigentlich monoton gegen 0 ab, so gilt

$$\operatorname*{Lim}_{\nu\to\infty} \frac{a_\nu}{b_\nu} = \operatorname*{Lim}_{\nu\to\infty} \frac{a_\nu - a_{\nu+1}}{b_\nu - b_{\nu+1}} = \gamma\,,$$

wenn der Limes rechts existiert (Cesàro).

32. Beweise, daß für $a_\nu \to 0,\ b_\nu \to 0$

$$c_n \equiv \frac{a_n b_1 + a_{n-1} b_2 + \cdots + a_1 b_n}{n} \to 0 \qquad (n \to \infty)$$

gilt.

33. Es gilt für $a_\nu \to 0,\ |b_\nu| < B$

$$c_n \equiv \frac{a_1 b_n + a_2 b_{n-1} + \cdots + a_n b_1}{n} \to 0 \qquad (n \to \infty).$$

34. Es gilt für $a_\nu \to \alpha,\ b_\nu \to \beta$

$$c_n \equiv \frac{a_1 b_n + a_2 b_{n-1} + \cdots + a_n b_1}{n} \to \alpha\beta \qquad (n \to \infty).$$

35. Man bestimme den Grenzwert

$$\operatorname*{Lim}_{k\to\infty} \int_0^A \frac{e^{x^2}}{1+kx}\,dx \qquad (A > 0).$$

36. Wird das Intervall $a \leqq x \leqq b,\ a > 0$, äquidistant unterteilt durch die Teilpunkte $x_0 = a,\ x_1,\ \ldots,\ x_{n-1},\ x_n = b$, so ist

$$\operatorname*{Lim}_{n\to\infty} \sqrt[n+1]{x_0 \ldots x_n}$$

zu bestimmen.

37. Ist $f(x)$ in einem Intervall $a \leqq x \leqq b$ nicht negativ und stetig und gilt in einem Teilintervall J von $\langle a, b\rangle$

$$f(x) \geqq \alpha > 0$$

für eine Konstante α, so gilt

$$\underline{\operatorname*{Lim}_{n\to\infty}} \sqrt[n]{\int_a^b f^n(x)\,dx} \geqq \alpha .$$

38. Es sei $f(x)$ in einem Intervall $a \leqq x \leqq b$ stetig und nicht negativ. Dann gilt

$$a_n \equiv \sqrt[n]{\int_a^b f^n(x)\,\mathrm{d}x} \to \operatorname*{Max}_{\langle a,b\rangle} f(x) \qquad (n \to \infty).$$

39. Es gilt

$$\frac{1}{n+1} + \frac{1}{n+2} + \cdots + \frac{1}{2n} \to \lg 2 \qquad (n \to \infty).$$

40. Es gilt

$$\sum_{\nu=1}^{n} \frac{n}{n^2+\nu^2} \to \frac{\pi}{4} \qquad (n \to \infty).$$

41. Man bestimme den Grenzwert für $n \to \infty$ von $\sum_{\nu=n}^{4n} 1/\nu$.

42. Jede feste Zahl α ist die obere Grenze der Menge aller rationalen Zahlen, die $\leqq \alpha$ sind.

43. Es sei die Folge a_ν $(\nu = 1, 2, \ldots)$ nach unten beschränkt und es sei m_k für jedes natürliche k das Infimum der Zahlenfolge $a_k, a_{k+1}, \ldots$. Dann konvergiert für $k \to \infty$ die Folge der m_k monoton wachsend gegen $\underline{\lim}\, a_\nu$.

44. Es sei die Folge a_ν $(\nu = 1, 2, \ldots)$ nach oben beschränkt und es sei M_k für jedes natürliche k das Supremum der Zahlenfolge $a_k, a_{k+1}, \ldots$. Dann konvergiert die Folge der M_k monoton fallend gegen $\overline{\lim}\, a_\nu$.

45. Es sei k_ν eine nicht abnehmende Folge natürlicher Zahlen. Hat die Zahlenfogle $\lambda_\nu = k_\nu/(\nu + k_\nu)$ $(\nu = 1, 2, \ldots)$ zwei verschiedene Häufungsstellen, so ist jede zwischen diesen Häufungsstellen liegende Zahl auch eine Häufungsstelle (Pólya).

46. Ist k_ν eine ins Unendliche wachsende Folge positiver Zahlen und hat die Zahlenfolge $\mu_\nu = k_\nu/\nu$ zwei verschiedene Häufungsstellen (wozu im Falle $\overline{\lim}\, \mu_\nu = \infty$ auch ∞ zu zählen ist), so ist auch jede dazwischenliegende Zahl eine Häufungsstelle.

47. Es seien k_ν und m_ν zwei Folgen positiver Zahlen, und es sei $k_\nu \uparrow \infty$ $(\nu \to \infty)$. Damit zu zwei beliebigen Häufungsstellen der Folge $\mu_\nu = k_\nu/m_\nu$ (wozu für lim $\mu_\nu = \infty$ auch ∞ zu zählen ist) auch jede dazwischenliegende Zahl eine Häufungsstelle ist, ist die Relation hinreichend:

$$\frac{m_\nu}{m_{\nu+1}} \to 1 \qquad (\nu \to \infty).$$

48. Die hinreichende Bedingung von A 47 läßt sich durch die folgende Bedingung ersetzen:

$$\overline{\lim_{\nu \to \infty}}\ \mathrm{Min}\left(1 - \frac{m_\nu}{m_{\nu+1}}, \frac{m_{\nu+1}}{k_{\nu+1}}, \frac{k_\nu}{m_\nu}\right) \leqq 0.$$

49. Sind $f(x)$ und $A(x)$ für hinreichend große x definiert, wächst $A(x)$ für $x \to \infty$ eigentlich monoton ins Unendliche, ist $f(x)$ in jedem endlichen Intervall gleichmäßig beschränkt und gilt für $d > 0$ und endliches α:

$$\mathrm{Lim}_{x \to \infty} \frac{f(x+d) - f(x)}{A(x+d) - A(x)} = \alpha,$$

so gilt auch

$$\frac{f(x)}{A(x)} \to \alpha \qquad (x \to \infty).$$

50. Sei für eine beschränkte Zahlenfolge a_ν:

$$\sigma_n = \operatorname*{Sup}_{\mu,\nu \geqq n} |a_\mu - a_\nu|, \quad A^{(n)} = \operatorname*{Sup}_{\nu \geqq n} a_\nu, \quad a^{(n)} = \operatorname*{Inf}_{\nu \geqq n} a_\nu \qquad (n = 1, 2, \ldots);$$

dann gilt

$$\sigma_n = A^{(n)} - a^{(n)}, \qquad \sigma_\nu \downarrow \overline{\lim_{\nu\to\infty}}\, a_\nu - \underline{\lim_{\nu\to\infty}}\, a_\nu \qquad (\nu \to \infty).$$

51. Sei $a_\nu \to \alpha$ $(\nu \to \infty)$ und $\delta_n = \operatorname*{Sup}_{\nu \geqq n} |a_\nu - \alpha|$ $(n = 1, 2, \ldots)$. Dann gilt $\delta_\nu \downarrow 0$ $(\nu \to \infty)$ und $\delta_n \leqq \sigma_n$, wo σ_n die in A 50 eingeführte Größe ist.

52. Es seien $a_{\mu,\nu}$ und $b_{\mu,\nu}$ für beliebige Paare natürlicher Zahlen μ, ν definiert, und es sei durchweg $a_{\mu,\nu} \geqq b_{\mu,\nu}$. Dann gelten die Relationen

$$\left.\begin{aligned} \operatorname*{Sup}_{\nu \geqq n} \underline{\lim_{\mu\to\infty}}\, a_{\mu,\nu} &\geqq \operatorname*{Sup}_{\nu \geqq n} \underline{\lim_{\mu\to\infty}}\, b_{\mu,\nu} \\ \overline{\lim_{\nu\to\infty}}\, \underline{\lim_{\mu\to\infty}}\, a_{\mu,\nu} &\geqq \overline{\lim_{\nu\to\infty}}\, \underline{\lim_{\mu\to\infty}}\, b_{\mu,\nu} \end{aligned}\right\} \qquad (n = 1, 2, \ldots)$$

und analoge Relationen, in denen einzeln Sup durch Inf, $\underline{\lim}$ durch $\overline{\lim}$ und $\overline{\lim}$ durch $\underline{\lim}$ ersetzt wird.

53. Für jedes $\lambda > 1$ hat die Gleichung $x^3 = 1 + \lambda x$ eine einzige positive Wurzel, die mit λ monoton ins Unendliche wächst und die Form $\sqrt{\lambda} + (1+\varepsilon)/(2\lambda)$ hat, wo $\varepsilon \to 0$ für $\lambda \to \infty$ ist.

54. Für jedes $\lambda > 1$ hat die Gleichung $e^x = 1 + \lambda x$ eine einzige mit λ ins Unendliche wachsende Wurzel, die gleich

$$\lg \lambda + \lg\lg \lambda + \Theta \lg\lg \lambda / \lg \lambda$$

ist, wo $\Theta \to 1$ für $\lambda \to \infty$ ist.

55. Für ein festes $k \neq 0$ und hinreichend große natürliche n liegt im Intervall $(n\pi - \pi/2,\ n\pi + \pi/2)$ genau eine Wurzel λ_n der Gleichung $\operatorname{tg} x = kx$. Ferner gilt

$$\lambda_n = n\pi + \frac{\pi}{2} - \frac{1}{k\pi n}\left(1 - \frac{1}{2n} + \frac{1}{4n^2} + \frac{k - 1/3 + k_n}{k^2 n^2 \pi^2}\right), \quad k_n \to 0 \qquad (n \to \infty).$$

56. Es sei $f(P)$ eine auf einer Menge M mit einer Grenzlage P_0 (vgl. § 4) definierte Funktion. Man betrachte alle Punktfolgen P_ν aus M, die gegen P_0 konvergieren, und die zugehörigen oberen Unbestimmtheitsgrenzen $\overline{\lim_{P_\nu \to P_0}}\, f(P_\nu)$. Man zeige, daß es unter diesen Werten einen größten gibt, der offenbar auch $\pm\infty$ sein kann. Er ist

$$\overline{\lim}\, f(P)\ (P \to P_0,\ P \prec M).$$

57. Man zeige, daß es unter den Voraussetzungen von A 56 auch ein *Minimum* der *unteren* Unbestimmtheitsgrenzen $\varliminf_{P_\nu \to P_0} f(P_\nu)$ gibt. – Dieses Minimum, das auch $\pm\infty$ sein kann, ist $\varliminf f(P)$ $(P \to P_0, P \prec M)$.

58. Sind $f(P)$, $g(P)$ zwei auf einer Menge M mit einer Grenzlage P_0 definierte Funktionen und ist $f(P) \leqq g(P)$ auf M, so gilt für $P \to P_0$:

$$\varlimsup f(P) \leqq \varlimsup g(P), \quad \varliminf f(P) \leqq \varliminf g(P).$$

59. Für $x \to \infty$, $y \to \infty$ sind die Unbestimmtheitsgrenzen von

$$z = \left(1 + \frac{1}{x+y}\right)^{2x+3y}$$

e^2 und e^3.

60. Konvergiert der Punkt (x, y) gegen den Nullpunkt längs einer beliebigen sich um den Nullpunkt windenden Spirale, so sind die Unbestimmtheitsgrenzen von $(x^2-y^2)/(x^2+y^2)$ gleich -1 bzw. $+1$.

61. Ist $\dfrac{a_\nu}{1+a_\nu} = b_\nu \to 0$, so gilt $a_\nu \sim b_\nu$.

62. Seien A eine abgeschlossene Punktmenge, $f(P)$ eine auf A definierte Funktion mit $|f(P)| \leqq 1$. Für jeden Punkt Q außerhalb A bilde man $h_f(Q) = \operatorname*{Inf}_{P \prec A} [f(P) + (|PQ|/|Q, A|) - 1]$ (vgl. A 21 § 4). Man zeige, daß, wenn $f(P)$ auf A konstant, $\equiv c$ ist, dann auch $h_f(Q) \equiv c$ für alle Q außerhalb A ist.

63. Unter den Voraussetzungen von A 62 sei $g(P)$ eine auf A definierte Funktion mit $|g(P)| \leqq 1$, $f(P) \leqq g(P)$ $(P \prec A)$. Dann gilt für jeden Punkt Q außerhalb A: $h_f(Q) \leqq h_g(Q)$.

64. Unter den Voraussetzungen von A 62 ist $h_f(Q)$ stetig für jedes Q außerhalb A.

65. Unter den Voraussetzungen von A 62 seien P_0 ein Randpunkt von A und U_0 eine Umgebung von P_0. Dann gilt für $Q \to P_0$:

$$\operatorname*{Lim}_{Q \to P_0} \left[\operatorname*{Inf}_{P \prec A - U_0} \left(f(P) + \frac{|PQ|}{|Q, A|} - 1 \right) \right] = \infty,$$

so daß die Unbestimmtheitsgrenzen von $h_f(Q)$ für $Q \to P_0$ sich nicht ändern, wenn $f(P)$ außerhalb U_0 in beliebiger Weise geändert wird.

66. Unter den Voraussetzungen von A 62 seien P_0 ein Randpunkt von A und $\alpha \leqq \beta$ die beiden Unbestimmtheitsgrenzen von $f(P)$ auf A für $P \to P_0$. Dann liegen die beiden Unbestimmtheitsgrenzen von $h_f(Q)$ für $Q \to P_0$ zwischen α und β (Hausdorff).

67. Sei $f(P)$ ein auf einer abgeschlossenen Menge A definierte und dort überall stetige Funktion. Dann gibt es eine im ganzen Raum definierte und stetige Funktion $F(P)$, die überall auf A mit $f(P)$ identisch ist (Tietze).

68. Sind $\alpha_1, \alpha_2, c_1, c_2$ beliebige Konstanten und $\alpha_1+\alpha_2 \neq 0$, so lassen sich dazu Konstanten c und C derart finden, daß für alle hinreichend großen x gilt:

$$1+\frac{\alpha_1+\alpha_2}{x+c} < \left(1+\frac{\alpha_1}{x+c_1}\right)\left(1+\frac{\alpha_2}{x+c_2}\right) < 1+\frac{\alpha_1+\alpha_2}{x+C}.$$

69. Sind α, β, γ Konstanten und $\alpha\,\beta \neq 0$, so lassen sich dazu Konstanten c, C so finden, daß für alle hinreichend großen x gilt:

$$1+\frac{\alpha\,\beta}{x+c} < \left(1+\frac{\alpha}{x+\gamma}\right)^{\beta} < 1+\frac{\alpha\,\beta}{x+C}.$$

70. Sind $f(x)$ und $A(x)$ für hinreichend große x definiert, wächst $A(x)$ für $x \to \infty$ eigentlich monoton ins Unendliche und ist $f(x)$ in jedem endlichen Intervall gleichmäßig beschränkt, so gilt, für jedes feste $d > 0$:

$$\varliminf_{x\to\infty} \frac{f(x+d)-f(x)}{A(x+d)-A(x)} \leqq \varlimsup_{x\to\infty} \frac{f(x)}{A(x)} \leqq \varlimsup_{x\to\infty} \frac{f(x+d)-f(x)}{A(x+d)-A(x)}.$$

71. Es sei $f(x)$ und $A(x)$ für hinreichend große x definiert, und es wachse $A(x)$ für $x \to \infty$ eigentlich monoton ins Unendliche; $f(x)$ sei in jedem endlichen Intervall gleichmäßig beschränkt. Dann gilt für jedes $q > 1$ und für $x \to \infty$

$$\varliminf \frac{f(q\,x)-f(x)}{A(q\,x)-A(x)} \leqq \varliminf \frac{f(x)}{A(x)} \leqq \varlimsup \frac{f(q\,x)-f(x)}{A(q\,x)-A(x)}.$$

72. Sei $f(x)$ für hinreichend große x definiert und in jedem endlichen Intervall gleichmäßig beschränkt. Gilt dann, für ein $q > 1$ und $x \to \infty$,

$$\frac{f(q\,x)-f(x)}{x} \to \alpha,$$

so gilt für $x \to \infty$:

$$\frac{f(x)}{x} \to \frac{\alpha}{q-1}.$$

73. Gilt $\alpha_\nu/a_\nu \to 0, \beta_\nu/b_\nu \to 0$ $(\nu \to \infty)$ und $a_\nu > 0$, $b_\nu > 0$ $(\nu = 1, 2, \ldots)$, so gilt auch

$$\frac{\alpha_\nu+\beta_\nu}{a_\nu+b_\nu} \to 0 \qquad (\nu \to \infty).$$

74. Seien α und T positiv. a_ν $(\nu = 0, 1, \ldots)$ sei eine beschränkte Zahlenfolge, für die $|a_\nu| \leqq \alpha$ $(\nu = 0, 1, \ldots)$ gilt. Die Folge der nicht negativen Zahlen K_ν möge den Relationen genügen:

$$(*) \quad (n+1)\, K_{n+1} \leqq \Big|\sum_{\nu=0}^{n} a_\nu K_\nu T^{n-\nu}\Big| \qquad (n = 0, 1, \ldots), \quad K_0 = 1 .$$

Dann gilt, wenn C die Eulersche Konstante ist (vgl. A 41 § 21 Bd. 1),

$$K_n \leqq e^{\alpha C/T} (n+1)^{\alpha/T}\, T^n \qquad (n = 0, 1, \ldots).$$

75. Man beweise

$$(n+1) \int_0^1 \frac{t^n\, dt}{1+t x} \to \frac{1}{1+x} \qquad (n \to \infty,\, x > -1).$$

76. Es gilt

$$(n+1) \int_0^x \frac{(1-t)^n}{1+t}\, dt \to 1 \qquad (n \to \infty,\, 0 < x < 1).$$

§ 7. Unendliche Reihen

Es sei zunächst (a) $\sum_{\nu=1}^{\infty} a_\nu$ eine unendliche Reihe mit *positiven* Gliedern. Das Quotienten- und das Wurzelkriterium aus § 8 Bd. I lassen sich wie folgt verallgemeinern: Für die Konvergenz von (a) ist es hinreichend, daß $\overline{\lim}\, (a_{\nu+1}/a_\nu) < 1$ oder daß $\overline{\lim}\, \sqrt[\nu]{a_\nu} < 1$ ist.

Wesentlich allgemeiner sind die Kriterien von E. E. Kummer: Für die *Konvergenz* von (a) ist es *hinreichend*, daß, für eine geeignet gewählte Folge positiver Zahlen c_ν, $c_{\nu-1}\, a_{\nu-1}/a_\nu - c_\nu \geqq \alpha > 0$ ist für ein beliebiges, aber festes positives α. Ist die Folge der positiven c_ν so beschaffen, daß $\sum_{\nu=1}^{\infty} 1/c_\nu$ divergiert, so ist für die *Divergenz* von (a) *hinreichend*, daß von einem ν an $c_{\nu-1}\, a_{\nu-1}/a_\nu - c_\nu \leqq 0$ ist.

Wesentlich spezieller Natur sind die verallgemeinerten Kriterien von Raabe: Für die Konvergenz von (a) ist es hinreichend, daß für ein $s > 1$ und eine geeignete Konstante c von einem ν an $a_\nu/a_{\nu+1} \geqq 1 + s/(\nu + c)$ gilt, während (a) sicher divergiert, wenn für eine geeignete Konstante c von einem ν an $a_\nu/a_{\nu+1} \leqq 1 + 1/(\nu + c)$ gilt.

Ist $f(x)$ für $x \geqq n_0$ (n_0 ganz) positiv und monoton gegen Null fallend, so gilt für eine geeignet gewählte Konstante γ für alle ganzen $n \geqq n_0$

$$\text{b)} \quad \sum_{\nu=n_0}^{n} f(\nu) - \int_{n_0}^{n+1} f(x)\, dx = \gamma - \Theta_n f(n), \qquad 0 \leqq \Theta_n \leqq 1 .$$

Daraus folgt, daß die Reihe $\sum_{\nu=n_0}^{\infty} f(\nu)$ dann und nur dann konvergiert, wenn die Integrale $\int_{n_0}^{n} f(x)\,dx$ beschränkt für $n \to \infty$ bleiben (*Maclaurin-Cauchysches Integralkriterium*).

Die Reihe

$$\sum \frac{1}{\nu^{\alpha_0}(\lg\nu)^{\alpha_1}(\lg\lg\nu)^{\alpha_2}\ldots(\underbrace{\lg\ldots\lg}_{k\text{-mal}})^{\alpha_k}}$$

konvergiert dann und nur dann, wenn der erste von 1 verschiedene unter den Exponenten $\alpha_0, \alpha_1, \alpha_2, \ldots, \alpha_k$ größer als 1 ist.

Es gilt für eine geeignete Konstante C (die Eulersche Konstante)

$$\text{c)}\quad \sum_{\nu=1}^{n} \frac{1}{\nu} = \lg n + C + \frac{\Theta_n}{n}, \quad 0 < \Theta_n < 1 \qquad (n \geqq 1).$$

Konvergiert (d) $\sum_{\nu=1}^{\infty} |a_\nu|$ so ist (a) konvergent und heißt dann *absolut konvergent*. Ist dagegen (a) konvergent, ohne daß (d) konvergiert, so heißt (a) *bedingt konvergent*. Konvergiert (a) absolut, so bleibt (a) konvergent mit demselben Summenwert, wenn die Glieder von (a) in beliebiger Weise umgestellt werden.

Eine Doppelreihe $\sum_{\nu,\mu=1}^{\infty} a_{\mu\nu} = \sum_{\mu=1}^{\infty}\sum_{\nu=1}^{\infty} a_{\mu\nu}$ ist sicher konvergent, wenn erstens jede der Reihen $A_\mu^* = \sum_{\nu=1}^{\infty} |a_{\mu\nu}|$ konvergiert und zweitens auch $\sum_{\mu=1}^{\infty} A_\mu^*$. Dann bleibt die Doppelreihe konvergent mit demselben Summenwert bei einer beliebigen Umordnung und Zusammenfassung ihrer Glieder.

Sind $A_1, \ldots, A_n; E_1, \ldots, E_n$ $2n$ beliebige Zahlen, so gilt

$$\text{e)}\quad \sum_{\nu=1}^{n} E_\nu A_\nu = S_n E_n - \sum_{\nu=1}^{n-1} S_\nu (E_{\nu+1} - E_\nu), \quad S_k = \sum_{\nu=1}^{k} A_\nu \quad (k = 1, \ldots, n).$$

(*Abelsche Umformung* oder *partielle Summation*).

Konvergiert (a) und bilden die ε_ν eine *monotone beschränkte* Zahlenfolge, so ist auch $\sum_{\nu=1}^{\infty} \varepsilon_\nu a_\nu$ konvergent. Sind die Partialsummen von (d) beschränkt, $\left|\sum_{\nu=1}^{n} a_\nu\right| \leqq c$, und bilden die ε_ν eine *monotone Nullfolge*, so ist wiederum $\sum_{\nu=1}^{\infty} \varepsilon_\nu a_\nu$ konvergent (*Abelsche Konvergenzsätze*). In den beiden Aussagen läßt sich die Annahme der Monotonie der ε_ν ersetzen durch die Annahme, daß die Folge der ε_ν *von beschränkter Variation* ist, d. h. daß $V = \sum_{\nu=1}^{\infty} |\varepsilon_{\nu+1} - \varepsilon_\nu|$ konvergiert.

Man definiert *unendliche Produkte* durch $(f) \prod_{\nu=1}^{\infty} (1+a_\nu) = \lim_{n\to\infty} \prod_{\nu=1}^{n} (1+a_\nu)$, wenn der Grenzwert von Null verschieden ist. Daher muß von vorneherein angenommen werden, daß kein $a_\nu = -1$ ist. Für die Konvergenz von (f) ist hinreichend, daß (a) absolut konvergiert. Wird nur die gewöhnliche Konvergenz von (a) vorausgesetzt, so ist für die Konvergenz von (f) notwendig und hinreichend, daß $\Sigma\, a_\nu^2$ konvergiert.

1. Man untersuche die Konvergenz von

$$\sum_{\nu=1}^{\infty} \frac{\nu^2}{\left(2+\dfrac{\cos \nu x}{2}\right)^{\nu}}.$$

2. Man beweise die Relation

$$S = 1 + \frac{1}{2^2} + \frac{1}{3^2} + \cdots = \frac{4}{3}\left(1 + \frac{1}{3^2} + \frac{1}{5^2} + \cdots\right) \equiv \frac{4}{3}\, s.$$

3. Sei $s_n = \sum_{\nu=1}^{n} a_\nu$, $\sum_{\nu=1}^{\infty} a_\nu = w$. Man beweise

$$\frac{s_1 + s_2 + \cdots + s_n}{n} \to w \qquad (n \to \infty).$$

4. Man beweise die Divergenz von $\sum_{\nu=1}^{\infty} [1 + 1/\nu]^{\nu^2} e^{-\nu}$.

5. Beweise die Konvergenz von $\prod_{\nu=1}^{\infty} (1+a^\nu)\,(0 < a < 1)$.

6a). Beweise, daß $\sin x = x \prod_{\nu=1}^{\infty} \cos x/2^\nu$ (L. Euler),

b) $\sin x = x \prod_{\nu=1}^{\infty} [(1+\cos 2\,x/3^\nu)/3]$ (M. Kac),

c) $\sin x = x \prod_{\nu=1}^{\infty} \left[(1 + 4(\cos 3\,x/5^\nu)(\cos x/5^\nu))/5\right]$.

7. Ist $s = \sum_{\nu=1}^{\infty} a_\nu$ konvergent, so gilt,

$$\operatorname{Lim}_{n\to\infty} \frac{1}{n} \sum_{\nu=1}^{n} \nu\, a_\nu = 0\,.$$

8. Konvergieren die Reihen $\sum_{\nu=1}^{\infty} b_\nu$ und $\sum_{\nu=1}^{\infty} a_\nu$ und konvergiert eine dieser Reihen absolut, so konvergiert auch die Reihe $\sum_{\nu=1}^{\infty} a_\nu b_\nu$ absolut.

9. Konvergiert $\sum_{\nu=1}^{\infty} \nu a_\nu$, so konvergiert auch $\sum_{\nu=1}^{\infty} a_\nu$.

10. Beweise die Ungleichung

$$x-\frac{x^2}{6} > \lg(1+x) > x-\frac{x^2}{2} \qquad (0 < x \leqq 1).$$

11. Man beweise, daß für $0 < x \leqq 1$ gilt:

$$x-\frac{x^3}{6} < \sin x < x-\frac{19\,x^3}{120}.$$

12. Man beweise, daß für $0 < x \leqq 1$ gilt:

$$1-\frac{x^2}{2} < \cos x < 1-\frac{11}{24}x^2.$$

13. Man beweise, daß für $0 \leqq x \leqq 1$ gilt:

$$x+\frac{x^3}{3} \leqq \operatorname{tg} x \leqq x+\frac{14}{25}x^3.$$

14. Die Reihe

$$\sum_{\nu=1}^{\infty} \frac{(p+1)(2p+1)\cdots(\nu p+1)}{(q+1)(2q+1)\cdots(\nu q+1)} \qquad (p, q > 0)$$

konvergiert, wenn $p < q$, und divergiert, wenn $p \geqq q$ ist.

15. Die Reihe

$$\sum_{\nu=1}^{\infty} \frac{(1+p)(2+p)\cdots(\nu+p)}{(1+q)(2+q)\cdots(\nu+q)} \qquad (p, q > 0)$$

konvergiert für $q > p+1$ und divergiert für $q \leqq p+1$.

16. Die Reihe

$$\sum_{\nu=1}^{\infty} \frac{(1+p_1)(1+p_2)(1+2p_1)(1+2p_2)\cdots(1+\nu p_1)(1+\nu p_2)}{(1+q_1)(1+q_2)(1+2q_1)(1+2q_2)\cdots(1+\nu q_1)(1+\nu q_2)}$$
$$(p_1, p_2, q_1, q_2 > 0)$$

konvergiert für $p_1 p_2 < q_1 q_2$ und divergiert für $p_1 p_2 > q_1 q_2$.

17. Ist in A16 $p_1 p_2 = q_1 q_2$, so ist die zugehörige Reihe konvergent für $1+q_1+q_2 > (1+p_1)(1+p_2)$ und divergent für $1+q_1+q_2 \leqq (1+p_1)(1+p_2)$.

18. Die Reihe

$$\sum_{\nu=1}^{\infty} \frac{(p_1+1)(p_2+1)(p_1+2)(p_2+2)\cdots(p_1+\nu)(p_2+\nu)}{(q_1+1)(q_2+1)(q_1+2)(q_2+2)\cdots(q_1+\nu)(q_2+\nu)}$$
$$(p_1, p_2, q_1, q_2 > 0)$$

konvergiert für $q_1+q_2 > p_1+p_2+1$ und divergiert für $q_1+q_2 \leqq$ $\leqq p_1+p_2+1$.

19. Die Reihe

$$\left(\frac{1}{2}\right)^p + \left(\frac{1\cdot 3}{2\cdot 4}\right)^p + \left(\frac{1\cdot 3\cdot 5}{2\cdot 4\cdot 6}\right)^p + \cdots$$

konvergiert für $p > 2$ und divergiert für $p \leqq 2$.

20. Man beweise, daß die Reihe

$$\sum_{\nu=1}^{\infty} \left(\frac{1\cdot 3\cdot 5 \cdots (2\nu+1)}{2\cdot 4\cdot 6 \cdots (2\nu+2)}\right)^p \frac{1}{\nu}$$

für jedes $p > 0$ konvergiert.

21. In den Bedingungen des Raabeschen Konvergenzkriteriums läßt sich der Quotient $a_\nu/a_{\nu+1}$ durch $a_{\nu-1}/a_\nu$, allgemeiner durch $a_{\nu+k}/a_{\nu+k+1}$ für jedes ganze k ersetzen.

22. Man beweise, daß das folgende Kriterium mit dem Raabeschen äquivalent ist: Ist für eine Konstante c, ein ganzes k und ein $s > 1$ $a_{\nu+k+1}/a_{\nu+k} \leqq 1-s/(\nu+c)$ $(\nu > n_0)$, so ist die Reihe konvergent. Ist aber $a_{\nu+k+1}/a_{\nu+k} \geqq 1-1/(\nu+c)$ $(\nu > n_0)$, so ist die Reihe divergent.

23. Man beweise:

$$\sum_{\nu=n}^{2n} \frac{1}{\nu^{1+\varepsilon}} \to 0 \qquad (\varepsilon > 0, n \to \infty).$$

24. Ist $\sum_{\nu=1}^{\infty} 1/u_\nu$ divergent für eine Folge $u_\nu > 0$ und konvergiert $\sum_{\nu=1}^{\infty} a_\nu$ $(a_\nu > 0)$, so gilt $\varliminf_{\nu \to 1} a_\nu u_\nu = 0$.

25. Prüfe die Konvergenz von

$$\sum_{\nu=2}^{\infty} \frac{(-1)^\nu}{\nu+(-1)^\nu\sqrt{\nu}}.$$

26. Für welche Werte von s und t konvergiert die Reihe

$$\sum_{\nu=1}^{\infty} \frac{\alpha+\nu^s}{\beta+\nu^t} \qquad (\alpha, \beta > 0)\ ?$$

27. Untersuche die Konvergenz oder Divergenz der folgenden Reihen:

$$\text{a)} \sum_{\nu=3}^{\infty} \frac{1}{(\lg\lg\nu)^{\lg\lg\nu}}, \quad \text{b)} \sum_{\nu=3}^{\infty} \frac{1}{(\lg\nu)^{\lg\nu}}, \quad \text{c)} \sum_{\nu=3}^{\infty} \frac{1}{(\lg\nu)^{\lg\lg\nu}}.$$

28. Sind $p_1, \ldots, p_{n+1}$ von Null verschieden und ist

$$s_\nu = a_1 + \cdots + a_\nu \qquad (\nu = 1, 2, \ldots, n),$$

$$b_\nu = (p_{\nu+1} - p_\nu) \frac{p_1 a_1 + p_2 a_2 + \cdots + p_\nu a_\nu}{p_\nu p_{\nu+1}} \qquad (\nu = 1, 2, \ldots, n),$$

so gilt identisch

$$b_1 + \cdots + b_n = \frac{(p_2 - p_1) s_1 + (p_3 - p_2) s_2 + \cdots + (p_{n+1} - p_n) s_n}{p_{n+1}}.$$

29. Konvergiert $\sum_{\nu=1}^{\infty} a_\nu$ und ist

$$b_\nu = \frac{a_1 + 2a_2 + \cdots + \nu a_\nu}{\nu(\nu+1)},$$

so konvergiert $\sum_{\nu=1}^{\infty} b_\nu$ und ist gleich $\sum_{\nu=1}^{\infty} a_\nu$.

30. Sind $a_1, a_2, \ldots, a_n$ positiv, so gilt

$$\sqrt[n]{a_1 a_2 \cdots a_n} \leqq \frac{n+1}{\sqrt[n]{n!}} \cdot \frac{a_1 + 2a_2 + \cdots + n a_n}{n(n+1)}.$$

31. Beweise: $(n+1)^n/n! < e^n$ $(n = 1, 2, \ldots)$.

32. Sind $a_\nu > 0$ und konvergiert $\sum_{\nu=1}^{\infty} a_\nu$, so gilt

$$\sum_{\nu=1}^{\infty} \sqrt[\nu]{a_1 \cdots a_\nu} < e \sum_{\nu=1}^{\infty} a_\nu. \qquad \text{(Carleman)}$$

33. Man betrachte den ∞-dimensionalen Raum, dessen allgemeiner Punkt P unendlich viele Koordinaten x_ν $(\nu = 1, 2, \ldots)$ hat und verlange insbesondere, daß für den allgemeinen Punkt dieses Raumes die Quadratsumme der Koordinaten dieses Punktes, $\sum_{\nu=1}^{\infty} x_\nu^2$, konvergiert (Hilbertscher Raum H_2). Sind $P(x_\nu)$, $Q(y_\nu)$ $(\nu = 1, 2, \ldots)$ zwei Punkte dieses Raumes, so konvergiert $\sum_{\nu=1}^{\infty} |x_\nu y_\nu|$ und es gilt:

$$\left(\sum_{\nu=1}^{\infty} |x_\nu y_\nu|\right)^2 \leqq \sum_{\nu=1}^{\infty} x_\nu^2 \sum_{\nu=1}^{\infty} y_\nu^2.$$

34. Es gilt, wenn x kein ganzzahliges Vielfaches von $\frac{\pi}{2}$ ist,

$$\prod_{\nu=1}^{\infty} \left(\frac{\operatorname{tg} x/2^\nu}{x/2^\nu}\right)^{2^\nu} = \frac{x^2}{\sin^2 x}.$$

35. Sind alle Partialsummen der Reihe $\sum_{\nu=1}^{\infty} a_\nu$ zwischen zwei Schranken c_- und c_+ enthalten und ist ε_ν eine monoton gegen 0 abnehmende Folge, so liegen die Partialsummen der Reihe $\sum_{\nu=1}^{\infty} \varepsilon_\nu a_\nu$ zwischen $\varepsilon_1 c_-$ und $\varepsilon_1 c_+$.

36. Nimmt die Zahlenfolge ε_ν monoton gegen 0 ab, so sind die beiden Reihen $\sum_{\nu=1}^{\infty} \varepsilon_\nu \sin \nu x$ und $\sum_{\nu=1}^{\infty} \varepsilon_\nu \cos \nu x$ konvergent für $0 < x < 2\pi$.

37. Damit für positive a_ν und ein $x > 0$ gilt

$$\frac{a_1 a_2 \cdots a_{n-1}}{(x+a_1) \cdots (x+a_n)} \to 0,$$

ist hinreichend, daß $\sum_{\nu=1}^{\infty} 1/a_\nu$ divergiert.

38. Konvergiert jede aus $\sum_{\nu=1}^{\infty} a_\nu$ durch Herausstreichen verschiedener Glieder entstehende Reihe, so ist die Reihe $\sum_{\nu=1}^{\infty} a_\nu$ absolut konvergent.

39. Wird eine konvergente Reihe $\sum_{\nu=1}^{\infty} a_\nu$ durch Umordnen der Glieder in $\sum_{\nu=1}^{\infty} b_\nu$ umgeformt, wobei allgemein $a_\nu = b_{\nu'}$ ist, wo $\nu' - \nu$ beschränkt bleibt, so ist auch die neue Reihe konvergent und hat die gleiche Summe wie die erste.

40. Werden die Glieder der Reihe $\sum_{\nu=1}^{\infty} (-1)^\nu/\nu$ so umgeordnet, daß stets auf p positive Glieder q negative folgen, so bleibt die Reihe konvergent und hat die Summe $\lg 2 + 1/2 \lg p/q$.

41. Wenn $\sum_{\nu=1}^{\infty} a_\nu$ konvergiert und M_ν mit $\nu \to \infty$ monoton nach ∞ strebt, so gilt für $n \to \infty$

$$\frac{a_1 M_1 + a_2 M_2 + \cdots + a_n M_n}{M_n} \to 0. \qquad \text{(Kronecker)}$$

42. Die Voraussetzung $M_\nu \uparrow \infty$ in A 41 kann durch die Annahme ersetzt werden, daß für $\nu \to \infty$ auch $M_\nu \to \infty$ ist und $(1/M_\nu) \sum_{\mu=2}^{\nu} |M_\mu - M_{\mu-1}|$ beschränkt bleibt, $\leqq c$ (Pringsheim).

43. Sind $a_\nu \neq 0$, $a_\nu \to 0$, und gilt für ein r mit $0 < r < 1$: $-1 \leqq a_{\nu+1}/a_\nu \leqq r$ $(\nu = 1, 2, \ldots)$, so ist $\sum_{\nu=1}^{\infty} a_\nu$ konvergent (R. J. Duffin).

44. Für jedes natürliche n seien n Zahlen $a_\nu^{(n)}$ $(\nu = 1, 2, \ldots, n)$ definiert derart, daß, für eine feste Konstante C, $\sum_{\nu=1}^{n} |a_\nu^{(n)}| < C$ $(n = 1, 2, \ldots)$ und, für jedes natürliche ν, $a_\nu^{(n)} \to 0$ $(n \to \infty)$ gilt. Ist dann ξ_ν eine Nullfolge, so ist auch $\eta_n = \sum_{\nu=1}^{n} a_\nu^{(n)} \xi_\nu$ $(n = 1, 2, \ldots)$ eine Nullfolge.

45. Gilt $a_\nu \to \alpha$, so gilt

$$\operatorname*{Lim}_{n\to\infty} 2^{-n} \sum_{\nu=1}^{n} \binom{n}{\nu} a_\nu = \alpha.$$

46. Für jedes natürliche n sei die unendliche Folge A_n: $a_1^{(n)}, a_2^{(n)}, \ldots$ so beschaffen, daß $a_\nu^{(n)} \to 0$ $(n \to \infty)$ für jedes natürliche ν gilt, und die Werte der Reihen $A_n^* = \sum_{\nu=1}^{\infty} |a_\nu^{(n)}|$ $(n = 1, 2, \ldots)$ endlich sind und unterhalb einer von n unabhängigen Schranke C liegen. Ist dann ξ_ν eine Nullfolge, so ist auch die Folge der Zahlen $x_n = \sum_{\nu=1}^{\infty} a_\nu^{(n)} \xi_\nu$ $(n = 1, 2, \ldots)$ eine Nullfolge (Toeplitz).

47. Ersetzt man in A 46 die Voraussetzung: $\operatorname*{Lim}_{n\to\infty} a_\nu^{(n)} = 0$ durch die Annahme, daß $\operatorname*{Lim}_{n\to\infty} a_\nu^{(n)} = a_\nu$ für jedes natürliche ν existiere und endlich sei, so ist $\sum_{\nu=1}^{\infty} |a_\nu|$ konvergent und für jede Nullfolge ξ_ν die Folge $x_n = \sum_{\nu=1}^{\infty} a_\nu^{(n)} \xi_\nu$ $(n = 1, 2, \ldots)$ konvergent und hat als Grenzwert die Summe der absolut konvergenten Reihe $\sum_{\nu=1}^{\infty} a_\nu \xi_\nu$.

48. Es gelte $\operatorname*{Lim}_{n\to\infty} (1/n) \sum_{\nu=1}^{n} x_\nu = \sigma$. Konvergiert dann ε_ν monoton gegen 0, so gilt $\operatorname*{Lim}_{n\to\infty} (1/n) \sum_{\nu=1}^{n} \varepsilon_\nu x_\nu = 0$.

49. Nimmt die Zahlenfolge ε_ν monoton gegen 0 ab und konvergiert die Reihe $\sum_{\nu=1}^{\infty} \varepsilon_\nu a_\nu$, so gilt $\operatorname*{Lim}_{n\to\infty} \varepsilon_n \sum_{\nu=1}^{n} a_\nu = 0$ (Pringsheim).

50. Unter den Bedingungen von A 49 gilt

$$\sum_{\nu=1}^{\infty} \varepsilon_\nu a_\nu = \sum_{n=1}^{\infty} (\varepsilon_n - \varepsilon_{n+1})(a_1 + a_2 + \cdots + a_n). \quad \text{(Pringsheim)}$$

51. Nimmt ε_ν monoton gegen 0 ab und haben die positiven Zahlen M_ν die Eigenschaft, daß dafür $\sum_{\nu=1}^{\infty} M_\nu (\varepsilon_\nu - \varepsilon_{\nu+1})$ konvergiert, so konver-

giert auch die Reihe $\sum_{\nu=1}^{\infty} \varepsilon_\nu a_\nu$, sofern $\operatorname{Lim}_{n\to\infty} \varepsilon_n \sum_{\nu=1}^{n} a_\nu = 0$ und $|\sum_{\nu=1}^{n} a_\nu| \leqq c\, M_n$ für eine Konstante c ist.

52. Sei a_ν monoton gegen 0 abnehmend und $\sum_{\nu=1}^{\infty} a_\nu$ divergent. Gilt dann für die unendliche Folge x_ν $(\nu = 1, 2, \ldots)$ $\operatorname{Lim}_{n\to\infty} (1/n) \sum_{\nu=1}^{n} x_\nu = \sigma$, so gilt auch $\sum_{\nu=1}^{n} a_\nu x_\nu / \sum_{\nu=1}^{n} a_\nu \to \sigma$ $(n \to \infty)$.

53. Es gelte $\operatorname{Lim}_{n\to\infty} (1/n) \sum_{\nu=1}^{n} x_\nu = \sigma$. Konvergiert dann die Zahlenfolge p_ν monoton gegen einen Wert $p > 0$, so gilt $\sum_{\nu=1}^{n} p_\nu x_\nu / \sum_{\nu=1}^{n} p_\nu \to \sigma\,(n \to \infty)$.

54. Für eine Folge positiver p_ν mit divergenter Summe $\sum_{\nu=1}^{\infty} p_\nu$ und eine beliebige Folge x_ν möge $\operatorname{Lim}_{n\to\infty} \sum_{\nu=1}^{n} p_\nu x_\nu / \sum_{\nu=1}^{n} p_\nu = \sigma$ gelten. Fällt dann die Folge a_ν monoton gegen einen endlichen Grenzwert $\geqq 0$ und divergiert $\sum_{\nu=1}^{\infty} a_\nu p_\nu$, so gilt auch

$$\frac{\sum_{\nu=1}^{n} a_\nu p_\nu x_\nu}{\sum_{\nu=1}^{n} a_\nu p_\nu} \to \sigma \qquad (n \to \infty)\,.$$

55. Sei p_ν eine Folge positiver Zahlen mit divergenter Summe, a_ν eine monoton gegen einen endlichen Grenzwert $\alpha \geqq 0$ fallende Zahlenfolge, für die $\sum_{\nu=1}^{\infty} a_\nu p_\nu$ divergiert, und x_ν eine beliebige Zahlenfolge. Dann gilt für $n \to \infty$

$$\underline{\lim} \frac{\sum_{\nu=1}^{n} p_\nu x_\nu}{\sum_{\nu=1}^{n} p_\nu} \leqq \underline{\lim} \frac{\sum_{\nu=1}^{n} a_\nu p_\nu x_\nu}{\sum_{\nu=1}^{n} a_\nu p_\nu} \leqq \overline{\lim} \frac{\sum_{\nu=1}^{n} p_\nu x_\nu}{\sum_{\nu=1}^{n} p_\nu}\,.$$

56. Für $a_\nu \downarrow 0$ $(\nu \to \infty)$ und divergente Reihe $\sum_{\nu=1}^{\infty} a_\nu$ mögen die Faktoren ε_ν $(\nu = 1, 2, \ldots)$ so beschaffen sein, daß $\sum_{\nu=1}^{\infty} \varepsilon_\nu a_\nu$ konvergiert. Dann gilt

$$\underline{\lim}\,(1/n) \sum_{\nu=1}^{n} \varepsilon_\nu \leqq 0 \leqq \overline{\lim}\,(1/n) \sum_{\nu=1}^{n} \varepsilon_\nu \ (n \to \infty).$$

57. Es seien α_ν und p_ν zwei Folgen nichtnegativer Zahlen. Die Zahlenfolge e_ν möge entweder unendlich viele Nullen oder sowohl unendlich viele positive als auch unendlich viele negative Zahlen enthalten. Betrachtet man die Folge $\sigma_n = \sum_{\nu=1}^{n} e_\nu \alpha_\nu + e_n p_n$, so gilt für $n \to \infty$:

$$\underline{\lim}\, \sigma_n \leqq \underline{\lim} \sum_{\nu=1}^{n} e_\nu \sigma_\nu \leqq \overline{\lim}\, \sigma_n .$$

58. Konvergiert $\sum_{\nu=1}^{\infty} a_\nu$ mit $|a_\nu| \downarrow 0$ für $\nu \to \infty$ nur bedingt und ist P_n für jedes natürliche n die Anzahl der positiven und N_n die Anzahl der negativen unter den $a_1, a_2, \ldots, a_n$, so gilt für $n \to \infty$:

a) $$\underline{\lim}\, \frac{P_n - N_n}{n} \leqq 0 \leqq \overline{\lim}\, \frac{P_n - N_n}{n}, \qquad \text{(Cesàro)}$$

b) $$(P_n - N_n)\, a_n \to 0 . \qquad \text{(Lasker)}$$

59. Konvergiert $\sum_{\nu=1}^{\infty} |x_\nu - a|$, so konvergiert auch $\sum_{\nu=1}^{\infty} |f(x_\nu) - f(a)|$, wenn $f(x)$ für alle x_ν und a definiert ist und $f'(a)$ existiert.

60. Es sei für $n = 1, 2, \ldots$

$$s_n = \sum_{\nu=1}^{n} (-1)^{\nu-1} a_\nu \ (n \geqq 1),\ s_0 = 0, \qquad S_n = \sum_{\nu=1}^{n} \frac{(-1)^{\nu-1}}{2^\nu} \Delta^{\nu-1} a_1 \ (n \geqq 1).$$

Dann gilt: $S_n = 2^{-n} \sum_{\nu=0}^{n} \binom{n}{\nu} s_\nu$ $(n = 1, 2, \ldots)$ (Jakobsthal-Knopp).

61. Es sei $s = \sum_{\nu=1}^{\infty} (-1)^{\nu-1} a_\nu$ konvergent, dann konvergiert auch $\sum_{\nu=1}^{\infty} [(-1)^{\nu-1}/2^\nu]\, \Delta^{\nu-1} a_1$ und ist gleich s. (Satz von L. D. Ames, 1901, über die sogenannte Eulersche Transformation)

62. Unter Benutzung der Bezeichnungen von A 60 und der Voraussetzungen von A 61 sei für $n = 0, 1, 2, \ldots$ $\varrho_n = a_{n+1} - a_{n+2} + \cdots = (-1)^n (s - s_n)$. Dann gilt für alle natürlichen n: $s - S_n = (-1)^n (\Delta^n \varrho_0 / 2^n)$.

63. Unter Benutzung der Bezeichnungen und Voraussetzungen von A 62 mögen die a_ν die Eigenschaft haben, daß für jedes $\nu = 0, 1, 2, \ldots$ und jedes $n = 1, 2, \ldots$ die Ausdrücke $(-1)^\nu \Delta^\nu a_n$ nicht negativ sind. Dann nehmen diese Ausdrücke sowohl bei wachsendem ν als auch bei wachsendem n monoton ab, und dasselbe gilt für die Ausdrücke $(-1)^\nu \Delta^\nu \varrho_n$ $(\nu = 1, 2, \ldots;\ n = 0, 1, 2, \ldots)$; zugleich gilt für jedes natürliche n: $0 \leqq s - S_n < s/2^n$ $(n = 1, 2, \ldots)$.

64. Sind P, Q zwei Punkte des Hilbertschen Raumes (vgl. A 33) mit den Koordinaten x_ν bzw. y_ν $(\nu = 1, 2, \ldots)$, so konvergiert $\sum_{\nu=1}^{\infty} (x_\nu - y_\nu)^2$.

65. Definiert man unter den Voraussetzungen von A 64 die Distanz zweier allgemeiner Punkte P, Q von H_2 als $|PQ| = \sqrt{\sum_{\nu=1}^{\infty}(x_\nu - y_\nu)^2}$, so gilt die *Dreiecksungleichung* $|PQ| \leqq |PR| + |RQ|$.

66. Ist P_μ $(\mu = 1, 2, \ldots)$ eine Folge von Punkten von H_2, so sagt man, diese Folge konvergiere gegen einen Punkt P von H_2, wenn $|P_\mu P| \to 0$ $(\mu \to \infty)$ gilt. Man beweise, daß dann, wenn die Koordinaten von P_μ, P bzw. $x_\nu^{(\mu)}, x_\nu$ $(\nu = 1, 2, \ldots)$ sind, für jedes feste $\nu = 1, 2, \ldots$ gilt: $x_\nu^{(\mu)} \to x_\nu$ $(\mu \to \infty)$.

67. Sind P_μ, Q_μ $(\mu = 1, 2, \ldots)$ zwei Punktfolgen von H_2, die resp. gegen P, Q konvergieren, so gilt $|P_\mu Q_\mu| \to |PQ|$ $(\mu \to \infty)$.

68. Setzt man allgemein, für eine konvergente Reihe $s = \sum_{\nu=1}^{\infty} a_\nu$: $\sum_{\nu=n+1}^{\infty} a_\nu = r_n$, und gilt $r_n r_{n+1} < 0$, so ist $0 > r_{n+1}/a_{n+1} > -1$ (Jacobi-Steffensen).

69. Es gilt für jedes $x > 0$

$$\sum_{n=2}^{\infty} \frac{a_1 a_2 \cdots a_{n-1}}{(x+a_1) \cdots (x+a_n)} = \frac{a_1}{x(x+a_1)},$$

wenn alle $a_\nu > 0$ sind und $\sum_{\nu=1}^{\infty} 1/a_\nu$ divergiert.

70. Für welche p konvergieren die Reihen:

$$\text{a)} \sum_{\nu=3}^{\infty} \nu \left(\operatorname{tg}\frac{\pi}{\nu} - \sin\frac{\pi}{\nu}\right)^p, \quad \text{b)} \sum_{\nu=2}^{\infty} \frac{1}{\nu}\left(\lg\frac{\nu+1}{\nu-1}\right)^p ?$$

Untersuche die Konvergenz oder Divergenz der folgenden Reihen, in denen a und α positiv sind:

71. $$\text{a)} \sum_{\nu=2}^{\infty} \frac{1}{\sqrt{\nu}}\left(\lg\frac{\nu+1}{\nu-1}\right)^p, \quad \text{b)} \sum_{\nu=1}^{\infty}\left(\frac{1\cdot 3\cdot 5 \cdots (2\nu+1)}{2\cdot 4\cdot 6 \cdots (2\nu+2)}\right)^p \frac{1}{\nu^\alpha}.$$

72. $$\text{a)} \sum_{\nu=1}^{\infty}\left(\sqrt[\nu]{a} - \sqrt[\nu+1]{a}\right), \quad \text{b)} \sum_{\nu=1}^{\infty}\left(a^{1/\nu} + a^{-1/\nu} - 2\right), \quad \text{c)} \sum_{\nu=1}^{\infty}\left[e - \left(1+\frac{1}{\nu}\right)^\nu\right].$$

73. $$\sum_{\nu=1}^{\infty} \lg \frac{1}{\nu \sin\frac{1}{\nu}}.$$

74. Nehmen die Zahlen a_ν monoton gegen 0 ab und setzt man $a_\nu - a_{\nu+1} = \delta_\nu$, so sind die beiden Reihen $s = \sum_{\nu=1}^{\infty} a_\nu$, $S = \sum_{\nu=1}^{\infty} \nu\,\delta_\nu$ gleich-

zeitig divergent und konvergent und haben im Konvergenzfall den gleichen Wert.

75. Konvergiert unter den Voraussetzungen von A 74 die Reihe $\sum_{\nu=1}^{\infty} a_\nu$, so ist $\lim_{n \to \infty} n a_n = 0$.

76. Ist $u_\nu \to 0$ $(\nu \to \infty)$ und konvergiert $\sum_{\nu=1}^{\infty} \nu |u_\nu - u_{\nu-1}|$, so gilt $\nu u_\nu \to 0$ $(\nu \to \infty)$ (H. Hahn).

77. Konvergiert $\sum_{\nu=1}^{\infty} |u_{\nu+1} - u_\nu|$, so kann man schreiben $u_\nu = v_\nu - w_\nu$, wo v_ν und w_ν monoton fallende konvergente Folgen sind (Hadamard).

78. Ist $a_\nu > 0$ $(\nu = 1, 2, \ldots)$ und $\sum_{\nu=1}^{\infty} a_\nu$ divergent, so divergiert auch $\sum_{\nu=1}^{\infty} a_\nu/\sqrt{s_\nu}$ $(s_\nu = a_1 + \cdots + a_\nu)$ (Abel).

79. Ist $a_\nu > 0$ $(\nu = 1, 2, \ldots)$ und $\sum_{\nu=1}^{\infty} a_\nu$ konvergent, so konvergiert auch $\sum_{\nu=1}^{\infty} a_\nu/\sqrt{r_{\nu-1}}$ $(r_\nu = a_{\nu+1} + a_{\nu+2} + \cdots)$ (Abel).

80. Es gibt keine positive, mit $\nu \to \infty$ ins Unendliche konvergierende Funktion $\varphi(\nu)$ der natürlichen Zahl ν, derart, daß für jede Folge positiver a_ν aus $\lim_{\nu \to \infty} \varphi(\nu)\, a_\nu = 0$ die Konvergenz und aus $\lim_{\nu \to \infty} \varphi(\nu)\, a_\nu = \infty$ die Divergenz von $\sum_{\nu=1}^{\infty} a_\nu$ folgt (Abel-Hadamard).

81. Ist $\sum_{\nu=1}^{\infty} a_\nu$ eine konvergente Reihe mit monoton gegen 0 abnehmenden $a_\nu > 0$, so läßt sich eine solche konvergente Reihe $\sum_{\nu=1}^{\infty} A_\nu$ mit *monoton gegen 0 abnehmenden* A_ν konstruieren, daß $A_\nu/a_\nu \to \infty$ $(\nu \to \infty)$ ist.

82. Es gibt keine mit ν monoton ins Unendliche wachsende Funktion $\varphi(\nu)$ derart, daß für eine Folge monoton gegen 0 abnehmender a_ν aus $\varphi(\nu)\, a_\nu \to 0$ $(\nu \to \infty)$ die Konvergenz und aus $\varphi(\nu)\, a_\nu \to \infty$ $(\nu \to \infty)$ die Divergenz der Reihe $\sum_{\nu=1}^{\infty} a_\nu$ folgt.

83. Man setze für natürliche ν: $\varphi(2\nu - 1) = \nu$, $\varphi(2\nu) = 2^\nu$. Dann folgt für jede monoton gegen 0 abnehmende Folge a_ν aus $\varphi(\nu)\, a_\nu \to 0$ $(\nu \to \infty)$ die Konvergenz und aus $\varphi(\nu)\, a_\nu \to \infty$ $(\nu \to \infty)$ die Divergenz von $\sum_{\nu=1}^{\infty} a_\nu$.

84. Notwendig und hinreichend, damit $\sum_{\nu=1}^{\infty} a_\nu x_\nu$ für jede Nullfolge x_ν konvergiert, ist die Konvergenz von $\sum_{\nu=1}^{\infty} |a_\nu|$.

85. Sind die beiden Reihen $\sum_{\nu=1}^{\infty} |a_\nu|$ und $\sum_{\nu=1}^{\infty} |b_\nu|$ divergent, so läßt sich eine Nullfolge x_ν finden derart, daß die beiden Reihen $\sum_{\nu=1}^{\infty} a_\nu x_\nu$, $\sum_{\nu=1}^{\infty} b_\nu x_\nu$ divergieren.

86. Ist $\sum_{\nu=1}^{\infty} a_\nu$ konvergent und ist die Zahlenfolge M_ν $(\nu = 1, 2, \ldots)$ so beschaffen, daß a_ν/M_ν monoton gegen 0 fällt, so gilt

$$\lim_{n\to\infty} \frac{\sum_{\nu=1}^{n} M_\nu}{M_n} a_n = 0.$$

87. Ist $\sum_{\nu=1}^{\infty} a_\nu$ konvergent und nimmt $\nu\, a_\nu$ monoton gegen 0 ab, so gilt $\nu\, a_\nu \lg \nu \to 0$ $(\nu \to \infty)$ (Lasker).

88. Man verallgemeinere den Satz der A 86 im Sinne des Satzes der A 42 § 8 Bd. I.

89. Seien die a_ν und b_ν $(\nu = 1, 2, \ldots)$ positiv. Ist für $\nu \geqq n_0$

$$\frac{a_{\nu-1}}{a_\nu} \leqq \frac{b_{\nu-1}}{b_\nu},$$

so ist $\sum_{\nu=1}^{\infty} b_\nu$ konvergent, wenn $\sum_{\nu=1}^{\infty} a_\nu$ konvergiert, und $\sum_{\nu=1}^{\infty} a_\nu$ divergent, wenn $\sum_{\nu=1}^{\infty} b_\nu$ divergiert.

90. Es seien a_ν $(\nu = 1, 2, \ldots)$ positiv. Gilt von einem ν an für ein geeignetes positives ε

$$\frac{a_{\nu+1}}{a_\nu} \geqq 1 - \frac{1}{\nu} - \frac{1-\varepsilon}{\nu \lg \nu} \qquad (\varepsilon > 0,\ \nu \geqq n_0),$$

so ist $\sum_{\nu=1}^{\infty} a_\nu$ divergent.

91. Wenn ein Quotient $a_{\nu+1}/a_\nu$ in der Form $P(\nu)/Q(\nu)$ dargestellt werden kann, wo $P(\nu)$ und $Q(\nu)$ Polynome in ν mit dem höchsten Glied ν^k sind, und wenn höchstes Glied von $Q(\nu) - P(\nu)$ gleich $A\nu^{k-1}$ ist, so konvergiert $\sum_{\nu=1}^{\infty} a_\nu$ für $A > 1$ und divergiert für $A \leqq 1$.

92. Ist $\sum\limits_{\nu=1}^{\infty} a_\nu$ mit $a_\nu \geqq 0$ $(\nu = 1, 2, \ldots)$ konvergent, so konvergiert $\sum\limits_{\nu=1}^{\infty} \sqrt{a_\nu}/\nu$, und allgemeiner konvergiert unter den obigen Voraussetzungen auch $\sum\limits_{\nu=1}^{\infty} a_\nu^\varrho/\nu^\varkappa$ für positive Konstanten ϱ, $\varkappa$ mit $\varrho + \varkappa > 1$.

93. Gilt $r_\nu \downarrow 0$ $(\nu \to \infty)$, $r_\nu > 0$, so ist die Reihe $\sum\limits_{\nu=1}^{\infty} (r_\nu - r_{\nu+1})/r_\nu^\alpha$ konvergent für $\alpha < 1$ und divergent für $\alpha \geqq 1$ (Dini).

94. Nimmt ε_ν monoton gegen 0 ab und gilt für eine Zahlenfolge a_ν und ein positives α: $\operatorname*{Lim}\limits_{n \to \infty} \varepsilon_n^{1-\alpha} \sum\limits_{\nu=1}^{n} a_\nu = 0$, so konvergiert $\sum\limits_{\nu=1}^{\infty} \varepsilon_\nu a_\nu$ (Rademacher).

95. Gilt $s_\nu \uparrow \infty$, so ist die Reihe $\sum\limits_{\nu=1}^{\infty} (s_{\nu+1} - s_\nu)/(s_{\nu+1} s_\nu^\varepsilon)$ divergent für $\varepsilon \leqq 0$ und konvergent für $\varepsilon > 0$ (Abel-Dini-Pringsheim).

96. Gilt $s_\nu \uparrow \infty$ und $(s_\nu - s_{\nu-1})/s_\nu \to 0$ $(\nu \to \infty)$, so gilt die Äquivalenz

$$\sum_{\nu=1}^{n} \frac{s_\nu - s_{\nu-1}}{s_\nu} \sim \lg s_n \qquad (n \to \infty) \qquad \text{(Cesàro).}$$

97. Gilt $s_\nu > 0$ und $(s_\nu - s_{\nu-1})/s_\nu \to 0$ $(\nu \to \infty)$, so fällt die Differenz $\sum\limits_{\nu=1}^{n} [(s_\nu - s_{\nu-1})/s_\nu] - \lg s_n$ mit $n \to \infty$ monoton; sie strebt dann und nur dann gegen einen endlichen Grenzwert, wenn $\sum\limits_{\nu=1}^{\infty} (s_\nu - s_{\nu-1})^2/s_\nu^2$ konvergiert.

98. Man zeige, daß es für die Gültigkeit der Behauptung von A96 nicht genügt, wenn die zweite Voraussetzung durch die Relation ersetzt wird:

$$\operatorname*{Lim}_{n \to \infty} \frac{\sum\limits_{\nu=2}^{n} \dfrac{(s_\nu - s_{\nu-1})^2}{s_\nu^2}}{\sum\limits_{\nu=2}^{n} \dfrac{s_\nu - s_{\nu-1}}{s_\nu}} = 0.$$

99. Es seien δ_ν positive Zahlen mit $\delta_1 = 1$, $\delta_\nu < 1$ für $\nu = 2, 3, \ldots$. Gibt man $a_1 > 0$ beliebig vor, so lassen sich auf eine einzige Weise $a_2, a_3, \ldots$ derart finden, daß

$$\delta_\nu = \frac{a_\nu}{a_1 + \cdots + a_\nu} \qquad (\nu = 1, 2, \ldots)$$

gilt. Die so bestimmten a_ν sind positiv, und $\sum_{\nu=1}^{\infty} a_\nu$ konvergiert dann und nur dann, wenn $\sum_{\nu=1}^{\infty} \delta_\nu$ konvergiert.

100. Es sei $f(x)$ für $x \geqq n_0$ (n_0 natürlich) positiv und stetig, und es mögen zwei Konstanten $K \geqq 1$ und $m > 1$ existieren derart, daß für $x \geqq n_0$ und $y \geqq m x$ stets

$$f(y) \leqq K f(x) \qquad (y \geqq m x,\, x \geqq n_0)$$

gilt. Dann konvergieren und divergieren die Folge $\int\limits_{n_0}^{\nu} f(x)\,dx$ $(\nu \geqq n_0)$ und die Reihe $\sum_{\nu=n_0}^{\infty} f(\nu)$ gleichzeitig.

101. Es sei $f(x)$ für $x \geqq n_0$ positiv und stetig, und es mögen zwei Konstanten A und K existieren derart, daß $K \geqq 1$ und für hinreichend große x und y stets $f(x) \leqq K f(y)$ $(x+A \leqq y \leqq x+A+1)$ gilt. Dann konvergieren und divergieren die Folge $\int\limits_{n_0}^{\nu} f(x)\,dx$ $(\nu \geqq n_0)$ und die Reihe $\sum_{\nu=n_0}^{\infty} f(\nu)$ gleichzeitig.

102. Es sei $f(x)$ für hinreichend große x stetig und positiv, und es möge eine Konstante N geben, derart, daß $x^N f(x)$ von einem x an durchweg wächst oder durchweg fällt. Dann konvergieren und divergieren die Folge $\int^{\nu} f(x)\,dx$ und die Reihe $\sum^{\infty} f(\nu)$ gleichzeitig.

103. Es sei $1 \leqq s_\nu \uparrow \infty$ für $\nu \to \infty$. $f(x)$ sei stetig für $x \geqq 1$ und nehme für $x \to \infty$ monoton gegen 0 ab. Konvergiert dann die Folge $\int\limits_1^{\nu} f(x)\,dx$, so konvergiert auch die Reihe $\sum_{\nu=2}^{\infty} f(s_\nu)(s_\nu - s_{\nu-1})$; divergiert die Folge $\int\limits_1^{\nu} f(x)\,dx$, so divergiert auch die Reihe $\sum_{\nu=2}^{\infty} f(s_{\nu-1})(s_\nu - s_{\nu-1})$; ist die Folge $s_\nu - s_{\nu-1}$ beschränkt, so konvergieren und divergieren die beiden obigen Reihen gleichzeitig (De la Vallée-Poussin).

104. Es sei $1 \geqq r_\nu \downarrow 0$ $(\nu \to \infty)$. $f(x)$ sei stetig, positiv für $x > 0$ und möge monoton ins Unendliche wachsen, wenn x gegen 0 abnimmt. Dann konvergiert $\sum_{\nu=2}^{\infty} f(r_{\nu-1})(r_{\nu-1} - r_\nu)$, wenn der Grenzwert $\operatorname{Lim}_{\varepsilon \downarrow 0} \int\limits_{\varepsilon}^{1} f(x)\,dx$ existiert. Existiert dieser Grenzwert aber nicht, so divergiert die Reihe $\sum_{\nu=2}^{\infty} f(r_\nu)(r_{\nu-1} - r_\nu)$ (De la Vallée-Poussin).

105. Unter den Voraussetzungen von A103 sei die Folge $\int\limits_1^\nu f(x)\,dx$ $(\nu = 1, 2, \ldots)$ divergent. Sind die $s_\nu - s_{\nu-1}$ beschränkt, so konvergieren die beiden Differenzen

$$d_n = \sum_{\nu=2}^{n} f(s_\nu)(s_\nu - s_{\nu-1}) - \int\limits_1^{s_n} f(x)\,dx, \quad D_n = \sum_{\nu=2}^{n} f(s_{\nu-1})(s_\nu - s_{\nu-1}) - \int\limits_1^{s_n} f(x)\,dx$$

gegen endliche Grenzwerte, die erste monoton abnehmend, die zweite monoton wachsend.

106. Sei $1 \leqq s_\nu \uparrow \infty$ $(\nu \to \infty)$. Sei $g(x)$ für $x \geqq 1$ definiert und stetig. Es möge $g(x)$ für $x \to \infty$ monoton gegen 0 abnehmen, und die Integralfolge $\int\limits_1^\nu [g(x)/x]\,dx$ $(\nu \to \infty)$ sei beschränkt und $\leqq c$. Dann konvergiert $\sum\limits_{\nu=2}^{\infty} [(s_\nu - s_{\nu-1})\,g(s_{\nu-1})]/s_\nu$.

107. Sei $f(x)$ in $\langle 0, 1\rangle$ definiert und stetig und es möge $x f(x)$ monoton gegen 0 abnehmen mit $x \downarrow 0$. Existiert dann $\lim\limits_{\varepsilon \downarrow 0} \int\limits_\varepsilon^1 f(x)\,dx$ und gilt $1 \geqq r_\nu \downarrow 0$ $(\nu \to \infty)$, so konvergiert die Reihe $\sum\limits_{\nu=1}^{\infty} (r_\nu - r_{\nu+1})\,f(r_\nu)$.

108. Es gilt für $a_\nu, b_\nu \geqq 0$, $\varrho, \sigma \geqq 0$, $\varrho + \sigma = 1$:

$$\Big(\sum_{\nu=1}^{\infty} a_\nu\Big)^\varrho \Big(\sum_{\nu=1}^{\infty} b_\nu\Big)^\sigma \geqq \sum_{\nu=1}^{\infty} a_\nu^\varrho b_\nu^\sigma,$$

wenn die beiden Reihen links konvergieren.

109. Sind a_ν, b_ν, p_ν unendliche Folgen positiver Zahlen und konvergieren $\sum\limits_{\nu=1}^{\infty} a_\nu p_\nu^{1/t}$ und $\sum\limits_{\nu=1}^{\infty} b_\nu p^{1\,(t-1)}$ für $0 < t < 1$, so gilt $\sum\limits_{\nu=1}^{\infty} a_\nu^t b_\nu^{1-t} \leqq$ $\leqq \left(\sum\limits_{\nu=1}^{\infty} p_\nu^{1/t} a_\nu\right)^t \left(\sum\limits_{\nu=1}^{\infty} p_\nu^{1/(t-1)} b_\nu\right)^{1-t}$.

110. Setzt man $a_\nu = 2^{\nu^2}$ $(\nu = 1, 2, \ldots)$, $s_\nu = a_1 + \cdots + a_\nu$ und $f(x) = 1/(x \lg x)$, so divergiert $\sum\limits_{\nu=2}^{\infty} f(s_{\nu-1})\,a_\nu$, während $\sum\limits_{\nu=1}^{\infty} f(s_\nu)\,a_\nu$ konvergiert.

111. Setzt man $a_\nu = 2^{-\nu^2}$, $r_{\nu-1} = a_\nu + a_{\nu+1} + \cdots$, $f(x) = 1/(x \lg x)$, so divergiert $\sum\limits_{\nu=2}^{\infty} f(r_\nu)\,a_\nu$, während $f(r_{\nu-1})\,a_\nu$ konvergiert.

112. Es sei $\varphi(x)$ eine für $x \geqq x_0$ stetige und stetig differenzierbare Funktion derart, daß stets $\varphi(x) > x$ für $x \geqq x_0$ ist. Ist dann eine für $x \geqq x_0$ definierte und positive Funktion $f(x)$ so beschaffen, daß für ein

$M > 1: f(x) \geqq M\varphi'(x) f[\varphi(x)]$ $(x > x_0)$ ist, so bleibt $\int\limits_{x_0}^{x} f(t)\,dt$ für $x \geqq x_0$ beschränkt (Ermakoff).

113. Der Satz von A112 bleibt richtig, wenn über $\varphi(x)$ statt $\varphi(x) > x$ vorausgesetzt wird, daß für eine geeignete Zahlenfolge $x_\nu \to \infty$ $\varphi(x_\nu) \geqq x_\nu$ gilt. Dann ergibt sich von selbst, daß $\varphi(x) > x$ für alle $x > x_0$ ist.

114. Unter den gleichen Annahmen über $\varphi(x)$ wie in A112 sei $f(x)$ für $x \geqq x_0$ positiv und so beschaffen, daß durchweg $f(x) \leqq \varphi'(x) f[\varphi(x)]$ gilt. Dann wächst $\int\limits_{x_0}^{x} f(t)\,dt$ mit $x \to \infty$ ins Unendliche (Ermakoff).

115. Gilt $a_\nu \downarrow 0$ $(\nu \to \infty)$ und ist für $\nu \geqq \nu_0$

$$\frac{(2\nu+1)\,a_{\nu^2}}{a_\nu} \leqq \vartheta < 1,$$

so ist $\sum\limits_{\nu=1}^{\infty} a_\nu$ konvergent.

116. Gilt $a_\nu \downarrow 0$ für $\nu \to \infty$, so konvergieren und divergieren die Reihen $\sum\limits_{\nu=1}^{\infty} a_\nu$, $\sum\limits_{\nu=1}^{\infty} \nu\, a_{\nu^2}$ gleichzeitig (Schlömilch).

117. Man bestimme für $n \to \infty$ den Grenzwert von $\sum\limits_{\nu=n}^{3n} \nu/(1+\nu^2)$.

118. Beweise, daß für $\alpha > 0$ die Relation gilt: $\sum\limits_{\nu=1}^{\infty} \alpha/(\alpha^2+\nu^2) < \pi/2$.

119. Beweise $\sum\limits_{\nu=3}^{\infty} 1/(\nu \lg^2 \nu) \leqq 1/\lg 2$.

120. Es sei $0 < \varepsilon < 1$ und α, a beliebig. Man setze $x_0 = a$ und allgemein $x_{\nu+1} = \alpha + \varepsilon \sin x_\nu$ und zeige, daß die Folge der x_ν gegen die *einzige* Wurzel der Gleichung $x = \alpha + \varepsilon \sin x$ strebt.

121. Um jeden positiven echten Bruch p/q $[(p,q) = 1]$ beschreibe man das Intervall

$$\left(\frac{p}{q} - \frac{1}{6\,q^2(q-1)},\quad \frac{p}{q} + \frac{1}{6\,q^2(q-1)}\right).$$

Man beweise, daß die Längensumme dieser Intervalle $< 1/3$ ist.

122. Sei $\sum\limits_{\nu=1}^{\infty} a_\nu$ konvergent und $a_\nu \downarrow 0$ $(\nu \to \infty)$; gilt für $n = 1, 2, \ldots$: $r_n = a_{n+1} + a_{n+1} + \cdots \leqq \sqrt{a_n}/4$, so gilt $a_n \leqq 4 \operatorname{Max}(1, a_1)/n^2$.

123. Konvergiert $\sum\limits_{\nu=1}^{\infty} \varepsilon_\nu$ absolut, so ist auch $\sum\limits_{\nu=1}^{\infty} \lg(1+\varepsilon_\nu)$ konvergent, wenn kein $\varepsilon_\nu \leqq -1$ ist.

124. Konvergieren $\sum_{\nu=1}^{\infty} \varepsilon_\nu$, $\sum_{\nu=1}^{\infty} \varepsilon_\nu^2$ und ist stets $\varepsilon_\nu > -1$, so konvergiert $\sum_{\nu=1}^{\infty} \lg(1+\varepsilon_\nu)$.

125. Gilt für eine Folge positiver Zahlen a_ν: $a_{\nu+1}/a_\nu = 1 - \alpha/(\nu+c) + \varepsilon_\nu$, wo α und c Konstanten sind und $\sum_{\nu=1}^{\infty} \varepsilon_\nu$ absolut konvergiert, so gilt $a_\nu \sim b/\nu^\alpha$ $(\nu \to \infty)$ für ein positives b.

126. Die Behauptung von A 125 bleibt richtig, wenn über ε_ν nur vorausgesetzt wird, daß $\sum_{\nu=1}^{\infty} \varepsilon_\nu$ und $\sum_{\nu=1}^{\infty} \varepsilon_\nu^2$ konvergieren.

§ 8. Funktionenfolgen und Funktionenreihen

Eine Folge von Funktionen $f_\nu(P)$, die auf einer Menge $\mathfrak{M}$ definiert ist und in jedem Punkt von $\mathfrak{M}$ gegen den Grenzwert $f(P)$ konvergiert, heißt dort *gleichmäßig konvergent* – in Zeichen $f_\nu(P) \Rightarrow f(P)$ $(\nu \to \infty, P \prec \mathfrak{M})$, wenn

$$(a) \quad \operatorname*{Sup}_{P \prec \mathfrak{M}} |f_\nu(P) - f(P)| \to 0 \qquad (\nu \to \infty)$$

gilt. Eine notwendige und hinreichende Bedingung hierfür, die die Grenzfunktion nicht explizite benutzt, ist

$$(b) \quad \operatorname*{Sup}_{P \prec \mathfrak{M}} |f_\mu(P) - f_\nu(P)| \to 0 \qquad (\nu < \mu, \nu \to \infty)$$

(*Cauchy-Bolzanosche Bedingung*, übertragen auf gleichmäßige Konvergenz).

Sind unendlich viele unter den Funktionen $f_\nu(P)$ in (a) in den Punkten einer Teilmenge M_0 von $\mathfrak{M}$ stetig (gleichmäßig stetig), so ist auch $f(P)$ stetig (gleichmäßig stetig) in M_0.

Auf eine unendliche *Funktionenreihe* $\sum_{\nu=1}^{\infty} g_\nu = f$ übertragen sich die obigen Definitionen und Eigenschaften, indem man $f_\nu = \sum_{\varkappa=1}^{\nu} g_\varkappa$ setzt.

Die handlichsten hinreichenden Bedingungen ergeben sich für Funktionenreihen. Es sind dies:

(W) $g_\nu(P)$ sind auf $\mathfrak{M}$ definiert,

$$|g_\nu(P)| \leqq M_\nu \qquad (P \prec \mathfrak{M}), \qquad \sum_{\nu=1}^{\infty} M_\nu < \infty,$$

Hier sagt man, daß die Reihe $\sum g_\nu(P)$ durch die konstante Reihe ΣM_ν *majorisiert* wird und schreibt dies in der Form $\sum_{\nu=1}^{\infty} g_\nu(P) \ll \sum_{\nu=1}^{\infty} M_\nu$ (Weierstraßsche Majorantenbedingung).

(*M*) sei $\sum_{\nu=1}^{\infty} a_\nu(P)$ gleichmäßig konvergent für $P \prec \mathfrak{M}$ und die Funktionenfolge $\varepsilon_\nu(P, Q)$ monoton in ν für jedes $P \prec \mathfrak{M}$, $Q \prec \mathfrak{M}_0$ und gleichmäßig beschränkt,

$$|\varepsilon_\nu(P, Q)| \leqq C \qquad (\nu = 1, 2, \ldots; P \prec \mathfrak{M}, Q \prec \mathfrak{M}_0).$$

Dann konvergiert $\sum_{\nu=1}^{\infty} \varepsilon_\nu(P, Q)\, a_\nu(P)$ gleichmäßig für $P \prec \mathfrak{M}$, $Q \prec \mathfrak{M}_0$ (Monotonieprinzip der gleichmäßigen Konvergenz).

Konvergiert $\sum_{\nu=1}^{\infty} g_\nu(x) = f(x)$ gleichmäßig im endlichen Intervall J und sind $g_\nu(x)$ stetig in J, so gilt $\sum_{\nu=1}^{\infty} \int_x^y g_\nu(t)\, dt = \int_x^y f(t)\, dt$, und die Reihe links konvergiert gleichmäßig für alle $x \prec J$, $y \prec J$ (Satz von der gliedweisen Integrierbarkeit). Eine entsprechende Bedingung für gliedweise Differenzierbarkeit ergibt sich, indem man obigen Satz auf die gliedweise differenzierte Reihe anwendet.

1. Beweise, daß $x^\nu/\nu \Rightarrow 0$ für $0 \leqq x \leqq 1$.

2. Bestimme $\lim\limits_{\nu \to \infty} \nu x/(\nu x + 1)$.

3. Bestimme $\lim\limits_{\nu \to \infty} 1/(1 + \nu \sin^2 \pi x)$.

4. Bestimme $\lim\limits_{\nu \to \infty} (2/\pi) \operatorname{arc\,tg} \nu x$.

5. Beweise die gleichmäßige Konvergenz von $\sum_{\nu=1}^{\infty} (\cos \nu^2 x)/\sqrt{\nu^3}$ für alle x.

6. Beweise, daß

$$\text{a)} \sum_{\nu=0}^{\infty} \lg(1 + x^\nu), \qquad \text{b)} \sum_{\nu=0}^{\infty} \sin x^\nu$$

gleichmäßig konvergieren für $0 \leqq x \leqq 1 - \varepsilon$, $\varepsilon > 0$.

7. In jedem Intervall $|x| \leqq A$ konvergieren

$$\text{a)} \sum_{\nu=1}^{\infty} \sin \frac{x}{\nu^2}, \qquad \text{b)} \sum_{\nu=1}^{\infty} 2^\nu \sin \frac{x}{3^\nu}, \qquad \text{c)} \sum_{\nu=1}^{\infty} \nu^{3/2} \sin \frac{x}{\nu^3}$$

gleichmäßig.

8. Beweise die gleichmäßige Konvergenz von

$$\text{a)}\ \sum_{\nu=0}^{\infty}\left(\sqrt{1+x^{\nu}}-1\right), \qquad \text{b)}\ \sum_{\nu=0}^{\infty}\frac{\sqrt{1+x^{\nu}}-1}{\sqrt{1+(2x)^{\nu}}-1}$$

für $|x| \leqq 1-\varepsilon$, $\varepsilon > 0$.

9. Man beweise die gleichmäßige Konvergenz für jedes Intervall $|x| \leqq$ $\leqq A$ von

$$\text{a)}\ \sum_{\nu=1}^{\infty}\left(1-\cos\frac{x}{\nu}\right), \quad \text{b)}\ \sum_{\nu=1}^{\infty}\nu\left(\frac{x}{\nu}-\sin\frac{x}{\nu}\right).$$

10. Man beweise die gleichmäßige Konvergenz von $\sum\limits_{\nu=3}^{\infty} \lg\cos(x/\nu)$ für $|x| \leqq \pi$.

11. Man beweise die gleichmäßige Konvergenz von

$$\sum_{\nu=1}^{\infty}\frac{x^{\nu}\cos\nu x}{[1-2/3][2-2/3]\cdots[\nu-2/3]}$$

für $|x| \leqq A$.

12. a) Man bestimme die Summe

$$\sum_{\nu=1}^{\infty}\left[\frac{\nu x}{1+\nu^2 x^2}-\frac{(\nu+1)x}{1+(\nu+1)^2 x^2}\right].$$

b) In welchen Intervallen des Halbstrahls $x \geqq 0$ konvergiert die Reihe

$$\sum_{\nu=0}^{\infty}\frac{x}{(1+\nu x)[1+(\nu+1)x]}$$

gleichmäßig?

13. Man beweise die gleichmäßige Konvergenz von $f(x) = \sum\limits_{\nu=1}^{\infty} 1/(x+\nu)^2$ für $0 \leqq x \leqq 1$ und das Bestehen der Gleichung $\int\limits_0^1 f(x)\,dx = 1$.

14. Es sei $f(x) = \sum\limits_{\nu=1}^{\infty} (\sin\nu x)/\nu^2$. Man berechne

$$a_n = \int_{-\pi}^{\pi} f(x)\cos nx\,dx, \qquad b_n = \int_{-\pi}^{\pi} f(x)\sin nx\,dx \qquad (n = 0, 1, 2, \ldots).$$

15. Für $\alpha > 2$ ist die durch $\sum\limits_{\nu=1}^{\infty} (\sin\nu x)/\nu^{\alpha}$ dargestellte Funktion für jedes x differenzierbar und hat die Ableitung $\sum\limits_{\nu=1}^{\infty} (\cos\nu x)/\nu^{\alpha-1}$.

16. Konvergiert $\sum_{\nu=1}^{\infty} |a_\nu|$, so sind die Reihen $\sum_{\nu=1}^{\infty} a_\nu \sin \nu x$ und $\sum_{\nu=1}^{\infty} a_\nu \cos \nu x$ für alle x gleichmäßig konvergent.

* * *

17. Konvergiert die Funktionenfolge $a_\nu(P)$ gleichmäßig auf jeder der endlich vielen Mengen $M_1, M_2, \ldots, M_n$, so konvergiert sie gleichmäßig auf der Vereinigungsmenge dieser Mengen.

18. Konvergiert die Funktionenfolge $f_\nu(P)$ gleichmäßig für alle P auf einer Menge M gegen $f(P)$ und sind $f_\nu(P)$ gleichmäßig stetig auf M, so gilt dasselbe für $f(P)$.

19. In welchen Intervallen konvergiert $\sum_{\nu=1}^{\infty} x^{2\nu}/(1+x)^{\nu-1}$ gleichmäßig? Man bestimme die Summe.

20. Man bestimme $\operatorname{Lim}_{\nu\to\infty} x^\nu/(1+x^{2\nu})$ sowie die Intervalle gleichmäßiger Konvergenz.

21. Für welche $x > 0$ konvergiert $\sum_{\nu=2}^{\infty} x^{1+1/2+\cdots+1/\nu}$? Man bestimme die Intervalle gleichmäßiger Konvergenz.

22. Man bestimme die Intervalle gleichmäßiger Konvergenz für $x \geqq 0$ bei den folgenden Reihen:

$$\text{a)}\ \sum_{\nu=1}^{\infty} \frac{1}{x^\nu+1}, \quad \text{b)}\ \sum_{\nu=1}^{\infty} \frac{x^{2\nu}}{1+x^{2\nu+1}}, \quad \text{c)}\ \sum_{\nu=2}^{\infty} \frac{1}{\lg^2 \nu} \sin \frac{1}{\sqrt{x+\nu^2}}.$$

23. Man bestimme $\operatorname{Lim}_{\nu\to\infty} (1-x)\,x^\nu$ und untersuche die Gleichmäßigkeit der Konvergenz für $0 \leqq x \leqq 1$. Dasselbe für den Ausdruck $(1-x^\nu)\,x^\nu$.

24. Die Reihe $\sum_{\nu=1}^{\infty} x^{1+\varepsilon} e^{-\nu x}$ $(\varepsilon > 0)$ konvergiert gleichmäßig für $0 \leqq x < \infty$.

25. Für welche $\alpha > 0$ konvergiert die Reihe $\sum_{\nu=1}^{\infty} x^\alpha (1-x)^\nu$ im Intervall $\langle 0,1 \rangle$ gleichmäßig?

26. Man beweise, daß $\sum_{\nu=0}^{\infty} |\sin^3 x \cos^\nu x|$ für alle x gleichmäßig konvergiert.

27. Man beweise für $x \geqq 0$ und jedes natürliche n

$$\sum_{\nu=n}^{\infty} \frac{\nu}{(x+\nu)^3} < \frac{1}{x+n-1/2}.$$

28. Es gilt für jedes natürliche n und für $x \geqq 0$

$$\sum_{\nu=n}^{\infty} \frac{\nu}{(x+\nu^2)^2} \leqq \frac{n/(2n-1)}{x+(n-1)^2}.$$

29. Unter den Voraussetzungen der A 28 gilt

$$\sum_{\nu=n}^{\infty} \frac{\nu}{(x+\nu^2)^2} \geqq \frac{n/(2n+1)}{x+n^2}.$$

30. Beweise

$$\operatorname*{Lim}_{x \to \infty} x \sum_{\nu=1}^{\infty} \frac{\nu}{(x+\nu^2)^2} = \frac{1}{2}.$$

31. Man beweise, daß die Reihe

$$\sum_{\nu=1}^{\infty} (\nu x e^{-\nu x} - (\nu+1) x e^{-(\nu+1)x})$$

in keinem Intervall $\langle 0, A\rangle$ gleichmäßig konvergiert, und daß andererseits die durch gliedweise Integration von 0 bis $x > 0$ entstehende Reihe das Integral der Reihensumme zur Summe hat.

32. Beweise, daß durch die gliedweise Differentiation der für $0 \leqq x \leqq 1$ gleichmäßig konvergenten Reihe

$$f(x) = \sum_{\nu=1}^{\infty} \left(\frac{x^\nu}{\nu} - \frac{x^{\nu+1}}{\nu+1}\right)$$

eine Reihe entsteht, die für $x = 1$ konvergent ist, aber nicht mehr die Ableitung der durch die obige Reihe dargestellten stetigen Funktion bedeutet.

33. Sei $s_n(x)$ in $\langle 0, 1\rangle$ stetig und es gelte dort $s_n(x) \Rightarrow f(x)$; dann gilt

$$\operatorname*{Lim}_{x \to \infty} \int_0^{1-1/n} s_n(x)\, dx \to \int_0^1 f(x)\, dx.$$

34. Es seien die Funktionen $f_\nu(x)$ stetig in $\langle 0, 1\rangle$ und es sei dort $|f_\nu(x)| \leqq C$. Gilt dann $f_\nu(x) \Rightarrow f(x)$ für eine in $\langle 0, 1\rangle$ stetige Funktion $f(x)$ für jedes $\varepsilon > 0$ in jedem der Intervalle $\langle 0, 1/2-\varepsilon\rangle$ und $\langle 1/2+\varepsilon, 1\rangle$, so gilt $\int_0^1 f_\nu(x)\, dx \to \int_0^1 f(x)\, dx\ (\nu \to \infty)$.

35. Für jedes $a \geqq 1$ gilt

$$\int_0^1 \frac{t^{a-1}}{1+t}\, dt = \frac{1}{a} - \frac{1}{a+1} + \frac{1}{a+2} - + \cdots$$

und allgemeiner für jedes $b > 0$

$$\int_0^1 \frac{t^{a-1}}{1+t^b}\,dt = \frac{1}{a} - \frac{1}{a+b} + \frac{1}{a+2b} - + \cdots.$$

36. Ist $s(x) = \sum_{\nu=1}^{\infty} (-1)^\nu/(x+\nu)$ für $x \geqq 0$ konvergent? Man gebe eine Abschätzung des Restes und bestimme die x, für die diese Summe gleichmäßig konvergiert.

37. Ist

$$s = \sum_{\nu=0}^{\infty} \int_{\nu\pi}^{(\nu+1)\pi} \frac{\sin x}{x}\,dx$$

konvergent? Man gebe eine Abschätzung des Restes.

38. Ist

$$f(s) = \sum_{\nu=0}^{\infty} \int_{\nu\pi}^{(\nu+1)\pi} \frac{e^{-sx}\sin x}{x}\,dx \qquad (s \geqq 0)$$

konvergent? Man gebe eine Abschätzung des Restes.

39. Unter der Annahme $s > 1$ zeige man, daß

$$1 \geqq \sum_{\nu=1}^{\infty} \frac{1}{\nu^s} - \frac{1}{s-1} \geqq 0$$

gilt.

40. Man beweise, daß für $s \downarrow 1$ die Differenz $\sum_{\nu=0}^{\infty} 1/\nu^s - 1/(s-1)$ gegen einen positiven Grenzwert, und zwar die Eulersche Konstante C strebt.

41. Konvergiert $s(x) = \sum_{\nu=1}^{\infty} a_\nu(x)$ auf einer x-Menge M gleichmäßig und gilt $\varepsilon_\nu \downarrow 0$, so konvergiert auch $\sum_{\nu=1}^{\infty} \varepsilon_\nu a_\nu(x)$ auf jener Menge gleichmäßig.

42. Gilt $f_\nu(P) \Rightarrow f_0(P)$ gleichmäßig für alle P aus M und sind alle $f_\nu(P)$ $(\nu = 0, 1, 2, \ldots)$ nicht negativ, so gilt auch für jedes α mit $1 > \alpha > 0$ gleichmäßig auf M: $f_\nu^\alpha(P) \Rightarrow f_0^\alpha(P)$.

43. Gilt gleichmäßig auf M: $f_\nu(P) \Rightarrow f_0(P)$ und bleibt $f_0(P)$ auf M oberhalb einer positiven Konstanten c, so gilt gleichmäßig auf M: $\lg f_\nu(P) \Rightarrow \lg f_0(P)$.

44. Gilt für alle $P \prec M$: $a_\nu(P) > 0$ und konvergiert $\sum_{\nu=1}^{\infty} a_\nu(P)$ gleich-

mäßig auf M, so gilt dasselbe für die Reihe $\sum_{\nu=1}^{\infty} a_\nu/r_{\nu-1}^{\alpha}$ $(\alpha < 1)$, wo $r_n = \sum_{\nu=n+1}^{\infty} a_\nu(P)$ ist.

45. $\sum_{\nu=1}^{\infty} x/(\nu^p + \nu^q x^2)$ konvergiert gleichmäßig für alle x dann und nur dann, wenn $p+q > 2$ ist (Hardy).

46. $\sum_{\nu=1}^{\infty} 1/(\nu^p + \nu^q x^2)$ ist gliedweise differenzierbar für $3p - q > 2$.

47. Es gelte für eine Funktionenfolge $f_\nu(P)$: $f_\nu(P) \to a_\nu$, venn P gegen eine Grenzlage P_0 konvergiert. Es sei ferner gleichmäßig für alle P: $|f_\nu(P)| \leqq M_\nu$, wo M_ν Konstanten sind und $\sum_{\nu=1}^{\infty} M_\nu$ konvergiert. Ist dann $p(P)$ eine von P abhängige natürliche Zahl, die für $P \to P_0$ gegen ∞ konvergiert, so gilt

$$\operatorname*{Lim}_{P \to P_0} \sum_{\nu=1}^{p(P)} f_\nu(P) = \sum_{\nu=1}^{\infty} a_\nu,$$

wo die Summe rechts konvergiert (Tannery).

48. Es seien $f_\nu(x)$ $(\nu = 1, 2, \ldots)$ auf $\langle a, b\rangle$ stetig und differenzierbar, und es gelte dort für eine feste Konstante C: $|f_\nu'(x)| \leqq C$. Dann konvergiert die Folge $f_\nu(x)$ gleichmäßig in $\langle a, b\rangle$, wenn es in jedem Teilintervall von $\langle a, b\rangle$ Punkte gibt, in denen $f_\nu(x)$ konvergiert (Bendixson).

49. Die Funktionenfolge $f_\nu(P)$ sei auf der abgeschlossenen Menge M definiert und für $\nu \to \infty$ gegen eine Funktion $f(P)$ konvergent. Es möge zu jedem $\varepsilon > 0$ und jedem Punkt P_0 von M eine Umgebung $U(P_0)$ und einen Index n_0 geben derart, daß $|f_\nu(P) - f(P)| \leqq \varepsilon$ für $\nu \geqq n_0$ und $P \prec U(P_0)$ gilt. Dann konvergiert $f_\nu(P)$ gegen $f(P)$ gleichmäßig auf M.

50. Bedeutet Δ den Differenzenoperator in bezug auf ν, so gilt, wenn $f(x)$ in $\langle 0, a\rangle$ stetig ist,

$$\Delta^n \int_0^a x^\nu f(x)\,dx = \int_0^a x^\nu (x-1)^n f(x)\,dx \qquad (\nu \geqq 0,\ n \geqq 0).$$

51. Wird über die Folge $\varepsilon_\nu(P)$ vorausgesetzt, daß sie auf M gleichmäßig und monoton gegen 0 konvergiere, und wird angenommen, daß $\left|\sum_{\nu=1}^{n} a_\nu(P)\right|$ gleichmäßig in n und $P \prec M$ beschränkt, $\leqq C$, ist, so konvergiert $\sum_{\nu=1}^{\infty} \varepsilon_\nu(P)\, a_\nu(P)$ gleichmäßig auf M.

52. In der A 51 darf die Annahme der Monotonie der Folge $\varepsilon_\nu(P)$ ersetzt werden durch die Annahme, daß $\sum_{\nu=1}^{\infty} |\varepsilon_\nu(P) - \varepsilon_{\nu+1}(P)|$ gleichmäßig auf M konvergiert.

53. Gilt $a_\nu \downarrow 0$, so konvergieren die Reihen $\sum_{\nu=1}^{\infty} a_\nu \cos\nu x$ und $\sum_{\nu=1}^{\infty} a_\nu \sin\nu x$ gleichmäßig in $\langle \delta, 2\pi - \delta \rangle$ für jedes $\delta > 0$.

54. Konvergiert $\sum_{\nu=1}^{\infty} a_\nu$, so konvergiert $\sum_{\nu=1}^{\infty} a_\nu x^\nu$ gleichmäßig für $0 \leqq x \leqq 1$.

55. Wachsen die Konstanten γ_ν eigentlich monoton ins Unendliche und konvergiert $\sum_{\nu=0}^{\infty} a_\nu$, so konvergiert $\sum_{\nu=1}^{\infty} a_\nu \gamma_\nu^{-s}$ gleichmäßig für alle $s \geqq 0$.

56. Konvergiert $\sum_{\nu=0}^{\infty} a_\nu$, so konvergieren die folgenden Reihen gleichmäßig für $0 \leqq x \leqq 1$:

$$\text{a)}\ \sum_{\nu=1}^{\infty} a_\nu \frac{x^\nu}{1+x^\nu}, \qquad \text{b)}\ \sum_{\nu=1}^{\infty} a_\nu \frac{x^\nu}{1+x^{2\nu}},$$

$$\text{c)}\ \sum_{\nu=1}^{\infty} a_\nu \frac{\nu x^\nu (1-x)}{1-x^\nu}, \qquad \text{d)}\ \sum_{\nu=1}^{\infty} \frac{2\nu a_\nu x^\nu (1-x)}{1-x^{2\nu+1}} \qquad \text{(Hardy)}.$$

57. Es seien $f_\nu(x)$ $(\nu = 1, 2, \ldots)$ auf $\langle a, b \rangle$ stetig und es sei für diese Funktionenfolge die wie in A 22 § 5 definierte Schwankung in jedem Punkte von $\langle a, b \rangle$ gleich 0. Dann konvergiert die Folge $f_\nu(x)$ gleichmäßig auf $\langle a, b \rangle$, wenn die Menge der Konvergenzpunkte dieser Folge überall dicht in $\langle a, b \rangle$ liegt.

58. Es sei $f_\nu(P)$ eine auf einer abgeschlossenen Menge M in R_n definierte Funktionenfolge, die in einer überall dicht in M liegenden Punktmenge konvergiert. Ist die Schwankung der Folge in jeder Häufungsstelle von M gleich 0, so konvergiert $f_\nu(P)$ gleichmäßig in M.

59. Man beweise, daß die folgende Reihe für $|x| \leqq 1$ konvergiert:

$$1 + \frac{x}{2} + \sum_{\nu=2}^{\infty} (-1)^{\nu-1} \frac{1 \cdot 3 \cdots (2\nu-3)}{2^\nu \cdot \nu!} x^\nu.$$

60. Sind $f_\nu(x)$ in $\langle \alpha, \beta \rangle$ konvex und gilt $f_\nu(x) \to f(x)$ $(\nu \to \infty)$, wobei $f(x)$ in jedem Punkt von $\langle \alpha, \beta \rangle$ endlich ist, so ist dort $f(x)$ konvex. Sind darüber hinaus $f_\nu(x)$ in $\langle \alpha, \beta \rangle$ stetig, so ist dort auch $f(x)$ stetig.

61. Es gilt für jedes $x > 0$, $y > 0$, $a_\nu > 0$:

$$\sum_{\nu=2}^{\infty} \frac{a_1 \cdots a_{\nu-1} x^{\nu-1}}{(y+a_1 x) \cdots (y+a_\nu x)} = \frac{a_1 x}{y(y+a_1 x)} \qquad \left(\sum_{\nu=1}^{\infty} \frac{1}{a_\nu} \text{ div.}, x > 0 \right).$$

62. Es gilt

$$\sum_{\nu=2}^{\infty} \frac{(1+a_1)\cdots(1+a_{\nu-1})\,x^\nu}{(1+a_1 x)\cdots(1+a_\nu x)} = \frac{(1+a_1)\,x^2}{(1-x)(1+a_1 x)}$$

$$\left(a_\nu > 0,\ \sum \frac{1}{a_\nu} \text{ div.},\ 0 < x < 1\right).$$

63. Es gilt für $0 < x < 1$:

$$1 + \sum_{\nu=1}^{\infty} \frac{\nu!\,x^\nu}{(1+x)(1+2x)\cdots(1+\nu x)} = \frac{1}{1-x}.$$

64. Wird, für ein natürliches n, $F_n(x)$ definiert durch

$$F_n(x) = \sum_{\nu=1}^{n} \frac{1}{\nu} \sin 2\nu\pi x + \pi x + \frac{\cos(2n+1)\pi x}{(2n+1)\sin\pi x},$$

so gilt, für $0 < x < 1$:

$$F_n'(x) = -\pi \frac{\cos\pi x \cos(2n+1)\pi x}{(2n+1)\sin^2\pi x}$$

und

$$F_n' \Rightarrow 0 \qquad (n \to \infty,\ 0 < \varepsilon < x < 1-\varepsilon).$$

65. Man beweise

$$\sum_{\nu=1}^{\infty} \frac{\sin\nu\pi x}{\nu} = \frac{\pi}{2}(1-x) \qquad (0 < x < 2),$$

wobei die Konvergenz gleichmäßig ist in jedem abgeschlossenen Teilintervall von $(0, 2)$.

66. Wird, für $|x| < 1$, auf die Reihe $\log(1+x) = \sum_{\nu=1}^{\infty} (-1)^{\nu-1} \frac{x^\nu}{\nu}$ die Eulersche Transformation angewandt (vgl. A61 § 7), so gilt in den Bezeichnungen von A60 bis A62 von § 7

$$(1) \quad s - s_n \sim (-1)^n \frac{x^{n+1}}{n(1+x)} \qquad (n \to \infty);$$

$$(2) \quad s - S_n \sim \frac{1}{n\,2^n} \qquad (n \to \infty).$$

67. Aus (1) $a_{\nu+2k} - 2a_{\nu+k} + a_\nu \Rightarrow 0$ ($\nu \to \infty$, $k > 0$) folgt (2) $a_{\nu+1} - a_\nu \to \gamma$.

§ 9. Potenzreihen

Eine *Potenzreihe* ist eine Funktionenreihe vom Typus

$$\text{(a)} \quad P(x) = \sum_{\nu=0}^{\infty} a_\nu (x-x_0)^\nu.$$

Zu jeder solchen Potenzreihe gehört ihr *Konvergenzradius*

$$\varrho = \frac{1}{\overline{\lim} \sqrt[\nu]{|a_\nu|}}$$

mit der Eigenschaft, daß (a) konvergiert für alle x mit $|x-x_0| < \varrho$ und divergiert für alle x mit $|x-x_0| > \varrho$, so daß das Konvergenzintervall von (a) eines der vier Intervalle

$$\langle x_0-\varrho, x_0+\varrho\rangle, \quad (x_0-\varrho, x_0+\varrho), \quad \langle x_0-\varrho, x_0+\varrho), \quad (x_0-\varrho, x_0+\varrho\rangle$$

ist. ϱ kann auch Null oder ∞ sein. Die durch gliedweise Differentiation oder gliedweise Integration aus (a) entstehenden Potenzreihen haben denselben Konvergenzradius. Ist $\varrho > 0$, so konvergiert (a) gleichmäßig in jedem Intervall $|x-x_0| \leqq \varrho-\varepsilon$, $\varepsilon > 0$. Existiert $\lim\limits_{\nu\to\infty} |a_\nu|/|a_{\nu+1}|$, so ist er $= \varrho$ (auch wenn er $= \infty$ ist).

Besitzt $P(x)$ für $\varrho > 0$ in (a) eine unendliche, gegen x_0 konvergierende Folge von verschiedenen Nullstellen x_ν, so verschwindet $P(x)$ identisch, d. h. alle a_ν in (a) sind $= 0$.

Das wichtigste Beispiel einer Potenzreihe ist die allgemeine

Binomialreihe:

$$\text{(b)} \quad P_\alpha(x) = \sum_{\nu=0}^{\infty} \binom{\alpha}{\nu} x^\nu,$$

$$\binom{\alpha}{\nu} = \frac{\alpha(\alpha-1)\cdots(\alpha-\nu+1)}{\nu!} \quad (\nu = 1, 2, \cdots), \quad \binom{\alpha}{0} = 1.$$

Für nicht negative, ganze α reduziert sich die Reihe in (b) auf das Polynom vom Grade α, $(1+x)^\alpha$. Für alle andern Werte von α ist der Konvergenzradius von (b) gleich 1, und für jedes x mit $|x| < 1$ hat $P_\alpha(x)$ den Wert $(1+x)^\alpha$. Der allgemeine Koeffizient $\binom{\alpha}{\nu}$ in (b) ist ein Polynom in α vom Grade ν, von dem folgende Eigenschaften oft gebraucht werden:

$$\text{(c)} \quad \nu\binom{\alpha}{\nu} = \alpha\binom{\alpha-1}{\nu-1}, \quad \binom{\alpha}{\nu} = \frac{\alpha-\nu+1}{\nu}\binom{\alpha}{\nu-1},$$

$$\binom{\alpha}{\nu} + \binom{\alpha}{\nu-1} = \binom{\alpha+1}{\nu} \quad (\nu = 1, 2, \cdots).$$

Ist $f(x)$ in einem abgeschlossenen Intervall J stetig, so läßt sich $f(x)$ in J beliebig genau durch Polynome approximieren, d. h., zu jedem $\varepsilon > 0$ läßt sich ein Polynom $P(x)$ finden mit der Eigenschaft, daß $|f(x)-P(x)| \leqq \varepsilon$ $(x \prec J)$ (Weierstraßscher Approximationssatz).

Man bestimme die Konvergenzradien ϱ der folgenden Reihen in A 1–13:

1. a) $\sum\limits_{\nu=1}^{\infty} \nu!\, x^\nu$, b) $\sum\limits_{\nu=1}^{\infty} \frac{\nu^\alpha}{\nu!} x^\nu$, c) $\sum\limits_{\nu=1}^{\infty} \frac{100^\nu x}{1\cdot 3\cdot 5 \cdots (2\nu+1)}$,

d) $\sum\limits_{\nu=1}^{\infty} \frac{x^\nu}{\sqrt{\nu}}$, e) $\sum\limits_{\nu=1}^{\infty} \frac{x^\nu}{(n\nu)!}$.

2. a) $\sum\limits_{\nu=1}^{\infty} (-1)^\nu \frac{x^{2\nu}}{\nu!\,(\nu+n)!}$, b) $\sum\limits_{\nu=1}^{\infty} \frac{x^{2\nu}}{\nu!\,(\nu-1)!}$.

3. a) $1 + \frac{1}{2} x + \frac{1\cdot 3}{2\cdot 4} x^2 + \frac{1\cdot 3\cdot 5}{2\cdot 4\cdot 6} x^3 + \cdots$, b) $\sum\limits_{\nu=1}^{\infty} \frac{(\nu!)^2}{(2\nu)!} x^\nu$.

4. a) $\sum\limits_{\nu=1}^{\infty} \frac{\nu^\nu}{\nu!} x^\nu$, b) $\sum\limits_{\nu=1}^{\infty} \frac{\nu!}{(\nu+1)^\nu} x^\nu$, c) $\sum\limits_{\nu=1}^{\infty} \frac{(2\nu-1)^{2\nu-1}}{2^{2\nu}(2\nu)!} x^\nu$.

5. a) $\sum\limits_{\nu=2}^{\infty} \frac{x^\nu}{\lg \nu}$, b) $\sum\limits_{\nu=1}^{\infty} \frac{\lg \nu}{\nu^3} x^\nu$.

6. a) $\sum\limits_{\nu=1}^{\infty} \frac{\lg[1+1/\nu]}{\nu} x^\nu$, b) $\sum\limits_{\nu=1}^{\infty} a_\nu x^\nu$, mit $a_\nu = \sin 1/\nu$ bzw. $= \cos 1/\nu$.

7. a) $\sum\limits_{\nu=1}^{\infty} \lg^n \nu \binom{\nu}{n} x^\nu$ (n fest), b) $\sum\limits_{\nu=0}^{\infty} \frac{\nu^2 - 2\nu + 7}{\nu^3+1} x^\nu$.

8. a) $\sum\limits_{\nu=1}^{\infty} \frac{x^\nu}{(1+1/2)(2+1/2)\cdots(\nu+1/2)}$,

b) $\sum\limits_{\nu=1}^{\infty} \frac{x^\nu}{(1-2/3)(2-2/3)\cdots(\nu-2/3)}$.

9. a) $\sum\limits_{\nu=1}^{\infty} \frac{x^\nu}{\nu^\nu}$, b) $\sum\limits_{\nu=1}^{\infty} \left(x \sin \frac{1}{\nu}\right)^\nu$.

10. a) $\sum\limits_{\nu=1}^{\infty} \frac{x^\nu}{\nu^{\sqrt{\nu}}}$, b) $\sum\limits_{\nu=1}^{\infty} \frac{x^\nu}{(\sqrt{\nu})^\nu}$, c) $\sum\limits_{\nu=0}^{\infty} e^{\sqrt{\nu}} x^\nu$,

d) $\sum\limits_{\nu=1}^{\infty} \left(1+\frac{1}{\nu}\right)^{\nu^2} x^\nu$.

11. $\sum\limits_{\nu=1}^{\infty} a_\nu x^\nu$, wo $0 < \alpha \leqq |a_\nu| \leqq \beta < \infty$ ($\nu = 1, 2, \ldots$) ist.

12. a) $\sum\limits_{\nu=0}^{\infty} \frac{2^\nu x^{\nu^2}}{2^\nu+1}$, b) $\sum\limits_{\nu=0}^{\infty} \frac{x^{\nu^2}}{\nu!}$, c) $\sum\limits_{\nu=1}^{\infty} \frac{x^\nu}{(\nu!)^2}$.

13. a) $\sum\limits_{\nu=0}^{\infty} q^{\nu^2} x^\nu$ ($0 < q < 1$), b) $\sum\limits_{\nu=0}^{\infty} q^\nu x^{\nu^2}$ ($0 < q < 1$),

c) $\sum\limits_{\nu=1}^{\infty} q^\nu x^{a\nu^2+b\nu+c}$ (a, b, c ganz und > 0).

14. Man berechne mit Hilfe der Binomialreihe die Entwicklung von $x/(1-x)^2$.

15. Man summiere die Reihe $1+2x+2x^4+2x^9+2x^{16}+\cdots$ für $x=0{,}1$ mit 24 Dezimalstellen.

16. Mit Hilfe der Gleichung $7\cdot 9 = 8^2-1$ ist $\sqrt{7}$ mit der Binomialformel bis auf die vierte Dezimale zu berechnen.

17. Man berechne $\sqrt{640}$ mit der Genauigkeit 0,001.

18. Mit Hilfe der Gleichung $1/(1-x) = \sum\limits_{\nu=0}^{\infty} x^\nu$ ermittle man durch geeignete Differentiation die Summen der folgenden Reihen:

$$\text{a)}\ \sum_{\nu=1}^{\infty} \nu x^\nu, \qquad \text{b)}\ \sum_{\nu=1}^{\infty} \nu^2 x^\nu, \qquad \text{c)}\ \sum_{\nu=1}^{\infty} \nu^3 x^\nu.$$

19. Man bestimme den Konvergenzradius und den Wert der Reihe

$$1+3x+5x^2+7x^3+\cdots = \sum_{\nu=0}^{\infty} (2\nu+1)\,x^\nu.$$

20. Man zeige, daß die Gleichung gilt:

$$\sum_{\nu=1}^{\infty} \frac{x^\nu}{\nu^2} = \int_0^x \frac{1}{x}\lg\frac{1}{1-x}\,dx \qquad (|x|<1).$$

21. Es gilt: $(1-x)\sum\limits_{\nu=0}^{\infty} a_\nu x^\nu = \sum\limits_{\nu=0}^{\infty} (a_\nu - a_{\nu-1})\,x^\nu \qquad (a_{-1}=0).$

22. Es gilt: $\dfrac{\sum\limits_{\nu=0}^{\infty} a_\nu x^\nu}{1-x} = \sum\limits_{\nu=1}^{\infty} s_\nu x^\nu \qquad (s_\nu = a_0+a_1+\cdots+a_\nu).$

23. Hat eine Potenzreihe $\sum\limits_{\nu=n}^{\infty} a_\nu x^\nu$ den Konvergenzradius r, so hat die Potenzreihe $\sum\limits_{\nu=n}^{\infty} a_\nu x^{\nu-n}$ denselben Konvergenzradius.

24. Hat die Potenzreihe $P(x) = \sum\limits_{\nu=0}^{\infty} a_\nu x^\nu$ den positiven Konvergenzradius r, so gilt

$$P(x) = \sum_{\nu=0}^{n} a_\nu x^\nu + a_{n+1}x^{n+1}\bigl(1+\varepsilon(x)\bigr),$$

wo $\varepsilon(x)$ für $x\to 0$ ein Nullfunktion ist, wenn $a_{n+1}\neq 0$ gilt.

25. Welche Funktion stellt die Summe $\sum\limits_{\nu=1}^{\infty} [(\nu-1)/\nu!]\,x^{\nu-2}$ dar?

26. Man beweise

$$\int_0^1 \left(-\frac{1}{x^2}\lg(1-x)-\frac{1}{x}\right)dx = 1.$$

27. Man berechne die Summe der Reihe $\sum_{\nu=0}^{\infty} \nu \binom{\alpha}{\nu} x^\nu$.

28. Man beweise $\sum_{\nu=2}^{\infty} (\nu-1)/\nu! = 1$.

29. Man bestimme

$$f(x) = \frac{1}{3}+\frac{x}{7}+\frac{x^2}{11}+\frac{x^3}{15}+\cdots = \sum_{\nu=0}^{\infty}\frac{x^\nu}{4\nu+3}.$$

30. Man entwickle die Funktion $y = \lg(x+\sqrt{1+x^2})$ nach Potenzen von x.

31. Man bestimme den Konvergenzradius ϱ von $\sum_{\nu=1}^{\infty} e^{\nu[1+(-1)^\nu \cos(1/\nu)]} x^\nu$.

32. Sei $f(x) = \sum_{\nu=1}^{\infty} a_\nu x^\nu$, $g(x) = \sum_{\nu=1}^{\infty} b_\nu x^\nu$. Dann gilt

$$\sum_{\nu=1}^{\infty} b_\nu f(x^\nu) = \sum_{\nu=1}^{\infty} a_\nu g(x^\nu) \qquad (|x| \leqq \varrho), \quad \varrho < 1,$$

wenn die Konvergenzradien von $f(x)$ und $g(x)$ größer als ϱ sind.

33. Gilt $|a_\nu| \leqq |b_\nu|$ $(\nu \geqq n_0)$, so ist der Konvergenzradius von $\sum_{\nu=0}^{\infty} a_\nu x^\nu$ nicht kleiner als derjenige von $\sum_{\nu=0}^{\infty} b_\nu x^\nu$.

34. Gilt $\alpha \leqq \overline{\underline{\lim}}\,(|a_\nu|/|a_{\nu+1}|) \leqq \beta$, so gilt auch für den Konvergenzradius ϱ von $\sum_{\nu=1}^{\infty} a_\nu x^\nu$: $\alpha \leqq \varrho \leqq \beta$.

35. Konvergiert $\sum_{\nu=0}^{\infty} a_\nu$, so ist der Konvergenzradius von $\sum_{\nu=0}^{\infty} a_\nu x^\nu$ wenigstens gleich 1, und es gilt $\operatorname{Lim}_{x \uparrow 0} \sum_{\nu=0}^{\infty} a_\nu x^\nu = \sum_{\nu=0}^{\infty} a_\nu$ (Abelscher Stetigkeitssatz).

36. Sind ϱ, σ die Konvergenzradien der Reihen $\sum_{\nu=0}^{\infty} a_\nu x^\nu$, $\sum_{\nu=0}^{\infty} b_\nu x^\nu$, so ist der Konvergenzradius R von $\sum_{\nu=0}^{\infty} (a_\nu + b_\nu) x^\nu$ wenigstens gleich Min (ϱ, σ) und genau gleich ϱ, wenn $\varrho < \sigma$ ist. Multipliziert man die beiden Potenzreihen gliedweise aus und ordnet das Resultat nach Potenzen von x, so ergibt sich $\sum_{\nu=0}^{\infty} c_\nu x^\nu$, $c_\nu = a_0 b_\nu + a_1 b_{\nu-1} + \cdots + a_\nu b_0$. Diese Potenzreihe hat den Konvergenzradius $\geqq$ Min (ϱ, σ).

37. Es sei $a_\nu \geqq 0$ $(\nu = 0, 1, 2, \ldots)$. Der Konvergenzradius von $\sum\limits_{\nu=0}^{\infty} a_\nu x^\nu$ sei $= 1$, und es gelte $\operatorname*{Lim}\limits_{x \uparrow 1} \sum\limits_{\nu=0}^{\infty} a_\nu x^\nu = s < \infty$. Dann konvergiert $\sum\limits_{\nu=0}^{\infty} a_\nu$ und ist gleich s.

38. Sei $a_\nu \geqq 0$ für $\nu = 0, 1, 2, \ldots$ und $\sum\limits_{\nu=0}^{\infty} a_\nu$ divergent. Dann gilt $\operatorname*{Lim}\limits_{x \uparrow 1} \sum\limits_{\nu=0}^{\infty} a_\nu x^\nu = \infty$.

39. Es seien $b_\nu > 0$ $(\nu = 0, 1, \ldots)$ und $\sum\limits_{\nu=0}^{\infty} b_\nu$ divergent. Der Konvergenzradius von $f(x) = \sum\limits_{\nu=0}^{\infty} a_\nu x^\nu$ sei $\geqq 1$, und der von $g(x) = \sum\limits_{\nu=0}^{\infty} b_\nu x^\nu$ gleich 1. Dann gilt für $\nu \to \infty$ bzw. $x \uparrow 1$:

$$\alpha = \underline{\lim} \frac{a_\nu}{b_\nu} \leqq \underline{\overline{\lim}} \frac{f(x)}{g(x)} \leqq \overline{\lim} \frac{a_\nu}{b_\nu} = \beta \qquad \text{(Cesàro)}.$$

40. Seien $b_\nu \geqq 0$ $(\nu = 0, 1, \ldots)$, $\sum\limits_{\nu=0}^{\infty} b_\nu$ divergent und die Konvergenzradien von $\sum\limits_{\nu=0}^{\infty} a_\nu x^\nu$ und $\sum\limits_{\nu=0}^{\infty} b_\nu x^\nu$ gleich 1. Dann gilt

$$\operatorname*{Lim}_{x \uparrow 1} \frac{\sum\limits_{\nu=0}^{\infty} a_\nu x^\nu}{\sum\limits_{\nu=0}^{\infty} b_\nu x^\nu} = \operatorname*{Lim}_{n \to \infty} \frac{a_0 + a_1 + \cdots + a_n}{b_0 + b_1 + \cdots + b_n},$$

wenn der Grenzwert rechts existiert (Cesàro).

41. Sei $\sum\limits_{\nu=0}^{n} a_\nu/(n+1) \to s$ $(n \to \infty)$. Dann gilt $\operatorname*{Lim}\limits_{x \uparrow 1} (1-x) \sum\limits_{\nu=0}^{\infty} a_\nu x^\nu = s$ (Frobenius).

42. Es gilt für jedes natürliche $a > 1$:

$$\operatorname*{Lim}_{x \uparrow 1} \frac{\sum\limits_{\nu=0}^{\infty} x^{a^\nu}}{\lg(1-x)} = -\frac{1}{\lg a}.$$

43. Es sei $A(x)$ stetig in $\langle -1, 0\rangle$, $B(x)$ stetig in $\langle 0, 1\rangle$, und es sei $A(0) = B(0)$. Dann gibt es Polynome $P(x)$, die in $\langle -1, 0\rangle$ sich beliebig wenig von $A(x)$ und in $\langle 0, 1\rangle$ sich beliebig wenig von $B(x)$ unterscheiden.

44. Sei $f(x)$ in $\langle \alpha, \beta\rangle$ stetig differenzierbar. Dann gibt es eine Polynomfolge $P_\nu(x)$ derart, daß $P_\nu(x) \rightrightarrows f(x)$, $P'_\nu(x) \rightrightarrows f'(x)$ in $\alpha \leqq x \leqq \beta$ gilt.

45. Sei $f(x)$ stetig in $\langle \alpha, \beta\rangle$. Dann gibt es eine Polynomfolge $P_\nu(x)$, die in $\langle \alpha, \beta\rangle$ gleichmäßig und für jedes x aus $\langle \alpha, \beta\rangle$ eigentlich monoton wachsend gegen $f(x)$ konvergiert.

46. Sei $f(x) \geqq 0$ und stetig in $\langle\alpha, \beta\rangle$. Dann gibt es eine Polynomfolge $P_\nu(x)$ derart, daß die $P_\nu(x)$ in $\langle\alpha, \beta\rangle$ nicht negativ sind und $\sqrt{P_\nu(x)}$ gleichmäßig in $\langle\alpha, \beta\rangle$ nach $f(x)$ konvergiert.

47. Sei $f(x)$ stetig in $\langle\alpha, \beta\rangle$. Dann gibt es eine Folge von in $\langle\alpha, \beta\rangle$ positiven Polynomen $P_\nu(x)$ derart, daß $\lg P_\nu(x)$ gleichmäßig gegen $f(x)$ in $\langle\alpha, \beta\rangle$ konvergiert.

48. Sei $f(x)$ stetig in $\langle\alpha, \beta\rangle$ und für endlich viele Zahlen $a_1, a_2, \ldots, a_k$ aus $\langle\alpha, \beta\rangle$ möge $f(a_\varkappa) = 0$ $(\varkappa = 1, 2, \ldots, k)$ gelten. Dann gibt es eine in $\langle\alpha, \beta\rangle$ gleichmäßig gegen $f(x)$ konvergierende Folge von Polynomen, die sämtlich an jeder der Stellen $a_\varkappa$ verschwinden.

49. Sei $f(x) \geqq 0$ und stetig in $\langle\alpha, \beta\rangle$. Dann gibt es eine Folge von in $\langle\alpha, \beta\rangle$ positiven Polynomen, die dort gleichmäßig gegen $f(x)$ konvergiert.

50. Für jedes $\varepsilon > 0$ und $A > 0$ gibt es in $\langle -A, A\rangle$ ein konvexes Polynom $P_\varepsilon(x)$ derart, daß dort

$$\left|\sqrt{x^2+\varepsilon^2} - P_\varepsilon(x)\right| < \varepsilon$$

gilt und $x P'(x) > 0$ für $x \neq 0$ ist.

51. Eine in $\langle\alpha, \beta\rangle$ stückweise lineare stetige konvexe Funktion $f(x)$ läßt sich dort gleichmäßig durch ein Polynom mit positiver zweiter Ableitung approximieren.

52. Eine in $\langle\alpha, \beta\rangle$ stetige konvexe Funktion $f(x)$ läßt sich durch ein in $\langle\alpha, \beta\rangle$ eigentlich konvexes Polynom $P(x)$ beliebig gut gleichmäßig approximieren.

53. Für jedes $\varepsilon > 0$ und $L \geqq 1$ sei

$$\varphi(x) = \sqrt{x^2+\varepsilon^2} + x; \qquad \delta = L - \frac{L^2}{\sqrt{L^2+\varepsilon^2}}.$$

Dann ist $\delta < \varepsilon^2/(2L) \leqq \varepsilon^2/2$, und es gibt ein Polynom $P(x)$ derart, daß $P'(x)$ und $P''(x)$ in $\langle -L, L\rangle$ positiv sind und dort $|\varphi(x) - P(x)| < \delta$ gilt.

54. Sei $f(x)$ eine in $\langle\alpha, \beta\rangle$ stetige konvexe und entweder monoton wachsende oder monoton fallende Funktion. Dann läßt sich $f(x)$ in $\langle\alpha, \beta\rangle$ beliebig genau und gleichmäßig durch ein konvexes Polynom mit durchweg positiver bzw. durchweg negativer Ableitung approximieren.

55. Sind $f(x)$ und $\varphi(x)$ positive monoton wachsende konvexe Funktionen, so ist auch $f(x)\,\varphi(x)$ eine positive konvexe Funktion.

56. Ist $f(x)$ für $x > 0$ stetig und konvex, so gilt dasselbe für $x f(1/x)$.

57. Ist $f(x)$ positiv, stetig und konvex, so ist $e^{-x} f(e^{2x})$ gleichfalls konvex.

58. Sei $\psi(x)$ in $\langle\alpha, \beta\rangle$ positiv, stetig und konvex und $f(x)$ in $\langle\alpha_1, \beta_1\rangle$ nicht negativ und konvex. Setzt man dann

$$\varphi(x) = a \int_a^x \frac{dx}{\psi^2(x)} + b$$

und bleibt $\varphi(x)$ in $\langle\alpha_1, \beta_1\rangle$ für $\alpha \leqq x \leqq \beta$, so ist $\psi(x) f(\varphi(x))$ dort konvex.

59. Setzt man $R_n = x^{-n}\left(e^x - \sum_{\nu=0}^{n-1} x^\nu/\nu!\right)$, so gilt für alle $x > 0$:

$$0 < R_n^{(n)} < e^x/n!.$$

60. Ist $f(x)$ in $\langle a, \beta\rangle$ beliebig oft differenzierbar und sind alle Ableitungen von $f(x)$ in $\langle a, \beta\rangle$ nicht negativ, so konvergiert die Taylor-Reihe

$$\sum_{\nu=0}^{\infty} \frac{(x-a)^\nu}{\nu!} f^{(\nu)}(a)$$

im Intervall $\langle a, \beta\rangle$ und ist $\leqq f(x)$.

61. Unter Voraussetzungen von A 60 gilt

$$\lim_{n\to\infty} \frac{(x-u)^n f^{(n)}(u)}{n!} = 0 \qquad (a \leqq u \leqq x < \beta).$$

62. Unter Voraussetzungen der A 60 gilt

$$f(x) = \sum_{\nu=0}^{\infty} \frac{(x-a)^\nu}{\nu!} f^{(\nu)}(a)$$

für $a \leqq x < a + (\beta - a)/2$.

63. Es mögen die Voraussetzungen von A 60 zutreffen und es möge $f^{(\nu)}(a) = 0$ sein $(\nu = 0, 1, \ldots)$. Dann verschwindet $f(x)$ in $\langle a, \beta\rangle$.

64. Unter Voraussetzungen von A 60 gilt die Taylor-Entwicklung

$$f(x) = \sum_{\nu=0}^{\infty} \frac{(x-a)^\nu}{\nu!} f^{(\nu)}(a) \qquad (a \leqq x < \beta) \quad \text{(S. Bernstein).}$$

65. Es möge $f(x)$ in (α, β) nichtnegative Ableitungen aller Ordnungen besitzen. Ist $\alpha < a < \beta$, so gilt die Taylor-Entwicklung

$$f(x) = \sum_{\nu=0}^{\infty} \frac{(x-a)_\nu}{\nu!} f^{(\nu)}(a) \qquad (a \geqq x > \operatorname{Max}[\alpha, a-(\beta-a)]).$$

66. Sind in $f(x) = \sum_{\nu=1}^{\infty} (-1)^\nu a_\nu x^\nu$ die a_ν positiv, so ist $f(x)$ eine monoton abnehmende Funktion im Innern desjenigen Teilintervalls des Konvergenzintervalls, in dem

$$0 < x < \left(1 - \frac{1}{2\nu}\right) \frac{a_{2\nu-1}}{a_{2\nu}} \qquad (\nu = 1, 2, \ldots)$$

gilt.

67. Für ein $k > 0$ mögen in $f(x) = x^k \sum_{\nu=0}^{\infty} (-1)^\nu a_\nu x^\nu$ die $a_\nu > 0$ sein. Dann ist $f(x)$ eine monoton wachsende Funktion im Innern desjenigen Teilintervalls des Konvergenzintervalls, in dem

$$0 < x < \left(1 - \frac{1}{2\nu + k + 1}\right) \frac{a_{2\nu}}{a_{2\nu+1}} \qquad (\nu = 0, 1, \ldots)$$

gilt.

68. Man beweise, daß die Differenzen

$$K_n(x) = \cos x - \sum_{\nu=0}^{n} \frac{(-1)^\nu}{(2\nu)!} x^{2\nu} \qquad (n = 0, 1, 2, \ldots),$$

$$L_n(x) = \sum_{\nu=0}^{n-1} \frac{(-1)^\nu}{(2\nu+1)!} x^{2\nu+1} - \sin x \qquad (n = 1, 2, \ldots)$$

für $x > 0$ positiv für ungerade und negativ für gerade n sind.

69. Man zeige, daß die Entwicklung

$$\sqrt{1+x} = 1 + \frac{x}{2} + \sum_{\nu=2}^{\infty} (-1)^{\nu-1} \frac{1 \cdot 3 \cdots (2\nu-3)}{2^\nu \cdot \nu!} x^\nu$$

für $0 \leqq x \leqq 1$ gleichmäßig konvergiert.

70. Ist $f(x)$ in $\langle a, b\rangle$ stetig und monoton wachsend bzw. monoton fallend, so läßt sich $f(x)$ in $\langle a, b\rangle$ gleichmäßig und beliebig gut durch ein eigentlich monoton wachsendes bzw. eigentlich monoton fallendes Polynom approximieren.

71. Ist $\alpha \neq 0$ keine ganze negative Zahl, so ist

$$\left|\binom{\alpha+\nu-1}{\nu}\right| \sim \frac{c}{\nu^{1-\alpha}} \qquad (\nu \to \infty,\ c > 0).$$

72. Ist $\alpha \neq 0$ keine ganze positive Zahl, so ist

$$\binom{\alpha}{\nu} \sim (-1)^\nu \frac{c}{\nu^{1+\alpha}} \qquad (\nu \to \infty,\ |c| > 0).$$

73. Ist $\alpha \neq 0$ keine ganze positive Zahl, so konvergiert die Binomialreihe (b) für $x = -1$ dann und nur dann, wenn $\alpha > 0$ ist, und dann konvergiert die Reihe absolut. Für die Konvergenz von (b) für $x = 1$ ist notwendig und hinreichend, daß $\alpha > -1$ ist.

74. Zeige, daß die unendliche Reihe

$$\sum_{\nu=0}^{\infty} (-1)^\nu \binom{-1/2}{\nu} (1-x)^{1/2+\varepsilon} x^\nu, \qquad \varepsilon > 0,$$

in $\langle 0, 1\rangle$ gleichmäßig konvergiert.

75. Für welche Werte von α und $\beta > 0$ konvergiert $\sum_{\nu=0}^{\infty} \binom{\alpha}{\nu} (1-x)^{\beta} x^{\nu}$ in $\langle 0, 1\rangle$ gleichmäßig?

76. Es sei $\alpha + 1 = -\varkappa < 0$, $n \to \infty$, $x_n = \frac{n+1}{n+1+\varkappa}$, $0 \leqq x \leqq x_n$. Dann gilt für eine nur von α abhängige Konstante $c_1 = c_1(\alpha)$ von einem n an:

$$\left| \sum_{\nu=n}^{\infty} \binom{\alpha}{\nu} x^{\nu} \right| \leqq c(\alpha)\, n^{\varkappa} x^{n}.$$

77. In den Bezeichnungen von A 76 gilt für $x_n \leqq x \leqq 1$, für eine nur von α abhängige Konstante $c_2 = c_2(\alpha)$, von einem n an:

$$\left| \sum_{\nu=0}^{n-1} \binom{\alpha}{\nu} x^{\nu} \right| \leqq \frac{c_2}{(1-x)^{\varkappa}}.$$

78. Ist $\beta + \alpha + 1 > 0$, $\beta > 0$ und α keine ganze Zahl, so konvergiert $\sum_{\nu=0}^{\infty} \binom{\alpha}{\nu} x \; (1-x)^{\beta}$ gleichmäßig für $0 \leqq x \leqq 1$.

79. Ist $\beta > 0$, $\alpha + \beta + 1 < 0$, so konvergiert die Reihe $\sum_{\nu=0}^{\infty} \binom{\alpha}{\nu} x^{\nu} (1-x)^{\beta}$ sicher nicht gleichmäßig in $\langle 0, 1)$.

80. Sei $0 < \lambda_1 < \lambda_2 < \ldots$, $\lambda_\nu \uparrow \infty$, $a_\nu > 0$ $(\nu \geqq 0)$ und

$$f(x) = \sum_{\nu=1}^{\infty} a_\nu (-1)^{\nu-1} x^{\lambda_\nu},$$

ferner $m = \operatorname*{Inf}_{\nu=1,2,\ldots} \left(\frac{\lambda_\nu a_\nu}{\lambda_{\nu+1} a_{\nu+1}} \right)^{\frac{1}{\lambda_{\nu+1}-\lambda_\nu}} > 0$. Dann ist die Reihe konvergent und $f(x)$ monoton wachsend für $0 \leqq x \leqq m$.

81. Seien $a_\nu > 0$, $f(x) = \sum_{\nu=1}^{\infty} a_\nu (-1)^{\nu-1} x^{\nu}$, $m = \operatorname*{Inf}_{\nu \geqq 1} \frac{\nu a_\nu}{(\nu+1) a_{\nu+1}} > 0$. Dann ist die Reihe konvergent und $f(x)$ monoton wachsend für $-m < x \leqq m$.

82. Seien $a_\nu > 0$ $(\nu = 1, 2, \ldots)$, $f(x) = x^k \sum_{\nu=1}^{\infty} a_\nu (-1)^{\nu-1} x^{\nu}$, $k > 0$ ganz, $m = \operatorname*{Inf}_{\nu \geqq 1} \frac{(\nu+k)\, a_\nu}{(\nu+k+1)\, a_{\nu+1}} > 0$. Dann konvergiert die Reihe für $-m < x \leqq m$, und $f(x)$ wächst monoton für $-m < x \leqq m$, wenn k gerade ist. Für ungerade k fällt $f(x)$ in $(-m, 0\rangle$ und wächst in $\langle 0, m)$.

83. Sei $\cos x = \frac{12 - 5x^2 + \varrho x^6}{12 + x^2}$ und $|x| < \frac{1}{13}\sqrt{4290} = 5{,}0 \ldots$. Dann nimmt ϱ zu für negative x und ab für positive x.

84. Sei $\sin x = \dfrac{x(60-7x^2)+\varrho x^7}{60+3x^2}$, $|x| < \frac{1}{3}\sqrt{572} = 7{,}97\ldots$.
Dann nimmt ϱ ab mit wachsenden $|x|$.

85. Sei ϱ gegeben durch

$$(1+x)^\mu = \frac{6+(2\mu+4)x-\varrho x^4}{6+(4-4\mu)x+\mu(\mu-1)x^2}.$$

Man entwickle ϱ nach Potenzen von x.

86. Es sei die Reihe $\Gamma(y) = \sum_{\nu=0}^{\infty}(-1)^{\nu-1}\sigma_\nu y^\nu$ konvergent für $|y| < r$. Man definiere die Folge $\varphi_\nu(x)$ von Polynomen vom Grad ν in x durch die rekurrente Relation (*) $(n+1)\,\varphi_{n+1} = x\,\varphi_n + \sum_{\nu=0}^{n}(-1)^{\nu-1}\sigma_{n-\nu}\varphi_\nu$, $\varphi_0(x) = 1$. Dann konvergiert $\Phi(y, x) = \sum_{\nu=0}^{\infty}\varphi_\nu(x)\,y^\nu$ für $|y| < r$ und für jedes r_0, $0 < r_0 < r$, und jedes $A > 0$ gleichmäßig im Bereiche $|y| \leqq r_0$, $|x| \leqq A$.

87. Für die Funktionen $\Gamma(y)$, $\Phi(y, x)$ von A 86 gilt für $|y| \leqq r$:

$$\Phi(y, x) = e^{-xy-\int_0^y \Gamma(y)\,dy}.$$

§ 10. Anwendungen der Differentialrechnung auf die Diskussion der Funktionen einer Variablen

Wir betrachten im folgenden einen der vier Grenzübergänge

$$\text{(a)}\qquad x\uparrow\infty,\quad x\downarrow-\infty,\quad x\uparrow x_0,\quad x\downarrow x_0.$$

Es möge dabei für eine Funktion $g(x)$, $|g(x)| \to \infty$ gelten. Es mögen $f'(x)$ und $g'(x)$ existieren, und es gelte $\dfrac{f'(x)}{g'(x)} \to \alpha$, wo α ein eigentlicher oder uneigentlicher Grenzwert sein kann. Dann gilt $\dfrac{f(x)}{g(x)} \to \alpha$ (erweiterte Bernoulli-L'Hôpitalsche Regel).

Bleibt bei irgendeinem Grenzübergang $\left|\dfrac{f(x)}{g(x)}\right| < C$ oder gilt $\dfrac{f(x)}{g(x)} \to 0$, so schreibt man dies $f(x) = O(g(x))$ bzw. $f(x) = o(g(x))$.

Eine Funktion $f(x)$ heißt *stückweise glatt* in einem Intervall J, wenn J in endlich viele Intervalle J_ν zerlegt werden kann, so daß $f(x)$ in jedem J_ν glatt ist.

Es gilt, wenn $u(x)$ und $v(x)$ n-mal differenzierbar sind (Leibnizsche

Formel):

$$(u\,v)^{(n)} = \sum_{\nu=0}^{n} \binom{n}{\nu} u^{(\nu)}\, v^{(n-\nu)}.$$

Sei $f(x)$ n-mal differenzierbar in einer Umgebung von x_0, und es sei $f^{(\nu)}(x_0) = 0$ $(\nu = 1, \ldots, n-1)$, $\alpha = f^{(n)}(x_0) \neq 0$. Ist n gerade, so hat $f(x)$ in x_0 ein Maximum für $\alpha < 0$ und ein Minimum für $\alpha > 0$. Ist n ungerade, so wächst $f(x)$ beim Durchgang durch x_0 für $\alpha > 0$ und fällt für $\alpha < 0$.

Die Grundannahme dieses Satzes läßt sich in der Aussage zusammenfassen, daß $f(x)-f(x_0)$ in x_0 eine Nullstelle von genau der *Ordnung (Mehrfachheit, Multiplizität)* n hat.

Es sei $f(x)$ n-mal differenzierbar in einem Intervall J und möge dort wenigstens $n+1$ Nullstellen besitzen (mehrfache entsprechend mehrfach gezählt). Dann gilt $f^{(n)}(\xi) = 0$ für ein gewisses ξ, das *im Innern* von J liegt, es sei denn, daß alle Nullstellen in einem der Endpunkte konzentriert sind (verallgemeinerter Rollescher Satz).

Es seien $f(x)$ und $g(x)$ n-mal differenzierbar im Intervall J, und sie mögen in J wenigstens n gemeinsame Nullstellen haben, mehrfache entsprechend mehrfach gezählt, während $f^{(n)}(x)$, $g^{(n)}(x)$ im Innern von J keine gemeinsamen Nullstellen haben. Dann gehört zu jedem $x \prec J$ mit $g(x) \neq 0$ ein innerer Punkt $\xi \prec J$, so daß $\dfrac{f(x)}{g(x)} = \dfrac{f^{(n)}(\xi)}{g^{(n)}(\xi)}$, $g^{(n)}(\xi) \neq 0$ gilt (verallgemeinerter Cauchyscher Mittelwertssatz).

Ein *Operator* Ω im *Funktionenfeld* F ordnet jeder Funktion f des Feldes F eine Funktion g zu, die nicht notwendig zu F gehören muß. Man schreibt dies $g = \Omega f$.

Das Produkt $\Omega_1 \Omega_2$ und die Summe $\Omega_1 + \Omega_2$ werden in naheliegender Weise definiert, wobei $\Omega_1 \Omega_2$ in F existiert, wenn $\Omega_2 f$ für $f \prec F$ im Feld von Ω_1 liegt, und die Existenz von $\Omega_1 + \Omega_2$ nur in einem gemeinsamen Feld von Ω_1 und Ω_2 einen Sinn hat. Zwei Operatoren Ω_1, Ω_2 heißen *kommutativ* oder *vertauschbar im Feld* F, wenn für jedes $f \prec F$: $\Omega_1 f \prec F$, $\Omega_2 f \prec F$, $\Omega_1 \Omega_2 f = \Omega_2 \Omega_1 f$.

Sind $\Omega_1, \ldots, \Omega_m$ *distributive* (§ 4 Bd. I) und paarweise kommutative Operatoren im Feld F und ist $P(y_1, \ldots, y_m)$ ein beliebiges Polynom in $y_1, \ldots, y_m$, so ist dann der Operator $P(\Omega_1, \ldots, \Omega_m)$ eindeutig bestimmt, wenn man zugleich 1 als den *identischen Operator* auffaßt, dessen Anwendung jede Funktion in sich überführt. Man kann dann mit solchen Operatoren rechnen wie mit gewöhnlichen Polynomen der Algebra.

Beispiele von Operatoren

Verschiebungsoperatoren: E, E^{γ}: $E f(x) = f(x+1)$, $E^{\gamma} f(x) = f(x+\gamma)$;

der *Differenzenoperator* Δ (§ 4 Bd. II) ist gleich $E-1$; der *Differentiationsoperator* $D_x = \dfrac{d}{dx}$; alle diese Operatoren sind in geeigneten Feldern kommutativ.

Ist $f(x)$, für $x = a$, $(n+1)$-mal differenzierbar, so gilt für alle x in einer Umgebung von a

$$(1)\quad f(x) = \sum_{\nu=0}^{n} \frac{(x-a)^\nu}{\nu!} f^{(\nu)}(a) + \frac{(x-a)^{n+1}}{(n+1)!}[f^{(n+1)}(a) + \varepsilon(x)],$$

wo $\varepsilon(x) \to 0$ $(x \to a)$ gilt. Dies bleibt richtig, wenn man nur *einseitige Ableitungen* in a betrachtet und x eine entsprechend einseitige Umgebung von a durchlaufen läßt.

Gilt für $F(x)$ in $a < x < b$: $\operatorname*{Lim}_{x\downarrow a} F^{(\nu)}(x) = a_\nu$ $(\nu = 0, 1, \ldots, n)$ und wird $F(a)$ als a_0 definiert, so gilt für rechtsseitige Ableitungen: $F^{(\nu)}(a) = a_\nu$ $(\nu = 1, \ldots, n)$.

1. Man bestimme die Grenzwerte

a) $\operatorname*{Lim}_{x\to\infty} \dfrac{x^n}{e^x}$, b) $\operatorname*{Lim}_{x\downarrow 0} \dfrac{\lg\operatorname{tg} a x}{\lg\operatorname{tg} b x}$ $(a, b > 0)$, c) $\operatorname*{Lim}_{x\downarrow 1} \dfrac{\lg(x-1)}{\operatorname{tg}(\pi/2\,x)}$.

2. Es ist $$\operatorname*{Lim}_{x\to 0} \frac{e^x - \sum\limits_{\nu=0}^{n} \dfrac{x^\nu}{\nu!}}{x^{n+1}} = \frac{1}{(n+1)!}.$$

3. Es ist $$\operatorname*{Lim}_{x\to 0} \frac{e^{-x}\left(1 + \dfrac{x}{1!} + \cdots + \dfrac{x^{n-1}}{(n-1)!}\right) - 1}{x^n} = -\frac{1}{n!}.$$

4. Es ist $$\operatorname*{Lim}_{x\to 0} \frac{e^x - \sin x + \cos x - 2}{x^3} = \frac{1}{3}.$$

5. Sei $f(x) \sim g(x)$ für $x \downarrow x_0$, wo $f(x)$ und $g(x)$ in der rechtsseitigen Umgebung von x_0 bis eventuell auf den Punkt x_0 stetig sind; dann gilt

$$\int_{x_0}^{x} f(x)\,dx \sim \int_{x_0}^{x} g(x)\,dx \qquad (x \downarrow x_0).$$

6. Es gilt für $x \to \infty$:

a) $$\int_0^x \frac{x^n+1}{x^{n+1}-1} \lg^n x\,dx \sim \frac{\lg^{n+1} x}{n+1} \qquad (n > 0);$$

b) $$\int_{e^{20}}^{x} \frac{x^m}{7\,x^{m+1}+1} \cdot \frac{\lg^2 x}{\lg^3 x + 2} \cdot \frac{7(\lg\lg x)^5 + 3}{(\lg\lg x)^2 - 3}\,dx \sim \frac{1}{4}(\lg\lg x)^4 \qquad (m > -1).$$

7. Gilt für irgendeinen Grenzübergang $f(x) \sim g(x)$ und $f(x) \to \infty$, so gilt auch $\lg f(x) \sim \lg g(x)$.

8. Man beweise:

$$\text{a)}\ \lg\lg(x^3-1) \sim \lg\lg x\ (x \to \infty),$$
$$\text{b)}\ \lg\lg(x^x-x^{100}) \sim \lg x\ (x \to \infty).$$

9. Ist für irgendeinen Grenzübergang

$$f_\nu(x) = O[g(x)] \qquad (\nu = 1, 2, \ldots, n),$$

so ist für beliebige Konstanten a_ν

$$\sum_{\nu=1}^{n} a_\nu f_\nu(x) = O[g(x)].$$

10. Ist für einen Grenzübergang in x

$$f(x) = O[g(x)], \quad F(x) = O[G(x)],$$

so gilt

$$f(x)\,F(x) = O[g(x)\,G(x)],$$

und, wenn $g(x)$ und $G(x)$ positiv sind,

$$f(x)+F(x) = O[g(x)+G(x)].$$

11. In A 9 und A 10 kann durchweg O durch o ersetzt werden.

12. Sind $f(x)$ und $g(x)$ für hinreichend große x stetig, ist $g(x) > 0$ und $f(x) = O[g(x)]$ für $x \to \infty$, so ist für hinreichend große A und für $x \to \infty$:

$$\int_A^x f(x)\,dx = O\Big(\int_A^x g(x)\,dx\Big).$$

13. Sind $f(x)$, $g(x)$ für $x \geqq A$ stetig und gilt für $x \to \infty$:

$$\operatorname*{Lim}_{x\to\infty} \int_A^x g(x)\,dx = \infty, \quad f(x) = o[g(x)] \qquad (x \to \infty),$$

so gilt für $x \to \infty$

$$\int_A^x f(x)\,dx = o\Big(\int_A^x g(x)\,dx\Big).$$

14. Ist $F(x)$ an der Stelle x_0 n-mal differenzierbar und gilt

$$\frac{F(x)}{(x-x_0)^n} \to \frac{F^{(n)}(x_0)}{n!} \qquad (x \to x_0),$$

wo $F^{(n)}(x_0) \neq 0$ ist, so ist x_0 eine genau n-fache Nullstelle von $F(x)$.

15. Hat $F(x)$ an der Stelle x_0 eine genau n-fache Nullstelle, so gilt

$$\frac{F(x)}{F'(x)\,(x-x_0)} \to \frac{1}{n} \qquad (x \to x_0).$$

16. Ist x_0 eine genau n-fache Nullstelle von $F(x)$ für $n \geqq 1$, so ist

$$\left(\frac{F(x)}{F'(x)}\right)'_{x=x_0} = \frac{1}{n},$$

und $F(x)/F'(x)$ hat x_0 zu einer einfachen Nullstelle.

17. Man untersuche für $x = 0$ die Extrema der folgenden Funktionen:

$$\text{a) } x^4 \sin^5 x, \quad \text{b) } x^4 \cos^5 x, \quad \text{c) } x^4 \operatorname{tg}^5 x.$$

18. Man bestimme die Extrema von Funktionen

a) $x^3(e^x - e^{-x})$,
b) $x^4(e^x + e^{-x})$,
c) $x^4(e^x + e^{-x} - 2)$,
d) $x^{10}(e^x - \cos x^2 - \sin x)$,
e) $(1 - x^5)\sin^4 x + x^4 \sin^5 x$,
f) $\sin^n x \quad (n = 1, 2, \ldots)$,
g) $x^n e^{-x^2} \quad (n = 1, 2, \ldots)$,
h) $x^m (x-1)^n \quad (n, m = 1, 2, \ldots)$.

19. Man untersuche für $x = 0$ die Extrema der folgenden Funktionen, bei denen als der Wert im Ursprung der entsprechende Grenzwert anzunehmen ist:

$$\text{a) } x^{10}(1 + \lg|x|), \quad \text{b) } x^{11}(x - \operatorname{tg} x + \operatorname{tg} x \lg^2|x|),$$
$$\text{c) } x^9(x \lg|\sin x| - \operatorname{tg} x).$$

20. Ist $U = Q^n$, so gilt $Q\,U' = n\,Q'\,U$.

21. Sei $d^n Q^n/dx^n = y_n$. Ist Q ein quadratisches Polynom in x, so gilt

$$(Q\,y_n')' - \binom{n+1}{2} Q''\,y_n = 0;$$

ist aber Q ein kubisches Polynom in x, so gilt

$$(Q\,y_n')'' - \binom{n+1}{2}(Q''\,y_n)' - \frac{n(n+1)(2n+1)}{6} Q'''\,y_n = 0.$$

22. Sind $f(x)$, $g(x)$ n-mal differenzierbar für $x = x_0$ und ist $g(x_0) \neq 0$, so ist $f(x)/g(x)$ n-mal differenzierbar für $x = x_0$.

23. Man beweise, daß die folgenden Funktionen für $x = 0$ bei geeigneter Wertfestsetzung differenzierbar sind, und bestimme ihre entsprechenden Ableitungen:

$$\text{a) } \frac{(e^x - 1)^7}{\sin x^6}, \quad \text{b) } \lg(1 + e^{-1/x^2}).$$

24. Ist $\frac{\pi}{2} > \alpha > \beta > 0$, so gilt

$$\frac{\operatorname{tg}\alpha}{\operatorname{tg}\beta} > \frac{\alpha}{\beta} > \frac{\sin\alpha}{\sin\beta}.$$

25. Es gilt: $f(x, y) \equiv y \lg \frac{y}{x} + (1-y) \lg \frac{1-y}{1-x} \geqq 2(y-x^2)$ $(0 < x < 1,$ $0 < y < 1)$.

26. In der Differentialgleichung $x^2 y'' + 3xy' + y = 0$ ist statt x als neue unabhängige Variable $t = \lg x$ einzuführen.

27. Im Differentialausdruck

$$(1-x^2)\frac{d^2y}{dx^2} - x\frac{dy}{dx} + a^2 y$$

setze man $x = \cos t$, $y(x) = z(t)$ und rechne den Ausdruck auf z und t um.

28. Definiert man $f(x) = x/(e^x - 1)$ $(x \neq 0)$, $f(0) = 1$, so existiert $B_n = f^{(n)}(0)$ für alle natürlichen n.

29. In der Maclaurinschen Entwicklung von $f(x)$ aus A 28:

$$f(x) = \sum_{\nu=0}^{\infty} (B_\nu/\nu!)\, x^\nu$$

ist $B_1 = -1/2$, während alle weiteren B_ν mit ungeradem ν verschwinden.

30. Für welche μ hat die Gleichung

$$\mu x^3 + (9\mu - 8)x^2 + 31\mu x + 15\mu = 0$$

positive Wurzeln?

31. Es gilt für jedes natürliche n die Relation

$$\Delta^n f(x)\, g(x) = \sum_{\nu=0}^{n} \binom{n}{\nu} \Delta^{n-\nu} f(x+\nu)\, \Delta^\nu g(x),$$

wenn $f(x)$ und $g(x)$ für $x, x+1, \ldots, x+n$ definiert sind.

32. Ist $f(x)$ ein Polynom, so gilt

$$f(D)\, e^{ax} \varphi(x) = e^{ax} f(D+a)\, \varphi(x),$$

wenn φ entsprechend oft differenzierbar ist.

33. Ist $f(x)$ ein Polynom, so gilt

$$E f(x) = e^D f(x) = \sum_{\nu=0}^{\infty} \frac{D^\nu}{\nu!} f(x),$$

wo D der Differentiationsoperator ist.

34. Wird der „Zentraldifferenzenoperator" δ durch $\delta f(x) = f\left(x + \frac{1}{2}\right) - f\left(x - \frac{1}{2}\right)$ definiert, so gilt für jedes natürliche n:

$$\delta^n f(x) = \Delta^n f\left(x - \frac{n}{2}\right).$$

35. Ist $f(x)$ ein Polynom, so gilt für jedes natürliche k:

$$\Delta^k f(x) = (e^D - 1)^k f(x) = \left(\sum_{\nu=1}^{\infty} \frac{D^\nu}{\nu!}\right)^k f(x).$$

36. Sind die Funktionen $f(x)$, $g(x)$ an der Stelle x beliebig oft differenzierbar, so läßt sich die Taylor-Entwicklung ihres Produktes dort in der Form darstellen:

$$F(x+t)\, g(x+t) = \left(\sum_{\nu=0}^{\infty} f^{(\nu)}(x) \frac{t^\nu}{\nu!}\right) \left(\sum_{\nu=0}^{\infty} g^{(\nu)}(t) \frac{t^\nu}{\nu!}\right),$$

wo die unendlichen Reihen rechts ohne Rücksicht auf ihre Konvergenz rein formal aufzufassen sind, da bei der Ausmultiplikation jeweils nur endlich viele arithmetische Operationen auszuführen sind, um den Koeffizienten bei einer beliebigen Potenz von t zu erhalten.

37. Ist m ganz und gilt $0 \leqq m < n$, so gilt

$$\left(\frac{z^n}{z-1}\right)^{(m)} = \frac{n(n-1)\cdots(n-m)}{(z-1)^{m+1}} \int_0^z z^{n-m-1}(z-1)^m\, dz =$$

$$= \frac{n(n-1)\cdots(n-m)}{(z-1)^{m+1}} \left(\frac{z^n}{n} - \binom{m}{1}\frac{z^{n-1}}{n-1} + \binom{m}{2}\frac{z^{n-2}}{n-2} - \right.$$

$$\left. - \cdots + (-1)^m \binom{m}{m} \frac{z^{n-m}}{n-m}\right).$$

38. Für $u = x+a$, $v = x+b$ gilt

$$\left(\frac{1}{u\,v}\right)^{(n)} = \frac{(-1)^n n}{(u\,v)^{n+1}} \, \frac{u^{n+1} - v^{n+1}}{u-v}.$$

39. Ist $f(x)$ n-mal differenzierbar, so gilt

$$(-1)^n \frac{x^{n+1}}{n!} \left(\frac{f(x)}{x}\right)^{(n)} = \sum_{\nu=0}^{n} (-1)^\nu \frac{x^\nu}{\nu!} f^{(\nu)}(x).$$

40. Man setze für ganze $m \geqq 0$

$$U_m(x) = \int_0^x (x-t)^m \varphi(t)\, dt.$$

Dann gilt für $m > 0$

$$U_m^{(\mu)} = \mu! \binom{m}{\mu} U_{m-\mu}(x) \qquad (\mu = 1, \ldots, m)$$

und für $m = 0$

$$U_0(x) = \int_0^x \varphi(t)\, dt, \quad U_0'(x) = \varphi(x).$$

41. In den Bezeichnungen von A 40 sei $\varphi(0) = \varphi'(0) = 0$, $\varphi''(0) = 1$. Dann gilt für $x \to 0$:

$$x^{-m-3}\, U_m(x) \to \frac{1}{(m+1)(m+2)(m+3)} \equiv c_0 \qquad (x \to 0).$$

42. Unter den Annahmen von A 41 gilt für $x \to 0$:

$$D^\mu (U_m/x) \sim c_\mu x^{m+2-\mu} \qquad (1 \leqq \mu \leqq m+2),$$

wo

$$c_\mu = \sum_{\nu=0}^{\mu} \binom{m}{\nu} \frac{(-1)^\nu}{(m-\nu+1)(m-\nu+2)(m-\nu+3)}$$

$$= \frac{(m+2)!}{(m+3)(m+2)(m+1)(m+2-\mu)!}$$

ist.

43. Es gelte $F^{(\nu)}(x_0) = 0$ $(\nu = 0, 1, \ldots, n-1)$, $F^{(n)}(x_0) = \gamma \neq 0$. Man setze $F_1(x) = F(x)/(x-x_0)$ $(x \neq x_0)$, $F_1(x_0) = F'(x_0)$. Dann gilt

$$F_1^{(\nu)}(x_0) = 0 \qquad (\nu = 0, 1, \ldots, n-2), \qquad F_1^{(n-1)}(x_0) = \gamma/n.$$

44. Sind $f(x)$ und $g(x)$ in $\langle\alpha, \beta\rangle$ stückweise glatt, so gilt dasselbe für $f(x) \pm g(x)$, $f(x)\, g(x)$ und, wenn $g(x) \neq 0$ ist, für $f(x)/g(x)$.

45. Ist $f(x)$ in $\langle\alpha, \beta\rangle$ stetig und stückweise glatt, so liegt $\xi = [f(\beta)-f(\alpha)]/(\beta-\alpha)$ zwischen der oberen und der unteren Grenze von $f'(x)$ in $\langle\alpha, \beta\rangle$ (Scheefer).

46. Hat eine in $\langle\alpha, \beta\rangle$ stetige und stückweise glatte Funktion $f(x)$ in ξ, $\alpha < \xi < \beta$, ein relatives Extremum, so liegt 0 zwischen den beiden einseitigen Ableitungen von $f(x)$ in ξ.

47. Ist $f(x)$ in $\langle\alpha, \beta)$ stetig und existiert die rechtsseitige Ableitung $f'_+(x)$ in $\langle\alpha, \beta)$, so liegt $\xi = [f(\beta)-f(\alpha)]/(\beta-\alpha)$ zwischen $M = \operatorname{Sup} f'_+(x)$ und $m = \operatorname{Inf} f'_+(x)$ in $\langle\alpha, \beta)$ (Scheefer).

48. Ist $\varphi(x)$ in $\langle\alpha, \beta\rangle$ stetig und konvex (vgl. A 29 § 5), so existieren in (α, β) überall die beiden einseitigen Ableitungen $\varphi'_+(x)$, $\varphi'_-(x)$ von $\varphi(x)$, wobei die linksseitige höchstens gleich der rechtsseitigen ist (J. L. W. V. Jensen).

49. Ist $\varphi(x)$ in $\langle\alpha, \beta\rangle$ stetig und konvex, so gilt für $\alpha \leqq \zeta_1 < \zeta_2 \leqq \beta$: $\varphi'_+(\zeta_1) \leqq \varphi_-(\zeta_2)$.

50. Ist $\varphi(x)$ in $\langle\alpha, \beta\rangle$ stetig und stückweise glatt und ist dort $\varphi'(x)$ monoton wachsend im Sinne der A 48, 49, so ist $\varphi(x)$ konvex in $\langle\alpha, \beta\rangle$.

51. Man beweise, daß die folgenden Funktionen von x

$$\lg \frac{1}{x}\ (x > 0), \quad x^r\ (r > 1,\ x > 0), \quad (1+x^r)^{1/r}\ (r > 0,\ x > 0),$$

$$a^x\ (a > 0,\ a \neq 1,\ -\infty < x < \infty), \quad \lg(1+e^x)\ \ (-\infty < x < \infty)$$

in den angegebenen Intervallen konvex sind, und leite dafür die nach A 29 § 5 folgenden Ungleichungen her.

52. Es sei $f(x)$ stetig in $\langle\alpha, \beta\rangle$ und es sei für jedes x aus (α, β):

$$\frac{f(x+\delta)+f(x-\delta)-2f(x)}{\delta^2} \geqq c$$

für eine von x unabhängige Konstante c, sobald $|\delta|$ hinreichend klein ist. Dann existieren in jedem Punkt von (α, β) die beiden einseitigen Ableitungen $f'_-(x)$, $f'_+(x)$.

53. Ist $f(x)$ stetig in $\langle\alpha, \beta\rangle$ und gilt für jedes x aus (α, β)

$$\overline{\lim_{\delta\to 0}} \left|\frac{f(x+\delta)+f(x-\delta)-2f(x)}{\delta^2}\right| \leqq C$$

für ein von x unabhängiges C, so ist $f(x)$ in $\langle\alpha, \beta\rangle$ stetig differenzierbar. (Für den Begriff des lim für beliebigen Grenzübergang vgl. A 56 § 6.)

54. Ist $f(x)$ in $\langle\alpha, \beta\rangle$ einseitig beschränkt und gilt für jedes x aus (α, β):

$$\left|\frac{f(x+\delta)+f(x-\delta)-2f(x)}{\delta^2}\right| \leqq C$$

für ein von x unabhängiges C, sobald $x+\delta$ und $x-\delta$ in $\langle\alpha, \beta\rangle$ liegen, so ist $f(x)$ in $\langle\alpha, \beta\rangle$ stetig und stetig differenzierbar.

55. Es sei $t_1 < t_2 < t_3$, $t_1 \leqq a \leqq t_3$. $f(x)$ sei in $\langle t_1, t_3\rangle$ stetig differenzierbar und es möge $f''(a)$ existieren und verschwinden. Dann gilt für $t_1 \to a$, $t_2 \to a$, $t_3 \to a$:

$$\frac{\dfrac{f(t_1)-f(t_2)}{t_1-t_2} - \dfrac{f(t_2)-f(t_3)}{t_2-t_3}}{t_1-t_3} \to 0.$$

(Der Ausdruck links in der Behauptung ist die sogenannte *dividierte Differenz 2. Ordnung von f* und wird mit $[t_1\,t_2\,t_3]f$ bezeichnet.)

56. Werden die Annahmen von A 55 dahin abgeändert, daß $f''(a)$ existiert, aber nicht mehr notwendig verschwindet, so gilt $[t_1 t_2 t_3]f \to f''(a)/2$, wenn $t_1 \to a$, $t_2 \to a$, $t_3 \to a$ gilt (Stieltjes).

57. Es sei $f'''(x)$ in der Umgebung von a vorhanden und in a stetig. Sind t_1, t_2, t_3, t_4 vier durchweg verschiedene Werte aus dieser Umgebung von a und bildet man mit ihnen den Ausdruck $[t_1\,t_2\,t_3\,t_4]f \equiv ([t_1\,t_2\,t_3]f - [t_1\,t_2\,t_4]f)/t_3 - t_4)$, so strebt er, wenn alle t_ν gegen a konvergieren und dabei durchweg untereinander verschieden bleiben, gegen $f'''(a)/6$.

58. Es sei $f(x)$ in einer Umgebung von a zweimal differenzierbar und es sei dort $|f''(x)|$ beschränkt. Streben dann t_1, t_2, t_3 gegen a, so daß sie

dabei untereinander veschieden bleiben, so gilt

$$F(t_1, t_2, t_3) \equiv \frac{(t_3-t_1)[(f(t_2)-f(t_1)]^\nu - (t_2-t_1)[f(t_3)-f(t_1)]^\nu}{(t_1-t_2)(t_3-t_2)(t_1-t_3)} \to \begin{cases} f'^2(a), & \nu=2 \\ 0, & \nu>2. \end{cases}$$

59. Es sei $f(x)$ in einer Umgebung von a dreimal differenzierbar und es sei dort $|f'''(x)|$ beschränkt. Dann strebt, wenn t_1, t_2, t_3, t_4 gegen a konvergieren und dabei durchweg untereinander verschieden bleiben,

$$\frac{[f(t_2)-f(t_1)]^\nu (t_3-t_1)(t_4-t_1)(t_3-t_4)-[f(t_3)-f(t_1)]^\nu (t_2-t_4)(t_2-t_1)(t_4-t_1)+[f(t_4)-f(t_1)]^\nu (t_2-t_3)(t_2-t_1)(t_3-t_1)}{(t_3-t_4)(t_2-t_3)(t_2-t_4)(t_2-t_1)(t_3-t_1)(t_4-t_1)}$$

für $\nu = 2$ gegen $f'(a)f''(a)$, für $\nu = 3$ gegen $f'^3(a)$, für $\nu > 3$ gegen 0.

60. Sind $u(x)$ und $v(x)$ dreimal stetig differenzierbare Funktionen von x und gilt $uv \equiv 1$, so gilt, solange u' und v' nicht verschwinden,

$$1.\ \frac{v}{v'} = -\frac{u}{u'}, \quad 2.\ \frac{v}{v'}\left(\frac{v''}{v'}-\frac{u''}{u'}\right) = 2, \quad 3.\ \frac{v}{v'}\left(\frac{u'''}{u'}-\frac{v'''}{v'}\right) = -3\left(\frac{u''}{u'}+\frac{v''}{v'}\right).$$

61. Unter den Voraussetzungen von A 60 gilt:

$$\frac{v'''}{v'}-\frac{3}{2}\left(\frac{v''}{v'}\right)^2 = \frac{u'''}{u'}-\frac{3}{2}\left(\frac{u''}{u'}\right)^2 \qquad \text{(H. A. Schwarz).}$$

62. Gilt für die Konstanten a, b, c, d mit $ad-bc \neq 0$, $v = (au+b)/(cu+d)$, so gilt die Relation von A 61 (H. A. Schwarz).

63. Seien $F(x)$ und $f(x)$ n-mal stetig differenzierbare Funktionen. Dann gilt

$$\frac{1}{n!}\frac{d^n F(f(x))}{dx^n} = \sum F^{(\nu)}(f)\left(\frac{f'}{1!}\right)^{\alpha_1}\left(\frac{f''}{2!}\right)^{\alpha_2}\cdots\left(\frac{f^{(n)}}{n!}\right)^{\alpha_n},$$

wo die Summe über $\nu = 1, \ldots, n$ und alle nicht negativen ganzen $\alpha_1, \ldots, \alpha_n$ zu erstrecken ist, die den Relationen genügen:

$$\alpha_1 + \cdots + \alpha_n = \nu, \quad 1\alpha_1 + 2\alpha_2 + \cdots + n\alpha_n = n.$$

64. Es seien $\sum_{\nu=1}^{\infty}(x_\nu - a)$ und $\sum_{\nu=1}^{\infty}(x_\nu - a)^2$ konvergent. Es sei $f(x)$ in a zweimal differenzierbar und definiert für alle x_ν und a. Dann konvergiert $\sum_{\nu=1}^{\infty}(f(x_\nu)-f(a))$.

65. Seien $f(x)$ und $f'(x)$ in $a \leqq x \leqq b$ vorhanden und stetig, und es sei $f''(x)$ in $\langle a, b\rangle$ vorhanden und absolut beschränkt, $|f''(x)| \leqq \mu$. Dann gilt für jedes x aus $\langle a, b\rangle$

$$\text{a)}\quad \frac{f(b)-f(a)}{b-a} = f'(x) + \frac{\theta\mu}{2}(b-a), \quad |\theta| \leqq 1,$$

und daher insbesondere

$$\text{b)}\quad \underset{\langle a,b\rangle}{\operatorname{Min}} f'(x) + \frac{b-a}{2}\mu \geqq \frac{f(b)-f(a)}{b-a} \geqq \underset{\langle a,b\rangle}{\operatorname{Max}} f'(x) - \frac{b-a}{2}\mu.$$

66. Man darf die auf $f''(x)$ in A65 bezügliche Annahme durch die Annahme ersetzen, daß für $a \leqq y < x \leqq b$ stets

$$\left|\frac{f'(x)-f'(y)}{x-y}\right| \leqq \mu$$

ist.

67. In einem Intervall $\langle a, b\rangle$ von der Länge $2\,\delta$ sei $f(x)$ stetig und differenzierbar; es sei σ die Schwankung von $f(x)$ in diesem Intervall und, für eine Konstante μ,

$$\left|\frac{f'(x)-f'(y)}{x-y}\right| \leqq \mu \qquad (x, y \prec \langle a, b\rangle;\ x \neq y);$$

dann gilt in $\langle a, b\rangle$

$$|f'(x)| \leqq \frac{\sigma}{2\,\delta} + \delta\,\mu \qquad (a \leqq x \leqq b).$$

68. In einem Intervall $\langle a, b\rangle$ von der Länge 2 sei $|f(x)| \leqq 1$ und $|f''(x)| \leqq 1$. Dann ist in diesem Intervall $f'(x) \leqq 2$ (Landau).

69. Sei unter den Voraussetzungen von A67

$$\sigma_+ = \operatorname*{Max}_{x \geqq y}[f(x)-f(y)] \qquad (a \leqq y \leqq x \leqq b),$$

dann gilt

$$\frac{\sigma_+}{2\,\delta} \geqq \operatorname*{Max}_{\langle a, b\rangle} f'(x) - \delta\,\mu.$$

70. Unter den Voraussetzungen von A67 sei $b-a \geqq \sqrt{2\,\sigma/\mu}$, dann gilt im ganzen Intervall $\langle a, b\rangle$: $|f'(x)| \leqq \sqrt{2\,\sigma\,\mu}$.

71. Hat $f(x)$ für alle hinreichend große x eine absolut beschränkte zweite Ableitung ($|f''(x)| \leqq \mu$) und konvergiert $f(x)$ für $x \to \infty$ gegen einen endlichen Grenzwert, so gilt

$$f'(x) \to 0 \qquad (x \to \infty)$$

(Hardy, Littlewood, Landau).

72. Sei für $n = 0, 1, 2, \ldots$

$$H_n(x) = (-1)^n e^{x^2} \frac{d^n}{dx^n} e^{-x^2}.$$

(*Das n-te Hermitesche Polynom.*) Man zeige, daß $H_n(x)$ ein Polynom von genau n-tem Grade ist, wobei $H_0 = 1$, $H_1 = 2\,x, \ldots$ gilt und $H_n(x)$ mit $2^n x^n$ beginnt. Man beweise die Relation $H_{n+1} = 2\,x\,H_n - H_n'$ $(n = 0, 1, 2, \ldots)$ und zeige, daß $H_n(x)$ genau n reelle verschiedene Nullstellen besitzt.

73. Man beweise für die Hermiteschen Polynome $H_n(x)$ durch vollständige Induktion:

a) $H_n' = 2n H_{n-1}$, b) $H_n'' - 2x H_n' + 2n H_n = 0$,

c) $H_{n+1} - 2x H_n + 2n H_{n-1} = 0 \quad (n = 1, 2, \ldots)$.

74. Es gilt für $n = 0, 1, \ldots$: $H_{n+2}(0) = -(2n+2) H_n(0)$.

75. H_n ist zugleich mit n gerade oder ungerade.

76. Es gilt

a) $$H_n = 2n \int_0^x H_{n-1}\,dx \qquad (n = 1, 3, 5, \ldots),$$

b) $$H_n = 2n \int_0^x H_{n-1}\,dx + (-1)^{n/2}\, 2^{n/2} \left(\frac{n}{2}\right)! \qquad (n = 0, 2, 4, \ldots).$$

77. Es ist

$$H_n(x) = (2x)^n - \frac{n(n-1)}{1!}(2x)^{n-2} + \frac{n(n-1)(n-2)(n-3)}{2!}(2x)^{n-4} - \cdots.$$

78. Man setze $U = H_n^{(m)}$, $0 < m < n$. Dann gilt

$$U'' - 2x U' + 2(n-m) U = 0.$$

79. Es sei, für $n = 0, 1, 2, \ldots$,

$$L_n(x) = e^x \frac{d^n}{dx^n}(x^n e^{-x}).$$

(*Das n-te Laguerresche Polynom.*) L_n ist ein Polynom von genau n-tem Grade. Es gilt $L_0 = 1$, $L_1 = 1 - x$, $L_2 = 2 - 4x + x^2, \ldots$, sowie $L_{n+1} = x(L_n' - L_n) + (n+1) L_n$ $(n = 0, 1, 2, \ldots)$. L_n beginnt mit $(-1)^n x^n$, hat das konstante Glied $n!$ und hat genau n verschiedene reelle Nullstellen.

80. Es gilt für $n = 0, 1, \ldots$

a) $x L_n'' + (1-x) L_n' + n L_n = 0$, b) $L_{n+1}' = (n+1)(L_n' - L_n)$.

81. Es gilt für $n = 1, 2, \ldots$

a) $x L_n' = n L_n - n^2 L_{n-1}$, b) $L_{n+1} - (2n+1-x) L_n + n^2 L_{n-1} = 0$.

82. Es gilt

$$L_n(x) = (-1)^n \left(x^n - \frac{n^2}{1!} x^{n-1} + \frac{n^2(n-1)^2}{2!} x^{n-2} - \cdots + (-1)^n n!\right).$$

83. Man setze für $0 < m < n$: $U = L_n^{(m)}$. Dann gilt

$$x U'' + (m+1-x) U' + (n-m) U = 0.$$

84. Sei $P_n(x) = \frac{1}{2^n\, n!} \cdot \frac{d^n}{dx^n} (x^2-1)^n \qquad (n = 0, 1, \ldots).$

(*Das n-te Legendresche Polynom.*) Dann ist $P_0 = 1$, $P_1 = x$, $P_2 = (3x^2-1)/2, \ldots$ $P_n(x)$ ist zugleich mit n gerade oder ungerade, beginnt mit $2^{-n}\binom{2n}{n} x^n$ und genügt der Differentialgleichung $(x^2-1)y'' + 2xy' - n(n+1)y = 0$. $P_n(x)$ hat n verschiedene reelle Nullstellen im Intervall $(-1, 1)$.

85. Ein Polynom n-ten Grades, das zugleich mit n gerade oder ungerade ist und der Differentialgleichung der A 84 genügt, hat die Form $c P_n(x)$, wo c eine Konstante ist.

86. Wenn eine Potenzreihe $y = \sum_{\nu=0}^{\infty} a_\nu x^\nu$ der Differentialgleichung der A 84 genügt, genügt das Gliederaggregat der geraden Potenzen und ebenso das Gliederaggregat der ungeraden Potenzen von x einzeln jener Differentialgleichung.

87. Genügt die Potenzreihe der vorigen Aufgabe der Differentialgleichung der A 84, und ist sie zugleich mit n gerade oder ungerade, so ist sie ein Polynom vom Grade n.

88. Genügt eine Potenzreihe den Voraussetzungen der A 86, ohne identisch zu verschwinden, und ist sie gerade für ungerades n und ungerade für gerades n, so hat sie den Konvergenzradius 1.

89. Genügt die Potenzreihe $y = \sum_{\nu=0}^{\infty} a_\nu x^\nu$ der Differentialgleichung der A 84 für ein nicht ganzzahliges n, so hat diese Potenzreihe den Konvergenzradius 1.

90. Es gilt für $n = 0, 1, 2, \ldots$

a) $P_{n+1} = x P_n + \frac{x^2-1}{n+1} P'_n$; b) $P'_{n+1} = (n+1) P_n + x P'_n$.

91. Es gilt für $n = 1, 2, \ldots$

$$P_{n-1} = x P_n - \frac{x^2-1}{n} P'_n.$$

92. Es gilt für $n = 1, 2, \ldots$

$$(n+1) P_{n+1} - x(2n+1) P_n + n P_{n-1} = 0.$$

93. Es gilt für $n = 0, 1, \ldots$: $|P| \leqq (|2x|+1)^n$.

94. Man setze $f(x, t) = \sum_{\nu=0}^{\infty} P_\nu(x)\, t^\nu$. Diese Potenzreihe in t hat für jedes x einen Konvergenzradius $\geqq 1/(2|x|+1)$.

95. Es gilt für die Funktion $f(x, t)$ der vorhergehenden Aufgabe

$$(1-2xt+t^2)f'_t = (x-t)f.$$

96. Mit den Bezeichnungen von A 94 gilt $f(x, t) = 1/\sqrt{1-2xt+t^2}$.

97. Setzt man für $0 < m < n: U = P_n^{(m)}$, so genügt U der Differentialgleichung

$$(x^2-1)U'' + 2(m+1)xU' + [m(m+1) - n(n+1)]U = 0.$$

98. Sind $\varphi_\nu(x)$, $\varphi'_\nu(x)$ $(\nu = 1, 2, \ldots, n)$ stetig in $\langle a, b\rangle$ und sind $a_1 < a_2 < \cdots < a_n$ in (a, b) enthalten, so ist die Funktion $y = \sum_{\nu=0}^{n} |x - a_\nu| \varphi_\nu(x)$ stückweise stetig differenzierbar in $\langle a, b\rangle$, und zwar erleidet ihre Ableitung in der Regel einen Sprung in den Punkten a_ν. Wann ist y' auch in einem dieser Punkte stetig?

99. Seien $f_\nu(x)$ und $\varphi_\nu(x)$ $(\nu = 1, \ldots, n)$ in $\langle \alpha, \beta\rangle$ stetig differenzierbar. Besitzen die Funktionen $f_\nu(x)$ in (α, β) nur endlich viele Nullstellen, so ist $y = \sum_{\nu=1}^{n} |f_\nu(x)| \varphi_\nu(x)$ stückweise glatt in $\langle \alpha, \beta\rangle$, wobei die Sprungstellen von y' nur in den Nullstellen der $f_\nu(x)$ liegen können; insbesondere ist y' in jeder Nullstelle a der $f_\nu(x)$ stetig, an der diejenigen $\varphi_\nu(x)$ verschwinden, denen solche $f_\nu(x)$ entsprechen, die in a ihre Vorzeichen wechseln.

100. Ist für dreimal stetig differenzierbare Funktionen $u(x)$, $v(x)$,

$$w(x):\ W = \begin{vmatrix} u & v & w \\ u' & v' & w' \\ u'' & v'' & w'' \end{vmatrix}, \quad \text{so gilt: } W' = \begin{vmatrix} u & v & w \\ u' & v' & w' \\ u''' & v''' & w''' \end{vmatrix} \quad \text{(Wronski).}$$

101. Sind $u(x)$, $v(x)$, $w(x)$ und $t(x)$ zweimal stetig differenzierbar, so gilt

$$\begin{vmatrix} tu & tv & tw \\ (tu)' & (tv)' & (tw)' \\ (tu)'' & (tv)'' & (tw)'' \end{vmatrix} = t^3 \begin{vmatrix} u & v & w \\ u' & v' & w' \\ u'' & v'' & w'' \end{vmatrix} \qquad \text{(Wronski).}$$

102. Setzt man $x^{-n}\left(e^x - \sum_{\nu=0}^{n-1} x^\nu/\nu!\right) = R_n$, so gilt: $R_n^{(n)} = x^{-2n}[A(x)e^x + B(x)]$, wo $A(x)$ und $B(x)$ ganzzahlige Polynome (d. h. Polynome mit ganzzahligen Koeffizienten) sind.

103. Man folgere aus A 59 § 9 und A 102, daß e^x für alle rationalen $x \neq 0$ eine Irrationalzahl ist (Hermite).

104. Existiert $U^{(n+1)}(x)$ und setzt man $V = x^{n+1}[U(x)/x]^{(n)}$, so gilt $V' = x^n U^{(n+1)}(x)$.

105. Es sei $f(0) = 0$ und es seien $f', f'', \ldots, f^{(n+1)}$ $(n \geqq 0)$ in einer Umgebung von $x = 0$ vorhanden und in $x = 0$ stetig. Setzt man dann $f_1(x) = f(x)/x$, so ist $f_1(x)$ mit seinen n ersten Ableitungen für $x = 0$ stetig und es gilt dort $f_1^{(\nu)}(0) = f^{(\nu+1)}(0)/(\nu+1)$.

106. Es sei $f(x)$ in der Umgebung des Nullpunktes $(n+m)$-mal stetig differenzierbar, wo m, n natürliche Zahlen sind. Es sei ferner $f(0) = f'(0) = \cdots = f^{(n-1)}(0) = 0$. Dann ist $g(x) \equiv f(x)/x^n$ in der Umgebung des Nullpunktes m-mal differenzierbar, und es gilt

$$g^{(\nu)}(0) = \frac{\nu!}{(n+\nu)!} f^{(n+\nu)}(0) \qquad (\nu = 0, 1, 2, \ldots, m).$$

107. Es sei $f(0) = 1$ und $f(x)$ in der Umgebung des Nullpunktes n-mal stetig differenzierbar. Setzt man dann $F(x) = \sqrt{f(x)}$, wo $F(x) > 0$ ist, so ist $F(x)$ in einer Umgebung des Nullpunktes n-mal stetig differenzierbar. Insbesondere ist für $n = 1$: $F'(0) = f'(0)/2$ und für $n \geqq 2$:

$$F'(0) = \frac{1}{2} f'(0), \quad F''(0) = \frac{f''(0)}{2} - \frac{f'^2(0)}{4}.$$

108. Sei $f(x)$ in der Umgebung von $x = 0$ dreimal stetig differenzierbar, und es sei dort, für ein konstantes $A \neq 0$, $f(x) = A\,x^2 F^2(x)$, wo $F(x)$ stetig, > 0 und $F(0) = 1$ ist. Dann gilt

$$A = \frac{f''(0)}{2}, \quad F'(0) = \frac{f^{(3)}(0)}{12\,A} = \frac{f^{(3)}(0)}{6\,f''(0)}.$$

109. Sei $f(x)$ in der Umgebung von $x = 0$ differenzierbar, $f'(x)$ in dieser Umgebung eigentlich monoton und $f(0) = f'(0) = 0$. Dann gilt für $x \to 0 : f(x)/f'(x) \to 0$, und darüber hinaus für hinreichend kleines $|x| : |f(x)/f'(x)| < |x|$.

110. Sei $f(x)$ in der Umgebung von $x = 0$ zweimal differenzierbar, $f(0) = f'(0) = 0$ und, für $x \to 0$, $f''(x) \to f''(0) \neq 0$. Dann gilt für $x \to 0$

$$\frac{x f'(x) - f(x)}{f'(x)} \sim \frac{x}{2}.$$

111. Ist $f(x)$ in $\langle a, b\rangle$ stetig differenzierbar, so gilt

$$\operatorname*{Lim}_{n \to \infty} \int_a^b f(x) \sin n\,x\,dx = 0.$$

112. Ist $f(x)$ in $\langle a, b\rangle$ stetig differenzierbar, und ist $-\pi < a < b < \pi$, so gilt

$$\operatorname*{Lim}_{n \to \infty} \int_a^b f(x)\, x\, \frac{\sin n\,x}{\sin x}\, dx = 0.$$

113. Man beweise

$$\sum_{\nu=1}^{n} \frac{1}{\nu^2} = 4\pi^2 \int_0^{1/2} (x^2 - x) \left(\frac{\sin(2n+1)\pi x}{2 \sin \pi x} - \frac{1}{2} \right) dx.$$

114. Man beweise, daß $\sum_{\nu=1}^{\infty} 1/\nu^2 = \pi^2/6$ ist.

115. Man beweise

$$\sum_{\nu=0}^{\infty} \frac{1}{(2\nu+1)^2} = \frac{\pi^2}{8}, \quad \sum_{\nu=1}^{\infty} \frac{(-1)^{\nu-1}}{\nu^2} = \frac{\pi^2}{12}.$$

116. Sei $f(x)$ n-mal stetig differenzierbar in $\langle -A, A \rangle$ und es gelte dort, für eine Konstante M,

$$\left| \frac{f^{(n)}(x) - f^{(n)}(y)}{x - y} \right| \leqq M \qquad (-A \leqq y < x \leqq A).$$

Dann gilt, für $|x| \leqq A$:

$$g(x) \equiv f(x) - \sum_{\nu=0}^{n} \frac{f^{(\nu)}(0)}{\nu!} x^\nu = \Theta \frac{M}{(n+1)!} x^{n+1}, \quad |\Theta| \leqq 1.$$

§ 11. Differentiation bei Funktionen mehrerer Variablen

Für eine Funktion von etwa drei Variablen $f(x, y, z)$ wird der *Gradient von f im Punkte* (x, y, z) definiert durch grad $f = (f'_x, f'_y, f'_z)$. Ist g die Richtung von grad f und n eine beliebige Richtung, so wird die *Ableitung von f in der Richtung* n gegeben durch

$$\frac{\partial f}{\partial n} = |\mathrm{grad} f| \cos(g, n) = f'_x \cos(n, x) + f'_y \cos(n, y) + f'_z \cos(n, z).$$

Die Richtung des Gradienten ist zugleich die *Richtung des stärksten Anstiegs von f* und steht senkrecht auf der durch den betreffenden Punkt hindurchgehenden Niveaufläche von f.

Der *Mittelwertsatz* für $f(x, y, z)$ läßt sich schreiben in einer der Formen:

$$f(P) - f(Q) = |P Q| \frac{\partial f(S)}{\partial n},$$

wo n die von P und Q weisende Richtung und S ein Punkt auf der Strecke von P nach Q ist;

$$f(x, y, z) - f(a, b, c) = [(x-a) D_u + (y-b) D_v + (z-c) D_w] f(u, v, w),$$
$$u = a + \Theta(x-a), \quad v = b + \Theta(y-b), \quad w = c + \Theta(z-c),$$

wo Θ in $(0, 1)$ liegt.

1. Man bestimme f'_x und f'_y für $f(x, y) = e^{\sin xy} + e^{\cos(x+y)}$.

2. Man bestimme $\partial z/\partial x$ für $z = (x+y)^{x+y}$.

3. Man beweise $\dfrac{\partial \sin(x^2+y^2)}{\partial x} : \dfrac{\partial \sin(x^2+y^2)}{\partial y} = x : y$.

4. Man berechne $\dfrac{d}{dt} f(tx, ty, tz)$. [1]

5. Man berechne $\dfrac{d}{dt} \dfrac{1}{\sqrt{(x-at)^2+(y-bt)^2+(z-ct)^2}}$.

6. Man bestimme $\left(x\dfrac{\partial}{\partial x} + y\dfrac{\partial}{\partial y}\right)\dfrac{x}{y}$.

7. Man bestimme $2x\dfrac{\partial f}{\partial x} + y\dfrac{\partial f}{\partial y} + 2z\dfrac{\partial f}{\partial z}$

für $f(x, y, z) = x\sin(y^2/z) - y^2 \operatorname{tg}(z/y^2)$.

8. Man bestimme $\dfrac{\partial u}{\partial x} + \dfrac{\partial u}{\partial y} + \dfrac{\partial u}{\partial z}$

für $u = \lg(x^3+y^3+z^3-3xyz)$.

9. Man verifiziere die Relation $x f'_x + y f'_y = 0$ für $f(x, y) = e^{x^2/y^2}$.

10. Man berechne $\left(\dfrac{\partial f(r)}{\partial x}\right)^2 + \left(\dfrac{\partial f(r)}{\partial y}\right)^2 + \left(\dfrac{\partial f(r)}{\partial z}\right)^2$,

wo $r = x^2+y^2+z^2$ ist.

11. Man bilde $\partial r/\partial x$, $\partial r/\partial y$, $\partial r/\partial z$ für $r = \sqrt{(x-a)^2+(y-b)^2+(z-c)^2}$ und deute diese Ableitungen geometrisch.

12. Man berechne den Gradienten von

a) $(x^2+y^2)^5$, b) $\sqrt{x^2-y^2}$, c) $\dfrac{1}{x}+\dfrac{1}{y}+\dfrac{1}{z}$, d) e^{xy}.

13. Von der Funktion x^2-y^2 ist die Ableitung in Richtung der Winkelhalbierenden des 1. Quadranten zu bestimmen, und zwar in den Punkten $(1, 1)$ und $(-1, 1)$.

14. Man berechne die Gradienten von

a) $\lg[(x-a)^2+(y-b)^2]$, b) $\lg\operatorname{tg}\dfrac{x}{y}$, c) $\dfrac{ax+by}{\sqrt{x^2+y^2}}$.

---

[1] Hier wird natürlich die *partielle* Ableitung des Ausdrucks nach t verlangt. Da indessen die verallgemeinerte Kettenregel anzuwenden ist, wird das Zeichen der gewöhnlichen Ableitung benutzt – wie denn überhaupt die Konvention über den Gebrauch der Symbole d, ∂ sich nicht immer folgerichtig durchführen läßt und sehr oft sinngemäß durchbrochen wird.

15. Wann ist das Maximum des Gradientenbetrages von x^2+y^2 nicht größer als 1?

16. Ist die Richtung n_P parallel zur Richtung n_Q, so gilt

$$\frac{\partial |PQ|}{\partial n_P}+\frac{\partial |PQ|}{\partial n_Q}=0.$$

17. Man berechne $\partial f/\partial x$, $\partial f/\partial y$, $\partial f/\partial z$ für

$$f(x, y, z)=\begin{vmatrix} \varphi_1(x) & \varphi_2(x) & \varphi_3(x) \\ \varphi_1(y) & \varphi_2(y) & \varphi_3(y) \\ \varphi_1(z) & \varphi_2(z) & \varphi_3(z) \end{vmatrix}.$$

18. Es sei $x=\alpha\xi+\beta\eta$, $y=\gamma\xi+\delta\eta$ eine orthogonale Koordinatentransformation, $f(x, y)$, $f'_x(x, y)$, $f'_y(x, y)$ seien stetig; dann ist $f'^2_\xi+f'^2_\eta=$ $=f'^2_x+f'^2_y$.

19. Es sei $f(x)$ stetig und differenzierbar für positive x. Welche Länge und welche Richtung hat der Gradient der Funktion $f(\sqrt{x^2+y^2})$?

20. Man bestimme grad $f(r)$, wenn $f(r)$ eine stetig differenzierbare Funktion von r und $r=\sqrt{x^2+y^2+z^2}$ ist.

21. Man beweise, daß kein $f(x, y)$ existiert, so daß $f'_x(x, y)=xy$, $f'_y(x, y)=y^2$ ist.

22. Welche partiellen Ableitungen existieren bei den Funktionen

$$\text{a)}\ \frac{1}{y}\sin xy, \qquad \text{b)}\ \frac{1}{y}\sin^2 xy, \qquad \text{c)}\ \frac{1-\cos\sqrt{xy}}{\sqrt{y}}$$

für $y=0$, wenn die Funktionswerte dort nach Maßgabe der Stetigkeit festgesetzt werden?

23. Man drücke $f'^2_x+f'^2_y$ durch g'_r und g'_φ aus, wenn $f(r\cos\varphi, r\sin\varphi)=$ $=g(r, \varphi)$ ist.

24. Man bestimme dy/dx, dz/dx, wenn y und z als Funktionen von x durch die Gleichungen gegeben sind:

$$x^3+y^2-3z+a=0,$$
$$z^2-2y^2-x+b=0.$$

25. Es ist aus $dy/dx=y/x$ zu schließen, daß $|y|=c|x|$ ist mit konstantem c.

26. Aus $x+y(dy/dx)=0$ ist zu schließen, daß x^2+y^2 konstant ist.

* * *

27. Besitzt $f(x, y)$ in der Umgebung eines Punktes x, y stetige partielle Ableitungen, so gilt für absolut hinreichend kleine h und k:

$$f(x+h, y+k)-f(x, y) = h f'_x(x+\Theta h, y+k)+k f'(x, y+\Theta k), \quad 0 < \Theta < 1$$

(Hedrick).

28. Besitzt $f(x, y, z)$ in der Umgebung eines Punktes x, y, z stetige partielle Ableitungen, so gilt für absolut hinreichend kleine h, k, l und ein (variables) Θ mit $0 < \Theta < 1$:

$$f(x+h, y+k, z+l)-f(x, y, z) =$$
$$= h f'_x(x+\Theta h, y+k, z+l)+k f'_y(x, y+\Theta k, z+\Theta l)+l f'_z(x, y+\Theta k, z+\Theta l).$$

29. Gilt für $f(x, y, z): |f'_x| \leqq M, |f'_y| \leqq M, |f'_z| \leqq M$, so ist $|\operatorname{grad} f| \leqq \leqq \sqrt{3}\, M$.

30. Es sei $z = z(x, y)$ so beschaffen, daß für einen geeigneten, von x und y abhängigen Parameter α und eine geeignete zweimal differenzierbare Funktion $\varphi(\alpha)$

$$\text{(I)} \quad z = \frac{[y-\varphi(\alpha)]^2}{\varphi'(\alpha)}, \qquad \text{(II)} \quad x = \frac{y-\varphi(\alpha)}{\varphi'(\alpha)}-\alpha$$

ist. Dann gilt, wie $\varphi(\alpha)$ im übrigen auch beschaffen sein mag:

$$\frac{\partial z}{\partial x} \cdot \frac{\partial z}{\partial y} = z.$$

31. Ist $z = z(x, y)$ bestimmt durch

$$\text{(I)} \quad [(z-\varphi(\alpha)]^2 = x^2(y^2-\alpha^2), \qquad \text{(II)} \quad [z-\varphi(\alpha)]\,\varphi'(\alpha) = \alpha x^2,$$

wo $\varphi(\alpha)$ zweimal stetig differenzierbar nach α ist und α einmal stetig differenzierbar nach x und y, so gilt:

$$\frac{\partial z}{\partial x} \cdot \frac{\partial z}{\partial y} = x y.$$

32. Ist, für eine stetig differenzierbare Funktion $\varphi(u)$, $z = y\,\varphi(x^2-y^2)$, so gilt

$$\frac{1}{x} \cdot \frac{\partial z}{\partial x}+\frac{1}{y} \cdot \frac{\partial z}{\partial y} = \frac{z}{y^2}.$$

33. Ist $z = x y+x \varphi(y/x)$, wo $\varphi(u)$ stetig differenzierbar ist, so gilt

$$x \frac{\partial z}{\partial x}+y \frac{\partial z}{\partial y} = x y+z.$$

34. Ist für eine Funktion $z = z(x, y)$

$$x-a z = \varphi(y-b z),$$

wo φ stetig differenzierbar ist und a und b konstant sind, so gilt

$$a\frac{\partial z}{\partial x}+b\frac{\partial z}{\partial y}=1.$$

35. Ist $z=z(x,y)$ so beschaffen, daß $z=\sqrt{xy}\,\varphi(x/y)$ ist, wo φ eine stetig differenzierbare Funktion ist, so gilt

$$x\frac{\partial z}{\partial x}+y\frac{\partial z}{\partial y}=z.$$

36. Es seien für $\gamma_0<\gamma<\gamma_1$ die Niveaukurven $C_\gamma\,[f(P)=\gamma]$ der Funktion $f(P)=f(x,y)$ lauter einfache geschlossene Kurven derart, daß, für $\gamma'>\gamma''$, $C_{\gamma'}$ außerhalb $C_{\gamma''}$ liegt. Sind $\gamma,\gamma+h$ in (γ_0,γ_1) enthalten und ist δ die Länge der im Punkte P von C_γ errichteten Normalen bis zu ihrem Schnittpunkt mit $C_{\gamma+h}$, so gilt $|h|=\delta R(P^*)\cos[\Phi(P^*)-\Phi(P)]$, wo $R(P)$ der absolute Betrag von grad f ist und Φ der Winkel von grad f mit der positiven x-Achse, während P^* ein geeigneter Punkt auf jenem Normalenabschnitt ist.

37. Unter den Voraussetzungen von A 36 sei, für ein γ aus (γ_0,γ_1), grad f auf C_γ und in der Nachbarschaft dieser Kurve durchweg stetig und $R(P)\neq 0$ auf C_γ. Dann gilt für $h\to 0$

$$\delta\sim\frac{|h|}{R(P)}\qquad(h\to 0)$$

gleichmäßig für alle Punkte P auf C_γ.

38. Seien G ein beschränktes Gebiet in R_n mit Koordinaten $x,y,\ldots,z$, B der zugehörige Bereich, $V(P)$ eine in B stetige Funktion des Punktes. Dann läßt sich in B eine stetige Funktion $F(P)$ derart definieren, daß $F'_x=V(P)$ durchweg in G ist.

§ 12. Partielle Ableitungen höherer Ordnung

Bei einer Funktion $f(x,y)$ sind die Operatoren D_x und D_y unter sehr allgemeinen Voraussetzungen vertauschbar, so daß $\frac{\partial}{\partial x}f'_y=\frac{\partial}{\partial y}f'_x$ gilt. Insbesondere gilt diese Relation, wenn die beiderseitigen Ausdrücke im betreffenden Punkt existieren und stetig sind. Daher ist zum Beispiel $D_x^p D_y^q D_z^r f$ von der Reihenfolge der Differentiation unabhängig, wenn alle dabei herauskommenden Ableitungen stetig sind. Diese Ableitung wird zumeist in der Form $f^{(p+q+r)}_{x^p y^q z^r}$ geschrieben oder als $\partial^{p+q+r}f/\partial x^p\partial y^q\partial z^r$.

Der Taylorsche Satz kann, etwa für zwei Variablen, in der Form geschrieben werden:

$$f(a+h, b+k) = f(a, b) + \sum_{\nu=1}^{n} \frac{1}{\nu!} (h D_a + k D_b)^n f(a, b) + R_{n+1} \tag{1}$$

mit

$$R_{n+1} = \int_0^1 \frac{(1-u)^n}{n!} (h D_a + k D_b)^{n+1} f(a+u h, b+u k)\, du$$

$$= \frac{1}{(n+1)!} (h D_a + k D_b)^{n+1} f(a+\Theta h, b+\Theta k),$$

wo $0 \leqslant \Theta \leqslant 1$ ist.

$f(x, y, z)$ heißt *homogen* von der *Dimension* s, wenn für jedes $t \neq 0$ die Relation $f(tx, ty, tz) = t^s f(x, y, z)$ gilt. Gilt diese Relation für jedes *positive* t, so heißt f *positiv homogen* von der Dimension s. Charakteristisch für die positive Homogenität von der Dimension s ist die *Eulersche Differentialgleichung* $x f'_x + y f'_y + z f'_z = s f(x, y, z)$. Ferner gilt für eine solche Funktion allgemeiner

$$\left(x\frac{\partial}{\partial x} + y\frac{\partial}{\partial y} + z\frac{\partial}{\partial z}\right)^n f(x, y, z) = n\binom{s}{n} f(x, y, z) \tag{*}$$

für jedes natürliche n, für das die entsprechenden partiellen Ableitungen existieren und stetig sind.

1. Man bestimme die zweiten Ableitungen von $1/\sqrt{x^2+y^2}$.

2. Man bestimme f''_{xy} für

a) $f(x, y) = \lg\dfrac{x+y}{x-y}$ $(x^2+y^2 > 0)$, b) $f(x, y) = \operatorname{arc\,tg}\dfrac{y}{x}$,

c) $f(x, y) = \dfrac{\operatorname{arc\,tg} y}{1+x^2}$.

3. Für $u = \log(x^2+y^2)$ gilt: $\dfrac{\partial^2 u}{\partial x^2} + \dfrac{\partial^2 u}{\partial y^2} = 0$.

4. Man bestimme $\left(\dfrac{\partial^2}{\partial x^2} + \dfrac{\partial^2}{\partial y^2} + \dfrac{\partial^2}{\partial z^2}\right) \dfrac{1}{\sqrt{x^2+y^2+z^2}}$.

5. Man bestimme $\left(\dfrac{\partial^2}{\partial x^2} + \dfrac{\partial^2}{\partial y^2}\right) f(\sqrt{x^2+y^2})$,

wenn $f(r)$ eine zweimal stetig differenzierbare Funktion von r ist.

6. Wann ist

$$\left(\frac{\partial^2}{\partial x^2} + \frac{\partial^2}{\partial y^2} + \frac{\partial^2}{\partial z^2}\right) f(r) \equiv 0, \quad r = \sqrt{(x-a)^2 + (y-b)^2 + (z-c)^2},$$

wenn $f(r)$ eine zweimal stetig differenzierbare Funktion von r ist?

7. Man bestimme $\partial^3 f(x, y, z)/\partial x\, \partial y\, \partial z$ für

$$\text{a)}\quad f(x, y, z) = e^{xyz}, \qquad \text{b)}\quad f(x, y, z) = \begin{vmatrix} f(x) & g(x) & h(x) \\ f_1(y) & g_1(y) & h_1(y) \\ f_2(z) & g_2(z) & h_2(z) \end{vmatrix},$$

wo $f(x), \ldots, h_2(z)$ einmal differenzierbare Funktionen sind.

8. Man bestimme $\partial^{m+n} f(ax+by+c)/\partial x^m\, \partial y^n$, wenn $f(u)$ eine $(m+n)$-mal stetig differenzierbare Funktion von u ist.

9. Für jede Funktion der Gestalt $z = \varphi(y+ax)+\psi(y-ax)$ gilt

$$a^2 \frac{\partial z^2}{\partial y^2} - \frac{\partial^2 z}{\partial x^2} = 0,$$

wenn $\varphi(u)$ und $\psi(u)$ zweimal stetig differenzierbar sind.

10. Man beweise, daß die Funktion $z = x^n \varphi(y/x) + x^{-n} \psi(y/x)$ der Differentialgleichung

$$x^2 z''_{xx} + 2xy z''_{xy} + y^2 z''_{yy} + x z'_x + y z'_y = n^2 z$$

genügt, wenn $\varphi(u)$ und $\psi(u)$ zweimal stetig differenzierbare Funktionen sind.

11. Man beweise, daß $z(x, y) = f[x+\varphi(y)]$ der Gleichung

$$\frac{\partial z}{\partial x} \cdot \frac{\partial^2 z}{\partial x\, \partial y} = \frac{\partial z}{\partial y} \cdot \frac{\partial^2 z}{\partial x^2}$$

genügt, wenn $f(u)$ und $\varphi(u)$ zweimal stetig differenzierbare Funktionen von u sind.

12. Aus $x^2/a^2+y^2/b^2+z^2/c^2 = 1$ berechne man für $z = z(x, y)$: z'_x, z''_{xx}, z''_{xy}.

13. Man entwickle $f(x, y) = x^3+xy^2+yx^2+y^3$ nach Potenzen von $x-1$ und $y-2$.

14. Man berechne die zweite Ableitung nach x von

$$\begin{vmatrix} a_{11}+x & a_{12} & a_{13} \\ a_{21} & a_{22}+x & a_{23} \\ a_{31} & a_{32} & a_{33}+x \end{vmatrix}.$$

15. Man entwickle $f = \cos x \cos y$ in der Umgebung des Nullpunktes mit dem Restglied vierter Ordnung.

16. Für welche Werte von x und y konvergiert $\sum\limits_{\nu=0}^{\infty} (-1)^\nu (x+y)^\nu$? Man bestimme die Summe.

17. Von der Funktion $z(x, y)$, die durch die Gleichung $xy+yz+zx = 1$ gegeben ist, bestimme man die n-te partielle Ableitung nach x.

18. Von der Funktion $z(x, y)$ in A17 ist die Ableitung $\partial^{n+1}z/\partial x\,\partial y^n$ und allgemeiner $\partial^{n+m}z/\partial x^m\,\partial y^n$ zu bestimmen.

19. Von der Funktion $\varphi(x)\,\psi(y)\,\chi(z)$ bestimme man $\partial^{n+m+l}/\partial x^n\,\partial y^m\,\partial z^l$, wenn $\varphi(x)$, $\psi(y)$ und $\chi(z)$ genügend oft differenzierbar sind.

* * *

20. Ist $z = \varphi'(x)\,\psi'(y)/[\varphi(x)+\psi(y)]^2$, so gilt $(\partial^2/\partial x\,\partial y)\lg|z| = 2z$, wenn $\varphi(x)$ und $\psi(y)$ dreimal stetig differenzierbar sind.

21. Welchen Bedingungen müssen die Konstanten a und b genügen, wenn die Funktion $z = e^{ax+by}$ der Differentialgleichung $A\,z''_{xx} + 2\,B\,z''_{xy} + C\,z''_{yy} + 2\,D\,z'_x + 2\,E\,z'_y = 0$ mit konstanten Koeffizienten A, B, C, D, E genügen soll?

22. Man bestimme die ersten und zweiten Ableitungen nach x, y, z von $u = \varphi(\xi, \eta)$, für

$$\xi = a\,x + b\,y + c\,z, \qquad \eta = a'\,x + b'\,y + c'\,z,$$

wenn $\varphi(\xi, \eta)$ zweimal stetig differenzierbar ist.

23. Es sei $x = r\cos\varphi$, $y = r\sin\varphi$, $f(x, y) = \Phi(r, \varphi)$. Der Ausdruck

$$\frac{\partial^2 f(x, y)}{\partial x^2} + \frac{\partial^2 f(x, y)}{\partial y^2}$$

ist durch die Ableitungen der Funktion $\Phi(r, \varphi)$ nach r und φ darzustellen.

24. Genügt die zweimal stetig differenzierbare Funktion $y = y(x)$ der Gleichung $f(x, y) = 0$, wo $f(x, y)$ zweimal stetig differenzierbar und $f'_y \neq 0$ ist, so gilt

$$\frac{\partial^2 y}{\partial x^2} = \frac{1}{f'^3_y}\begin{vmatrix} 0 & f'_x & f'_y \\ f'_x & f''_{xx} & f''_{xy} \\ f'_y & f''_{xy} & f''_{yy} \end{vmatrix}.$$

25. Aus $a_{11}\,x^2 + 2\,a_{12}\,x\,y + a_{22}\,y^2 + 2\,a_{10}\,x + 2\,a_{20}\,y + a_{00} = 0$ folgt

$$\frac{d^2 y}{dx^2} = \frac{\Delta}{(a_{12}\,x + a_{22}\,y + a_{20})^3}, \qquad \Delta = \begin{vmatrix} a_{11} & a_{12} & a_{10} \\ a_{12} & a_{22} & a_{20} \\ a_{10} & a_{20} & a_{00} \end{vmatrix}.$$

26. Sind f, g, h drei binäre Formen gleicher Dimension n in x, y, so gilt identisch

$$\begin{vmatrix} f & g & h \\ f'_x & g'_x & h'_x \\ f'_y & g'_y & h'_y \end{vmatrix} = 0.$$

27. Man leite eine der Eulerschen Differentialgleichung für homogene Funktionen analoge Differentialgleichung her, wenn $f(t^\alpha x, t^\beta y, t^\gamma z) \equiv t^s f(x, y, z)$ ist.

28. Man beweise, daß $f = \sqrt{x}\lg|y|$ der Differentialgleichung (*) für $n=2$, $s = 1/2$ genügt.

29. Man beweise, daß die Funktion $f = x^s + y^{1-s}$ der Differentialgleichung (*) für $n = 2$ genügt.

30. Man beweise, daß eine homogene Funktion von der Dimension $1-s$ der Differentialgleichung (*) für $n = 2$ genügt.

31. Für $\varphi(x) = xy(x^2-y^2)/(x^2+y^2)$ $[\varphi(0, 0) = 0]$ bestimme man φ'_x und φ'_y und beweise, daß sie überall mit Einschluß des Nullpunktes stetig sind. Ferner bestimme man φ''_{xy} und φ''_{yx}, insbesondere im Ursprung.

32. Ist $f(x, y)$ in der Umgebung des Nullpunktes stetig und mit ersten und zweiten partiellen Ableitungen versehen, so gilt für beliebige positive a und b

$$f''_{xx}(0, 0) = \operatorname*{Lim}_{h\to 0} \frac{f(2h, e^{-a/h^2}) - 2f(h, e^{-b/h^2}) + f(0, 0)}{h^2}.$$

33. Ordnet man $e^z = \sum_{\nu=0}^{\infty} z^\nu/\nu!$ $(z = 2xy - y^2)$ nach Potenzen von y um, so ergibt sich eine Entwicklung

$$e^{2xy-y^2} = \sum_{\nu=0}^{\infty} \frac{H_\nu^*(x)}{\nu!} y^\nu, \tag{a}$$

wobei die $H_\nu^*(x)$ Polynome in x sind und die Reihe rechts für alle y konvergiert.

34. Man beweise, daß für die Polynome $H_\nu^*(x)$ in A33 die Relationen gelten:

$$H_\nu^{*\prime}(x) = 2\nu H_{\nu-1}^*(x) \qquad (\nu = 1, 2, \ldots),$$
$$H_{\nu-1}^*(x) = 2x H_\nu^*(x) - H_\nu^{*\prime}(x) \qquad (\nu = 0, 1, \ldots),$$

und folgere daraus, daß $H_\nu^*(x)$ das Hermitesche Polynom $H_\nu(x)$ in A72 § 10 ist.

35. Es möge f''_{xy} im Punkte (a, b) und in dessen Umgebung vorhanden sein. Existiert dann der Grenzwert $\operatorname{Lim} f''_{xy}(a, b+k)$ entweder für $k \downarrow 0$ oder $k \uparrow 0$, so ist dieser Grenzwert gleich $f''_{xy}(a, b)$.

36. Es ist $\operatorname{arc\,tg}[(x-y)/(1+xy)]$ in eine Taylor-Reihe nach Potenzen von x und y zu entwickeln.

37. Ist $f''(x)$ in der Umgebung von a vorhanden und stetig, so gilt

$$\frac{1}{hk}[f(a+h+k) - f(a+h) - f(a+k) + f(a)] \to f''(a) \; (h \to 0,\ k \to 0).$$

38. Ist der Operator $\Delta = \dfrac{\partial^{\alpha_1+\alpha_2+\cdots+\alpha_n}}{\partial x_1^{\alpha_1}\,\partial x_2^{\alpha_2}\cdots\partial x_n^{\alpha_n}}$, so gilt

$$x_1^{\beta_1}\cdots x_n^{\beta_n}\,\Delta\left(x_1^{\gamma_1}x_2^{\gamma_2}\cdots x_n^{\gamma_n}\right) = c\,\Delta\left(x_1^{\beta_1+\gamma_1}\cdots x_n^{\beta_n+\gamma_n}\right),$$

wo c nur von $\alpha_1, \ldots, \alpha_n, \beta_1, \ldots, \beta_n, \gamma_1, \ldots, \gamma_n$ abhängt. Man bestimme c.

§ 13. Jacobische Matrizen und Determinanten

Ein rechteckiges Schema von $m \times n$ Zahlen, angeordnet in m Zeilen und n Spalten, nennt man eine $(m \times n)$-*Matrix*,

$$A = \begin{pmatrix} a_{11} & \cdots & a_{1n} \\ \vdots & & \\ a_{m1} & \cdots & a_{mn} \end{pmatrix} = (a_{\mu\nu}) \qquad \begin{matrix} \mu = 1, \ldots, m \\ \nu = 1, \ldots, n. \end{matrix}$$

Ist $m = n$, so ist A eine *quadratische* Matrix der *Ordnung* n. Die zugehörige Determinante wird mit $|A|$ bezeichnet.

Ist neben der $(m \times n)$ Matrix A eine weitere $(n \times s)$-Matrix gegeben, $B = (b_{\nu\sigma})$ $(\nu = 1, \ldots, n;\ \sigma = 1, \ldots, s)$, so existiert das *Produkt* $A\,B = (c_{\mu\sigma})$ $(\mu = 1, \ldots, m;\ \sigma = 1, \ldots, s)$, wo allgemein $c_{\mu\sigma} = a_{\mu 1} b_{1\sigma} + a_{\mu 2} b_{2\sigma} + \cdots + b_{\mu n} a_{n\sigma}$ ist, wobei also die Zeilen des ersten Faktors mit den Kolonnen des zweiten Faktors multipliziert werden. Die so definierte Multiplikation ist *assoziativ*, wenn alle Matrizenmultiplikationen möglich sind, dagegen nicht notwendigerweise kommutativ. Die *Einheitsmatrix* E_n der Ordnung n ist eine quadratische Matrix n-ter Ordnung, die in der Hauptdiagonalen lauter Einsen und sonst lauter Nullen hat.

Für eine $(m \times n)$-Matrix A gilt $E_m A = A E_n = A$. Ist, für eine $(n \times n)$-Matrix A, $|A| \neq 0$, so existiert stets genau eine Matrix B, so daß $B A = A B = E_n$ ist. $B = A^{-1}$ heißt die *inverse Matrix* zu A.

Sind m Größen $y_1, \ldots, y_m$ differenzierbare Funktionen der n Variablen $x_1, \ldots, x_n$, so heißt die Matrix

$$\left(\frac{\partial y_\mu}{\partial x_\nu}\right) \qquad (\mu = 1, \ldots, m;\ \nu = 1, \ldots, n)$$

die *Jacobische Matrix* oder die *Funktionalmatrix* der y_μ nach den x_ν und wird mit dem Symbol (a) $\left(\dfrac{\partial(y_1, \ldots, y_m)}{\partial(x_1, \ldots, x_n)}\right)$ bezeichnet.

Hängen die n Variablen x_ν ihrerseits differenzierbar von den s Variablen $z_1, z_2, \ldots, z_s$ ab, so gilt, wenn die Ableitungen stetig sind,

$$\text{(b)} \quad \left(\frac{\partial(y_1, \ldots, y_m)}{\partial(z_1, \ldots, z_s)}\right) = \left(\frac{\partial(y_1, \ldots, y_m)}{\partial(x_1, \ldots, x_n)}\right)\left(\frac{\partial(x_1, \ldots, x_n)}{\partial(z_1, \ldots, z_s)}\right).$$

Ist $m = n$, so wird die Determinante von (a) als die *Jacobische Determinante* (oder die *Funktionaldeterminante*) der y_μ nach den x_ν genannt und mit $\frac{\partial(y_1, \ldots, y_n)}{\partial(x_1, \ldots, x_n)}$ bezeichnet. Ist in (b) $m = n = s$, so gilt die entsprechende Relation für die zugehörigen Jacobischen Determinanten. Ist $m = n$ und sind die n Relationen $y_\mu = f_\mu(x_1, \ldots, x_n)$ $(\mu = 1, \ldots, n)$ nach den x_ν auflösbar: $x_\nu = \varphi_\nu(y_1, \ldots, y_n)$ $(\nu = 1, \ldots, n)$, wobei die φ_ν nach den y_μ stetig differenzierbar sind, so gilt die Relation

$$\left(\frac{\partial(x_1, \ldots, x_n)}{\partial(y_1, \ldots, y_n)}\right) = \left(\frac{\partial(y_1, \ldots, y_n)}{\partial(x_1, \ldots, x_n)}\right)^{-1}.$$

1. Man berechne $\displaystyle\frac{\partial(x, x+y, x+y+z)}{\partial(x, y, z)}$.

2. Man berechne $\displaystyle\frac{\partial(r\cos^3\varphi, r\sin^3\varphi)}{\partial(r, \varphi)}$.

3. Für

$$X = \frac{x}{x^2+y^2}, \quad Y = \frac{y}{x^2+y^2}$$

bestimme man

$$\frac{\partial(X, Y)}{\partial(x, y)}.$$

4. Für

$$X = \frac{x}{x^2+y^2+z^2}, \quad Y = \frac{y}{x^2+y^2+z^2}, \quad Z = \frac{z}{x^2+y^2+z^2}$$

bestimme man

$$\frac{\partial(X, Y, Z)}{\partial(x, y, z)}.$$

5. Für $x = r\sin\varphi\cos\psi$, $y = r\sin\varphi\sin\psi$, $z = r\cos\varphi$ bestimme man

$$\frac{\partial(x, y, z)}{\partial(r, \varphi, \psi)}.$$

6. Es ist $\displaystyle\frac{\partial(\varphi/\psi, f)}{\partial(x, y)} = \frac{1}{\psi^2}\left(\psi\frac{\partial(\varphi, f)}{\partial(x, y)} - \varphi\frac{\partial(\psi, f)}{\partial(x, y)}\right)$.

7. Unter Beibehaltung der Bezeichnungen von A5 setze man $\varrho = \sqrt{r^2+a^2-2ra\cos\varphi}$ für ein konstantes $a > 0$ und bestimme

$$\frac{\partial(\varrho, \varphi, \psi)}{\partial(x, y, z)}.$$

8. Für $F(x_1, \ldots, x_n; y_1, \ldots, y_n)$ gilt identisch

$$\frac{\partial(F'_{x_1}, \ldots, F'_{x_n})}{\partial(y_1, \ldots, y_n)} = \frac{\partial(F'_{y_1}, \ldots, F'_{y_n})}{\partial(x_1, \ldots, x_n)}.$$

9. Man berechne

$$\frac{\partial(\cos\varphi_1, \sin\varphi_1\cos\varphi_2, \sin\varphi_1\sin\varphi_2\cos\varphi_3)}{\partial(\varphi_1, \varphi_2, \varphi_3)}.$$

10. Für $u = x^2+y^2+z^2$, $v = xy+yz+zx$, $w = x+y+z$ berechne man

$$\frac{\partial(u, v, w)}{\partial(x, y, z)}.$$

11. Man beweise

$$\frac{\partial}{\partial p}\frac{\partial(F, G, H)}{\partial(x, y, z)} = \frac{\partial(F'_p, G, H)}{\partial(x, y, z)} + \frac{\partial(F, G'_p, H)}{\partial(x, y, z)} + \frac{\partial(F, G, H'_p)}{\partial(x, y, z)},$$

wenn die ersten Ableitungen von F, G, H nach x, y, z nach dem Parameter p differenzierbar sind.

12. Die Jacobische Determinante von $f(x, y)$, $f(y, z)$, $f(z, x)$ ist gleich

$$f'_x(x, y)\,f'_y(y, z)\,f'_z(z, x) + f'_x(z, x)\,f'_y(x, y)\,f'_z(y, z).$$

13. Man bestimme die Jacobische Determinante von

$$f(x, y)\,f(y, z), \quad f(y, z)\,f(z, x), \quad f(z, x)\,f(x, y).$$

14. Es sei die Ableitung von $f(x, y, z)$ nach dem ersten Argument mit f_1, nach dem zweiten mit f_2 und nach dem dritten mit f_3 bezeichnet. Setzt man $f_1(a, a, a) = F_1(a)$, $f_2(a, a, a) = F_2(a)$, $f_3(a, a, a) = F_3(a)$, so wird die Jacobische Determinante der drei Funktionen $f(x, y, z)$, $f(y, z, x)$, $f(z, x, y)$ nach x, y, z für $x = y = z = a$ zu $F_1^3 + F_2^3 + F_3^3 - 3F_1F_2F_3$.

* * *

15. Ist

$$y_\nu = \frac{x_\nu}{1 - x_1 - x_2 - x_3} \qquad (\nu = 1, 2, 3),$$

so gilt

$$\frac{\partial(y_1, y_2, y_3)}{\partial(x_1, x_2, x_3)} = \frac{1}{(1 - x_1 - x_2 - x_3)^4}.$$

16. Ist für n Funktionen $F_\nu(x_1, \ldots, x_n)$ $(\nu = 1, 2, \ldots, n)$

$$\varDelta(x_1, \ldots, x_n) = \frac{\partial(F_1, \ldots, F_n)}{\partial(x_1, \ldots, x_n)}$$

und sind $\varphi_\nu(x)$ $(\nu = 1, 2, \ldots, n)$ stetig differenzierbare Funktionen einer

Variablen x, so gilt,

$$G_\nu(x_1, \ldots, x_n) = F_\nu[\varphi_1(x_1), \varphi_2(x_2), \ldots, \varphi_n(x_n)],$$

gesetzt:

$$\frac{\partial(G_1, \ldots, G_n)}{\partial(x_1, \ldots, x_n)} = \Delta[\varphi_1(x_1), \ldots, \varphi_n(x_n)] \prod_{\nu=1}^{n} \varphi'_\nu(x_\nu).$$

17. Sind $\psi_\nu(x)$ stetig differenzierbar, so gilt in den Bezeichnungen von A 16

$$\frac{\partial[\psi_1(F_1), \ldots, \psi_n(F_n)]}{\partial(x_1, \ldots, x_n)} = \Delta(x_1, \ldots, x_n) \prod_{\nu=1}^{n} \psi'_\nu(F_\nu).$$

18. Es sei

$$y_\nu = \frac{x_\nu^2}{1 - x_1^2 - x_2^2 - x_3^2} \qquad (\nu = 1, 2, 3).$$

Man beweise

$$\frac{\partial(y_1, y_2, y_3)}{\partial(x_1, x_2, x_3)} = \frac{8\, x_1 x_2 x_3}{(1 - x_1^2 - x_2^2 - x_3^2)^4}.$$

19. Ist

$$z_\nu = \frac{x_\nu}{\sqrt{1 - x_1^2 - x_2^2 - x_3^2}} \qquad (\nu = 1, 2, 3),$$

so gilt

$$\frac{\partial(z_1, z_2, z_3)}{\partial(x_1, x_2, x_3)} = \frac{1}{\sqrt{(1 - x_1^2 - x_2^2 - x_3^2)^5}}.$$

20. Ist

$$y_\nu = \frac{x_\nu^{\alpha_\nu}}{1 - x_1 - x_2 - x_3} \qquad (\nu = 1, 2, 3),$$

so gilt

$$\frac{\partial(y_1, y_2, y_3)}{\partial(x_1, x_2, x_3)} = \frac{y_1 y_2 y_3}{x_1 x_2 x_3}\left(\alpha_1 \alpha_2 \alpha_3 + \frac{\alpha_1 \alpha_2 x_3 + \alpha_2 \alpha_3 x_1 + \alpha_3 \alpha_1 x_2}{1 - x_1 - x_2 - x_3}\right),$$

und dies verschwindet dann und nur dann identisch in x_1, x_2, x_3, wenn zwei der α_ν verschwinden.

21. Man berechne die Jacobische Determinante der drei Größen

$$y_\nu = \frac{x_\nu^{\alpha_\nu}}{(1 - x_1^{\beta_1} - x_2^{\beta_2} - x_3^{\beta_3})^{\gamma_\nu}} \qquad (\nu = 1, 2, 3)$$

nach x_1, x_2, x_3.

22. Setzt man für $n \geqq 2$

$$y_\nu = \frac{x_\nu^{\alpha_\nu}}{1 - x_1 - x_2 - \cdots - x_n} \qquad (\nu = 1, 2, \ldots, n),$$

so ergibt sich für die Jacobische Determinante der y_ν nach den x_ν der Ausdruck

$$\prod_{\nu=1}^{n}\left(\alpha_\nu \frac{y_\nu}{x_\nu}\right)\left(1+\frac{\dfrac{x_1}{\alpha_1}+\cdots+\dfrac{x_n}{\alpha_n}}{1-x_1-\cdots-x_n}\right) \qquad (\alpha_1\alpha_2\ldots\alpha_n \neq 0).$$

Man beweise, daß das auch richtig bleibt, wenn einige der α_ν verschwinden, sofern man diesen Ausdruck auf die Gestalt eines Polynoms in den α_ν bringt.

23. Setzt man

$$y_\nu = \frac{x_\nu}{x_1+\cdots+x_n+x_{n+1}} \qquad (\nu = 1, 2, \ldots, n),$$

so gilt

$$\frac{\partial(y_1, \ldots, y_n)}{\partial(x_1, \ldots, x_n)} = \frac{x_{n+1}}{(x_1+\cdots+x_n+x_{n+1})^{n+1}}.$$

24. Hängt y_ν für $\nu = 1, 2, \ldots, n$ nur von x_ν und $x_{\nu+1}$ ab, ist dagegen von den übrigen der Variablen $x_1, \ldots, x_n$ unabhängig, so gilt, wenn $x_{n+1} = x_1$ gesetzt wird:

$$\frac{\partial(y_1, \ldots, y_n)}{\partial(x_1, \ldots, x_n)} = \prod_{\nu=1}^{n}\frac{\partial y_\nu}{\partial x_\nu} - (-1)^n \prod_{\nu=1}^{n}\frac{\partial y_\nu}{\partial x_{\nu+1}}.$$

25. Ist für eine gewisse Funktion $T(\varphi_1, \varphi_2)$:

$$T(\varphi_1, \varphi_2)\cos\psi_1 = A\cos\varphi_1,$$
$$T(\varphi_1, \varphi_2)\sin\psi_1\cos\psi_2 = B\sin\varphi_1\cos\varphi_2,$$
$$T(\varphi_1, \varphi_2)\sin\psi_1\sin\psi_2 = C\sin\varphi_1\sin\varphi_2$$

für konstante A, B, C mit $ABC \neq 0$, so gilt

$$\frac{\partial(\psi_1, \psi_2)}{\partial(\varphi_1, \varphi_2)} = \frac{ABC\sin\varphi_1}{\sin\psi_1(A^2\cos^2\varphi_1+B^2\sin^2\varphi_1\cos^2\varphi_2+C^2\sin^2\varphi_1\sin^2\varphi_2)^{3/2}}.$$

26. Sind y, z zweimal stetig differenzierbar in x_1, x_2, x_3, so setze man

$$W\langle y, z\rangle = \frac{\partial}{\partial x_1}\frac{\partial(y, z)}{\partial(x_2, x_3)} - \frac{\partial}{\partial x_2}\frac{\partial(y, z)}{\partial(x_1, x_3)} + \frac{\partial}{\partial x_3}\frac{\partial(y, z)}{\partial(x_1, x_2)}.$$

Man beweise, daß $W\langle y_1+y_2, z\rangle = W\langle y_1, z\rangle + W\langle y_2, z\rangle$, $W\langle z, y\rangle = -W\langle y, z\rangle$ gilt. Ferner verschwindet $W\langle y, z\rangle$ identisch, wenn eine der Funktionen y oder z linear ist.

27. Unter den Voraussetzungen von A 26 verschwindet $W\langle y, z\rangle$ identisch in x_1, x_2, x_3.

28. $y_1, \ldots, y_\nu$ seien zweimal stetig differenzierbare Funktionen von $x_1, \ldots, x_{n+1}$. Wir setzen

$$X_\nu = \frac{\partial(y_1, \ldots, y_n)}{\partial^{(\nu)}(x_1, \ldots, x_{n+1})} \qquad (\nu = 1,2, \ldots, n+1),$$

wo der obere Index (ν) bei ∂ im Nenner anzeigt, daß in der Folge der Variablen $x_1, \ldots, x_{n+1}$ gerade x_ν wegzulassen ist. Setzt man

$$W(y_1, \ldots, y_n) = \sum_{\nu=1}^{n+1} (-1)^\nu \frac{\partial X_\nu}{\partial x_\nu},$$

so verschwindet W identisch (Jacobi).

29. Es seien $y_1, \ldots, y_n$ n zweimal stetig differenzierbare Funktionen von n Variablen $x_1, \ldots, x_n$. Man setze

$$X_{\mu,\nu} = (-1)^{\mu+\nu} \frac{\partial^{(\mu)}(y_1, \ldots, y_n)}{\partial^{(\nu)}(x_1, \ldots, x_n)} \qquad (\mu, \nu = 1, \ldots, n),$$

wo die oberen Indizes (μ) bzw. (ν) bei ∂ andeuten, daß von den in den Klammern aufgeführten Größen diejenigen mit dem Index (μ) bzw. (ν) wegzulassen sind. Setzt man dann

$$C_\nu = \sum_{\mu=1}^{n} y_\mu X_{\mu,\nu} \qquad (\nu = 1, \ldots, n),$$

so gilt

$$\sum_{\nu=1}^{n} \frac{\partial C_\nu}{\partial x_\nu} = n \frac{\partial(y_1, \ldots, y_n)}{\partial(x_1, \ldots, x_n)} \qquad \text{(Carathéodory).}$$

30. Die Behauptung von A 28 bleibt richtig, wenn über die zweiten Ableitungen von $y_1, \ldots, y_n$ nur die Existenz, nicht aber die Stetigkeit vorausgesetzt wird, sofern die gemischten Ableitungen von der Reihenfolge der Differentiation unabhängig sind.

31. Seien u, v stetig differenzierbare Funktionen von ξ, η, ζ, die ihrerseits stetig differenzierbare Funktionen von x, y sind. Dann gilt

$$\frac{\partial(u, v)}{\partial(x, y)} = \frac{\partial(u, v)}{\partial(\xi, \eta)} \cdot \frac{\partial(\xi, \eta)}{\partial(x, y)} + \frac{\partial(u, v)}{\partial(\eta, \zeta)} \cdot \frac{\partial(\eta, \zeta)}{\partial(x, y)} + \frac{\partial(u, v)}{\partial(\zeta, \xi)} \cdot \frac{\partial(\zeta, \xi)}{\partial(x, y)}.$$

32. Werden in der „Bilinearform"

$$F^*(x_1, \ldots, x_n; y_1, \ldots, y_n) = \sum_{\nu, \mu=1}^{n} a_{\nu\mu} x_\nu y_\mu$$

die beiden Variablen-n-tupel (x_ν) und (y_ν) linear transformiert vermöge

$$x_\nu = \sum_{\mu=1}^{n} A_{\nu,\mu} \xi_\mu, \quad y_\nu = \sum_{\mu=1}^{n} B_{\nu,\mu} \eta_\mu \qquad (\nu = 1, \ldots, n),$$

wobei $A_{\nu,\mu}$ und $B_{\nu,\mu}$ konstant sind, und geht dadurch F über in

$$\Phi^*(\xi_1, \ldots, \xi_n; \eta_1, \ldots, \eta_n) = \sum_{\nu, \mu=1}^{n} \alpha^*_{\nu,\mu} \xi_\nu \eta_\mu,$$

so besteht die Determinantenrelation $|\alpha^*_{\nu,\mu}| = |A_{\nu,\mu}| |B_{\nu,\mu}| |a_{\nu\mu}|$. Die „Determinante" $|a_{\nu\mu}|$ von F multipliziert sich beim Übergang zu Φ^* mit dem Produkt der „Substitutionsdeterminanten" $|A_{\nu,\mu}|$, $|B_{\nu,\mu}|$.

33. Ist

$$F(x_1, \ldots, x_n) = \sum_{\nu,\,\mu=1}^{n} a_{\nu\mu} x_\nu x_\mu \qquad (a_{\nu\mu} = a_{\mu\nu})$$

eine sogenannte „quadratische Form“ in $x_1, \ldots, x_n$, und geht F durch die lineare Transformation

$$x_\nu = \sum_{\mu=1}^{n} A_{\nu,\mu} \xi_\mu \qquad (\nu = 1, \ldots, n)$$

in die quadratische Form

$$\Phi(\xi_1, \ldots, \xi_n) = \sum_{\nu,\,\mu=1}^{n} \alpha_{\nu,\mu} \xi_\nu \xi_\mu$$

über, so gilt

$$|\alpha_{\nu,\mu}| = |A_{\nu,\mu}|^2 \, |a_{\nu\mu}|.$$

Die „Determinante“ $|a_{\nu,\mu}|$ von F multiplizert sich mit dem Quadrat der „Substitutionsdeterminante“ $|A_{\nu,\mu}|$.

34. Für die Matrix $A = \begin{pmatrix} a_{11} & a_{12} \\ a_{21} & a_{22} \end{pmatrix}$ mit der Determinante $\alpha \neq 0$ ist $A^{-1} = \begin{pmatrix} a_{22}/\alpha & -a_{12}/\alpha \\ -a_{21}/\alpha & a_{11}/\alpha \end{pmatrix}$.

§ 14. Das totale Differential

Ist $f(P) = f(x_1, \ldots, x_n)$ an der Stelle $P(x_1^0, \ldots, x_n^0)$ nach allen x_ν stetig differenzierbar, so nennt man das *totale Differential* von f an der Stelle P den Ausdruck

$$\text{(a)} \quad df(P_0) = f'_{x_1}(P_0)\, dx_1 + \cdots + f'_{x_n}(P_0)\, dx_n\,,$$

wo die Größen dx_ν beliebig, aber fest gewählte Konstanten – die *primären Differentiale* der x_ν – sind. Sind einmal die primären Differentiale der x_ν gewählt, so sind die durch (a) charakterisierten Ausdrücke die zugehörigen *sekundären Differentiale.* Die Formel (a) bleibt aber auch dann richtig, wenn die x_ν in ihr Funktionen von gewissen weiteren primären Variablen y_ν sind und die dx_ν nunmehr ihrerseits als sekundäre Differentiale gedeutet werden müssen. Man braucht daher bei Benutzung der Formel (a) die primären Differentiale nicht zu charakterisieren, vorausgesetzt, daß dabei die stetige Differenzierbarkeit an den entsprechenden Stellen erhalten bleibt. So gelten z.B. die Formeln

$$\text{(b)} \quad d(yz) = y\,dz + z\,dy, \qquad d\,\frac{y}{z} = \frac{z\,dy - y\,dz}{z^2}\,,$$

unabhängig davon, welche Variablen in diesem Zusammenhang als primäre Variablen benutzt werden.

Sei $y = f(x_1, \ldots, x_n)$ zweimal stetig differenzierbar, und man setze $p_\nu = \frac{\partial f}{\partial x_\nu}$ $(\nu = 1, \ldots, n)$. Lassen sich aus diesen Gleichungen die $x_1, \ldots, x_n$ durch $p_1, \ldots, p_n$ als stetig differenzierbare Funktionen dieser Variablen ausdrücken und wird, unter Zugrundelegung von $p_1, \ldots, p_n$ als neue unabhängige Variablen, der Ausdruck $z = x_1 p_1 + \cdots + x_n p_n - y$ als neue abhängige Variable eingeführt, so gilt (die *Legendresche Transformation*)

$$\text{(c)} \quad \frac{\partial z_\nu}{\partial p_\nu} = x_\nu \qquad (\nu = 1, \ldots, n).$$

Ist $f(P) = f(x_1, \ldots, x_n)$ an der Stelle $P_0(x_1^0, \ldots, x_n^0)$ stetig, so heißt $f(P)$ an der Stelle P_0 *differentiabel,* wenn für geeignete Konstanten $a_1, \ldots, a_n$ die Relation besteht:

$$\text{(d)} \quad f(P) - f(P_0) = \sum_{\nu=1}^{n} (a_\nu + \varepsilon_\nu)(x_\nu - x_\nu^0),$$

wo $\varepsilon_\nu \to 0$ $(\nu = 1, \ldots, n)$ mit $P \to P_0$ gilt. Dann gilt natürlich an der Stelle P_0: $\frac{\partial f}{\partial x_\nu} = a_\nu$. Sind im Sinne dieser Definition $x_1, \ldots, x_n$ ihrerseits differentiable Funktionen von weiteren Variablen y_ν an der P_0 entsprechenden Stelle Q_0, so ist f eine differentiable Funktion der y_ν an der Stelle Q_0. Wird allgemein $df(P_0) = \sum_{\nu=1}^{n} a_\nu\, dx_\nu$ gesetzt, so bleibt die Relation (a) erhalten.

Für $m > 1$ wird, für eine m-mal differenzierbare Funktion $f(x_1, x_2, \ldots, x_n)$, das *totale Differential m-ter Ordnung in bezug auf die primären Variablen* $x_1, \ldots, x_n$ definiert als

$$\begin{aligned} d^m f &= [dx\, D_{x_1} + \cdots + dx_n\, D_{x_n}]^m f(x_1, \ldots, x_n) \\ &= \left[\frac{d^m}{dt^m} f(x_1 + t\, dx_1, \ldots, x_n + t\, dx_n)\right]_{t=0}, \end{aligned}$$

wo die Symbolik die gleiche ist wie in §12. Doch gilt diese Formel für $m > 1$ in der Regel nur für *konstante Werte* der Differentiale dx_ν. Ferner gilt hier das Symbol dx als ein unzerlegbares Symbol für eine Zahl, das in diesem Fall nicht eingeklammert werden muß, so daß man z. B. stat $(dx)^s$ einfach dx^s schreibt.

1. Man bestimme die totalen Differentiale der Funktionen

a) $x^3 + y^3 + 3xy$, b) $2x^3 + 3x^2y^2 + 2y^3$.

2. Man bestimme die totalen Differentiale der Funktionen

$$\text{a)}\ \frac{x-y}{x+y}, \qquad \text{b)}\ \frac{x}{y}+\frac{y}{x}, \qquad \text{c)}\ \frac{x^2+y^2}{x^2-y^2}.$$

3. Man bestimme die totalen Differentiale von

$$\text{a)}\ e^{xy}, \qquad \text{b)}\ \operatorname{arc\,tg} x\,y, \qquad \text{c)}\ e^{x^2\cos^2 y+2\,x\,y\cos x\cos y+y^2\cos^2 x},$$

$$\text{d)}\ (x\,y)^z, \qquad \text{e)}\ z^{xy}.$$

4. Man bestimme die totalen Differentiale erster und zweiter Ordnung von:

$$\text{a)}\ f(x^2+y^2+z^2), \qquad \text{b)}\ f(x\,y\,z), \qquad \text{c)}\ f\left(\frac{y}{x}\right),$$

wenn $f(u)$ zweimal stetig differenzierbar ist.

5. Aus $a+b(x+y)+c\,x\,y = m(x-y)$, wo a, b, c und m konstant sind, folgt

$$\frac{dx}{a+2\,b\,x+c\,x^2} = \frac{dy}{a+2\,b\,y+c\,y^2}.$$

6. Aus $x^2\,y^2+x^2+y^2 = c$, wo c konstant ist, folgt

$$\frac{x\,dx}{1+x^2}+\frac{y\,dy}{1+y^2} = 0.$$

7. Aus $x\,y+x\,z+y\,z = 1$ sind die totalen Differentiale erster und zweiter Ordnung von z als Funktion von x, y zu bestimmen.

8. Besteht zwischen den stetig differenzierbaren Funktionen x, y und z von irgendwelchen Variablen die Relation

$$x^2+y^2+z^2 = 1,$$

so besteht zwischen ihren Differentialen die Relation

$$x\,dx+y\,dy+z\,dz = 0.$$

* * *

9. Notwendig und hinreichend, damit $f(x, y)$ an der Stelle ξ, η differentiabel ist und das totale Differential $a\,dx+b\,dy$ besitzt, ist, daß man $f(x, y)$ in zwei Summanden $f(x, y) = f_1(x, y)+f_2(x, y)$ zerlegen kann derart, daß für beliebige $h \to 0$, $k \to 0$ gilt:

$$f_1(\xi+h, \eta+k)-f_1(\xi, \eta) \sim a\,h, \quad f_2(\xi+h, \eta+k)-f_2(\xi, \eta) \sim b\,k.$$

10. Man bestimme das totale Differential n-ter Ordnung von $f(a\,x+b\,y+c)$, wo a, b, c konstant sind.

11. Man bestimme das totale Differential n-ter Ordnung von $f(x)\,g(y)\,h(z)$, wenn $f(x)$, $g(x)$, $h(x)$ n-mal stetig differenzierbar sind.

12. Man zeige, daß, wenn u und v n-mal stetig differenzierbare Funktionen weiterer Variablen sind,

$$d^n(u\,v) = \sum_{\nu=0}^{n} \binom{n}{\nu} d^\nu u\, d^{n-\nu} v$$

ist, wo $d^0 u = u$, $d^0 v = v$ bedeutet.

13. Man bestimme das totale Differential von $z = z(x, y)$ längs des Ellipsoids

$$\frac{x^2}{a^2} + \frac{y^2}{b^2} + \frac{z^2}{c^2} = 1.$$

14. Ist $x = r\cos\varphi$, $y = r\sin\varphi$, so gilt, wenn r und φ als Funktionen von x und y aufgefaßt werden,

$$d^2 r = r\, d\varphi^2, \quad d^2\varphi = -2\frac{dr\, d\varphi}{r}.$$

15. Sind $x_1, \ldots, x_n$ linear unabhängige lineare Funktionen von m Variablen $y_1, \ldots, y_m$ $(m \geqq n)$: $x_\nu = \sum_{\mu=1}^{m} a_{\nu,\mu} y_\mu + a_{\nu,0}$, und ist z eine Funktion von $x_1, \ldots, x_n$, so bleibt der Ausdruck des k-ten totalen Differentials $d^k z$ durch $dx_1, dx_2, \ldots, dx_n$ richtig, wenn $y_1, \ldots, y_m$ als primäre Variablen aufgefaßt werden.

16. Es gilt

$$\sum_{\nu=1}^{n} x_\nu\, d\frac{x_\nu}{\sqrt{x_1^2 + \cdots + x_n^2}} = 0.$$

17. Es sei $f(x_1, \ldots, x_n)$ eine zweimal stetig differenzierbare Funktion von $x_1, \ldots, x_n$. Man setze für $\nu = 1, \ldots, n$:

$$p_\nu = \frac{\partial f}{\partial x_\nu}, \quad X_\nu = x_\nu + \frac{p_\nu}{\sqrt{p_1^2 + \cdots + p_n^2}}.$$

Unter der Annahme, daß sich die x_ν als stetig differenzierbare Funktionen der X_ν darstellen lassen, setze man $f(x_\nu) = F(X_\nu)$. Dann gilt: $\partial F/\partial X_\nu = p_\nu$.

18. Ist $T(x_1, \ldots, x_n)$ eine homogene, zweimal stetig differenzierbare Funktion der Dimension s, so gilt

$$\sum_{\nu=1}^{n} x_\nu\, dT'_{x_\nu}(x_1, \ldots, x_n) = (s-1)\, dT.$$

19. Es sei $T(p_1, \ldots, p_n)$ eine homogene, stetig differenzierbare Funktion von der Dimension 1. Es mögen über $f(x_1, \ldots, x_n)$ die Voraussetzungen von A 17 gelten und die Gleichungen

$$X_\nu = x_\nu + T'_{p_\nu}(p_1, \ldots, p_n) \quad p_\nu = \frac{\partial f}{\partial x_\nu} \qquad (\nu = 1, \ldots, n)$$

sich nach den x_ν auflösen lassen, wobei die x_ν als stetig differenzierbare Funktionen der X_ν herauskommen. Setzt man $f(x_\nu) = F(X_\nu)$, so gilt: $\partial F/\partial X_\nu = p_\nu$.

20. Unter den Voraussetzungen von A 19 über T und $f(x_1, \ldots, x_n)$ seien $\varphi_\nu(z)$ stetig differenzierbare Funktionen von z. Lassen sich dann die n Gleichungen

$$X_\nu = \varphi_\nu[x_\nu + T'_{p_\nu}(p_1, \ldots, p_n)], \quad p_\nu = \frac{\partial f}{\partial x_\nu} \qquad (\nu = 1, \ldots, n)$$

nach den x_ν auflösen, wobei die x_ν als stetig differenzierbare Funktionen der X_ν herauskommen, und setzt man $f(x_\nu) = F(X_\nu)$, so gilt

$$\frac{\partial F}{\partial X_\nu} = \frac{p_\nu}{\varphi'_\nu[x_\nu + T'_{p_\nu}(p_1, \ldots, p_n)]}.$$

21. Für die Legendresche Transformation (c) für $n = 2$ gilt, wenn die primären Differentiale dx_1, dx_2 als konstant angesehen werden und y zweimal stetig differenzierbar ist: $dx_1\, dp_1 + dx_2\, dp_2 = d^2y$.

22. Unter den Voraussetzungen von A 21 gilt

$$\begin{vmatrix} dx_1 & dx_2 & d^2y \\ z''_{p_1p_1} & z''_{p_1p_2} & dx_1 \\ z''_{p_1p_2} & z''_{p_2p_2} & dx_2 \end{vmatrix} = 0.$$

23. Unter Voraussetzung von A 21 gilt,

$$\begin{vmatrix} y''_{x_1x_1} & y''_{x_1x_2} \\ y''_{x_1x_2} & y''_{x_2x_2} \end{vmatrix} = \Delta,$$

gesetzt:

$$\frac{\partial^2 z}{\partial p_1^2} = \frac{1}{\Delta}\cdot\frac{\partial^2 y}{\partial x_2^2}, \qquad \frac{\partial^2 z}{\partial p_1\, \partial p_2} = -\frac{1}{\Delta}\cdot\frac{\partial^2 y}{\partial x_1\, \partial x_2}, \qquad \frac{\partial^2 z}{\partial p_2} = \frac{1}{\Delta}\cdot\frac{\partial^2 y}{\partial x_1^2}.$$

24. In der Legendreschen Transformation (c) möge y neben den Variablen x_ν noch von weiteren Variablen u_μ ($\mu = 1, \ldots, m$) abhängen und in bezug auf alle $n+m$ Variablen differentiabel sein. Dann gilt für die wie in (c) definierte Funktion $z(p_1, \ldots, p_n; u_1, \ldots, u_m)$:

$$\frac{\partial z}{\partial u_\mu} = -\frac{\partial y}{\partial u_\mu} \qquad (\mu = 1, \ldots, m),$$

wobei natürlich links die p_ν und rechts die x_ν bei der partiellen Differentiation festzuhalten sind.

25. Es sei $E(x_1, \ldots, x_n; u_1, \ldots, u_n)$ differentiabel in $2n$ Variablen und homogen von Dimension 2 in $u_1, \ldots, u_n$. Setzt man $\partial E/\partial u_\nu = p_\nu$ ($\nu = 1, \ldots, n$) und drückt E durch die x_ν und p_ν aus:

$$E(x_1, \ldots, x_n; u_1, \ldots, u_n) = H(x_1, \ldots, x_n; p_1, \ldots, p_n),$$

so gilt

$$\frac{\partial H}{\partial p_\nu} = u_\nu, \quad \frac{\partial H}{\partial x_\nu} = -\frac{\partial E}{\partial x_\nu} \qquad (\nu = 1, \ldots, n).$$

26. Man beweise, daß die folgenden Funktionen für konstante a und b im Nullpunkt differentiabel sind:

$$\text{a)} \quad \frac{a\,x}{\sqrt{1+\sqrt[3]{x y^2}}} - \frac{b\,y}{\sqrt{1-\sqrt[3]{x^2 y}}},$$

$$\text{b)} \quad a \sin\left(x + \frac{y}{\lg|x|}\right) - b \sin\left(y - \frac{x}{\lg|y|}\right).$$

27. Man beweise, daß die Funktion

$$\frac{x\sqrt[9]{|y|}}{\sqrt[9]{|y|} + \sqrt{|x| + \sqrt[4]{|y|} - \sqrt{|x|}}}$$

für $x = y = 0$ differentiabel ist, und bestimme ihre Ableitungen nach x und y im Ursprung.

28. Wenn $f(x, y)$ im Ursprung verschwindet und dort ein totales Differential besitzt, so besitzt auch $g(x, y)\, f(x, y)$ ein totales Differential im Ursprung, wenn $g(x, y)$ dort stetig ist; und zwar entsteht das totale Differential von $g(x, y)\, f(x, y)$ im Ursprung aus demjenigen von $f(x, y)$ durch Multiplikation mit $g(0, 0)$.

29. Sind f_1, f_2 differentiable Funktionen von x, y, sind h_μ, k_μ $(\mu = 1, 2)$ zwei Systeme von primären Differentialen von x, y, und setzt man

$$\Delta^{(\mu)} f_\nu = f_\nu(x + h_\mu, y + k_\mu) - f_\nu(x, y), \qquad \delta = \begin{vmatrix} h_1 & k_1 \\ h_2 & k_2 \end{vmatrix},$$

so strebt der Determinantenquotient $|\Delta^{(\mu)} f_\nu|/\delta$ gegen $\partial(f_1, f_2)/\partial(x, y)$, wenn die vier Differentiale h_μ, k_μ derart gegen Null konvergieren, daß dabei

$$\frac{(h_1^2 + k_1^2)\,(h_2^2 + k_2^2)}{\delta^2}$$

beschränkt bleibt. Man mache sich ferner die geometrische Bedeutung der Zusatzbedingung klar (J. Bertrand).

30. Es möge sich das Differentialsymbol d auf die (konstanten) primären Differentiale $dx_1, \ldots, dx_n$ beziehen und analog das Differentialsymbol δ auf die primären Differentiale $\delta x_1, \ldots, \delta x_n$. Sind dann $X_1, \ldots X_n$ differentiable Funktionen von $x_1, \ldots, x_n$, so gilt

$$\delta \sum_{\nu=1}^{n} X_\nu\, dx_\nu - d \sum_{\nu=1}^{n} X_\nu\, \delta x_\nu = \sum_{\nu,\,\mu} \left(\frac{\partial X_\nu}{\partial x_\mu} - \frac{\partial X_\mu}{\partial x_\nu}\right) dx_\nu\, \delta x_\mu.$$

(Der Ausdruck rechts heißt die *bilineare Kovariante* der „Differentialform“ $\sum_{\nu=1}^{n} X_\nu dx_\nu$.)

31. Wird der Ausdruck $\sum_{\nu=1}^{3} P_\nu dx_\nu$ mit differenzierbaren P_ν mit Hilfe von $x_\nu = f_\nu(u_1, u_2, u_3)$ auf die Form $\sum_{\nu=1}^{3} Q_\nu du_\nu$ gebracht, wo die Q_ν Funktionen der u_ν sind, so gilt, wenn

$$H = P_1\left(\frac{\partial P_3}{\partial x_2} - \frac{\partial P_2}{\partial x_3}\right) + P_2\left(\frac{\partial P_1}{\partial x_3} - \frac{\partial P_3}{\partial x_1}\right) + P_3\left(\frac{\partial P_2}{\partial x_1} - \frac{\partial P_1}{\partial x_2}\right)$$

gesetzt wird und K der analoge Ausdruck mit den Q_ν und u_ν ist:

$$K = \frac{\partial(x_1, x_2, x_3)}{\partial(u_1, u_2, u_3)} H.$$

32. Ist $F(x_1, \ldots, x_n)$ zweimal stetig differenzierbar und bildet man die sogenannte *Hessesche Determinante* von F,

$$H_F(x_1, \ldots, x_n) = \left|\frac{\partial^2 F}{\partial x_\nu \partial x_\nu}\right|,$$

so multipliziert sich H mit dem Quadrat der Substitutionsdeterminante $|A_{\nu,\mu}|$, wenn auf die x_ν eine lineare homogene Substitution

$$x_\nu = \sum_{\mu=1}^{n} A_{\nu,\mu} \xi_\mu$$

ausgeübt wird.

§ 15. Existenzsätze für Gleichungen und Gleichungssysteme. Implizite Funktionen

Man betrachte n Funktionen $F_\nu(P, \tau)$ $(\nu = 1, \ldots, n)$ des allgemeinen Punktes $P(x_1, \ldots, x_n)$ und des Parameterpunktes $\tau(t_1, \ldots, t_k)$.

Hinreichende Bedingungen für die Auflösbarkeit des Gleichungssystems

$$\text{(a)} \quad F_\nu(P, \tau) = 0 \qquad (\nu = 1, \ldots, n)$$

nach $x_1, \ldots, x_n$:

Es sei ein Punktepaar (P_0, τ_0) gegeben, so daß $F_\nu(P_0, \tau_0) = 0$ $(\nu = 1, \ldots, n)$, und es mögen die F_ν zusammen mit ihren partiellen Ableitungen $\frac{\partial F_\nu}{\partial x_\mu}(P, \tau)$ stetig sein für $P \prec U(P_0)$, $\tau \prec V(\tau_0)$, wo $U(P_0)$, $V(\tau_0)$ Umgebungen in den entsprechenden Räumen sind. Ferner sei die Jacobische Determinante

$$\text{(b)} \quad \frac{\partial(F_1, \ldots, F_n)}{\partial(x_1, \ldots, x_n)}(P_0, \tau_0) \neq 0.$$

Dann existieren Umgebungen $V^*(\tau_0)$, $U^*(P_0)$ mit der Eigenschaft, daß für alle $\tau \prec V^*$ es n stetige Funktionen $x_\nu = X_\nu(\tau)\,(\nu = 1, \ldots, n)$ mit $(X_\nu(\tau_0)) = P_0$ gibt, so daß der zugehörige Punkt $P = P(\tau)$ in U^* liegt und die Gleichungen (a) erfüllt sind, $F_\nu(P(\tau), \tau) = 0\,(\nu = 1, \ldots, n)$. Darüber hinaus ist für jedes τ aus V^* ein in U^* liegender Lösungspunkt P eindeutig durch $P = P(\tau)$ gegeben.

Wird über die obigen Annahmen hinaus vorausgesetzt, daß die partiellen Ableitungen der F_ν nach einer der Parametervariablen $t_\varkappa$ für $P \prec U^*$ und $\tau \prec V^*$ existieren und stetig sind, so sind die Funktionen $X_\nu(\tau)$ in einer Umgebung von τ_0 stetig nach $t_\varkappa$ differenzierbar. Es gilt dort insbesondere

$$\frac{\partial X_1(\tau)}{\partial t_\varkappa} = \frac{\dfrac{\partial(F_1, \ldots, F_n)}{\partial(t_\varkappa, x_2, \ldots, x_n)}}{\dfrac{\partial(F_1, \ldots, F_n)}{\partial(x_1, \ldots, x_n)}},$$

und analoge Formeln gelten für $\dfrac{\partial X_\nu(\tau)}{\partial t_\varkappa}$ $(\nu > 1)$.

Für $n = 1$ und $\tau = y$ ergibt sich insbesondere: Sind $F(x, y)$ und $F'(x, y)$ stetig in x, y in einer Umgebung von $x = x_0$, $y = y_0$, ist $F(x_0, y_0) = 0$, $F'_x(x_0, y_0) \neq 0$, so existieren Umgebungen $U(x_0)$, $V(y_0)$ und eine in einer Umgebung von y_0 stetige Funktion $x = X(y)$ mit $X(y_0) = x_0$, so daß $F(X(y), y) = 0$ in einer Umgebung von y_0 ist und zugleich für alle y aus $V(y_0)$ eine einzige Lösung der Gleichung $F(x, y) = 0$ in $U(x_0)$ existiert und durch $X(y)$ gegeben ist.

1. Wie müssen a und b beschaffen sein, damit für jedes t durch jeden Punkt der Hyperbel

$$\frac{x^2}{a^2} - \frac{y^2}{b^2} = t^2 \tag{H}$$

für geeignete c ein Kurvenbogen der Kurve

$$y x^2 - y^3 + x^3 - c = 0 \tag{S}$$

hindurchgeht, längs dessen y eine stetige Funktion von x ist?

2. Unter den Voraussetzungen von A 1 berechne dy/dx für die Kurve der Schar (S), die durch den allgemeinen Punkt der Hyperbel (H) hinduchgeht.

3. Durch jeden Punkt der Kreislinie $x^2 + y^2 = 1$ geht eine Kurve der Schar

$$3 x^2 y + y^3 + x^6 = c,$$

längs deren y eine stetige Funktion von x ist. Man berechne dy/dx längs dieser Kurve in ihrem Schnittpunkt mit dem Kreis.

4. Für die durch $y^3-(2x+1)y^2=0$ gegebene Funktion $y(x)$, die zum Anfangswert $y=0$ für $x=0$ gehört, berechne man dy/dx nach dem allgemeinen Existenzsatz. Man erkläre das Resultat.

5. Für die durch $F(x, y)=0$ definierte Funktion $y=\varphi(x)$ leite man unter der Annahme, daß an der betreffenden Stelle $F'_y \neq 0$ ist und die ersten und zweiten Ableitungen von F stetig sind, die Relation

$$y''=-\frac{F''_{xx}F'^2_y-2F''_{xy}F'_yF'_x+F''_{yy}F'^2_x}{F'^3_y}$$

her.

6. Für jedes Wertepaar (x_0, y_0), das der Gleichung $x^3+y^3-3xy=0$ genügt, sofern $x_0 \neq 0$, $x_0 \neq \sqrt[3]{4}$ ist, gibt es eine Funktion $y(x)$, die in einer Umgebung von x_0 stetig und differenzierbar ist und der obigen Gleichung genügt. Man berechne y' und y''.

7. Für welche Wertepaare (x, y) ergibt sich aus der Gleichung $x-\sin y=0$ eine stetige und stetig differenzierbare Funktion $y(x)$?

8. Ist $y(x)$ gegeben durch $y^n=(x+y)/(x-y)$, so ist y' zu berechnen.

9. Ist $y(x)$ gegeben durch die Gleichung $x=ay-\varepsilon\sin y$ $(a \neq 0)$, so ist y' und y'' zu berechnen.

10. Für diejenige Lösung $y(x)$ der Gleichung $y^2+y-(\sin x^2)/x=0$, die für $x=0$ verschwindet, bestimme man $y'(0)$.

11. Ist y durch $y=1+xe^y$ gegeben, so ist dy/dx zu bestimmen.

12. Ist $y>0$ durch $x^y y^x=2$ für $x>0$ gegeben, so ist dy/dx zu bestimmen.

13. Das Gleichungssystem

$$x^2+y^2+z^2=\xi, \quad x+y+z=\eta$$

ist in der Umgebung eines Zahlentripels x_0, y_0, z_0, wo nicht $x_0=y_0=z_0$ ist, auflösbar, wenn ξ und η in der entsprechenden Umgebung $U(\xi_0, \eta_0)$ bleiben (geometrische Deutung).

* * *

14. Hängen x und y durch $10^y=1+10^x$ zusammen, so nimmt für jedes μ, $0<\mu<1$, $z=x-\mu y$ jeden Wert genau einmal an, wenn x von $-\infty$ nach ∞ läuft.

15. Ist y durch $\sqrt{x^2+y^2}+\sqrt{x^2-y^2}=c$ gegeben, so ist dy/dx, d^2y/dx^2 zu bestimmen.

16. Ist für (x_0, y_0) die Gleichung $f \equiv y^2+x^2-e^{\operatorname{arctg}(y/x)}=0$ erfüllt und gilt dabei $x_0 \neq (\pm 2/\sqrt{5})\, e^{(1/2)\operatorname{arctg}(1/2)}$, so gibt es eine Funktion

$y = y(x)$, die der obigen Gleichung genügt, in einer Umgebung von x_0 stetig und differenzierbar ist und für die $y(x_0) = y_0$ ist.

17. Für die durch die Gleichung von A16 gegebene Funktion $y(x)$ berechne man y' und y''.

18. Gibt es eine im Nullpunkt verschwindende und stetige Funktion $y(x)$, die der Gleichung $\sin\,(y^2 x) - x y = 0$ genügt?

19. Gibt es eine für $x = 0$ verschwindende und stetige Funktion $y(x)$, die der Gleichung $(e^{y(1+x)} - 1)^7 + \sin x \sin[y^6(1-x)] = 0$ genügt?

20. Für die im Nullpunkt verschwindende und stetige Lösung $y(x)$ der Gleichung

$$y^3 + y \lg(e + x^2) - \lg(1 + y x) \frac{\sqrt{1 + \sin^4 2x} - \sqrt{1 + \sin^4 x}}{\lg|1 + y x^2| \lg(1 + x^2)} = 0$$

ist die Ableitung $y'(0)$ zu bestimmen.

21. Man untersuche die Lösungen der Gleichung

$$y^2(1 + y^2 x^2) - x^2 \sin^2 x = 0,$$

die im Nullpunkt verschwinden.

22. Man untersuche die Lösungen der Gleichung

$$y^3(1 + y^3 x^3) - x^3 \sin x^3 = 0,$$

die im Nullpunkt verschwinden.

23. Man untersuche die im Nullpunkt verschwindende Lösung der Gleichung

$$y^8(1 + y^4 x^4) - x^4 \sin y^4 x^4 = 0.$$

24. Die Legendresche Transformation (c) § 14 für $n = 1$ (die sogenannte *Ampèresche Transformation*) ist ausführbar, d.h. x_1 kann durch p_1 ausgedrückt werden, solange $y'' \neq 0$ ist.

25. Die kleinste positive Wurzel von $\operatorname{tg} x = x y$ ist eine stetige Funktion von y in $(1, \infty)$ und wächst monoton von 0 bis $\pi/2$, wenn y von 1 bis ∞ wächst.

26. Es sei $y > 0$, $\pi/2 > x > 0$ und $\operatorname{tg} x = y x$. Man zeige, daß dann $1/\cos^2 x > y$ ist.

27. Es sei $f(x)$ dreimal stetig differenzierbar für $x = 0$, und es sei $f(0) = f'(0) = 0$, $f''(0) \neq 0$. Definiert man für hinreichend kleine positive x eine mit $x \to 0$ gegen 0 konvergierende positive Größe X durch die Gleichung $f(x) = f(-X)$, so ist $X(x)$ zweimal stetig differenzierbar für $x = 0$ und es gilt für $x \to 0$

$$\frac{x - X}{2 f(x)} \to -\frac{f^{(3)}(0)}{3 f''^2(0)}.$$

28. Gilt

$$a_1 a > 0, \quad b_1 b > 0 \quad \text{und} \quad B C_1 - C B_1 \neq 0,$$

so geht durch jeden Punkt von $(\alpha)\, y = a_1 + a x^2$, $z = b_1 + b x^4$ ein regulärer Bogen der Schnittkurve einer Fläche der Schar $(\beta)\, A x^2 + B y^2 + C z^2 = c$ mit einer Fläche der Schar $(\gamma)\, A_1 x^2 + B_1 y^2 + C_1 z^2 = c_1$.

29. Unter den Voraussetzungen von A 28 berechne man die Richtungskosinusse der Tangente an die Schnittkurve der Flächen (β) und (γ), die durch den allgemeinen Punkt der Kurve (α) hindurchgeht.

30. Durch jeden Punkt des Raumes R_3, der nicht auf der z-Achse liegt, geht für geeignete c_1, c_2 ein Bogen der Schnittkurve der Flächen

$$z^2 + x y = c_1, \quad \frac{z^2}{c^2} + \frac{x^2}{a^2} - \frac{y^2}{b^2} = c_2 .$$

31. Für ein $\gamma \neq 0$ geht durch jeden Punkt der Fläche $x y = \gamma$ in R_3 für geeignete c und R ein Bogen der Schnittkurve der Flächen

$$x^2 + y^2 + z^2 = R^2, \quad A x^2 + B y^2 + C z^2 = c \qquad (A \neq B).$$

32. Durch jeden gemeinsamen Punkt von

$$x^2 + y^2 + z^2 = 1, \quad x y + y z + z x = 0$$

geht eine Schnittkurve hindurch.

33. Sind u und v durch die Relation $f(u, v) = 0$ verknüpft und setzt man $x = \varphi(u, v)$, so ist

$$dx = \frac{du}{f'_v} \cdot \frac{\partial(\varphi, f)}{\partial(u, v)},$$

sofern φ und f stetig differenzierbare und unabhängige Funktionen von u und v sind und $f'_v \neq 0$ bleibt.

34. Sind $u = u(t)$, $v = v(t)$ zweimal stetig differenzierbare Funktionen von t, besteht zwischen u und v eine Relation $f(u, v) = 0$ und setzt man $x = \varphi(u, v)$, so gilt, $u'_t / f'_v = \mu$ und $\partial(\varphi, f)/\partial(u, v) = \Delta$ gesetzt:

$$x''_{tt} = \mu \left(\Delta \frac{\partial(\mu, f)}{\partial(u, v)} + \mu \frac{\partial(\Delta, f)}{\partial(u, v)} \right),$$

sofern f und φ zweimal stetig differenzierbar sind und $f'_v \neq 0$ bleibt.

35. Für die im Intervall $J: (a, b)$ stetig differenzierbaren Funktionen φ, ψ bilde man das Gleichungssystem

$$\varphi(x) + \varphi(y) = f(z), \quad \psi(x) + \psi(y) = g(z)$$

zur Bestimmung der Funktionen $x(z)$, $y(z)$. Man zeige, daß die Auflösung des Systems nach x, y in einer Umgebung geeigneter Punkte möglich ist, sofern eine der Ableitungen $\varphi'(x)$, $\psi'(x)$ in J nirgends verschwindet und es in J keine Relation von der Form gibt: $\alpha\,\varphi(x)+\beta\,\psi(x)=\gamma$ mit konstanten α, β, γ und $\alpha^2+\beta^2>0$. Im Auflösungsfalle bestimme man $x'(z)$, $y'(z)$.

36. Man löse die zur A 35 analoge Aufgabe für das Gleichungssystem

$$\varphi(x)+\varphi(y)+\varphi(z)=f(u),$$
$$\psi(x)+\psi(y)+\psi(z)=g(u),$$
$$\chi(x)+\chi(y)+\chi(z)=h(u).$$

Man beweise, daß dieses Gleichungssystem in einer Umgebung geeigneter Punkte nach x, y, z auflösbar ist, wenn eine der Determinanten

$$A(x,y)=\begin{vmatrix}\chi'(x) & \chi'(y)\\ \varphi'(x) & \varphi'(y)\end{vmatrix},\quad B(x,y)=\begin{vmatrix}\psi'(x) & \psi'(y)\\ \chi'(x) & \chi'(y)\end{vmatrix},$$

$$C(x,y)=\begin{vmatrix}\varphi'(x) & \varphi'(y)\\ \psi'(x) & \psi'(y)\end{vmatrix}$$

$\neq 0$ in J bleibt, solange $x\neq y$ ist, und keine in ganz J gültige lineare Relation mit konstanten α, β, γ, δ und $\alpha^2+\beta^2+\gamma^2>0$ besteht:

$$\alpha\,\varphi(x)+\beta\,\psi(x)+\gamma\,\chi(x)=\delta. \qquad (*)$$

37. Besitzt das Gleichungssystem

$$y\sin x^2+2\,x\sin y^2=x\,y\,f(z),$$
$$y(e^{x^2}-1)+x(e^{y^2}-1)=x\,y\,g(z),$$

in dem $f(z)$ und $g(z)$ zwei im Nullpunkt verschwindende und stetig differenzierbare Funktionen sind, als Lösung ein Funktionenpaar $x(z)$, $y(z)$, das für $z=0$ verschwindet und dort differenzierbar ist?

38. Man diskutiere die für $z=0$ verschwindende Lösung des Gleichungssystems

$$x^2(1-z^2x^2)+y^2(1+z^2y^2)-2\,z^2\cos y^2 z^2=0,$$
$$x^2(1+z^2x^2)-y^2(1-z^2y^2)-z^2\cos x^2 z^2=0.$$

§ 16. Praktische Auflösbarkeitskriterien. Abhängigkeit und Unabhängigkeit von Funktionssystemen

Ist $f(x)$ in $J\,(|x-x_0|\leqq\varrho)$ stetig und im Innern von J differenzierbar und gilt überall in J

(a) $$\varrho\,|f'(x)|\leqq|f(x_0)|,$$

so hat $f(x)$ in J genau eine Wurzel. Verallgemeinerung auf mehrere

Variablen: *Es seien für alle Punkte* $P(x_1, \ldots, x_n)$ *aus einer abgeschlossenen sphärischen Umgebung* U_ϱ *von* $P_0(x_1^0, \ldots, x_n^0)$ *vom Radius* ϱ *die* n *Funktionen* $F_\nu(P)$ $(\nu = 1, \ldots, n)$ *stetig und stetig differenzierbar. Die Jacobische Determinante der* F_ν *nach den* x_μ *sei überall in* $U_\varrho \neq 0$ *und es sei* $(k_{\mu\nu}(P))$ *die inverse Matrix der Jacobischen Matrix der* F_ν *nach den* x_μ. *Setzt man* $F_\nu(P_0) = b_\nu$, $\varepsilon = \sqrt{b_1^2 + \cdots + b_n^2}$ *und gilt in* U_ϱ

(b) $$\varepsilon \sqrt{\sum_{\mu,\nu=1}^{n} k_{\mu\nu}^2(P)} \leqq \varrho \qquad (P \prec U_\varrho),$$

so gibt es in U_ϱ *einen Punkt, in dem alle Funktionen* F_ν *verschwinden.*

Es seien s Funktionen $F_\sigma(x_1, \ldots, x_r)$ $(\sigma = 1, \ldots, s)$ in einem Gebiet G des r-dimensionalen Raumes R_r stetig und stetig differenzierbar. Wir sagen, die F_σ *seien in einem Punkt* P *aus* G *abhängig,* wenn es eine Umgebung $U(P_0)$ gibt mit der folgenden Eigenschaft: Es existiert eine Funktion $\psi(y_1, \ldots, y_s) \not\equiv 0$, die in einem Gebiet des s-dimensionalen Raumes stetig und stetig differenzierbar ist, in dem alle Punkte $(F_1(P), \ldots, F_s(P))$ liegen, wenn P alle Punkte von $U(P_0)$ durchläuft. Für dieses ψ gilt

(c) $$\psi(F_1(P), \ldots, F_s(P)) = 0 \qquad (P \prec U(P_0)).$$

Die Funktionen $F_\sigma(P)$ heißen nun *in* G *lokal abhängig,* wenn sie in jedem Punkt von G abhängig sind. Sie heißen *in* G *lokal unabhängig,* wenn sie in keinem Punkt von G abhängig sind.

Hat die Jacobische Matrix der F_σ nach den x_ϱ in jedem Punkt von G den Rang r, so sind die F_σ in G *lokal unabhängig.* Hat die Jacobische Matrix der F_σ nach den x_ν in jedem Punkt von G einen Rang $< r$, so sind die F_σ in G *lokal abhängig.*

1. Man beweise die lokale Abhängigkeit im ganzen R_3 von

$$x^2 + y^2 + z^2, \quad xy + yz + zx, \quad x + y + z.$$

2. Man beweise die lokale Unabhängigkeit von

$$x + y + z, \quad x^2 + y^2 + z^2, \quad x^3 + y^3 + z^3.$$

3. Sind die Funktionen

$$\frac{x-y}{x-z}, \quad \frac{y-z}{y-x}, \quad \frac{z-x}{z-y}$$

abhängig oder unabhängig?

4. Sind die drei Funktionen von x, y, z:

$$x^2 + y^2 + z^2, \quad ax + by + cz, \quad (bz - cy)^2 + (cx - az)^2 + (ay - bx)^2$$

lokal abhängig oder unabhängig?

5. Sind

$$\frac{x}{1-x-y-z}, \quad \frac{y}{1-x-y-z}, \quad \frac{z}{1-x-y-z}$$

lokal abhängig oder unabhängig?

6. Sind für $p \neq 0$

$$\frac{x}{(1-x-y-z)^p}, \quad \frac{y}{(1-x-y-z)^p}, \quad \frac{z}{(1-x-y-z)^p}$$

lokal abhängig oder unabhängig?

7. Die drei Funktionen

$$y = \frac{\sin^{\alpha_\nu} x_\nu}{(1-\sin x_1 - \sin^2 x_2 - \sin^3 x_3)^{\alpha_\nu}} \qquad (\nu = 1, 2, 3)$$

sind lokal unabhängig, wenn keines der α_ν verschwindet.

8. Sind

$$\frac{\sin x}{\cos^2 x - \sin^2 y - \sin^2 z}, \quad \frac{\sin y}{\cos^2 y - \sin^2 z - \sin^2 x}, \quad \frac{\sin z}{\cos^2 z - \sin^2 x - \sin^2 y}$$

lokal abhängig oder unabhängig?

9. Sind

$$\frac{\sin x}{\sin^2 y - \sin^2 x - \sin^2 z}, \quad \frac{\cos^2 y}{\sin^2 y - \sin^2 x - \sin^2 z}, \quad \frac{\sin z}{\sin^2 y - \sin^2 x - \sin^2 z}$$

lokal abhängig oder unabhängig?

10. Sind $\varphi(x, y, z, w)$, $\psi(x, y, z, w)$ stetig differenzierbare Funktionen dieser vier Variablen, die in bezug auf keine dieser vier Variablen konstant sind, und bestehen zwischen φ und ψ die Relationen

$$F(\varphi, \psi, y, z) = 0, \quad G(\varphi, \psi, z, x) = 0, \quad H(\varphi, \psi, x, y) = 0,$$

so verschwinden die Funktionaldeterminanten von φ und ψ nach jedem Variablenpaar aus x, y, z, w, falls durchweg $\varphi_w'^2 + \psi_w'^2 > 0$, $F_\varphi'^2 + F_\psi'^2 > 0$, $G_\varphi'^2 + G_\psi'^2 > 0$, $H_\varphi'^2 + H_\psi'^2 > 0$ ist (Chaundy).

11. Sind $f(x, y), f(y, z), f(z, x)$ lokal abhängig, so ist $f(x, x)$ unabhängig von x (Chaundy).

12. Sind $f(x, y)\, f(y, z)$, $f(y, z)\, f(z, x)$, $f(z, x)\, f(x, y)$ lokal abhängig, so ist $f(x, x)$ unabhängig von x (Chaundy).

13. Man leite die Bedingungen zur Bestimmung derjenigen Lösungen der Differentialgleichung

$$\frac{\partial^2 z}{\partial x^2} + \frac{\partial^2 z}{\partial y^2} = \lambda z$$

ab, die nur von $r = \sqrt{x^2 + y^2}$ abhängen.

14. Man leite die Bedingungen für diejenigen Lösungen der Differentialgleichung

$$\frac{\partial^2 z}{\partial x\,\partial y} + \lambda z = 0$$

ab, die nur von $u = (x - x_0)(y - y_0)$ abhängen.

15. Sind u, v, w, t stetig differenzierbare Funktionen von x, y, z, so ist

$$\begin{vmatrix} u'_x & u'_y & u'_z & u \\ v'_x & v'_y & v'_z & v \\ w'_x & w'_y & w'_z & w \\ t'_x & t'_y & t'_z & t \end{vmatrix} = 0$$

Bedingung dafür, daß u, v, w, t durch eine in bezug auf u, v, w, t homogene Relation verbunden sind, während

$$\begin{vmatrix} u'_x & u'_y & u'_z & u \\ v'_x & v'_y & v'_z & v \\ w'_x & w'_y & w'_z & w \\ t'_x & t'_y & t'_z & 0 \end{vmatrix} = 0$$

Bedingung dafür ist, daß u, v, w, t durch eine Relation verbunden sind, die in bezug auf u, v, w homogen ist, und

$$\begin{vmatrix} u'_x & u'_y & u'_z & u \\ v'_x & v'_y & v'_z & v \\ w'_x & w'_y & w'_z & 0 \\ t'_x & t'_y & t'_z & 0 \end{vmatrix} = 0$$

Bedingung dafür, daß u, v, w, t durch eine Relation verbunden sind, die in bezug auf u, v homogen ist (Chaundy).

16. Befriedigen $\varphi(x, y, u, v)$, $\psi(x, y, u, v)$ zwei Identitäten von der Form

$$F(\varphi, \psi, x, y) = 0, \qquad G(\varphi, \psi, u, v) = 0,$$

so sind entweder φ und ψ lokal abhängig oder beide Funktionen genügen der Differentialgleichung

$$f''_{xu} f' f'_v + f''_{yv} f'_x f'_u = f''_{xv} f'_y f'_u + f''_{yu} f'_x f'_v \quad (*) \qquad \text{(Chaundy).}$$

17. Bei der Gleichung $f(x) \equiv \sin x - \frac{x}{2} = 0$ ist $x_0 = 1{,}9$ ein Näherungswert für eine Wurzel. Wie genau ist er?

18. Das Gleichungssystem $f_1(x, y) \equiv x^2 + y^2 - 1 = 0$, $f_2(x, y) \equiv x^3 - y = 0$ hat in der Nähe von $x_0 = 0{,}826$, $y_0 = 0{,}564$ eine Lösung. Wie genau ist die Näherung (x_0, y_0)?

19. Für die Reihe $f(x) \equiv \sum_{\nu=0}^{\infty} (-1)^\nu \frac{x^\nu}{(\nu!)^2}$ ist $x_0 = 1{,}5$ eine Näherung einer Wurzel. Man schätze den Fehler ab.

§ 17. Extrema bei Funktionen mehrerer Variablen

Hat $f(P) = f(x_1, \ldots, x_n)$ in einem Punkt P_0 ein Extremum relativ zu einer vollen Umgebung $U(P_0)$ und existieren alle Ableitungen $f'_{x_\nu}(P_0)$ $(\nu = 1, \ldots, n)$, so gilt *die notwendige Bedingung für das Extremum*:

$$\text{(a)} \quad f'_{x_\nu}(P_0) = 0 \qquad (\nu = 1, \ldots, n).$$

Ist (a) erfüllt, und sind die zweiten Ableitungen von f in $U(P_0)$ vorhanden und stetig, so hat f in P_0 ein Extremum, wenn die quadratische Form

$$\text{(b)} \quad Q(u_1, \ldots, u_n) = \sum_{\mu,\nu=1}^{n} \frac{\partial^2 f(P_0)}{\partial x_\mu \, \partial x_\nu} u_\mu u_\nu$$

definit ist, und zwar ist dann dieses Extremum ein Minimum oder ein Maximum, je nachdem Q positiv oder negativ definit ist*). Ist Q indefinit, so hat f in P_0 weder Maximum noch Minimum. Insbesondere hat, wenn Q definit ist, f in P_0 ein *eigentliches Extremum*, so daß $f(P_0)$ kleiner bzw. grösser ist als $f(P)$ in allen übrigen Punkten einer geeigneten Vollumgebung von P_0.

Die obigen Sätze beziehen sich auf die *inneren* Punkte der Definitionsmenge von f. Betrachtet man f auf einer abgeschlossenen Menge, so hat man die Werte von f auf dem Rande speziell zu betrachten. Haben dann die Gleichungen (a) nur endlich viele Lösungen, so ist es gelegentlich möglich, allein aus der gesicherten Existenz der Extrema zusammen mit den Relationen (a) die Diskussion durchzuführen.

Im speziellen Falle $n = 2$ ist die Form Q dann und nur dann definit, wenn ihre *Diskriminante negativ*, und indefinit, wenn ihre *Diskriminante positiv* ist. Im Falle der Definitheit hat man ein Minimum oder Maximum, je nachdem eine der nicht gemischten zweiten Ableitungen > 0 oder < 0 ist.

Hat man die Extremalpunkte einer Funktion $z(x_1, \ldots, x_n)$, die durch eine Gleichung $F(z, x_1, \ldots, x_n) = 0$ gegeben ist, so hat man in den Punkten, in denen $F' \neq 0$, so vorzugehen, als ob das Extremum von F als Funktion von $x_1, \ldots, x_n$ für konstantes z zu bestimmen wäre.

---

*) Eine quadratische Form $Q = \sum_{\mu,\nu=1}^{n} a_{\mu,\nu} u_\mu u_\nu$ heißt positiv (negativ) *definit*, wenn für alle u_ν mit $\sum_{\nu=1}^{n} u_\nu^2 > 0$ stets $Q > 0$ $(Q < 0)$ ist, positiv (negativ) *semidefinit*, wenn für alle u_ν mit $\sum_{\nu=1}^{n} u_\nu^2 > 0$ stets $Q \geqq 0$ $(Q \leqq 0)$ ist.

So ergeben sich sowohl notwendige als auch hinreichende Bedingungen für ein Extremum. Die Entscheidung, ob das Extremum ein Maximum oder ein Minimum ist, ergibt sich gleichfalls nach derselben Regel, wenn $F'_z > 0$ ist.

Lagrangesche Multiplikatorenregel. Um die notwendigen Bedingungen für die Extrema der Funktion $f(x_1, \ldots, x_k; v_1, \ldots, v_n)$ unter den Nebenbedingungen

$$\text{(c)} \quad F_\mu(x_\varkappa, v_\nu) = 0 \qquad (\mu = 1, \ldots, n)$$

möglichst symmetrisch darzustellen, setze man unter Einführung von n neuen Variablen $\lambda_1, \ldots, \lambda_n$, den *Lagrangeschen Multiplikatoren,* zusätzlich zu den Relationen (c) die $k+n$ Gleichungen an:

$$\text{(d)} \quad \frac{\partial\left(f + \sum\limits_{\mu=1}^{n} \lambda_\mu F_\mu\right)}{\partial x_\varkappa} = 0, \quad \frac{\partial\left(f + \sum\limits_{\mu=1}^{n} \lambda_\mu F_\mu\right)}{\partial v_\nu} = 0$$

$$(\varkappa = 1, \ldots, k, \ \nu = 1, \ldots, n)$$

Die gesamte Anzahl der Gleichungen (c) und (d) ist $2n+k$, ebenso wie die Anzahl der Unbekannten $\lambda_\mu, v_\nu, x_\varkappa$. Man beachte, daß die obige Multiplikatorenregel nicht mehr direkt für die Herleitung der *hinreichenden Bedingungen* benutzt werden kann. Ferner werden mit der obigen Charakterisierung der notwendigen Bedigungen nur diejenigen Punkte erfaßt, in denen der Rang der Funktionalmatrix der F_μ nach den $x_\varkappa$ genau den Wert n hat.

Die Hadamardsche Determinantenungleichung lautet: Ist D die Determinante $|a_{\mu\nu}|$ $(\mu, \nu = 1, \ldots, n)$, so gilt $|D| \leq \prod\limits_{\mu=1}^{n} \sqrt{a_{\mu 1}^2 + a_{\mu 2}^2 + \ldots + a_{\mu n}^2}$.

In den Hinweisen und Lösungen zu diesem Paragraphen wird die Funktion, von der das Extremum gesucht wird, bzw. die Summe $F + \sum\limits_{\mu=1}^{m} \lambda_\mu F_\mu$ mit f bezeichnet. Der Ausdruck $f''^2_{xy} - f''_{xx} f''_{yy}$ wird mit Δ bezeichnet.

1. Man bestimme die Extrema der folgenden Funktionen:

a) $3x^2 - 2(y+1)x + 3y - 1$, wenn x und y in $\langle 0, 1\rangle$ laufen,

b) $$\frac{1}{2}xy + (47 - x - y)\left(\frac{x}{3} + \frac{y}{4}\right),$$

c) $$-3x^2 + 8xy + 4y^2 - 2x - 16y,$$

d) $$x^4 + y^4 + 4xy - 2y^2 - 2x^2,$$

e) $$\frac{x^3}{3} + y^2 x - 5x + \frac{y^3}{3} - 5y.$$

2. Extrema von $x^3 y^2 (a - x - y)$ $\quad (a > 0,\ x \geqq 0,\ y \geqq 0,\ x + y \leqq a)$.

3. Extrema von $x^3 - y^3 + 3axy \qquad (a \neq 0)$.

4. Extrema von $ax^2 + 2bxy + cy^2 - ex - gy \qquad (ac \neq 0)$.

5. Extrema von $\dfrac{xy}{27} + \dfrac{1}{x} - \dfrac{1}{y}$.

6. Extrema von $x^2 + xy + y^2 + \dfrac{a^3}{x} + \dfrac{a^3}{y}, \quad x, y > 0 \quad (a \neq 0)$.

7. Extrema von $\dfrac{x^3 + y^3 + z^3}{xyz}, \quad x, y, z > 0$.

8. Extrema von $\sqrt{(a-x)(a-y)(a-x-y)}$ unter Bedingungen: $a > 0$, $x \geqq 0$, $y \geqq 0$, $x + y \leqq 2a$.

9. Extrema von $\cos x \cos y \cos(x+y), \quad 0 \leqq x \leqq \pi, \quad 0 \leqq y \leqq \pi$.

10. Extrema von $(ax + by)\, e^{-\alpha^2 x^2 - \beta^2 y^2} \quad (a, b, \alpha, \beta > 0)$.

11. Man bestimme die Extrema von

$$\sin\frac{x}{2}\sin\frac{y}{2}\sin\frac{z}{2}$$

unter der Nebenbedingung $x + y + z = \pi, \quad x, y, z \geqq 0$.

12. Man bestimme Max $|\operatorname{grad} \varphi(x^2 + y^2)|$, wo $\varphi(r) = 2r^3 - 3r^2 + 1$ ist.

13. Gegeben seien n Punkte (x_ν, y_ν) $(\nu = 1, \ldots, n)$. Man bestimme einen Punkt (x, y) mit

$$\sum_{\nu=1}^{n} [(x_\nu - x)^2 + (y_\nu - y)^2] = \text{Min.}$$

14. Die kürzeste Entfernung des Punktes (a, b) von der Geraden $Ax + Bx + C = 0$ ist zu bestimmen.

15. Man bestimme die Extrema von xy bei $x^2 + y^2 = 1$.

16. Extrema von $x + y$ für $x^{-2} + y^{-2} = a^2$ $(a \neq 0)$.

17. xyz ist zum Maximum zu machen, wenn $x + y + z = a$, $a > 0$, $x, y, z \geqq 0$ ist.

18. xyz ist zum Extremum zu machen, wenn

$$\frac{1}{x} + \frac{1}{y} + \frac{1}{z} = a, \quad x, y, z > 0 \quad (a > 0).$$

19. $xy + yz + zx$ ist zum Extremum zu machen unter der Bedingung $xyz = b$, wenn $b > 0$, $x, y, z > 0$ ist.

20. Man bestimme die Extrema von $x^2 + y^2 + z^2$ unter der Bedingung $x + y + z = a$, wenn $a > 0$, $x, y, z \geqq 0$ ist.

21. Man bestimme das Maximum von $f(x, y, z) = x^m y^n z^p$, unter **der** Bedingung $x+y+z = a$, wenn $a > 0$, $m, n, p > 0$, $x, y, z > 0$ ist.

22. Man bestimme die Extrema von $x+y+z$ unter der Nebenbedingung

$$\frac{a}{x}+\frac{b}{y}+\frac{c}{z} = 1, \quad x, y, z > 0 \quad (a, b, c > 0).$$

23. Man bestimme das Maximum von $x y z u$, wenn $x+y+z+u = a$, $a, x, y, z, u > 0$ ist.

* * *

24. Extrema von $(a x^2+b y^2)\, e^{-\alpha^2 x^2-\beta^2 y^2}$ $\quad (a, b, \alpha, \beta > 0)$.

25. Man bestimme die Extrema von

$$x y (a x+b y+c)\,(a b c \neq 0).$$

26. Extrema von

$$\frac{x y z}{(a+x)(x+y)(y+z)(z+b)}, \quad x, y, z > 0 \quad (a, b > 0).$$

27. Extrema von

$$\frac{x}{y+z}+\frac{y}{z+x}+\frac{z}{x+y}, \quad x, y, z > 0.$$

28. Man mache z zum Extremum, wenn z gegeben ist durch:

a) $$2 x^2-2 y^2+z^2+8 x z-z+8 = 0,$$

b) $$x^3-y^2-3 x+4 y+z^2+z-8 = 0,$$

c) $$x^3+z^3-3 a x z = 0 \quad (a > 0).$$

29. Extremum von $\quad x^2-2 x y^2+y^4-y^5$.

30. Man bestimme das Minimum von $(1/\alpha)\, x^\alpha+(1/\beta)\, y^\beta$ unter der Nebenbedingung $x y = 1$, $x, y > 0$; α und β sind > 0 mit $1/\alpha+1/\beta = 1$.

31. Man bestimme das Minimum von $P \equiv (1+x_1)(1+x_2) \cdots (1+x_n)$ für positive x_ν mit $x_1 x_2 \cdots x_n = s^n$.

32. Zu einem positiven s für $n \geqq 2$ bestimme man positive $x_1, x_2, \ldots, x_n$ so daß

$$(1+x_1)(x_1+x_2)(x_2+x_3) \cdots (x_n+s^{n+1})\Big/\prod_{\nu=1}^{n} x_\nu$$

zum Maximum wird (Huygens).

33. Es sei $\varphi(x, y) = a x^2+2 b x y+c y^2$ eine definite quadratische Form. Dann ist die Funktionaldeterminante von $\varphi(x, y)$ mit $\psi(x, y) = a' x^2+2 b' x y+c' y^2$ eine indefinite quadratische Form, wenn φ und ψ nicht proportional sind.

34. Gegeben sei die Ellipse $x^2/a^2+y^2/b^2=1$ und auf ihr die beiden Punkte $A=(\alpha_1, \beta_1)$, $B=(\alpha_2, \beta_2)$. Gesucht ist der Punkt $C=(\alpha, \beta)$ auf der Ellipse so, daß der Inhalt des Dreiecks ABC ein Maximum wird.

35. Man bilde bei der Ellipse $x^2/a^2+y^2/b^2=1$ den Abstand des Mittelpunktes von einer beliebigen Normalen zur Ellipse und berechne das Maximum dieses Abstandes.

36. Man bestimme bei der Ellipse $x^2/a^2+y^2/b^2=1$ den Abstand des Mittelpunktes von einer beliebigen Tangente an die Ellipse und ermittle den größten und kleinsten Wert dieses Abstandes.

37. Gegeben ist die Kugel $x^2+y^2+z^2=1$. Ferner sei $P=P(\xi, \eta, \zeta)$ ein Punkt außerhalb der Kugel. Man bestimme den Abstand des Punktes P von der Kugel und zeige, daß die Abstandslinie durch den Kugelmittelpunkt geht.

38. Gegeben sind das Ellipsoid $x^2/a^2+y^2/b^2+z^2/c^2=1$ und ein Punkt $P=P(\xi, \eta, \zeta)$ außerhalb des Ellipsoids. Man bestimme den Abstand des Punktes P vom Ellipsoid und zeige, daß die Abstandslinie eine Normale zum Ellipsoid ist.

39. Man finde α und β so, daß in $\langle 0, 1\rangle$ die Gleichung

$$\sqrt{x} \sqsupset \alpha+\beta x$$

mit dem minimalen quadratischen Fehler gilt, d. h. daß

$$\int_0^1 (\sqrt{x}-\alpha-\beta x)^2\, dx = \text{Min}$$

ist.

40. Das Extremum von $f(x, y, z)=xyz$ ist zu finden mit den Nebenbedingungen

$$x+y+z=5, \quad yz+zx+xy=8.$$

41. xyz ist zum Maximum zu machen für $axy+byz+czx=d$, $a, b, d>0$, $x, y, z \geqq 0$.

42. Es sei $A, B, C>0$, $0<\alpha<1$. Für welche $x, y, z>0$ mit $z+y+$ $+z=1$ wird $Ax^\alpha+By^\alpha+Cz^\alpha$ ein Maximum?

43. $xy+\xi\eta$ ist zum Extremum zu machen für $x^2+\xi^2=1$, $y^2+\eta^2=1$. $x, y, \xi, \eta \geqq 0$.

44. Es sei die für eine Erbschaft x zu entrichtende Steuer $=\varphi(x)$, wo $\varphi(x)>0$ $(x>0)$, $\varphi(0)=0$ und $\varphi'(x)$ monoton wächst für $0<x<\infty$. Ein Vermögen A soll unter n Erben so verteilt werden, daß die Gesamterbschaftssteuer ein Minimum ist.

45. Ändert man die Voraussetzungen von A44 dahin ab, daß $\varphi'(x)$ monoton fällt, anstatt monoton zu wachsen, so ist die Vermögensverteilung so zu treffen, daß die Gesamterbschaftssteuer ein Maximum ist.

46. Die nicht identisch verschwindende quadratische Form in x, y: $r x^2 + 2 s x y + t y^2$ besitzt unter der Nebenbedingung $x^2 + y^2 = 1$ ein Maximum K_1 und ein Minimum K_2, die der Gleichung $\varkappa^2 - (r+t)\varkappa + rt - s^2 = 0$ genügen.

47. Ist unter den Voraussetzungen von A46 $r x^2 + 2 s x y + t y^2$ kein Vielfaches von $x^2 + y^2$ und werden die beiden Extremalwerte in A46 für x_1, y_1 bzw. x_2, y_2 angenommen, so gilt $x_1 x_2 + y_1 y_2 = 0$, $x_1 y_1 + x_2 y_2 = 0$, $x_1^2 = y_2^2$, $x_2^2 = y_1^2$, $r x^2 + 2 s x y + t y^2 = K_1 (x_1 x + y_1 y)^2 + K_2 (x_2 x + y_2 y)^2$.

48. Der Ausdruck $r \cos^2\varphi + 2 s \cos\varphi \sin^2\varphi$ besitzt, wenn $(r-t)^2 + s^2 \neq 0$ ist, ein Maximum K_1 und Minimum K_2 und läßt sich, wenn K_2 etwa für $\varphi = \varphi_1$ angenommen wird, in der Form darstellen: $K_1 \cos^2(\varphi - \varphi_1) + {} + K_2 \sin^2(\varphi - \varphi_1)$.

49. Man bestimme die Extrema von $z = r x^2 + 2 s x y + t y^2$ unter der Nebenbedingung

$$(1 + p^2) x^2 + 2 p q x y + (1 + q^2) y^2 = 1, \qquad p, q, r, s, t = \text{const.}$$

50. Man bestimme die minimale Distanz der beiden Geraden

$$\frac{x-a}{\cos\alpha} = \frac{y-b}{\cos\beta} = \frac{z-c}{\cos\gamma}, \qquad \frac{x-a'}{\cos\alpha'} = \frac{y-b'}{\cos\beta'} = \frac{z-c'}{\cos\gamma'}.$$

51. Besteht zwischen den Koeffizienten der beiden quadratischen Formen $\varphi = A x^2 + 2 B x y + C y^2$, $\psi = A' x^2 + 2 B' x y + C' y^2$ die Relation $A A' + 2 B B' + C C' = 0$, und ist φ definit, so ist ψ indefinit oder verschwindet identisch.

52. Gilt für die Koeffizienten der beiden quadratischen Formen $\varphi = A x^2 + 2 B x y + C y^2$, $\psi = A' x^2 + 2 B' x y + C' y^2$ die Relation $A A' + 2 B B' + C C' < 0$, und ist φ positiv definit, so ist ψ entweder indefinit oder negativ definit oder negativ semidefinit, und in beiden letzten Fällen gilt $A' < 0$, $C' < 0$.

53. Ist $f'_x(a, b) = 0$, $f''_{xx}(a, b) < 0$, und sind $f(x, y)$, $f'_x(x, y)$, $f''_{xx}(x, y)$ in der Umgebung von (a, b) stetig, so kann $f(x, y)$ in (a, b) kein relatives Minimum besitzen.

54. Genügt $z(x, y)$ der Differentialgleichung

$$\alpha(x, y)\, z''_{xx} + 2 \beta(x, y)\, z''_{xy} + \gamma(x, y)\, z''_{yy} = 0$$

in einer offenen Menge Ω und gilt in Ω: $\beta^2 - \alpha\gamma < 0$, so besitzt $z(x, y)$

in Ω kein relatives Extremum, bis eventuell auf Punkte (x, y), in denen $z''_{xx} = z''_{xy} = z''_{yy} = 0$ ist.

55. Es möge $z(x, y)$ der Differentialungleichung

$$\alpha(x, y) z''_{xx} + 2\beta(x, y) z''_{xy} + \gamma(x, y) z''_{yy} < 0$$

in einer offenen Menge Ω genügen und es sei für alle x, y aus Ω die quadratische Form

$$\alpha(x, y)\xi^2 + 2\beta(x, y)\xi\eta + \gamma(x, y)\eta^2$$

positiv definit. Dann besitzt $z(x, y)$ in keinem Punkte von Ω ein relatives Minimum.

56. Es sei $z = z(x, y)$ eine in einer offenen Menge Ω der (x, y)-Ebene definierte Funktion, die in Ω der Gleichung $F(x, y, z) = 0$ genügt, T eine offene Menge des (x, y, z)-Raumes, die alle Punkte $[x, y, z = z(x, y)]$ enthält, denen Punkte (x, y) aus Ω entsprechen. $F(x, y, z)$ sei in T stetig und stetig differenzierbar nach x, y, z, und es möge die Gleichung $F(x, y, z) = 0$ für jeden Punkt (x, y) aus Ω eine einzige Lösung z haben, für die (x, y, z) in T liegt. Nimmt dann $z(x, y)$ in einem Punkte (x_0, y_0) von Ω einen relativen Extremalwert $z_0 = z(x_0, y_0)$ an, so verschwinden in (x_0, y_0, z_0) die beiden Ableitungen F'_x und F'_y.

57. Wird eine stetig differenzierbare Funktion $z(x, y)$ durch die Gleichung

$$f(x, y, z) = A(z)x^2 + 2B(z)xy + C(z)y^2 + A(z)C(z) - B^2(z) = 0$$

definiert, wo $A(z)$, $B(z)$, $C(z)$ in einem offenen z-Intervall stetig differenzierbar sind, so genügen die Extremalwerte von z aus diesem Intervall der Gleichung

$$A(z)C(z) - B^2(z) = 0.$$

58. Unter den Voraussetzungen von A 57 sei $A(z_0)C(z_0) - B^2(z_0) = 0$, $A(z_0) \neq 0$; sind a und b so gewählt, daß $A(z_0)a + B(z_0)b = 0$, $B(z_0)a + C(z_0)b = 0$, so liefert $z_0 = z(a, b)$ ein Extremum, sofern $f'_z(a, b, z_0) \neq 0$ ist, und zwar ist dieses Extremum Maximum oder Minimum, je nachdem ob $A(z_0)f'_z(a, b, z_0)$ positiv oder negativ ist (Chaundy).

59. Der absolute Betrag von $\Delta = |a_{\nu,\mu}|$ $(\nu, \mu = 1 \ldots, m)$ ist $\leqq \left(\frac{1}{m}\sum_{\nu,\mu} a^2_{\nu,\mu}\right)^{m/2}$.

60. Das Minimum von $x_1^2+\cdots+x_n^2$ unter der Nebenbedingung $\sum_{\nu=1}^{n} a_\nu x_\nu = 1$, wo $\sum_{\nu=1}^{n} a_\nu^2 \neq 0$ ist, hat den Wert

$$\frac{1}{\sum_{\nu=1}^{n} a_\nu^2}.$$

61. Das Minimum von $x_1^2+\ldots+x_n^2$ unter den Nebenbedingungen $\sum_{\nu=1}^{n} a_\nu x_\nu = 0 \quad \sum_{\nu=1}^{n} b_\nu x_\nu = 1, \quad \sum_{\nu=1}^{n} a_\nu^2 + \sum_{\nu=1}^{n} b_\nu^2 > 0$ ist:

$$\frac{\sum_{\nu=1}^{n} a_\nu^2}{\sum_{\nu<\mu} (a_\nu b_\mu - a_\mu b_\nu)^2}.$$

62. Unter der Nebenbedingung $\sum_{\nu=1}^{n} x_\nu^2 = 1$ ist das Maximum von $\left|\sum_{\nu=1}^{n} a_\nu x_\nu\right|$ gleich $\sqrt{\sum_{\nu=1}^{n} a_\nu^2}$.

63. Unter den Nebenbedingungen $\sum_{\nu=1}^{n} x_\nu^2 = 1$, $\sum_{\nu=1}^{n} a_\nu x_\nu = 0$ ist das Maximum von $\left(\sum_{\nu=1}^{n} b_\nu x_\nu\right)^2$, wenn $\sum_{\nu=1}^{n} a_\nu^2 > 0$ gilt, gleich

$$\frac{\sum_{\nu<\mu} (a_\nu b_\mu - a_\mu b_\nu)^2}{\sum_{\nu=1}^{n} a_\nu^2}.$$

64. Seien $\chi_i(x_1, \ldots, x_n)$ endlich viele homogene Funktionen von $x_1, \ldots, x_n$. Wenn $\varphi(x_1, \ldots, x_n)$, $\psi(x_1, \ldots, x_n)$ homogen von der Dimension p bzw. q sind, so sind die Extremalwerte von φ unter den Nebenbedingungen $\psi = 1$, $\chi_i = 0$ identisch mit den entsprechenden Extremalwerten von $\varphi/\psi^{p/q}$ unter den Nebenbedingungen $\chi_i = 0$.

65. Ist $\varphi = a x^2 + 2 b x y + c y^2$ eine definite quadratische Form, so besitzt die quadratische Form $\psi = a' x^2 + 2 b' x y + c' y^2$ unter der Nebenbedingung $\varphi = 1$ ein Maximum und ein Minimum, die durch die beiden Werte a'/a, c'/c getrennt werden.

66. Es seien $S(x, y, z)$ und $T(x, y, z)$ symmetrische Funktionen in x, y, z; es seien S und T in einem Punkte $P(a, a, a)$ zweimal stetig differenzierbar und es gelte dort $T(P) = 1$, $T'_x(P) \neq 0$,

$$\left| S''_{xx} - T''_{xx} \frac{S'_x}{T'_x} \right| > 2 \left| S''_{xy} - T''_{xy} \frac{S'_x}{T'_x} \right|;$$

dann hat S unter der Nebenbedingung $T = 1$ ein lokales Extremum in P, das Maximum oder Minimum ist, je nachdem $S''_{xx} - T''_{xx} S'_x / T'_x$ in P negativ oder positiv ist.

67. Man wende das Resultat von A66 an auf

a) $S = (x+y+z)^3, \quad T = xyz;$

b) $S = x^n + y^n + z^n, \quad T = x+y+z.$

68. Es seien die Funktionen χ_i, φ, ψ homogen in $x_1, \ldots x_n$ und die Dimensionen von φ und ψ respektive p, q mit mit $pq > 0$. Ist dann (relatives oder absolutes) $\operatorname{Max}\varphi = 1$ unter den Nebenbedingungen $\psi = 1$, $\chi_i = 0$, so ist (entsprechend relatives oder absolutes) $\operatorname{Min}\psi = 1$ unter den Nebenbedingungen $\psi = 1$, $\chi_i = 0$. Man stelle analoge Formulierungen auf für $pq < 0$, wenn $B = \operatorname{Max}\varphi$ unter den Nebenbedingungen $\psi = A$, $\chi_i = 0$ ist.

69. Es seien φ, ψ auf einer Menge M in R_n definiert, und es möge $\alpha = \operatorname{Max}\varphi$ für jedes β aus einem β-Intervall J unter der Nebenbedingung $\psi = \beta$ existieren und eine monoton wachsende Funktion $\alpha(\beta)$ von β sein. Gehört ein β aus J keinem Konstanzintervall von $\alpha(\beta)$ an, so ist $\beta = \operatorname{Min}\psi$ unter der Nebenbedingung $\varphi = \alpha(\beta)$. Gehört aber β einem Konstanzintervall von $\alpha(\beta)$ an und ist (β', β'') das größte β enthaltende Konstanzintervall von $\alpha(\beta)$, so bleibt die obige Behauptung richtig, wenn in ihr β durch β' ersetzt wird. Nimmt $\alpha(\beta)$ ab, so ist in der obigen Behauptung das Minimum durch das Maximum und β durch β'' zu ersetzen.

70. Sind α und β positive Zahlen, so gilt für $x^2 + y^2 > 0$:

$$\operatorname{Min}(\alpha, \beta) \leqq \frac{\alpha|x| + \beta|y|}{\sqrt{x^2+y^2}} \leqq \sqrt{\alpha^2+\beta^2}.$$

71. Es gilt für $x^2 + y^2 + z^2 > 0$:

$$2 \leqq \frac{\sqrt{x^2+y^2} + \sqrt{x^2+z^2} + \sqrt{y^2+z^2}}{\sqrt{x^2+y^2+z^2}} \leqq \sqrt{6},$$

wo die obere Schranke nur für $x = y = z$ erreicht wird, während die untere Schranke nur dann erreicht wird, wenn eine einzige der drei Zahlen x, y, z von 0 verschieden ist.

72. Unter allen Dreiecken mit gegebenem Umfang u ist dasjenige mit größtem Inhalt zu bestimmen.

73. Gegeben sei ein Dreieck ABC mit den Seiten a, b, c. Von einem Punkte O innerhalb ABC fälle man die Lote x, y, z auf die Seiten.

Man bestimme die Lage des Punktes O so, daß a) der Inhalt, b) die Oberfläche des aus x, y, z gebildeten Quaders ein Maximum wird.

74. Gegeben sind von einem Dreieck Δ mit den Seiten a, x, y: entweder die Seite a und $x+y=b$, oder die Seite a und $x-y=b$. Für welche Werte von x und y ist der Inhalt von Δ ein Maximum bzw. ein Minimum?

75. Hat die Funktion $f(x,y)=(y^2-x^2)(y^2-2x^2)$ für $x=y=0$ ein Minimum (Peano)?

76. Die Funktion $z(x,y)$, die durch die Gleichung $xy-xf(z)-$ $-yg(z)+h(z)=0$ definiert ist, kann an keiner Stelle, wo sie zweimal stetig differenzierbar ist, ein Extremum haben, wenn dort $N(z)\equiv$ $\equiv xh'-yf'-g'\neq 0$ ist (Chaundy).

77. Wo liegt Max $|\operatorname{grad}\varphi(r)|$, wenn $r=x^2+y^2$ und $\varphi(u)$ zweimal stetig differenzierbar ist?

§ 18. Interpolation. Anwendungen der Differentialrechnung

Sind $x_1, \ldots, x_n$ untereinander verschiedene Interpolationsstellen und setzt man

(a) $\Psi(x)=(x-x_1)\cdots(x-x_n)$,

(b) $\varphi_\nu^*(x)=\dfrac{\Psi(x)}{x-x_\nu}$, $\varphi_\nu(x)=\varphi_\nu^*(x)/\Psi'(x_\nu)=\varphi_\nu^*(x)/\varphi_\nu^*(x_\nu)$ $(\nu=1,\ldots,n)$,

(c) $L(x)=\sum\limits_{\nu=1}^{n} f_n\varphi_n(x)$ (das Lagrangesche Interpolationspolynom),

so gilt für $\nu=1,\ldots,n$: $L(x_\nu)=f_\nu$. Dabei sind f_ν beliebige reelle Konstanten. Sei J ein abgeschlossenes Intervall, das alle x_ν enthält, und f eine n-mal stetig differenzierbare Funktion. Setzt man in (c) $f_\nu=f(x_\nu)$, so gilt für alle $x \prec J$

$$\text{(d)}\quad f(x)-L(x)=\frac{1}{n!}f^{(n)}(\xi)\,\Psi(x),$$

wo ξ in J liegt (Lagrangesche Multiplikationsformel mit dem Restglied).

Hat man $n+1$ äquidistante Interpolationsstellen $x_\nu=a+\nu h$ $(\nu=0,1,\ldots,n)$ $h>0$, so kann (d) in der Form geschrieben werden (Gregory-Newtonsche Interpolationsformel mit dem Restglied):

$$\text{(e)}\quad f(x)=\sum_{\nu=0}^{n}\binom{\frac{x-a}{h}}{\nu}\Delta^\nu f(a)+h^{n+1}f^{(n+1)}(\xi)\binom{\frac{x-a}{h}}{n+1}.$$

Hier sind die Binomialkoeffizienten durch § 9 (b) definiert und ξ ist eine – von x abhängige – Größe aus dem Intervall $\langle a, a+nh\rangle$. Die Differenzen beziehen sich in der Formel (e) auf den Schritt h der Variablen x. Es gilt für $h = 1$: $\Delta^\mu \binom{x}{\nu} = \binom{x-\mu}{\nu-\mu}$ für $\mu \geqq \nu$.

1. Sei $\sin x = a$, $\sin(x+h) = b$, $h \neq 0$; man schätze, für ein Θ mit $0 \leqq \Theta \leqq 1$,

$$\left|\frac{\sin(x+\Theta h)-(1-\Theta)\,a-\Theta\, b}{h^2}\right|$$

ab.

2. Man schätze für $0 \leqq \Theta \leqq 1$, $h \neq 0$,

$$\left|\frac{(x+\Theta h)^2-(1-\Theta)\,x^2-\Theta(x+h)^2}{h^2}\right|$$

ab.

3. Man löse die analoge Aufgabe für $1/x$.

4. Man löse die analoge Aufgabe für $\sqrt{x}$.

5. Man bestimme ein Polynom $f(x)$ niedrigsten Grades, das für $x = 1$, 2, 4, 8 bzw. die Werte 2, 1, 8, 4 annimmt.

6. Man bestimme das Polynom niedrigsten Grades $f(x)$, das die Funktion $\sin(\pi x/2)$ an den Stellen 0, ± 1, ± 2 darstellt. Man schätze den Fehler für $x = 1/2$, $x = 10$ ab.

7. Man löse die analoge Aufgabe für $\cos(\pi x/4)$.

8. Man bestimme das Polynom $f(x)$ niedrigsten Grades, das die Funktion $1/x$ an den Stellen ± 1, ± 2 darstellt. Man schätze den Fehler für $x = 10$ ab.

9. Es gilt für feste x und a:

$$h^n \binom{\frac{x-a}{h}}{n} \to \frac{(x-a)^n}{n!} \qquad (h \to 0).$$

10. Für die $\varphi_\nu(x)$ in (b) gilt

$$\sum_{\nu=1}^{n} \varphi_\nu(x) \equiv 1.$$

* * *

11. Es gilt in den Bezeichnungen (a) und (b):

$$\varphi_\nu'(x_\nu) = \frac{1}{2} \cdot \frac{\Psi''(x_\nu)}{\Psi'(x_\nu)} \qquad (\nu = 1, \ldots, n).$$

12. Für ein beliebiges Polynom $g(x)$ vom Grade $n-2$ gilt:

$$\sum_{\nu=1}^{n} \frac{g(x_\nu)}{\Psi'(x_\nu)} = 0. \qquad \text{(Euler)}.$$

13. Es gilt

$$\sum_{\nu=1}^{n} \frac{x_\nu^{n-1}}{\Psi'(x_\nu)} = 1. \qquad \text{(Euler)}.$$

14. Es gilt

$$\sum_{\nu=1}^{n} \frac{x_\nu \Psi''(x_\nu)}{\Psi'(x_\nu)} = n(n-1).$$

15. Sind die Interpolationsabszissen $x_1, \ldots, x_n$ so beschaffen, daß $\Psi(x)$ in (a) gerade oder ungerade ist, je nachdem n gerade oder ungerade ist, so gilt

$$S(x) \equiv \sum_{\nu=1}^{n} \frac{1-x_\nu^2}{x-x_\nu} = (1-x^2)\frac{\Psi'(x)}{\Psi(x)} + n\,x.$$

16. Man bestimme unter den Voraussetzungen der A15 die Summe

$$s(x) = \sum_{\nu=1}^{n} \frac{1-x_\nu^2}{(1-x\,x_\nu)^2}.$$

17. Es gilt für die Funktion $\varphi_\nu(x)$

$$\varphi_\nu^{(k)}(x_\nu) = \frac{1}{k+1} \cdot \frac{\Psi^{(k+1)}(x_\nu)}{\Psi'(x_\nu)} \qquad (\nu = 1, \ldots, n)$$

für jedes ganze positive k.

18. Man bestimme ein Polynom vom Grade $3n-1$, das an n vorgegebenen Stellen $x_1, \ldots, x_n$ selbst nebst der ersten Ableitung verschwindet, während seine zweite Ableitung an den Stellen x_ν die vorgegebenen Werte f_ν'' besitzt.

19. Man bestimme $e^{2,05}$ aus den vier Werten: $e^2 = 7{,}38906$, $e^{2,1} = 8{,}16617$, $e^{2,2} = 9{,}02501$, $e^{2,3} = 9{,}97418$ und schätze den Fehler ab.

20. Man führe die gleiche Rechnung wie in A19 mit den ersten drei Werten durch.

21. Man beweise, wenn h der Δ-Schritt ist,

$$\Delta^\nu e^{\alpha x} = e^{\alpha x}(e^{\alpha h} - 1)^\nu \qquad (\nu = 1, 2, \ldots).$$

22. Es gilt jedes für natürliche n

$$f(n) = \sum_{\nu=0}^{n} \binom{n}{\nu} \Delta^{\nu} f(0).$$

23. Benutzt man die ausführlichere Bezeichnung $\Delta_h f(x) = f(x+h) - f(x)$, so gilt

$$\Delta_{h_1} \cdots \Delta_{h_n} e^{\alpha x} = e^{\alpha x} \prod_{\nu=1}^{n} (e^{\alpha h_\nu} - 1).$$

24. Es gilt allgemein für $\nu = 1, 2, \ldots$, wenn h der Δ-Schritt ist,

$$\Delta^{\nu} \sin(\alpha x + \beta) = \left(2 \sin \frac{\alpha h}{2}\right)^{\nu} \sin\left(\alpha x + \beta + \frac{\nu}{2}(\alpha h + \pi)\right).$$

25. Es gilt
$$\Delta \lg f(x) = \lg\left(1 + \frac{\Delta f(x)}{f(x)}\right).$$

26. Man setze $\Delta f(x) = \varphi[x + h/2]$, wo h der Δ-Schritt ist. Ist dann $f(x)$ gerade oder ungerade, so ist $\varphi(x)$ entsprechend ungerade oder gerade.

27. Für das Lagrangesche Interpolationspolynom $L(x)$ gilt

$$\begin{vmatrix} L(x) & 1 & x & \cdots & x^{n-1} \\ f_1 & 1 & x_1 & \cdots & x_1^{n-1} \\ \vdots & \vdots & \vdots & & \vdots \\ f_n & 1 & x_n & \cdots & x_n^{n-1} \end{vmatrix} = 0.$$

28. Man betrachte $n+2$ verschiedene Interpolationsstellen $x_1, \ldots, x_{n+2}$ und die zugehörigen Funktionswerte $f_1, \ldots, f_{n+2}$. Man kombiniere die ersten n Stellen einmal mit x_{n+1}, das andere Mal mit x_{n+2} und das dritte Mal mit x_{n+1} und x_{n+2} und bezeichne die zugehörigen Lagrangeschen Interpolationspolynome bzw. mit L_1, L_2, L^*. Dann gilt

$$L^* = \frac{(x - x_{n+1}) L_2 - (x - x_{n+2}) L_1}{x_{n+2} - x_{n+1}} \text{ [1]}. \qquad (*)$$

29. Es sei die nicht identisch verschwindende[2]) Funktion $R(\Theta)$ mit der Periode 2π $[R(\Theta + 2\pi) = R(\Theta)]$ stetig. Gilt für alle a_0, a_1, a_2: $\int_0^{2\pi} R(\Theta)(a_0 + a_1 \cos\Theta + a_2 \sin\Theta)\, d\Theta = 0$, so ändert $R(\Theta)$ im Intervall $\langle 0, 2\pi \rangle$ wenigstens viermal das Vorzeichen[3]).

---

[1]) Die obige Relation verlangt die gleiche Rechnung wie die lineare Interpolation. Sie dient als Grundlage des von A. C. Aitken ausgebauten Verfahrens, den Wert des Lagrangeschen Ausdrucks durch wiederholte Bildung der Mittel (*) zu berech-

30. Seien $x_1, \ldots, x_n$ verschiedene positive Zahlen, $\varphi(x) = \prod_{\nu=1}^{n} (x - x_\nu)$. Das Lagrangesche Interpolationspolynom, das an den Stellen x_ν die Werte f_ν und an den Stellen $-x_\nu$ die Werte $f_{-\nu}$ hat, ist gegeben durch

$$L = \varphi(x)\,\varphi(-x) \sum_{\nu=1}^{n} \frac{1}{\varphi'(x_\nu)\,\varphi(-x_\nu)} \left(\frac{f_\nu}{x - x_\nu} - \frac{f_{-\nu}}{x + x_\nu}\right).$$

31. Seien $x_0, x_1, \ldots, x_{2n}$ verschiedene Zahlen, wobei $x_\nu - x_\mu$ für $\nu \neq \mu$ nie ein ganzzahliges Vielfaches von 2π ist. Dann ist

$$\Lambda(x) \equiv \sum_{\nu=0}^{2n} \frac{f_\nu \prod\limits_{\mu=0}^{2n} \sin[(x - x_\mu)/2]}{\sin[(x - x_\nu)/2] \prod\limits_{\mu \neq \nu} \sin[(x_\nu - x_\mu)/2]}$$

periodisch mit der Periode 2π, und es gilt

$$\Lambda(x_\nu) = f_\nu \qquad (\nu = 0, 1, \ldots, 2n). \tag{*}$$

$\Lambda(x)$ hat die Gestalt $a_0 + \sum_{\nu=1}^{n} (a_\nu \cos \nu x + b_\nu \sin \nu x)$ und ist eindeutig bestimmt als ein Ausdruck dieser Form (*trigonometrisches Polynom der Ordnung n*), das die Bedingungen (*) erfüllt (Gauss).

32. Sind $x_0, x_1, \ldots, x_n$ verschiedene Zahlen, für die $x_\nu \pm x_\mu$ für $\nu \neq \mu$ keine ganzzahligen Vielfachen von 2π sind, so ist

$$\Lambda_0(x) = \sum_{\nu=0}^{n} f_\nu \frac{(\cos x - \cos x_0) \cdots (\cos x - \cos x_{\nu-1})(\cos x - \cos x_{\nu+1}) \cdots (\cos x - \cos x_n)}{(\cos x_\nu - \cos x_0) \cdots (\cos x_\nu - \cos x_{\nu-1})(\cos x_\nu - \cos x_{\nu+1}) \cdots (\cos x_\nu - \cos x_n)}$$

ein „*gerades trigonometrisches Polynom der Ordnung n*" $a_0 + \sum_{\nu=1}^{n} a_\nu \cos \nu x$, das den Bedingungen $\Lambda_0(x_\nu) = f_\nu$ $(\nu = 0, 1, \ldots, n)$ genügt (Gauss).

33. Man löse die zur A 32 analoge Aufgabe für ein „ungerades" trigonometrisches Polynom der Ordnung $n+1$: $\sum_{\nu=1}^{n+1} b_\nu \sin \nu x$. Dabei dürfen die x_ν keine ganzzahligen Vielfachen von π sein (Gauss).

---

nen. Im Falle von $n+1$ Interpolationsstellen muß man dann $[n(n+1)/2]$-mal das Mittel vom Typus (*) bestimmen; dabei vollzieht sich die Einfügung einer Interpolationsstelle besonders einfach.

[2]) Darunter versteht man, daß $R(\Theta)$ in keinem Teilintervall von $\langle 0, 2\pi \rangle$ durchweg verschwindet.

[3]) Dabei wird es als *ein* Vorzeichenwechsel angesehen, wenn das Vorzeichen von $R(\Theta)$ in der rechtsseitigen Umgebung von $\Theta = 0$ verschieden ist von demjenigen in der linksseitigen Umgebung von $\Theta = 2\pi$.

34. Setzt man $x = \cos\varphi$, so gilt

$$\cos n\varphi = 2^{n-1}x^n + \cdots = 2^{n-1}T_n(x),$$

$$\frac{\sin n\varphi}{\sin\varphi} = 2^{n-1}x^{n-1} + \cdots = 2^{n-1}U_n(x),$$

und zugleich ist

$$T_n(x) = \prod_{\nu=1}^{n}\left(x - \cos\frac{2\nu-1}{2n}\pi\right), \qquad U_n(x) = \prod_{\nu=1}^{n-1}\left(x - \cos\frac{\nu}{n}\pi\right)\ ^{1)}.$$

$T_n(x)$ und $U_n(x)$ sind gerade oder ungerade, je nachdem ob ihre höchsten Glieder gerade oder ungerade sind.

35. Wählt man als Interpolationsstellen („Interpolationsabszissen") die n Wurzeln von $T_n(x)$: $x_\nu = \cos[(2\nu-1)/(2n)]\pi$, so lautet der zugehörige Interpolationsausdruck

$$L(x) = \frac{1}{n}T_n(x)\sum_{\nu=1}^{n}(-1)^{\nu-1}\frac{\sin\frac{2\nu-1}{2n}\pi}{x - \cos\frac{2\nu-1}{2n}\pi}f_\nu.$$

36. Setzt man

$$v_\nu(x) = 1 - \frac{\Psi''(x_\nu)}{\Psi'(x_\nu)}(x - x_\nu),$$

so hat das mit $2n$ Konstanten f_ν, f'_ν gebildete Polynom

$$H(x) = \sum_{\nu=1}^{n}[f_\nu v_\nu(x) + f'_\nu(x - x_\nu)]\,\varphi_\nu^2(x)$$

den Grad $2n-1$, und es gilt

$$H(x_\nu) = f_\nu, \quad H'(x_\nu) = f'_\nu \qquad (\nu = 1, \ldots, n). \qquad (*)$$

Zugleich ist $H(x)$ das einzige Polynom vom Grade $2n-1$, das den Bedingungen (*) genügt. (Die *Hermitesche Interpolationsformel.*)

37. Es gilt in den Bezeichnungen von A36: $\sum_{\nu=1}^{n} v_\nu(x)\,\varphi_\nu^2(x) \equiv 1$ (Fejér).

38. Es gilt in den Bezeichnungen von A36: $\sum_{\nu=1}^{n} v_\nu(x) \equiv n^2$ (Fejér).

39. Ist $g(x)$ ein Polynom vom Grade $2n-2$, so gilt für $\Psi(x)$ in (a):

$$\sum_{\nu=1}^{n}\frac{g(x_\nu)\,\Psi''(x_\nu) - g'(x_\nu)\,\Psi'(x_\nu)}{\Psi'^3(x_\nu)} = 0 \qquad \text{(I. Schur).}$$

[1]) Die Polynome $T_n(x)$ heißen die *Tschebyscheffschen Polynome erster Art* oder gelegentlich die *Tschebyscheffschen Polynome* schlechthin; $U_n(x)$ sind die *Tschebyscheffschen Polynome zweiter Art.*

40. Wird die Nullstelle des Ausdrucks v_ν aus A 36 mit X_ν bezeichnet, so gilt

$$X_\nu = x_\nu + \frac{\Psi'(x_\nu)}{\Psi''(x_\nu)}, \quad v_\nu(x) = \frac{X_\nu - x}{X_\nu - x_\nu}.$$

Die Punkte X_ν heißen die konjugierten Punkte zu den Interpolationsabszissen x_ν (Fejér).

41. Für die Tschebyscheffschen Interpolationsabszissen, d. h. diejenigen von A 35, gilt

$$X_\nu = \frac{1}{x_\nu}, \quad v_\nu(x) = \frac{1 - x\,x_\nu}{1 - x_\nu^2}, \quad |x - x_\nu| < v_\nu(x) \quad (|x| \leqq 1) \quad \text{(Fejér)}.$$

42. Werden als Interpolationsabszissen die n Nullstellen x_ν des Hermiteschen Polynoms $H_n(x)$ (A 72 § 10) gewählt, so gilt

$$X_\nu = x_\nu + \frac{1}{2\,x_\nu}, \quad v_\nu(x) = 1 + 2\,x_\nu^2 - 2\,x\,x_\nu.$$

43. Ersetzt man in A 42 das n-te Hermitesche durch das n-te Laguerresche Polynom (A 79 § 10), so ist

$$X_\nu = \frac{x_\nu^2}{x_\nu - 1}, \quad v_\nu(x) = x_\nu + \frac{x}{x_\nu} - x.$$

44. Ersetzt man in A 42 das n-te Hermitesche durch das n-te Legendresche Polynom (A 84 § 10), so gilt

$$X_\nu = \frac{1}{2}\left(x_\nu + \frac{1}{x_\nu}\right), \; v_\nu = \frac{x_\nu^2 - 2\,x\,x_\nu + 1}{1 - x_\nu^2}, \; |x - x_\nu| < 2\,v_\nu(x) \; (|x| \leqq 1) \; \text{(Fejér)}.$$

45. Ändern die $v_\nu(x)$ in einem Intervall J ihre Vorzeichen nicht, so heißt das System der Interpolationsabszissen *normal* in J. Man beweise, daß die Nullstellen der Tschebyscheffschen und Legendreschen Polynome normale Systeme von Interpolationsabszissen in $|x| \leqq 1$ liefern (Fejér).

46. Ist das System der Interpolationsabszissen x_ν im Intervall $\langle -1, 1\rangle$ enthalten und dort normal, so gilt für ein geeignetes, von ν unabhängiges $\varepsilon > 0$ im Intervall $|x| \leqq 1 - \varepsilon$:

$$\text{a)} \quad v_\nu(x) \geqq \frac{\varepsilon}{2} \quad (\nu = 1, \ldots, n), \qquad \text{b)} \quad \sum_{\nu=1}^{n} \varphi_\nu^2(x) \leqq \frac{2}{\varepsilon},$$

$$\text{c)} \quad \sum_{\nu=1}^{n} |\varphi_\nu(x)| \leqq \sqrt{\frac{2\,n}{\varepsilon}} \qquad \text{(Fejér)}.$$

47. Im Falle der Tschebyscheffschen Abszissen (vgl. A41) gilt im Intervall $|x| \leqq 1$

$$\text{a)}\quad v_\nu(x) > \frac{1}{2}; \qquad b)\quad \sum_{\nu=1}^{n} \varphi_\nu^2(x) < 2; \qquad c)\quad \sum_{\nu=1}^{n} |\varphi_\nu(x)| < \sqrt{2n}$$

(Fejér).

48. Ist das System der Abszissen $x_1, \ldots, x_n$ in einem Intervall J normal, so gilt in jedem Punkte aus diesem Intervall für eine geeignete unter den Funktionen $\varphi_\nu(x)$

$$|\varphi_\nu(x)| \geqq \frac{1}{n}$$

(Fejér).

49. Es sei das Abszissensystem $x_1, \ldots, x_n$ normal in einem Intervall J und es sei für ein konstantes α durchweg

$$|x-x_\nu| < \alpha\, v_\nu(x) \qquad (x \prec J,\ \nu = 1, \ldots, n).$$

Gilt dann für ein Polynom $P(x)$ vom Grade $2n-1$

$$|P(x_\nu)| \leqq A, \quad |P'(x_\nu)| \leqq B \qquad (\nu = 1, \ldots, n),$$

so gilt in jedem Punkte von J

$$|P(x)| \leqq A + \alpha B \qquad (x \prec J).$$

50. Man versuche, $\lg(a+1)$ $(a > 1)$ zu bestimmen durch Lagrangesche Interpolation mit den Interpolationsstellen a, a^2, a^3, und untersuche das Fehlerglied.

51. Ist $P(x) = a x^n + \ldots$ ein Polynom vom genauen Grade n, so ist für $\alpha \neq 0$

$$\Delta e^{\alpha x} P(x) = e^{\alpha x} P_1(x),$$

wo

$$P_1(x) = (e^{\alpha h} - 1)\, a x^n + \ldots$$

ein Polynom vom genauen Grade n ist.

52. Ist $P_1(x)$ ein gegebenes Polynom vom genauen Grade n, so ist für $\alpha \neq 0$ die Differenzengleichung

$$\Delta e^{\alpha x} P(x) = e^{\alpha x} P_1(x)$$

stets eindeutig auflösbar durch ein Polynom $P(x)$ vom genauen Grade n.

53. Man bestimme

$$\sum_{\nu=m}^{n} e^{2\nu}(\nu^2 - \nu).$$

54. Ist $u(x) = \alpha x + \beta$, $\alpha \neq 0$, so gilt, wenn h der Δ-Schritt ist,

$$\Delta \frac{1}{u(x)\, u(x+h) \cdots u(x+nh)} = \frac{-\alpha h (n+1)}{u(x)\, u(x+h) \cdots u[x+(n+1)h]}.$$

55. Man bestimme die Summe

$$\sum_{\nu=m}^{n} \frac{3\nu-2}{(2\nu+1)(2\nu+3)(2\nu+5)}.$$

56. Es gilt, wenn u und v zwei Funktionen von x sind, für jedes ganzzahlige n das folgende Analogon zur Leibnizschen Formel:

$$\Delta^n u\, v = \sum_{\nu=0}^{n} \binom{n}{\nu} \Delta^\nu u(x)\, \Delta^{n-\nu} v(x+\nu h).$$

57. Es gilt[1])

$$\sum_{\nu=0}^{\infty} \frac{x^\nu}{\nu!} u(\nu) = e^x \sum_{\nu=0}^{\infty} \frac{x^\nu}{\nu!} \Delta^\nu u(0).$$

58. Ist $\varphi(x) = \sum_{\nu=0}^{\infty} v_\nu x^\nu$, so gilt

$$\sum_{\nu=0}^{\infty} u_\nu v_\nu x^\nu = \sum_{\nu=0}^{\infty} \frac{x^\nu}{\nu!} \varphi^{(\nu)}(x)\, \Delta^\nu u_0 \qquad \text{(Gudermann).}$$

59. Ist $\varphi(x) = \sum_{\nu=0}^{n} \nu!\, v_\nu \binom{x}{\nu}$, so gilt identisch in den Konstanten u_ν, v_ν:

$$\sum_{\nu=0}^{n} \nu!\, u_\nu v_\nu \binom{x}{\nu} = \sum_{\nu=0}^{n} \binom{x}{\nu} \Delta^\nu \varphi(x-\nu)\, \Delta^\nu u_0 \qquad \text{(Gudermann).}$$

60. Sei $\varphi(x)$ ein gerades bzw. ein ungerades Polynom vom Grade n; dann gibt es ein Polynom $f(x)$ vom Grad $n+1$, das entsprechend ungerade oder gerade ist, derart daß

$$\Delta f(x) = \varphi\left(x + \frac{h}{2}\right)$$

ist.

61. Es sei $u(x)$ ein ungerades Polynom vom Grade n, das im Ursprung mindestens eine dreifache Wurzel besitzt. Dann läßt sich ein Polynom f vom Grade $(n-3)/2$ so finden, daß die Identität gilt:

$$x^2(x+1)^2 f[x(x+1)] - x^2(x-1)^2 f[x(x-1)] = u(x).$$

62. Ist $g(x)$ ein gerades Polynom vom Grade n, so gilt für ein geeignetes Polynom $f(x)$ vom Grade $n/2$:

$$(2x+1) f[x(x+1)] - (2x-1) f[x(x-1)] = g(x).$$

---

1) Die in den Aufgaben 57 und 58 vorkommenden unendlichen Reihen brauchen nicht zu konvergieren. Dann müssen die Behauptungen dieser Aufgaben als „formal“ gültig in dem Sinne aufgefaßt werden, daß jeweils die Koeffizienten gleicher Potenzen von x rechts und links übereinstimmen. Die Berechnung dieser Koeffizienten verlangt aber keine Grenzoperationen.

63. Der Ausdruck $S_n(m) = 1^n + 2^n + \ldots + m^n$, wo $n > 1$ und m natürliche Zahlen sind, kann, $p = m(m+1)$ gesetzt, in der Form $p^2 f(p)$ bzw. $(2m+1)f(p)$ dargestellt werden, je nachdem n ungerade oder gerade ist, wo $f(p)$ ein Polynom ist (Milne-Thomson).

64. Es gilt für eine n-mal stetig differenzierbare Funktion $f(x)$

$$\Delta^n f(x) = \int_0^h \cdots \int_0^h f^{(n)}(x + u_1 + \cdots + u_n)\, du_1 \cdots du_n \quad \text{(Hermite)}.$$

65. Ist $f(x)$ viermalig stetig differenzierbar und $f''(0) = 0$, so gilt

$$f(h) - 2f(0) + f(-h) = \int_0^h \int_0^t \int_0^u \int_0^v [f^{(4)}(w) + f^{(4)}(-w)]\, dw\, dv\, du\, dt.$$

66. Ist $\Delta x = h$ und $f^{(n)}(x)$ in $\langle a, a+nh \rangle$ stetig, so gilt

$$\Delta^n f(a) = h^n f^{(n)}(\xi), \qquad \xi \prec \langle a, a+nh \rangle.$$

67. Unter Benutzung von (a) und (b) folgt, daß das Polynom

$$\Phi_\nu(x) = (\varphi_\nu^m(x) - 1)^{2m+1} + 1$$

an jeder Stelle $x_\mu \neq x_\nu$ eine genau m-fache Nullstelle hat, während $\Phi_\nu(x) - 1$ an der Stelle x_ν eine Wurzel wenigstens der Mehrfachheit $2m+1$ hat.

68. Unter Benutzung der Bezeichnungen von A 67 sei jedem $x_\nu(\nu = 1, \ldots, n)$ ein Polynom $F_\nu(x)$ vom Grade $k_\nu - 1$ zugeordnet. Dann hat für hinreichend großes m das Polynom

$$H(x) = \sum_{\nu=1}^{n} F_\nu(x)\, \Phi_\nu(x)$$

die Eigenschaft, daß

$$H^{(\mu)}(x_\nu) = F_\nu^{(\mu)}(x_\nu) \qquad (1 \leqq \nu \leqq n,\ 0 \leqq \mu \leqq k_\nu - 1).$$

69. Unter Benutzung der Bezeichnungen von A 68 gibt es ein und nur ein Polynom $K_n(x)$ vom Grade $< k_1 + \cdots + k_n$, das den Bedingungen

$$K_n^{(\mu)}(x_\nu) = F_\nu^{(\mu)}(x) \qquad (1 \leqq \nu \leqq n,\ 0 \leqq \mu \leqq k_\nu - 1)$$

genügt.

70. Ist in den Bezeichnungen von A 69 $f(u)$ eine in einem offenen Intervall J, das $x, x_1, \ldots, x_n$ enthält, $(k_1 + \ldots + k_n)$-mal differenzierbare Funktion, so gilt, wenn jedes $F_\nu(x)$ das Taylorsche Approximationspolynom von $f(x)$ an der Stelle x_ν ist,

$$f(x) = K^*(x) + \frac{f^{(k_1 + \cdots + k_n)}(\xi)}{(k_{,1} + \cdots + k_n)!} P(x), \quad P(x) = \prod_{\nu=1}^{n} (x - x_\nu)^{k_\nu},$$

wo ξ ein geeigneter Wert aus J ist. (*Hermitesche Interpolationsformel* mit dem *Hermiteschen Restglied.*)

71. Sind $x_1, \ldots, x_n$ n verschiedene Stellen, $k_1, \ldots, k_n$ n positive ganze Zahlen und $W_\nu^{(\mu)}(\nu = 1, \ldots, n;\ \mu = 0, 1, \ldots, k_\nu - 1)$ beliebige Konstanten, so gibt es ein eindeutig bestimmtes Polynom $H(x)$ vom Grade $< k_1 + \cdots + k_n$, das den Bedingungen

$$H^{(\mu)}(x_\nu) = W_\nu^{(\mu)} \qquad (1 \leqq \nu \leqq n,\ 0 \leqq \mu \leqq k_\nu - 1)$$

genügt.

72. Man leite aus der Formel (e) durch den Grenzübergang $h \to 0$ die Taylorsche Formel mit dem Restglied her.

§ 19. Numerische Differentiation und Integration

Gilt in den Formeln (a) und (b) von § 18 $x_1 < x_2 < \cdots < x_n$, so gilt neben § 18, (d) auch

$$\text{(a)} \quad f'(x) = L'(x) + \frac{f^{(n)}(\xi)}{(n-1)!} \prod_{\nu=1}^{n-1} (x - \xi_\nu),$$

wo $\xi_1, \ldots, \xi_{n-1}$ den Bedingungen $x_1 < \xi_1 < x_2 < \cdots < x_{n-1} < \xi_{n-1} > x_n$ genügen, während ξ im kleinsten Intervall J liegt, das sowohl x als auch alle x_ν enthält.

Eine einfacher zu benutzende Formel ist

$$\text{(b)} \quad f'(x) = \frac{f(x+h) - f(x-h)}{2h} - \frac{h^2}{6} f^{(3)}(x + \Theta h), \qquad |\Theta| < 1.$$

Über f muß hier die Existenz und Stetigkeit von $f^{(3)}$ in $\langle x-h, x+h\rangle$ vorausgesetzt werden.

Für angenäherte Berechnung von Integralen können benutzt werden: *Die allgemeine Trapezformel mit dem Restglied*:

$$\text{(c)} \quad \int_a^b f(x)\,dx = \frac{b-a}{6n}\left[f(a) + f(b) + 2\sum_{\nu=1}^{n-1} f\left(a + \nu\frac{b-a}{n}\right)\right] - \frac{(b-a)^3}{12n^2} f''(\xi),$$

$$a \leqslant \xi \leqslant b.$$

Die Simpsonsche Regel mit dem Restglied:

$$\text{(d)} \quad \int_a^b f(x)\,dx - \frac{b-a}{6n}\left[f(a) + f(b) + 2\sum_{\nu=1}^{n-1} f(a + 2\nu h) + 4\sum_{\nu=1}^{n-1} f(a + (2\nu - 1)h)\right] =$$

$$= -\frac{(b-a)^5}{2880\,n^4} f^{(4)}(\xi), \quad a \leqslant \xi \leqslant b, \quad h = \frac{b-a}{2n}.$$

Die Moivresche Formel:

$$\text{(e)}\quad n! = \gamma \frac{n^{n+1/2}}{e^n} e^{R_n}, \quad R_n \to 0 \qquad (n \to \infty),$$

wo nach Stirling $\gamma = \sqrt{2\pi}$ ist.

1. Man berechne nach der Simpsonschen Regel mit 4 Teilintervallen

$$\int_0^1 x^4\, dx.$$

2. Man berechne nach der Simpsonschen Regel mit 6 Teilintervallen

$$\int_2^3 \frac{dx}{x+2}.$$

3. Man berechne

$$\int_0^1 \frac{dx}{1+x^3}$$

nach der Simpsonschen Regel mit 8 Teilintervallen.

4. Man bestimme

$$\int_0^{\pi/2} \frac{\sin x}{x}\, dx$$

nach der Simpsonschen Regel mit 4 Teilintervallen.

5. Man berechne nach der Simpsonschen Regel mit 4 Teilintervallen

$$\int_2^3 \frac{dx}{\lg x}.$$

6. Man bestimme $\frac{\pi}{4} = \int_0^1 \frac{dx}{1+x^2}$ nach der Simpsonschen Formel mit 4 Teilintervallen.

7. Es sei $F(x)$ im Intervall $\langle -2h, 2h\rangle$ zweimal stetig differenzierbar. Dann gilt

$$F(2h) + F(-2h) - F(h) - F(-h) = 3h^2 F''(\xi), \qquad |\xi| \leqq 2h.$$

8. Sollen A, B, C für $h \neq 0$ als Funktionen von h derart gewählt werden, daß für eine positive Konstante D und für jede in der Umge-

bung des Nullpunktes dreimal stetig differenzierbare Funktion $f(x)$ für hinreichend kleine $|h|$ gilt

$$|f'(0)-[Af(0)+Bf(h)+Cf(-h)]| \leqq Dh^2|f^{(3)}(0)|,$$

so ist $A \equiv 0$, $B \equiv 1/(2h)$, $C = -1/(2h)$.

9. Ist $f(z)$ im Intervall $(x-2h, x+2h)$ fünfmal differenzierbar, so gilt

$$f'(x) = \frac{-f(x+2h)+8f(x+h)-8f(x-h)+f(x-2h)}{12h} +$$

$$+\frac{h^4}{30}f^{(5)}(\xi), \quad |\xi| \leqq 2h.$$

10. Es ist unmöglich, A, B, C als Funktionen von h (für $h \neq 0$) so zu wählen, daß für jede in der Umgebung des Nulllpunktes dreimal stetig differenzierbare Funktion $f(x)$ die Relation gilt: $f'(0) = Af(0) + Bf(h) + Cf(-h) + o(h^2)\,(h \to 0)$.

11. Es gilt für $h \neq 0$

$$f''(x) = \frac{f(x+h)-2f(x)+f(x-h)}{h^2} - \frac{h^2}{12}f^{(4)}(x+\vartheta h)$$

für ein ϑ mit $|\vartheta| \leqq 1$, wenn $f^{(4)}(z)$ in $\langle x-h, x+h\rangle$ stetig ist.

12. Man beweise, daß unter denselben Voraussetzungen, unter denen die Formel (a) gilt, auch die folgende Formel gültig ist:

$$f'(x) = L'(x) + \frac{f^{(n)}(\xi)}{n!}\Psi'(x),$$

wo x *außerhalb* des Intervalls $\langle x_1, x_n\rangle$ und ξ in J liegt (Milne-Thomson).

13. Man beweise für jedes natürliche n

$$\left|\prod_{\nu=1}^{n-1}(x-\nu)\right| < \frac{(n-1)!}{4} \qquad (0 \leqq x \leqq n-1).$$

14. Es gilt $\left|\prod_{\nu=1}^{n-1}(x-\xi_\nu)\right| \leqq (n-1)!$, wenn

$$0 \leqq x \leqq n-1, \quad 0 < \xi_1 < 1 < \xi_2 < 2 < \cdots < n-2 < \xi_{n-1} < n-1$$

ist.

15. Man beweise, daß für die an die Formel (e) § 18 anknüpfende Formel für numerische Differentiation die folgende Fehlerabschätzung gilt:

$$\left|f'(x) - \sum_{\nu=1}^{n}\varphi'_\nu(x)\Delta^\nu f(a)\right| < h^n f^{(n+1)}(\xi) \qquad (a \leqq x \leqq a+nh),$$

wo ξ im Intervall $\langle a, a+nh\rangle$ liegt.

16. Unter den Annahmen und in den Bezeichnungen von A12 gilt für $1 \leqq m \leqq n$:

$$f^{(m)}(x) = L^{(m)}(x) + \frac{f^{(n)}(\xi)}{n!}\,\Psi^{(m)}(x) \qquad \text{(Milne-Thomson).}$$

17. Unter den Voraussetzungen von A15 gilt, wenn $f^{(n+1)}(x)$ stetig in $\langle a, a+nh \rangle$ ist:

$$f'(a) = \frac{1}{h} \sum_{\nu=1}^{n} (-1)^{\nu-1} \frac{\Delta^{\nu} f(a)}{\nu} + \frac{(-1)^n}{n+1} h^n f^{(n+1)}(\xi) \qquad \text{(Milne-Thomson).}$$

18. Setzt man für ein ganzes, nicht negatives ν

$$\varphi_{k,\nu}(h) = f^{(\nu)}(a+kh) + (-1)^{\nu} f^{(\nu)}(a-kh),$$

so gilt: $(d/dh)\varphi_{k,\nu} = k\,\varphi_{k,\nu+1}$. Ferner ist $\varphi_{k,\nu}$ gleich $2f^{(\nu)}(\xi)$ oder $2khf^{(\nu+1)}(\xi)$, je nachdem ob ν gerade oder ungerade ist, wo ξ zwischen $a-kh$ und $a+kh$ liegt. $\varphi_{k,\nu}$ ist gerade oder ungerade als Funktion von h, je nachdem ν gerade oder ungerade ist.

19. Ist f viermal stetig differenzierbar zwischen $a+h$ und $a-h$, so gilt:

$$\int_{-h}^{h} f(a+t)\,dt - \frac{h}{3}[f(a-h) + 4f(a) + f(a+h)] =$$

$$= -\frac{1}{72} \int_{0}^{h} (h-t)^3 (h+3t)\,\varphi_{1,4}(t)\,dt,$$

wo φ die Bedeutung von A18 hat.

20. Es gilt

$$\int_{-h}^{h} f(a+t)\,dt - \frac{h}{3}[f(a-h) + 4f(a) + f(a+h)] =$$

$$= -\frac{1}{72} \int_{-h}^{h} (h-|t|)^3 (h+3|t|)\,f^{(4)}(a+t)\,dt \qquad \text{(Peano).}$$

21. Versteht man in den Aufgaben 21–24 unter R_n die in (e) vorkommende Größe, so gilt für alle natürlichen $n \geqq 2$

$$R_n + R_{2n} = \frac{1}{10} \sum_{\nu=n+1}^{\infty} \frac{1}{(2\nu+\vartheta_\nu)^4} + (3n+1)\lg\left(1+\frac{1}{2n}\right) - \frac{3}{2},$$

wo $|\vartheta_\nu| \leqq 1$ $(\nu = n+1, n+2, \ldots)$ ist.

22. Ist für ein natürliches $n \geqq 2$: $|\vartheta_\nu| \leqq 1$ $(\nu \geqq n+1)$, so gilt

$$\sum_{\nu=n+1}^{\infty} \frac{1}{(2\nu+\vartheta_\nu)^4} = \frac{1}{48\,n^3} + \frac{\vartheta'_n}{10\,n^2}, \quad 0 < |\vartheta'_n| < 1.$$

23. Es gilt für jedes natürliche $n \geqq 2$

$$R_n - R_{4n} = \frac{1}{16\,n} - \frac{7}{2560\,n^3} + \frac{\vartheta_n}{37\,n^4}, \quad |\vartheta_n| \leqq 1.$$

24. Es gilt für jedes natürliche $n \geqq 2$:

$$R_n = \frac{1}{12\,n} - \frac{1}{360\,n^3} + \frac{\vartheta_n}{36\,n^4}, \quad |\vartheta_n| \leqq 1 \qquad (n = 2, 3, \ldots).$$

25. Es gilt, wenn $f(x)$ viermal stetig differenzierbar ist:

$$\int_a^b f(x)\,dx = \frac{b-a}{2}[f(a)+f(b)] - \frac{(b-a)^3}{12} f''\left(\frac{a+b}{2}\right) - \frac{(b-a)^5}{480} f^{(4)}(\xi),$$

wo ξ zwischen a und b liegt.

26. Ist $f(x)$ in $\langle a, b\rangle$ dreimal stetig differenzierbar, so gilt:

$$\int_a^b f(x)\,dx = \frac{b-a}{2}[f(a)+f(b)] - \frac{(b-a)^3}{12} f''(a) - \frac{(b-a)^4}{24} f'''(\xi),$$

$$a \leqq \xi \leqq b.$$

27. Ist $f(x)$ im Intervall $\langle \alpha-h, \alpha+h\rangle$ sechsmal stetig differenzierbar, so gilt

$$\int_{\alpha-h}^{\alpha+h} f(x)\,dx = \frac{h}{3}[f(\alpha-h)+4f(\alpha)+f(\alpha+h)] - \frac{h^5}{90} f^{(4)}(\alpha) - \frac{h^7}{1890} f^{(6)}(\alpha+\vartheta h),$$

$$|\vartheta| \leqq 1.$$

28. Ist im Intervall $\langle \alpha-h, \alpha+h\rangle$ die Funktion $f(x)$ $(2n+6)$-mal stetig differenzierbar, so gilt für $n \geqq 0$:

$$S(h) \equiv \int_{\alpha-h}^{\alpha+h} f(x)\,dx - \frac{h}{3}[f(\alpha-h)+4f(\alpha)+f(\alpha+h)] =$$

$$= -\frac{4}{3}\sum_{\nu=0}^{n} \frac{(\nu+1)\,h^{2\nu+5}}{(2\nu+5)!} f^{(2\nu+4)}(\alpha) - \frac{4}{3}\cdot\frac{(n+2)\,h^{2n+7}}{(2n+7)!} f^{(2n+6)}(\alpha+\vartheta h),$$

$$|\vartheta| \leqq 1.$$

29. Ist $f(x)$ in $\langle a, b\rangle$ viermal stetig differenzierbar, so gilt

$$\int_a^b f(x)\,dx - \frac{b-a}{2}[f(b)+f(a)] + \frac{(b-a)^2}{12}[f'(b)-f'(a)] = \frac{(b-a)^5}{720} f^{(4)}(\xi),$$

$$a \leqq \xi \leqq b.$$

30. Ist $f(x)$ in $\langle a, b\rangle$ sechsmal stetig differenzierbar, so gilt

$$\int_a^b f(x)\,dx - \frac{b-a}{2}[f(a)+f(b)] + \frac{(b-a)^2}{12}[f'(b)-f'(a)] - \frac{(b-a)^4}{720}[f^{(3)}(b)-f^{(3)}(a)] =$$

$$= -\frac{(b-a)^7}{30240} f^{(6)}(\xi), \quad a \leqq \xi \leqq b.$$

31. Man leite aus A 30 für die Größe R_n aus für $n > 1$ die Relation her:

$$R_n = \frac{1}{12\,n} - \frac{1}{360\,n^3} + \frac{5}{252} \cdot \frac{1}{(n+\vartheta_n)^5}, \quad |\vartheta_n| \leqq 1.$$

32. Man beweise die Relation

$$\int_{\alpha-h}^{\alpha+h} f(x)\,dx - h[f(\alpha+h)+f(\alpha-h)] + \frac{h^2}{3}[f'(\alpha+h)-f'(\alpha-h)] =$$

$$= \frac{1}{24}\int_{-h}^{h} f^{(4)}(\alpha+t)\,(t^2-h^2)^2\,dt$$

für eine viermal stetig differenzierbare Funktion $f(x)$ und leite daraus das Resultat von A 29 her.

33. Man beweise die Relation

$$\int_{\alpha-h}^{\alpha+h} f(x)\,dx = h[f(\alpha+h)+f(\alpha-h)] - \frac{h^2}{3}[f'(\alpha+h)-f'(\alpha-h)] +$$

$$+ \frac{h^4}{45}[f'''(\alpha+h)-f'''(\alpha-h)] + \frac{1}{720}\int_{-h}^{h} f^{(6)}(\alpha+t)\,(t^2-h^2)^2\,(t^2-3\,h^2)\,dt$$

für eine sechsmal stetig differenzierbare Funktion $f(x)$.

34. Man beweise, daß

$$F(h) \equiv \int_{a-3h}^{a+3h} f(x)\,dx - \frac{3\,h}{4}\{3\,f(a+h)+3\,f(a-h)+f(a+3\,h)+f(a-3\,h)\}$$

$$= -\frac{6}{5} h^5 f^{(4)}(\xi)$$

ist, wo ξ zwischen $a-3h$ und $a+3h$ liegt, wenn f in diesem Intervall viermal stetig differenzierbar ist.

35. Man beweise, daß $F(h)$ in A34 gleich ist:

$$-\frac{6}{5}h^5 f^{(4)}(a) - \frac{23}{35}h^7 f^{(6)}(\eta),$$

wo η zwischen $a-3h$ und $a+3h$ liegt, wenn f in diesem Intervall sechsmal stetig differenzierbar ist.

36. Ist $f(x)$ zwischen a und $a+3h$ viermal stetig differenzierbar, so gilt (die Newtonsche (3/8)-Regel):

$$\int\limits_a^{a+3h} f(x)\,dx = \frac{3}{8}h[f(a)+3f(a+h)+3f(a+2h)+f(a+3h)] - \frac{3}{80}h^5 f^{(4)}(\xi),$$

wo ξ in $\langle a, a+3h\rangle$ liegt.

37. Es gilt für $F \equiv \int\limits_{a-h}^{a+h} f(x)\,dx - 2hf(a)$:

$$F = \frac{h^3}{3}f''(\xi) = \frac{h^3}{3}f''(a) + \frac{h^5}{60}f^{(4)}(\eta),$$

wo ξ und η zwischen $a-h$ und $a+h$ liegen, die erste Formel, wenn f zweimal, die zweite, wenn f viermal in $\langle a-h, a+h\rangle$ stetig differenzierbar ist.

38. Besteht die Relation

$$\int\limits_{-a}^{a} f(x)\,dx = \sum_{\nu=0}^{n} \gamma_\nu f(x_\nu),$$

wo x_ν feste Werte mit

$$-a \leqq x_0 < x_1 < \cdots < x_n \leqq a$$

sind und γ_ν feste Konstanten bedeuten, für jedes Polynom vom Grade n, und sind die Stellen x_ν „symmetrisch" verteilt, so daß

$$x_0 + x_n = x_1 + x_{n-1} = \cdots = 0$$

ist, so muß

$$\gamma_\nu = \gamma_{n-\nu} \qquad (\nu = 0, 1, \ldots, n)$$

gelten. Ist n gerade, so gelten die obigen Relationen von selbst auch für jedes Polynom vom Grade $n+1$.

39. Ist $f(x)$ in $\langle \alpha - mh, \alpha + mh\rangle$ μ-mal differenzierbar und setzt man unter Benutzung der Bezeichnungen von A18 für beliebige $\alpha_0, \alpha_1, \ldots, \alpha_n$

aus $\langle 0, m\rangle$ und beliebige γ_n:

$$F(h) \equiv \int_{\alpha-\alpha_0 h}^{\alpha+\alpha_0 h} f(x)\,dx - h\sum_{\nu=0}^{n} \gamma_\nu \varphi_{\alpha_\nu,0}(h),$$

so gilt

$$F^{(\mu)}(h) = \alpha_0^\mu \varphi_{\alpha_0,\mu-1}(h) - h\sum_{\nu=0}^{n} \gamma_\nu \alpha_\nu^\mu \varphi_{\alpha_\nu,\mu}(h) - \mu\sum_{\nu=0}^{n} \gamma_\nu \alpha_\nu^{\mu-1} \varphi_{\alpha_\nu,\mu-1}(h).$$

40. Setzt man

$$F(h) = \int_{\alpha-2,5h}^{\alpha+2,5h} f(x)\,dx - \frac{5}{288} h[19\,\varphi_{5/2,0} + 75\,\varphi_{3/2,0} + 50\,\varphi_{1/2,0}],$$

so gilt

$$F(0) = F'(0) = \cdots = F^{(6)}(0) = 0;$$

$$F^{(7)}(0) = -\frac{11\,000}{96} f^{(6)}(\alpha), \quad F^{(8)}(h) = -\frac{8125}{4} h f^{(8)}(\xi),$$

wo ξ zwischen $\alpha - 2,5\,h$ und $\alpha + 2,5\,h$ liegt.

41. Es gilt

$$\int_a^b f(x)\,dx = \frac{b-a}{288}[19(y_1+y_6) + 75(y_2+y_5) + 50(y_3+y_4)] -$$

$$-2,910\,053\ldots\left(\frac{b-a}{10}\right)^7 f^{(6)}\left(\frac{a+b}{2}\right) - 25,79\,365\cdots\left(\frac{b-a}{10}\right)^9 f^{(8)}(\xi),$$

wo ξ zwischen a und b liegt und allgemein gesetzt ist:

$$y_\nu = f\left(a + (\nu-1)\frac{b-a}{5}\right) \qquad (\nu = 1, 2, \ldots, 6).$$

42. Es gilt

$$\int_a^b f(x)\,dx - \frac{b-a}{20}[(y_1+y_7) + 5(y_2+y_6) + (y_3+y_5) + 6\,y_4] =$$

$$= -\frac{(b-a)^7}{6^5\cdot 7!} f^{(6)}\left(\frac{a+b}{2}\right) - \frac{23(b-a)^9}{6^5\cdot 10!} f^{(8)}\left(\frac{a+b}{2}\right) - \frac{641(b-a)^{11}}{2\cdot 6^8\cdot 10!} f^{(10)}(\xi),$$

wo ξ zwischen a und b liegt, allgemein

$$y_\nu = f\left(a + (\nu-1)\frac{b-a}{6}\right) \qquad (\nu = 1, 2, \ldots, 7)$$

gesetzt ist und $f(x)$ als zehnmal stetig differenzierbar vorausgesetzt wird. (Die Weddlesche Formel mit dem Restglied.)

§ 20. Angenäherte Auflösung von Gleichungen

Zur angenäherten Auflösung von Gleichungen kann in vielen Fällen die Newton-Raphsonsche Iterationsfolge x_ν benutzt werden, bei der, von einem geeigneten x_0 ausgehend, die x_ν sukzessive nach der Vorschrift

$$\text{(a)} \quad x_{\nu+1} = x_\nu - \frac{f(x_\nu)}{f'(x_\nu)} \qquad (\nu = 0, 1, \ldots)$$

gebildet werden. Die Konvergenz der Folge (a) kann unter den folgenden Bedingungen bewiesen werden (Fourier-Bedingungen):

Es sei im abgeschlossenen Intervall J zwischen a und x_0 f'' durchweg vorhanden, und es mögen dort $f'(x)$ und $f''(x)$ durchweg $\neq 0$ sein und feste Vorzeichen haben. Es sei ferner

$$\text{(b)} \quad f(x_0)\, f''(x_0) > 0, \quad f(a)\, f''(x_0) < 0.$$

Unter dieser Bedingungen hat $f(x)$ in J genau eine Wurzel, gegen die die Folge (a) monoton konvergiert.

Eine weitere, besonders wichtige Konvergenzbedingung wird gegeben durch:

Es sei $f'(x_0)$ vorhanden und $\neq 0$. Für $h = -\dfrac{f(x_0)}{f'(x_0)}$ mögen $f(x)$, $f'(x)$, $f''(x)$ im abgeschlossenen Intervall J zwischen x_0 und $x_0 + 2h$ stetig sein, und es gelte dort durchweg

$$\text{(c)} \quad |f''(x)| \leqq \frac{|f'(x_0)|}{2\,|h|}.$$

Dann hat $f(x)$ in J genau eine Nullstelle, gegen die die x_ν streben.

Unter den „Fourier-Bedingungen" liefert die *Regula falsi* oft eine gute Näherung. Dabei wird aus a und x_0 eine weitere Größe

$$\text{(d)} \quad y_1 = \frac{a\, f(x_0) - x_0\, f(a)}{f(x_0) - f(a)}$$

gebildet, und, wenn die einzige in J liegende Wurzel von $f(x)$ mit ζ bezeichnet wird, die Größen

$$a,\ y_1,\ \zeta,\ x_1,\ x_0$$

folgen in dieser Reihenfolge aufeinander, entweder eigentlich monoton wachsend oder eigentlich monoton abnehmend.

Als Überschlagsregel kann benutzt werden, daß die Konvergenz der Newton-Raphsonschen Iteration um so besser ist, je kleiner $\dfrac{f f''}{f'^2}$ ist.

1. Die positiven Wurzeln der folgenden Gleichungen sind zu finden:

a) $x^3+x-1=0$, b) $x^3-7x-2=0$, c) $x^2=2+\frac{1}{x}$,

d) $x=2+\frac{1}{x^2}$.

2. Man löse $2x = \operatorname{tg} x$ im Intervall $(0, \pi/2)$ auf.

3. Man löse die Gleichungen

a) $x = 2\sin x$, b) $\cos x = \frac{1}{1+x^2}$.

4. Man löse $\lg(1+x) = 3x/4$.

5. Man bestimme mit vier Dezimalen eine Wurzel der Gleichung

$$x + \operatorname{Log}_{10} x = \frac{1}{2}.$$

6. Man löse $\cos x = \sqrt{x}$ im Intervall $\langle 0, \pi/2 \rangle$.

* * *

7. Man berechne die positive Wurzel der Gleichung $x^3-2x^2-1=0$, indem man diese Gleichung mit x^p multipliziert und das ganzzahlige $p \geqq 0$ so wählt, daß die Konvergenz am schnellsten ist.

8. Man berechne die positive Wurzel der Gleichung $x e^x - 1 = 0$, indem diese Gleichung auf die Gestalt $e^{-x} = x$ bringt. Warum ist diese Gestalt vorteilhafter?

9. Man finde die beiden positiven Wurzeln von $e^x = 3x$, indem man die Gleichung in der Form

$$e^{(p+1)x} - 3x e^{px} = 0$$

schreibt und für jede der beiden Wurzeln p geeignet wählt.

10. Man berechne die positive Wurzel der Gleichung

$$\int_0^x \frac{x^2\,dx}{1+x^2} = \frac{1}{2}$$

dreistellig, wobei das Integral durch numerische Quadratur zu bestimmen ist.

11. Die kleinste positive Wurzel der sogenannten *Besselschen Funktion*

$$J(x) = 1 - \left(\frac{x}{2}\right)^2 \frac{1}{(1!)^2} + \left(\frac{x}{2}\right)^4 \frac{1}{(2!)^2} - \left(\frac{x}{2}\right)^6 \frac{1}{(3!)^2} + \cdots$$

ist zu bestimmen. (Man beginne mit $x_1 = 3$.)

12. Es sei $f(x)$ für $|x| < 1$ stetig und $f(0) = 0$; $f'(x)$ sei in $(-1, 1)$ vorhanden und stetig, und es gelte dort für ein positives m durchweg $|f'(x)| \geqq m$. Dann konvergiert das Newton-Raphsonsche Verfahren, wenn x_1 geeignet nahe bei 0 genommen wird (P. Hartman).

13. Es sei $f(x)$ stetig und differenzierbar für $|x| \leqq a$. Es sei dort, für ein positives m, $f'(x) \geqq m$ und zugleich für zwei beliebige x, x' aus diesem Intervall $|f'(x) - f'(x')| < m$. Ist dann $f(0) = 0$, so konvergiert das Newton-Raphsonsche Verfahren für jedes $x_0 \neq 0$ aus $(-a, a)$.

14. Sei $f(x)$ in einer Umgebung von $x = 0$ zweimal stetig differenzierbar und sei $f(0) = 0$, $f'(0) \neq 0$, $f''(0) \neq 0$. Gilt dann $x_1 x_2 < 0$, $x_1 \downarrow 0$, $x_2 \uparrow 0$, so gilt für die aus x_1 und x_2 nach der Regula falsi hergeleitete Näherung x_3 der Nullstelle 0 von $f(x)$:

$$x_3 \sim \frac{f''(0)}{2 f'(0)} x_1 x_2 \qquad (x_1 \to 0,\ x_2 \to 0).$$

15. Die Behauptung von A14 bleibt richtig, wenn die Annahme $x_1 x_2 < 0$ durch die Annahme ersetzt wird:

$$\frac{x_1^2 + x_2^2}{|x_1 - x_2|} \to 0 \qquad (x_1 \to 0,\ x_2 \to 0).$$

§ 21. Bernoullische Zahlen und Polynome

Die *Bernoullischen Zahlen* B_n $(n = 0, 1, \ldots)$ werden definiert durch rekurrente Relationen, die sich am bequemsten schreiben lassen, wenn man das Symbol B einführt, mit dem polynomial gerechnet wird wie mit einer gewöhnlichen Variablen, und festsetzt, daß in allen Relationen, die linear in den Potenzen B^n sind, diese Potenzen durch die entsprechenden B_n zu ersetzen sind. Man setzt, mit $B_0 = 1$ beginnend, die Rekursionsformeln an:

$$(1 + B)^n - B^n = 0 \qquad (n = 2, 3, \ldots).$$

Mit dieser Festsetzung gilt für jedes Polynom $g(x)$:

$$\text{(a)} \quad \Delta g(B + x) \equiv g(B + x + 1) - g(B + x) = g'(x).$$

Insbesondere nennt man *Bernoullische Polynome* die Polynome $B_0(x) = 1$, $B_1(x) = x - \frac{1}{2}$ und allgemein

$$\text{(b)} \quad B_n(x) = (x + B)^n = x^n + \binom{n}{1} B_1 x^{n-1} + \cdots + B_n \qquad (n = 0, 1, \ldots).$$

Es gilt $B_1 = -\frac{1}{2}$, und für $n \geqq 1$: $B_{2n+1} = 0$, $(-1)^{n+1} B_{2n} > 0$,

$$\text{(c)} \quad \Delta B_n(x) = n\,x^{n-1},$$

$$\text{(d)} \quad B_n'(x) = n\,B_{n-1}(x), \quad B_n(1-x) = (-1)^n B_n(x),$$

$$B_{2n+1}(1) = B_{2n+1}(0) = 0, \quad B_{2n}(0) = B_{2n}(1) = B_{2n},$$

$$\text{(e)} \quad B_n\left(\frac{1}{2}\right) = (2^{1-n}-1)\,B_n.$$

$B_{2n+1}(x)$ hat für $n > 0$ in $\langle 0,1 \rangle$ genau drei einfache Nullstellen, bei 0, $\frac{1}{2}$ und 1.

1. $\Delta(x B_n(x))$.

2a) $B^p(B+1)^q - B^q(B-1)^p = 0 \qquad (p \geqq 1,\ q \geqq 2)$;

b) $\left(B+\frac{1}{2}\right)^n - \left(B-\frac{1}{2}\right)^n = n\left(-\frac{1}{2}\right)^{n-1} \qquad (n \geqq 1)$;

c) $B(B+1)\cdots(B+n) = -\frac{n!}{n+2} \qquad (n \geqq 1)$;

d) $(B+1)\cdots(B+n) = \frac{n!}{n+1} \qquad (n \geqq 1)$.

3. $B_n(x) + \frac{n}{2}x^{n-1}$ ist gerade oder ungerade mit n.

4a) Für ein Polynom $g(x)$ gilt $\sum_{\mu=0}^{m-1} g'(x+\mu) = g(B+x+m) - g(B+x)$;

b) $\sum_{\mu=0}^{m-1} (x+\mu)^n = \frac{1}{n+1}[B_{n+1}(x+m) - B_{n+1}(x)]$.

5a) Für ein Polynom $f(x)$ gilt

$$\sum_{\nu=0}^{n-1} f'(2\nu+1) = \frac{1}{2}[f(2B+2n+1) - f(2B+1)];$$

b) $\sum_{\nu=0}^{n-1} f'(2\nu) = \frac{1}{2}[f(2B+2n) - f(2B)]$.

6. Setzt man für $n \geqq 0$: $E_n(x) = \frac{2^{n+1}}{n+1}\left[B_{n+1}\left(\frac{x+1}{2}\right) - B_{n+1}\left(\frac{x}{2}\right)\right]$, so gilt $\frac{1}{2}[E_n(x+1) + E_n(x)] = x^n$.

7. $\int_x^{x+1} B_n(t)\,dt = x^n, \quad \int_0^1 B_n(t)\,dt = 0 \qquad (n > 0)$.

8. Für ein beliebiges Polynom $f(x)$ gilt $f(2B+1)+f(2B) = 2f(B)$.

9. $B_n(x)+B_n\left(x+\frac{1}{2}\right) = 2^{1-n}B_n(2x) \qquad (n \geqq 0)$.

10. $B(x+h) = \sum_{\nu=0}^{n}\binom{n}{\nu}B_\nu(h)\,x^{n-\nu}$.

11. $\int_0^{1/2} B_n(x)\,dx = \frac{B_{n+1}}{n+1}(2^{-n}-2)$.

* * *

12.
$$\frac{(-1)^n B_n}{n!} = \begin{vmatrix} \frac{1}{2!} & 1 & 0 & 0 & \cdots & 0 \\ \frac{1}{3!} & \frac{1}{2!} & 1 & 0 & \cdots & 0 \\ \cdots & \cdots & \cdots & \cdots & \cdots & \cdots \\ \frac{1}{(n+1)!} & \frac{1}{n!} & \cdots & \cdots & \cdots & \frac{1}{2!} \end{vmatrix} \qquad (n \geqq 1).$$

13. $B^p(B+1)^q(B+2)^r(B+3)^s = B^s(B-1)^r(B-2)^q(B-3)^p$
$(p \geqq 1,\ q,\ r,\ s \geqq 2)$.

14. $(B+2)\cdots(B+n) = (n-1)!\left(1+\frac{1}{2}+\cdots+\frac{1}{n}\right) \qquad (n > 1)$.

15. $(2n+1)B_{2n}+\sum_{\nu=1}^{n-1}\binom{2n}{2\nu}B_{2\nu}B_{2(n-\nu)} = 0 \qquad (n \geqq 2)$

(M. Worontzoff u. Le Paige).

16. Ist $f(x) = a_0x^n+\cdots$ ein Polynom, so läßt es sich darstellen als $f(x) = \sum_{\nu=0}^{n} c_\nu B_\nu(x)$, wo $c_\nu = \frac{1}{\nu!}\Delta f^{(\nu-1)}(0)$ $(\nu \geqq 1)$ und $c_0 = \int_0^1 f(x)\,dx$ ist.

17. Für ein Polynom $f(x)$ vom Grade n gilt

$$f'(x+h) = \sum_{\nu=0}^{n}\frac{B_\nu(h)}{\nu!}\Delta f^{(\nu)}(x).$$

18. $B_{2n}(x)$ ist ein Polynom in $y = x(1-x)$; B_{2n+1} ist gleich dem Produkt von $(2x-1)$ mit einem Polynom in y.

19. $\int_0^1 B_1(x)\,B_k(x)\,dx = \frac{B_{k+1}}{k+1} \qquad (k > 0)$.

20. $\int_0^1 B_m(x)\, B_n(x)\, dx = (-1)^{n-1} B_{m+n} \Big/ \binom{m+n}{n} \qquad (m, n > 0).$

21. Wird neben dem Symbol B ein weiteres Symbol C eingeführt, wo $C^n = B_n$ $(n \geqq 0)$ und $C^n B^m = B^m C^n$ ist, so gilt für jedes Polynom $f(x, y)$ in zwei Variablen x, y:

$$f(x+1+B, y+1+C) - f(x+1+B, y+C) - f(x+B, y+1+C) + \\ + f(x+B, y+C) = \frac{\partial^2 f(x, y)}{\partial x\, \partial y}.$$

22. Sei für $0 \leqq x \leqq 1$: $\varphi_n(x) = (-1)^{n+1} \dfrac{2(2n)!}{(2\pi)^{2n}} \sum\limits_{\nu=1}^{\infty} \dfrac{\cos 2\pi\nu x}{\nu^{2n}} \qquad (n > 0),$

$$\psi_n(x) = (-1)^{n+1} \frac{2(2n+1)!}{(2\pi)^{2n+1}} \sum_{\nu=1}^{\infty} \frac{\sin 2\pi\nu x}{\nu^{2n+1}} \qquad (n \geqq 0).$$

Dann gilt

$$B_1(x) = \psi_0(x)\ (0 < x < 1), \qquad B_{2n}(x) = \varphi_n(x), \qquad B_{2n+1}(x) = \psi_n(x) \\ (n > 0,\ 0 \leqq x \leqq 1).$$

23a) $\sum\limits_{\nu=1}^{\infty} \dfrac{1}{\nu^{2n}} = \dfrac{(2\pi)^{2n}}{2(2n)!} |B_{2n}| \qquad (n = 1, 2, \ldots);$

23b) $\left|\dfrac{B_{2n+2}}{B_{2n}}\right| \sim \dfrac{n^2}{\pi^2} \qquad (n \to \infty).$

24. $\dfrac{t}{e^t - 1} = \sum\limits_{\nu=0}^{\infty} \dfrac{B_\nu}{\nu!} t^\nu$ mit dem Konvergenzradius 2π.

25a) $t \operatorname{Ctg} t = \sum\limits_{\nu=0}^{\infty} \dfrac{2^{2\nu}}{(2\nu)!} B_{2\nu} t^{2\nu}$; 25b) $\sum\limits_{\nu=0}^{n} \dbinom{2n+1}{2\nu} 2^{2\nu} B_{2\nu} = 2n+1;$

25c) $t \operatorname{ctg} t = \sum\limits_{\nu=0}^{\infty} (-1)^\nu \dfrac{2^{2\nu}}{(2\nu)!} B_{2\nu} t^{2\nu}$. In 25a) und 25c) ist der Konvergenzradius $= \pi$.

26a) $\operatorname{tg} t = \sum\limits_{\nu=1}^{\infty} (-1)^{\nu-1} \dfrac{2^{2\nu}(2^{2\nu}-1)}{(2\nu)!} B_{2\nu} t^{2\nu-1}$ mit dem Konvergenzradius $\dfrac{\pi}{2}$;

26b) $\operatorname{Tg} t = \sum\limits_{\nu=1}^{\infty} \dfrac{2^{2\nu}(2^{2\nu}-1)}{(2\nu)!} B_{2\nu} t^{2\nu-1}$ mit dem Konvergenzradius $\dfrac{\pi}{2}$.

27a) Man entwickle $\dfrac{t}{\sin t}$ und $\dfrac{t}{\operatorname{Sin} t}$ nach Potenzen von t;

27b) ebenso $\frac{t^2}{\sin^2 t}$ und $\frac{t^2}{\mathrm{Sin}^2 t}$.

28. $\frac{e^{xt}-1}{e^t-1} = \sum_{\nu=0}^{\infty} \frac{B_{\nu+1}(x) - B_{\nu+1}}{(\nu+1)!} t^\nu$ mit dem Konvergenzradius $\geqq 2\pi$.

29. Für jedes $m \geqq 2$, $n \geqq 1$ gilt

$$\sum_{s=0}^{m-1} B_n\left(x + \frac{s}{m}\right) = m^{1-n} B_n(m x) \qquad \text{(Raabe).}$$

30. Für jedes Polynom $f(x)$ gilt

$$\sum_{s=0}^{m-1} f(m B + m x + s) = m f(B + m x).$$

31. Man beweise

$$\sum_{\nu=1}^{n-1} \binom{2n}{2\nu} B_{2\nu} B_{2(n-\nu)} (2 - 4^{n-\nu} - 4^\nu + 4^n) + 2 B_{2n} = 0.$$

32. Man beweise

$$\sum_{\nu=1}^{n-1} \binom{2n}{2\nu} 4^\nu B_{2\nu} B_{2(n-\nu)} + (4^n + 2n) B_{2n} = 0 \qquad (n > 1) \qquad \text{(Catalan).}$$

33. Man beweise für $n \geqq 1$ und $0 \leqq x \leqq 1$:

a) $1 \geqq \frac{B_{2n}(x)}{B_{2n}} \geqq -(1 - 2^{1-2n})$, b) $0 \geqq \frac{B_{2n}(x) - B_{2n}}{B_{2n}} \geqq -2(1 - 4^{-n})$,

c) $2(1 - 4^{-n}) \geqq \frac{B_{2n}(x) - B_{2n}\left(\frac{1}{2}\right)}{B_{2n}} \geqq 0$.

34. Man definiere $\overline{B}_n(x) \equiv B_n(x - [x])$ als die für alle x definierte Funktion mit der Periode 1, die im Intervall $\langle 0, 1)$ mit $B_n(x)$ übereinstimmt. Man beweise, daß $\overline{B}_n(x)$ für $n > 1$ $(n-2)$-mal stetig differenzierbar ist, während $\overline{B}_n^{(n-1)}(x) = n!\, \overline{B}_1(x)$ gilt, wo $\overline{B}_1(x)$ für $x = 0$ unstetig ist und beim Durchgang durch den Ursprung den Sprung von $\frac{1}{2}$ zu $-\frac{1}{2}$ macht. Man beweise ferner, daß $\overline{B}_n(x)$ gerade oder ungerade mit n ist und daß $\int_a^{a+1} \overline{B_n(x)}\, dx = 0$ $(n > 0)$ ist für jedes a.

35. Es gilt für $0 \leqq x \leqq 1$, $n > 1$:

$$|B_n(x)| < \Omega_n \equiv \frac{2\, n!}{(2\pi)^n} \frac{1}{1 - \frac{1}{2^{n-1}}}.$$

36. Es gilt

$$\frac{2(2n)!}{(2\pi)^{2n}}\left(1+\frac{2}{4^n-2}\right) < |B_{2n}| < \frac{2(2n)!}{(2\pi)^{2n}}\left(1+\frac{1}{4^n-1}\right) \qquad (n > 0).$$

37. Es gilt $$\left|B_{2n}\left(\frac{1}{2}\right)\right| < \frac{2(2n)!}{(2\pi)^{2n}} \qquad (n > 0).$$

§ 22. Die Euler-Maclaurinsche Formel

Ist $f(t)$ im Intervall $p \leqq t \leqq q$ zwischen zwei ganzen Zahlen p, q definiert und $f^{(2n)}(t)$ dort stetig, so gilt

$$\text{(a)} \quad \sum_{\nu=p}^{q}{}' f(\nu) - \int_p^q f(t)\,dt = \sum_{\nu=1}^{n} \frac{B_{2\nu}}{(2\nu)!}\left(f^{(2\nu-1)}(q) - f^{(2\nu-1)}(p)\right) + R_{2n}(p,q),$$

$$\text{(b)} \quad R_{2n}(p,q) = \frac{-1}{(2n)!}\int_0^1 B_{2n}(t) \sum_{\nu=p}^{q-1} f^{(2n)}(\nu+t)\,dt,$$

wo der Strich bei $\sum\limits_{\nu=p}^{q}$ bedeutet, daß die p und q entsprechenden Terme mit $\frac{1}{2}$ multipliziert werden sollen. Hier ist

$$R_{2n}(p,q) = (q-p)\frac{B_{2n+2}}{(2n+2)!} f^{(2n+2)}(\Theta), \qquad p \leqq \Theta \leqq q,$$

wenn $f^{(2n+2)}(t)$ in $\langle p, q\rangle$ stetig ist;

$$\text{(c)} \quad R_{2n}(p,q) = -\Theta \frac{B_{2n}}{(2n)!}\left(f^{(2n-1)}(q) - f^{(2n-1)}(p)\right), \qquad 0 \leqq \Theta \leqq 1,$$

wenn $f^{(2n)}(t)$ und $f^{(2n+2)}(t)$ in $\langle p, q\rangle$ konstante und gleiche Vorzeichen haben.

Es gilt (die de Moivre-Stirlingsche Formel)

$$\lg n! = \left(n+\frac{1}{2}\right)\lg n - n + \lg\sqrt{2\pi} + \sum_{\nu=1}^{m}\frac{B_{2\nu}\,n^{1-2\nu}}{2\nu(2\nu-1)} + \Theta\frac{B_{2m+2}\,n^{-2n-1}}{(2m+1)(2m+2)},$$
$$0 \leqq \Theta \leqq 1.$$

1. $f(x)$ sei im abgeschlossenen Intervall $\langle a, b\rangle$ $(2m)$-mal stückweise stetig differenzierbar. Setzt man, für ein natürliches n, $\frac{b-a}{n} = h$, so

gilt für $m \geqq 1$:

$$h \sum_{\nu=0}^{n}{}' f(a+\nu h) = \int_a^b f(t)\,dt + \sum_{\mu=1}^{m} \frac{B_{2\mu} h^{2\mu}}{(2\mu)!} \left(f^{(2\mu-1)}(b) - f^{(2\mu-1)}(a)\right) + R_{2m}(n),$$

$$R_{2m}(n) = -\frac{h^{2m+1}}{(2m)!} \int_0^1 B_{2m}(t) \sum_{\nu=0}^{n-1} f^{(2m)}(a+\nu h+h t)\,dt.$$

Ist $f^{(2m+2)}(x)$ in $\langle a, b\rangle$ stetig, so gilt

$$(*)\quad R_{2m}(n) = \frac{h^{2m+3}}{(2m+2)!} \int_0^1 \left(B_{2m+2} - B_{2m+2}(t)\right) \sum_{\nu=1}^{n-1} f^{(2m+2)} f(a+\nu h+h t)\,dt,$$

$$(**)\qquad R_{2m}(n) = n \frac{h^{2m+3}}{(2m+2)!} B_{2m+2} f^{(2m+2)}(\xi), \qquad \xi \prec \langle a, b\rangle.$$

2. Ist $f^{(2m+2}(x)$ in $\langle a, b\rangle$ stetig und hat dort konstantes Vorzeichen, so gilt für das Restglied in A1:

$$R_{2m}(n) = 2\Theta(1-4^{-n}) \frac{h^{2m+2}}{(2m+2)!} B_{2m+2} \left(f^{(2m+1)}(b) - f^{(2m+1)}(a)\right),$$
$$0 < \Theta < 1.$$

Sind $f^{(2m)}, f^{(2m+2)}$ in $\langle a, b\rangle$ stetig und gilt dort $f^{(2m)} f^{(2m+2)} > 0$, so gilt

$$(*)\quad R_{2m} = -\Theta \frac{B_{2m}}{(2m)!} h^{2m} \left(f^{(2m-1)}(b) - f^{(2m-1)}(a)\right), \qquad 0 < \Theta < 1.$$

Sind $f^{(2m+2)}$ und $f^{(2m+4)}$ in $\langle a, b\rangle$ stetig und haben sie dort konstante und gleiche Vorzeichen, so gilt

$$(**)\quad R_{2m} = \Theta_1 \frac{B_{2m+2} h^{2m+2}}{(2m+2)!} \left(f^{(2m+1)}(b) - f^{(2m+1)}(a)\right), \qquad 0 < \Theta_1 < 1.$$

3. Sind für ein natürliches n sowohl a als auch $b = a + n h$ positiv, so gilt für jedes $s \neq 0$ und jedes natürliche m:

$$h \sum_{\nu=0}^{m} \frac{1}{(a+h\nu)^s} = \frac{1}{2}\left(\frac{1}{a^s} + \frac{1}{b^s}\right) + \frac{1}{s-1}\left(\frac{1}{a^{s-1}} - \frac{1}{b^{s-1}}\right) +$$
$$+ \sum_{\mu=1}^{n} \frac{B_{2\mu}}{2\mu} \binom{s+2\mu-1}{2\mu-1} h^{2\mu} \left(\frac{1}{a^{s+2\mu-1}} - \frac{1}{b^{s+2\mu-1}}\right) +$$
$$+ \Theta \frac{B_{2m+2}}{2m+2} \binom{s+2m+1}{2m+1} h^{2m+2} \left(\frac{1}{a^{s+2m+1}} - \frac{1}{b^{s+2m+1}}\right).$$

4. Ist $s > 1$ und sind a und h positiv, so gilt für jedes natürliche m

$$h \sum_{\nu=0}^{\infty} (a+\nu h)^{-s} = \frac{1}{2a^s} + \frac{1}{s-1}\,\frac{1}{a^{s-1}} + \sum_{\mu=1}^{m} \frac{B_{2\mu}}{2\mu} \binom{s+2\mu-1}{2\mu-1} h^{2\mu} a^{-(s+2\mu-1)}$$

$$+\,\Theta \frac{B_{2m+2}}{2m+2} \binom{s+2m+1}{2m+1} h^{2m-2} a^{-(s+2m+1)}, \qquad 0 \leqq \Theta \leqq 1.$$

5. Unter den Voraussetzungen von A 4 gilt

$$(s-1) \sum_{\nu=0}^{\infty} \frac{1}{(a+\nu h)^s} \to \frac{1}{h} \qquad (s \downarrow 1) \qquad \text{(Dirichlet)}.$$

6. Sei $f^*(x)$ für $x \geqq a$ $(2m+2)$-mal stetig differenzierbar. Es gelte ferner $f^{*(2\mu-1)}(x) \to 0$ $(x \to \infty,\ \mu = 1, \ldots, m)$. Es sei, für $x > a$, $f^{*(2m)} f^{*(2m+2)} > 0$ und es sei endlich für ein $h > 0$ die Reihe $C_0 = \sum_{\nu=0}^{\infty}{}' f^*(a+\nu h)$ konvergent. Dann gilt für jedes natürliche n, wenn mit C eine von n und m unabhängige Konstante bezeichnet wird,

$$h \sum_{\nu=0}^{n}{}' f^*(a+\nu h) = C + \int_a^{a+nh} f^*(x)\,dx + \sum_{\mu=1}^{m} \frac{B_{2\mu} h^{2\mu}}{(2\mu)!} f^{*(2\mu-1)}(a+nh) + R_{2m},$$

$$R_{2m} = -\,\Theta\, B_{2m} \frac{h^{2m}}{(2m)!} f^{*(2m-1)}(a+nh).$$

7. Es gilt für ein positives p und ein ganzes $n \geqq \frac{3}{2}p+1$:

$$\sum_{\nu=0}^{n} \frac{1}{p^2+\nu^2} = C_p + \frac{1}{p} \operatorname{arc\,tg} \frac{n}{p} - \frac{\Theta}{6}\,\frac{n}{(n^2+p^2)^2}, \qquad 0 \leqq \Theta \leqq 1,$$

wo C_p von n unabhängig ist.

In den folgenden Aufgaben machen wir von der Funktion $\bar{B}(x)$ Gebrauch, die in A 34 § 21 eingeführt worden ist.

8. Ist $\varphi'(x)$ stetig in $\langle 0, h\rangle$, $h \neq 0$, so gilt für jedes t aus $\langle 0, 1\rangle$:

$$\int_0^1 \bar{B}_1(t-z)\,\varphi'(hz)\,dz = \left(t-\frac{1}{2}\right) \frac{\varphi(h)-\varphi(0)}{h} - \frac{1}{h}\varphi(ht) + \frac{1}{h}\int_0^1 \varphi(ht)\,dt.$$

9. Ist $\varphi'(x)$ stetig in $\langle 0, h\rangle$, $h \neq 0$, so gilt für $n > 1$:

$$\int_0^1 \frac{\bar{B}_n(t-z)}{n!}\varphi'(hz)\,dz = \frac{\bar{B}_n(t)}{n!}\,\frac{\varphi(h)-\varphi(0)}{h} + \frac{1}{h}\int_0^1 \frac{\bar{B}_{n-1}(t-z)}{(n-1)!}\varphi(hz)\,dz.$$

10. Ist, für ein natürliches m, $f^{(m)}(x)$ stetig in $\langle a, a+h\rangle$, $h \neq 0$, so gilt für $0 \leqq t < 1$:

$$f(a+t\,h) = \frac{1}{h}\int_0^{a+h} f(x)\,dx + \sum_{\mu=1}^{m} \frac{h^{\mu-1}}{\mu!} B_\mu(t)\left(f^{(\mu-1)}(a+h) - f^{(\mu-1)}(a)\right) - R_m,$$

$$R_m = \frac{h^m}{m!}\int_0^1 \bar{B}_m(t-z)\, f^{(m)}(a+z\,h)\,dz.$$

11. Ist unter den Annahmen von A 10 auch $f^{(m+1)}(x)$ stetig in $\langle a, a+h\rangle$, so gilt

$$R_m = \frac{h^{m+1}}{(m+1)!}\int_0^1 \left(\bar{B}_{m+1}(t-z) - \bar{B}_{m+1}(t)\right) f^{(m+1)}(a+zh)\,dz.$$

12. Ist $f^{(2m)}(x)$ stetig in $\langle a, a+h\rangle$, so gilt

$$f\left(a+\frac{h}{2}\right) = \frac{1}{h}\int_a^{a+h} f(x)\,dx + \sum_{\mu=1}^{m-1} \frac{h^{2\mu-1}}{(2\mu)!}(2^{1-2\mu}-1)\,B_{2\mu}\big(f^{(2\mu-1)}(a+h) -$$

$$- f^{(2\mu-1)}(a)\big) + R_{2m}^{(1/2)},$$

$$R_{2m}^{(1/2)} = -\frac{h^{2m}}{(2m)!}\int_0^1 \left[\bar{B}_{2m}\left(\frac{1}{2}-z\right) - B_{2m}\left(\frac{1}{2}\right)\right] f^{(2m)}(a+h\,z)\,dz.$$

13. Ist $f^{(2m)}(x)$ stetig in $\langle a, a+(n+1)\,h\rangle$, so gilt

$$h\sum_{\nu=0}^{n} f\left(a+\frac{h}{2}+h\,\nu\right) = \int_a^{a+(n+1)\,h} f(x)\,dx +$$

$$+ \sum_{\mu=1}^{m-1} \frac{h^{2\mu}}{(2\mu)!}(2^{1-2\mu}-1)\,B_{2\mu}\big(f^{(2\mu-1)}(a+(n+1)\,h) - f^{(2\mu-1)}(a)\big) + S_{2m},$$

$$S_{2m} = -\frac{h^{2m+1}}{(2m)!}\int_0^{n+1} \left(\bar{B}_{2m}\left(\frac{1}{2}-z\right) - B_{2m}\left(\frac{1}{2}\right)\right) f^{(2m)}(a+z\,h)\,dz.$$

14a) Für S_{2m} in A 13 gilt

$$S_{2m} = (n+1)\frac{h^{2m+1}}{(2m)!}\left(\frac{2}{4^m}-1\right) B_{2m}\, f^{(2m)}(\xi), \qquad \xi \prec \langle a, a+(n+1)\,h\rangle;$$

b) Hat $f^{(2m)}(x)$ konstantes Vorzeichen in $\langle a, a+(n+1)h\rangle$, so gilt

$$S_{2m} = 2\left(1+\frac{1}{4^m+2}\right)\Theta\frac{h^{2m}}{(2m)!}\left(\frac{2}{4^m}-1\right)\times$$
$$\times B_{2m}\left(f^{(2m-1)}(a+(n+1)h)-f^{(2m-1)}(a)\right), \qquad 0<\Theta<1,$$

so daß dann S_{2m} höchstens das dreifache des ersten weggelassenen Gliedes dieser Entwicklung ist und dasselbe Vorzeichen wie dieses Glied hat.

15. Sind, in den Bezeichnungen von A13, $f^{(2m)}(x)$ und $f^{(2m+2)}(x)$ in $\langle a, a+(n+1)h\rangle$ stetig und haben dort das gleiche konstante Vorzeichen, so gilt

$$S_{2m} = \Theta\frac{h^{2m}}{(2m)!}\left(\frac{2}{4^m}-1\right)B_{2m}\left(f^{(2m-1)}(a+(n+1)h)-f^{(2m-1)}(a)\right),$$
$$0<\Theta<1.$$

16. Ist, für natürliche n und m, $f^{(m)}(x)$ stetig in $\langle 0, nh\rangle$, $h>0$, so gilt für $0\leqq t<1$:

$$\sum_{\nu=0}^{n-1} f((\nu+t)h) = \frac{1}{h}\int_0^{nh} f(x)\,dx + \sum_{\mu=1}^{m}\frac{h^{\mu-1}}{\mu!}B_\mu(t)[f^{(\mu-1)}(nh)-f^{(\mu-1)}(0)] -$$
$$-\frac{h^{m-1}}{m!}\int_0^{nh}\bar{B}_m\left(t-\frac{u}{h}\right)f^{(m)}(u)\,du.$$

17. Sei $f^{(m)}(x)$ für $x\geqq 0$ stetig. Man setze, für ein $h>0$, ein $t\prec\langle 0, 1\rangle$, ein natürliches m und ein $x\geqq 0$:

$$F(x) = \frac{1}{h}\int_0^x f(u)\,du + \sum_{\mu=1}^{m}\frac{h^{\mu-1}}{\mu!}B_\mu(t)f^{(\mu-1)}(x) - \frac{h^{m-1}}{m!}\int_0^x \bar{B}_m\left(t-\frac{u}{h}\right)f^{(m)}(u)\,du.$$

Dann gilt für jedes natürliche n

$$F(nh)-F(0) = \sum_{\nu=0}^{n-1} f((\nu+t)h).$$

18. Hat $f^{(m)}(x)$ unter Voraussetzungen von A17 konstantes Vorzeichen für $x>0$, so ist der absolute Betrag des zweiten Integrals im Ausdruck für $F(x)$ in A17 $\leqq \frac{\Omega_m}{m!}\left|f^{(m-1)}(x)-f^{(m-1)}(0)\right|$, wo unter Ω_m die Konstante aus A 35 § 21 verstanden wird.

19. Es sei $f(x)$ $(2n)$-mal stetig differenzierbar für $x\geqq 0$, und es möge die Reihe $\sum_{\nu=0}^{\infty} f^{(2n)}(\nu+t)$ für $0\leqq t\leqq 1$ gleichmäßig konvergieren. Setzt man

dann $S_{2n}(x) = -\sum_{\nu=0}^{\infty} f^{(2n)}(x+\nu)$, so gilt für ganze, nicht negative p und q, $q > p$:

$$\int_0^1 B_{2n}(t) \sum_{\nu=p}^{q-1} f^{(2n)}(\nu+t)\, dt = \int_0^1 B_{2n}(t)\, S_{2n}(q+t)\, dt - \int_0^1 B_{2n}(t)\, S_{2n}(p+t)\, dt.$$

20. Setzt man unter den Voraussetzungen von A 19

$$T_{2n}(x) = \frac{1}{(2n)!} \int_0^1 B_{2n}(t)\, S_{2n}(x+t)\, dt,$$

so gilt für ein nicht negatives, festes, ganzzahliges p und ein beliebiges natürliches N

$$\sum_{\nu=p}^{N}{}' f(\nu) - \int_p^N f(t)\, dt = c(p) + \sum_{\mu=1}^{n} \frac{B_{2\mu}}{(2\mu)!} f^{(2\mu-1)}(N) - T_{2n}(N),$$

wo $c(p)$ von N unabhängig ist.

21. Sei $f(x)$ $(2n)$-mal stetig differenzierbar für $x \geqq 0$, h eine positive Zahl und es möge die Reihe $\sum_{\nu=0}^{\infty} f^{(2n)}(h\nu+t)$ gleichmäßig für $0 \leqq t \leqq h$ konvergieren. Setzt man dann für $x \geqq 0$

$$S_{2n,h}(x) = -\sum_{\nu=0}^{\infty} f^{(2n)}(x+\nu h)$$

und ist p ganz $\geqq 0$ und N ganz $> p$, so gilt

$$\sum_{\nu=p}^{N}{}' f(\nu h) - \frac{1}{h} \int_{ph}^{Nh} f(u)\, du = c_p(h, n) + \sum_{\mu=1}^{n} B_{2\mu} \frac{h^{2\mu-1}}{(2\mu)!} f^{(2\mu-1)}(Nh) -$$

$$- \frac{h^{2n}}{(2n)!} \int_0^1 B_{2n}(t)\, S\big((N+t)h\big)\, dt,$$

wo $c_p(h, n)$ von N unabhängig ist.

22. Existiert für ein festes t und $x \geqq x_0$ in der Bezeichnung von A 34 § 21 das Integral

$$\int_0^{\infty} \overline{B}_n(t-u)\, f^{(n)}(x+u)\, du$$

und setzt man

$$\Phi(x) \equiv \int_{x_0}^{x} f(u)\,du + \sum_{\nu=1}^{n} \frac{\bar{B}_\nu(t)}{\nu!} f^{(\nu-1)}(x) + R_n,$$

$$R_n = \frac{1}{n!}\int_0^\infty \bar{B}_n(t-u)\, f^{(n)}(x+u)\,du,$$

so gilt für jedes natürliche N und jedes $a \geqq x_0$:

$$\sum_{\nu=0}^{N-1} f(a+\nu+t) = \Phi(a+N) + c_n(a) \qquad (a \geqq x_0),$$

wo c_n von N unabhängig ist.

Wird ferner vorausgesetzt, daß $f^{(n)}(x)$ für $x \geqq x_0$ konstantes Vorzeichen hat, und konvergiert $f^{(n-1)}(x)$ für $x \to \infty$ gegen einen endlichen Grenzwert $f^{(n-1)}(\infty)$, so gilt für jedes $x \geqq x_0$

$$|R_n| \leqq \frac{\Omega_n}{n!}\,|f^{(n-1}(x) - f^{(n-1)}(\infty)|,$$

unter Ω_n die Konstante aus A 35 § 21 verstanden.

23. Ist, unter den Bedingungen von A 22, $t = 0$ oder $t = \frac{1}{2}$ und $n = 2m$ und wird vorausgesetzt, daß $f^{(2m+2)}(x)$ für $x \geqq x_0$ stetig ist und konstantes Signum ε hat, und daß ferner, für $x \to \infty$, $f^{(2n)}(x)$ und $f^{(2m+1)}(x)$ nach 0 streben, so gilt

$$R_{2m} = \frac{B_{2m+2}(t)}{(2m+2)!}\int_0^\infty \left[\frac{B_{2m+2}(t-u)}{B_{2m+2}(t)} - 1\right] f^{(2m+2)}(x+u)\,du =$$

$$= 2\,\Theta\,\frac{4^m-1}{4^m-2}\,\frac{B_{2m+2}(t)}{(2m+2)!}\,f^{(2m+1)}(x), \qquad 0 < \Theta < 1.$$

24. Wird über die Annahmen von A 23 hinaus vorausgesetzt, daß $f^{(2m+2)}(x)\,f^{(2m+4)}(x) \geqq 0$ für alle $x \geqq x_0$ gilt, daß $f^{(2m+4)}$ stückweise stetig ist, und daß, mit $x \to \infty$, $f^{(2m+3)} \to 0$, $f^{(2m+2)} \to 0$ ist, so gilt

$$R_{2m} = \Theta\,\frac{B_{2m+2}(t)}{(2m+2)!}\,f^{(2m+1)}(x), \qquad 0 < \Theta < 1.$$

25. Für beliebige natürliche m und n gilt

$$\sum_{\nu=1}^{n} \frac{1}{\nu} - \lg n = \frac{1}{2n} - \sum_{\mu=1}^{m} \frac{B_{2\mu}}{2\mu \cdot n^{2\mu}} - \Theta\,\frac{B_{2m+2}}{(2m+2)\,n^{2m+2}} + C_e,$$

wobei
$$C_e = \lim_{n\to\infty}\left(\sum_{\nu=1}^{n}\frac{1}{\nu} - \lg n\right)$$
die sogenannte Eulersche Konstante ist.

26. Es gilt für natürliche n und m

$$\lg n! = \left(n+\frac{1}{2}\right)\lg\left(n+\frac{1}{2}\right) - n - \sum_{\mu=1}^{m}\frac{1-\frac{2}{2^{2\mu}}}{2\mu(2\mu-1)}\frac{B_{2\mu}}{\left(n+\frac{1}{2}\right)^{2\mu-1}}$$
$$+\Theta\frac{1-\frac{2}{2^{2m+2}}}{(2m+1)(2m+2)}\frac{B_{2m+2}}{\left(n+\frac{1}{2}\right)^{2m+1}} + c_s, \qquad 0 \leqq \Theta \leqq 1,$$

wo $c_s = \lg\sqrt{2\pi/e}$ ist (Stirling, 1730).

27. Setzt man über $f(x)$, über den Annahmen von A 24 hinaus, voraus, daß die Ausdrücke
$$f^{(2m+2)}(2n+u) - 2^{2m+3} f^{(2m+2)}(2n+u),$$
$$f^{(2m+4)}(2n+u) - 2^{2m+5} f^{(2m+4)}(2n+2u)$$
für $u > 0$ konstantes und gleiches Vorzeichen haben, so gilt
$$(*)\quad \sum_{\nu=1}^{2n-1}(-1)^{\nu-1}f(\nu) = c + \frac{1}{2}f(2n) - \sum_{\mu=1}^{m}(4^{\mu}-1)\frac{B_{2\mu}}{(2\mu)!}f^{(2\mu-1)}(2n) + S_{2m},$$
wo c von n unabhängig ist und
$$S_{2m} = \Theta(1-4^{m+1})\frac{B_{2m+2}}{(2m+2)!}f^{(2m+1)}(2n), \qquad 0 \leqq \Theta \leqq 1.$$

28. Man beweise für jedes natürliche n
$$\sum_{\nu=1}^{2n-1}\frac{(-1)^{\nu-1}}{\nu} = \lg 2 + \frac{1}{4n} + \sum_{\mu=1}^{m}\frac{4^{\mu}-1}{2\mu}\frac{B_{2\mu}}{(2n)^{2\mu}} + \Theta\frac{4^{m+1}}{2m+2}\frac{B_{2m+2}}{(2n)^{2m+2}},$$
$$0 \leqq \Theta \leqq 1,$$
$$\sum_{\nu=1}^{2n-1}\frac{(-1)^{\nu-1}}{2\nu-1} = \pi/4 + \frac{1}{8n-2} + \sum_{\mu=1}^{m}\frac{4^{\mu}-1}{\mu}4^{\mu-1}\frac{B_{2\mu}}{(4n-1)^{2\mu}} +$$
$$+\Theta\frac{4^{m+1}-1}{m+1}4^{m}\frac{B_{2m+2}}{(2n)^{2m+2}}, \qquad 0 \leqq \Theta \leqq 1.$$

29. Man beweise, daß

$$\sum_{\nu=1}^{n-1}\sqrt{\nu}=\frac{2}{3}n^{3/2}+c-\frac{1}{2}\sqrt{n}+\frac{1}{24\sqrt{n}}-\Theta\frac{1}{1920\,n^{5/2}},\qquad 0\leqq\Theta\leqq 1,$$

gilt, wo $c=\lim\limits_{n\to\infty}\left(\sum\limits_{\nu=1}^{n-1}\sqrt{\nu}+\frac{1}{2}\sqrt{n}-\frac{2}{3}n^{3/2}\right)$ ist.

§ 23. Größen erster Ordnung in der Kurventheorie

Hat ein Kurvenbogen C die Parameterdarstellung $x=\varphi(t)$, $y=\psi(t)$, $z=\chi(t)$, und ist, für einen Punkt $P_0(t_0)$, $\varphi'(t_0)^2+\psi'(t_0)^2+\chi'(t_0)^2\neq 0$, so heißt der Parameter t in P_0 *regulär*. Existiert für C eine Parameterdarstellung mit in P_0 regulärem Parameter, so heißt P_0 *regulär*, sonst *singulär*. Spezielle singuläre Punkte sind *Ecken*, in denen die beiden anstoßenden gerichteten Halbtangenten einen von 0 und π verschiedenen Winkel bilden, sowie *Spitzen*, in denen dieser Winkel $=\pi$ ist. Ist C *eben* und liegen beide in einer Spitze P zusammenstoßenden Zweige in einer Umgebung von P auf derselben Seite der gemeinsamen Halbtangente, so haben wir in P eine *Schnabelspitze*, enthalten diese Zweige die Halbtangente zwischen sich, so ist P eine *Hellebardenspitze*.

Ein Kurvenbogen heißt *stückweise glatt*, wenn er sich in endlich viele glatte Kurvenbögen zerlegen läßt. Die Definition und die Formeln von Bd. I § 28 für die Bogenlänge übertragen sich unmittelbar auf den Fall, wo C nicht glatt, sondern *stückweise glatt* ist. Um die Bogenlänge im allgemeinsten Fall zu definieren, legt man in das Parameterintervall $\langle t', t''\rangle$ eine beliebige Intervalleinteilung $t'=t_0<t_1<\cdots<t_n=t''$ und betrachtet die Länge des entsprechenden eingeschriebenen Polygons, $\sum\limits_{\nu=1}^{n}|P(t_\nu)P(t_{\nu-1})|$. Wenn die Menge dieser Längen beschränkt ist, heißt ihre obere Grenze die *Länge* $|C|$ von C, und C heißt *rektifizierbar*. Dann streben die Längen der eingeschriebenen Polygone gegen $|C|$, wenn das Feinheitsmaß der Intervalleinteilung nach 0 geht.

Die *Totalvariation* von $f(t)$ wird ganz ähnlich definiert als die obere Grenze der Ausdrücke $\sum\limits_{\nu=1}^{n}|f(t_\nu)-f(t_{\nu-1})|$, also gewissermaßen als die „Länge" des „Kurvenbogens" $x=f(t)$ auf der x-Axe. Wenn sie endlich ist, heißt $f(t)$ *von beschränkter Variation* oder auch *von beschränkter Schwankung*. Notwendig und hinreichend dafür, daß der obige Kurvenbogen C rektifizierbar ist, ist, daß $\varphi(t)$, $\psi(t)$, $\chi(t)$ von beschränkter Variation sind (C. Jordan).

1. Man berechne die Bogenlänge der Kurve $y = |x+x^2|$ zwischen $x = -1$ und $x = +1$.

2. Die Bogenlänge der Kurve

$$y = \left|x-\frac{1}{3}\right|\left|x-\frac{2}{3}\right|$$

ist zwischen $x = -1$ und $x = 1$ zu berechnen.

3. Wird einem nicht im Ursprung liegenden Punkt $p(x, y)$ vermöge der *Transformation durch reziproke Radien* (*Inversion am Einheitskreis*),

$$X = \frac{x}{x^2+y^2}, \quad Y = \frac{y}{x^2+y^2} \qquad (x^2+y^2 \neq 0),$$

ein neuer Punkt $P(X, Y)$ zugeordnet, so gilt umgekehrt

$$x = \frac{X}{X^2+Y^2}, \quad y = \frac{Y}{X^2+Y^2}, \qquad X^2+Y^2 \neq 0.$$

Dabei werden die durch den Ursprung gehenden Geraden in sich selbst übergeführt unter Umkehrung des Durchlaufungssinnes. Ferner wird jede den Ursprung nicht treffende Kreislinie wiederum in eine solche übergeführt. Die Korrespondenz zwischen p und P hängt von der Drehung der Koordinatenachsen nicht ab. Ist ferner Q ein Punkt des Einheitskreises $x^2+y^2 = 1$, so wird durch Inversion am Kreis mit dem Radius 1 um Q die Kreislinie $x^2+y^2 = 1$ in eine Gerade L übergeführt, und die Bilder von p, P liegen spiegelbildlich in bezug auf L.

4. Durch die Transformation durch reziproke Radien (A 3) wird ein den Ursprung treffender Kreis in eine nicht durch den Ursprung gehende Gerade übergeführt, wobei die Gerade parallel der Ursprungstangente an den Kreis und ihr entgegengesetzt gerichtet ist. Umgekehrt wird jede nicht durch den Ursprung gehende Gerade in einen den Ursprung treffenden Kreis übergeführt. Berühren sich im Ursprung zwei Kreise mit den Radien r, R, so haben die Bildgeraden einen Abstand $\frac{1}{2}\,|1/r-1/R|$ oder $\frac{1}{2}\,(1/r+1/R)$, je nachdem, ob die Berührung von innen oder von außen ist.

* * *

5. Läuft ein rektifizierbarer Kurvenbogen C von einem Punkt einer abgeschlossenen Menge M_1 nach einem Punkt einer abgeschlossenen Menge M_2, so ist $|C|$ nicht kleiner als die Distanz von M_1 zu M_2 (vgl. A 23 § 4).

6. Das Produkt zweier stetiger Funktionen $f(x)$, $g(x)$, die im endlichen Intervall $\langle\alpha, \beta\rangle$ von beschränkter Variation sind, ist dort selbst von beschränkter Variation.

7. Sind $\varphi(x)$, $\psi(x)$ im Intervall $\langle\alpha, \beta\rangle$ von beschränkter Variation und bleibt dort $|\psi|$ oberhalb einer positiven Schranke A, so ist auch $\varphi(x)/\psi(x)$ dort von beschränkter Variation.

8. Ist $\varphi(x)$ im Intervall $\langle\alpha, \beta\rangle$ von beschränkter Variation, liegen dabei die Werte von $\varphi(x)$ im Intervall $\langle A, B\rangle$ und hat $f(y)$ im Intervall $\langle A, B\rangle$ durchweg eine Ableitung, deren absoluter Betrag kleiner als γ ist, so ist $f(\varphi(x))$ in $\langle\alpha, \beta\rangle$ von beschränkter Variation; und zwar ist die Totalvariation von $f(\varphi(x))$ höchstens gleich γ-mal der Totalvariation von $\varphi(x)$.

9. Ist $f(x)$ im Intervall $\langle\alpha, \beta\rangle$ stetig und in seinem Inneren differenzierbar, wobei $|f'(x)|$ gleichmäßig beschränkt ist, so ist $f(x)$ in $\langle\alpha, \beta\rangle$ von beschränkter Variation.

10. Man beweise, daß die Funktion $f(x) = x \sin(1/x)$ $(x \neq 0)$, $f(0) = 0$, im Intervall von 0 bis 1 nicht von beschränkter Variation ist.

11. Man beweise, daß, wenn $f(x)$ von beschränkter Variation ist und kein Konstanzintervall hat, die Totalvariation von $f(x)$ eigentlich monoton wächst.

12. Hat $f(x)$ im Intervall $\langle a, b\rangle$ eine stetige Ableitung, so ist $f(x)$ von beschränkter Variation, und die Totalvariation von $f(x)$ hat Wert $\int_a^b |f'(x)|\, dx$.

13. Ist $f(x)$ eine stetige und stetig differenzierbare Funktion mit endlich vielen Nullstellen in $\langle a, b\rangle$, so ist die Totalvariation von $|f(x)|$ gleich der Totalvariation von $f(x)$.

14. Die Streckenzüge S_1 und S_2 mögen von A nach B laufen und jeder zusammen mit der Strecke AB einen konvexen Polygonzug bilden, wobei aber S_1 innerhalb des durch S_2 und AB gebildeten Polygonzuges liegt. Dann ist $|S_2| > |S_1|$.

15. Es mögen zwei konvexe Kurvenbögen σ_1 und σ_2 eine Strecke σ spannen, wobei σ_1 in dem durch σ_2 und σ begrenzten Flächenstück liegt; dann ist $|\sigma_1| \leqq |\sigma_2|$.

16. Ist σ_1 unter Voraussetzung der A15 nicht mit σ_2 identisch, so ist $|\sigma_1| < |\sigma_2|$.

17. Es möge das konvexe Polygon S_1 in dem durch das konvexe Polygon S_2 begrenzten Flächenstück liegen. Dann übersteigt der Umfang

von S_1 denjenigen von S_2 nicht und ist sogar kleiner als der letztere, sofern nicht S_1 und S_2 identisch sind.

18. Es sei die geschlossene konvexe Kurve σ_1 in dem durch eine geschlossene Kurve σ_2 begrenzten Flächenstück gelegen. Dann ist $|\sigma_1| \leqq |\sigma_2|$ und, sofern σ_1 nicht identisch mit σ_2 ist, $|\sigma_1| < |\sigma_2|$.

19. Ist C eine rektifizierbare Raumkurve in R_3 und sind die Projektionen von C auf die (x, y)-, (y, z)-, (z, x)-Ebenen bzw. C_{xy}, C_{yz}, C_{zx}, so gilt:

$$\frac{1}{2}\left(|C_{xy}|+|C_{yz}|+|C_{zx}|\right) \geqq |C| \geqq \frac{1}{\sqrt{6}}\left(|C_{xy}|+|C_{yz}|+|C_{zx}|\right).$$

20. Es sei eine rektifizierbare Raumkurve C in R_3 gegeben. Ist C_{yz} die Projektion von C auf die (y, z)-Ebene und wird die Totalvariation ihrer x-Komponente unter Zugrundelegung eines eindeutigen Parameters mit T bezeichnet, so gilt

$$\alpha T + \beta |C_{yz}| \leqq |C| \leqq T + |C_{yz}|$$

für beliebige positive α, β mit der Quadratsumme 1.

21. In den Relationen von A 19 gilt das Gleichheitszeichen links dann und nur dann, wenn C aus achsenparallelen Geradenstücken besteht, und rechts dann und nur dann, wenn C aus Geradenstücken besteht, die der Geraden $x = y = z$ parallel sind.

22. In den Ungleichungen von A 20 gilt das Gleichheitszeichen rechts, wenn C aus Teilbögen besteht, von denen jeder entweder eine zur x-Achse parallele Strecke oder eine ebene Kurve ist, deren Ebene auf der x-Achse senkrecht steht. Für das Gleichheitszeichen links ist notwendig und hinreichend, daß die Tangenten an C den festen Winkel $\operatorname{arc\,tg}\frac{\beta}{\alpha}$ mit der x-Achse bilden.

23. Sei C ein stetiger Kurvenbogen in R_n $(n \geqq 2)$, auf den Parameter t bezogen, $a \leqq t \leqq b$. Der zum Parameter t gehörende Punkt von C sei mit $P(t)$ bezeichnet. Es sei $\sigma(t)$ eine für $a \leqq t \leqq b$ monoton wachsende Funktion, und es möge endlich, für $h \to 0$, $|P(t)P(t+h)| = |\sigma(t+h) - \sigma(t)| + o(h) = |\sigma(t+h) - \sigma(t)| + h\,\delta(t, h)$ sein, wo $\delta(t, h) \Rightarrow 0$ für $h \to 0$ ist. Dann ist C rektifizierbar, und es gilt $|C| = \sigma(b) - \sigma(a)$.

24. Ist im Intervall $a \leqq u \leqq b$ eine positive Funktion $H(u)$ definiert, so läßt sich in $\langle a, b\rangle$ eine Punktsequenz hineinlegen, $u_0 = a < u_1 < \cdots < u_n = b$ mit $u_{\nu+1} - u_\nu \leqq \frac{1}{2}\left(H(u_\nu) + H(u_{\nu+1})\right)$ $(\nu = 0, 1, \ldots, n-1)$.

25. Es mögen die Annahmen von A 23 gelten, wobei aber in der Annahme, daß $\delta(t, h) \to 0$ $(h \to 0)$ auf die Gleichmäßigkeit der Konvergenz verzichtet wird, d.h. nur $\delta(t, h) \to 0$ für jedes feste $t \prec \langle a, b\rangle$ vorausgesetzt wird. Dann läßt sich für jedes positive ε in $\langle a, b\rangle$ eine Punktfolge hineinlegen, $u_0 = a < u_1 < \cdots < u_n = b$, so daß

$$|P(u_{\nu+1}) P(u_\nu)| - (\sigma(u_{\nu+1}) - \sigma(u_\nu)) = \Theta_\nu \frac{\varepsilon}{b-a} (u_{\nu+1} - u_\nu),$$

$$|\Theta_\nu| \leqq 1 \quad (\nu = 0, 1, \ldots, n-1),$$

gilt.

26. Unter den Annahmen von A 25 ist C rektifizierbar und es gilt $|C| = \sigma(b) - \sigma(a)$.

27. Es sei $f(t)$ für $a \leqq t \leqq b$ stetig und $f(t)$ eine für $a \leqq t \leqq b$ eigentlich monoton wachsende Funktion, und es möge für $h \to 0$ gelten: $|f(t+h) - f(t)| = \sigma(t+h) - \sigma(t) + o(h)$, wenn t und $t+h$ in $\langle a, b\rangle$ liegen. Dann ist $f(t)$ von beschränkter Variation und $\sigma(b) - \sigma(a)$ ist die Totalvariation von $f(t)$ in $\langle a, b\rangle$.

28. Es mögen die beiden Funktionen $\varphi(x, y)$, $\psi(x, y)$ im Punkte $p(x, y)$ stetige partielle Ableitungen erster Ordnung nach x, y und eine von 0 verschiedene Funktionaldeterminante $\Delta = \partial(\varphi, \psi)/\partial(x, y)$ haben. Dann ist $D(u, v) = (\varphi_x'^2 + \psi_x'^2)\, u^2 + 2(\varphi_x' \psi_y' + \psi_x' \psi_y')\, u\, v + (\varphi_y'^2 + \psi_y'^2)\, v^2$ eine positiv definite quadratische Form mit der Determinante $-\Delta^2$. Es seien γ, γ_1 zwei in den Punkt p mündende und dort reguläre einfache Kurvenbögen. Die Richtungskosinusse ihrer Tangenten in p seien bzw. α, β, α_1, β_1 und der Winkel ihrer Tangenten in p sei ω. Vermöge der Transformation $X = \varphi(x, y)$, $Y = \psi(x, y)$ mögen γ, γ_1 bzw. in Γ, Γ_1 übergehen. Dann sind auch Γ, Γ_1 im Bildpunkt P von p regulär, und für den ω entsprechenden Winkel Ω ihrer Tangenten in P gilt die Relation

$$\sin \Omega = \frac{\Delta \sin \omega}{\sqrt{D(\alpha, \beta)\, D(\alpha_1, \beta_1)}}.$$

Wenn sich insbesondere γ, γ_1 in p berühren, berühren sich auch Γ, Γ_1 in P.

Es seien ferner die partiellen Ableitungen erster Ordnung von φ und ψ stetig in einer Umgebung von p und es sei dort das Vorzeichen von Δ konstant. Umläuft der allgemeine Punkt in der x–y-Ebene p im positiven Sinne, so umläuft sein Bildpunkt P im positiven oder negativen Sinne, je nachdem Δ positiv oder negativ ist.

29. Gilt unter den Voraussetzungen von A 28 im Punkt p: $\varphi_x' = \psi_y'$, $\varphi_y' = -\psi_x'$, so ist $|\Omega| = |\omega|$ (Winkeltreue oder „konforme“ Abbildung).

30. Es schneide ein im positiven Sinne durchlaufener Kreis C mit dem Radius R den vom Ursprung O nach einem Punkt P gezogenen und von O nach P gerichteten Halbstrahl in P unter dem Winkel σ_1, wobei σ_1 der Winkel aus der Richtung des Halbstrahls in die Richtung der Tangente an C ist. C geht bei der Inversion am Einheitskreis in einen Kreis C^* mit dem Radius R^* über, wobei, wenn $\gamma = |OP|$ gesetzt wird, $\gamma/R^* = \varepsilon(\gamma/R - 2\sin\sigma_1)$ gilt mit $\varepsilon = \pm 1$, je nachdem ob O außerhalb oder innerhalb C liegt.

31. Schneidet ein im positiven Sinne durchlaufener Kreis C um O mit dem Radius R den gleichfalls positiv durchlaufenen Inversionskreis ($x^2 + y^2 = 1$) in P unter dem Winkel σ, so geht er bei der Transformation durch reziproke Radien in einen Kreis mit dem Radius R^* über, wobei $\gamma/R^* = |1/R - 2\cos\sigma|$ gilt.

32. Bilden zwei sich in einem vom Ursprung verschiedenen Punkte P_0 treffende Kurvenbögen dort den Winkel φ miteinander, so bilden ihre Bildbögen vermöge der Transformation durch reziproke Radien den Winkel $-\varphi$. (Winkeltreue Abbildung mit Umlegung des Winkels.)

33. Die Kurve $y = |x|$ hat eine stetige Tangente bis auf den Punkt $x = 0$, wo sie eine Ecke aufweist.

34. Die Kurve $y = |x^2 - 1|/2$ hat stetige Tangenten bis auf die Punkte $x = \pm 1$, in denen sie eine Ecke mit dem Winkel $\pi/2$ aufweist.

35. Die Kurve $y = t^2[(1-t)/(1+t)]^2$, $x = t^{2/3}$ hat eine Spitze im Nullpunkt mit der x-Achse als Spitzentangente. Es handelt sich um eine *Schnabelspitze*.

36. Die Kurve $y = t$, $x = t^{2/3}$ hat im Nullpunkt eine *Hellebardenspitze* mit der x-Achse als Spitzentangente.

37. Man beweise, daß die Lemniskate $(x^2 + y^2)^2 = a^2(x^2 - y^2)$ im Nullpunkt einen Doppelpunkt hat, indessen für keinen der beiden durch ihn gehenden Zweige singulär ist.

38. Es möge die Kurve $C\colon y = f(x)$ die x-Achse im Ursprung berühren und in der Nachbarschaft des Ursprungs oberhalb der x-Achse verlaufen. Es sei ferner $f''(x)$ stetig und $f''(0) \neq 0$ und endlich $f'''(x)$ in einer Umgebung des Nullpunktes vorhanden und im Nullpunkt stetig. Beschränkt man sich dann auf einen hinreichend nah beim Ursprung gelegenen Teilbogen von C, so wird er für jedes hinreichend kleine positive η durch die Gerade $y = \eta$ in je zwei Punkten geschnitten mit den Abszissen $x > 0$ und $-X < 0$. Verbindet man dann die Mittelpunkte der entsprechenden Sehnen, so erhält man die sogenannte – im Ursprung mündende – *Durchmesserkurve* von C.

Man beweise, daß der Winkel aus der Richtung der nach oben orientierten Tangente an die Durchmesserkurve im Ursprung in die Richtung der Normale zu C im selben Punkt, d.h. der y-Achse, gleich

$$-\operatorname{arc\,tg} \frac{f'''(0)}{3\,f''^2(0)}$$

ist.

39. Sei C^* die Fußpunktkurve zur Kurve C in bezug auf den Ursprung als Pol*). Entspricht dem allgemeinen Punkt $P(x, y)$ von C der Punkt P^* von C^* mit den Koordinaten ξ, η, so gilt, wenn x und y längs C zweimal stetig differenzierbare Funktionen eines Parameters t sind und die Striche die Ableitungen nach t bedeuten, in jedem Punkte, in dem die Ableitung s' der Bogenlänge nicht verschwindet:

$$\xi = y' \frac{x\,y' - y\,x'}{s'^2}, \qquad \eta = -x' \frac{x\,y' - y\,x'}{s'^2}.$$

40. Sei C^* die Fußpunktkurve zur Kurve C in bezug auf den Pol O. Ist $P \neq O$ ein regulärer Punkt von C, in dem die Krümmung $\varkappa \neq 0$ ist, entspricht P der Punkt P^* von C^* und ist K_P der Kreis, errichtet auf $O\,P$ als Durchmesser, so wird K_P in P^* von der Tangente an C^* in diesem Punkt berührt.

§ 24. Größen zweiter Ordnung in der Kurventheorie

Wird bei einer ebenen Kurve C der Winkel aus der positiven x-Richtung in die Richtung der im Sinne der wachsenden Bogenlänge s orientierten Tangente mit Θ bezeichnet, so gilt

$$\cos\Theta = \dot{x}, \quad \sin\Theta = \dot{y}, \quad \operatorname{tg}\Theta = \frac{\dot{y}}{\dot{x}}.$$

Die Ableitung von Θ nach s ist die *Krümmung* von C im betreffenden Punkte, $\varkappa = \dfrac{d\Theta}{ds} = \dot{\Theta}$. Es gilt

$$\varkappa = \ddot{y}\,\dot{x} - \ddot{x}\,\dot{y} = \frac{\ddot{y}}{\dot{x}} = -\frac{\ddot{x}}{\dot{y}},$$

$$\ddot{x}^2 + \ddot{y}^2 = \varkappa^2, \quad \dot{x}\,\ddot{x} + \dot{y}\,\ddot{y} = 0.$$

Unter Zugrundelegung des allgemeinen Parameters t, wenn die Ableitungen nach t mit Strichen bezeichnet werden, gilt

$$\varkappa = \frac{y''\,x' - x''\,y'}{s'^3}.$$

---

*) Dies ist der geometrische Ort der Fußpunkte der Lote vom Pol aus auf die Tangenten an C.

Ist x der Parameter, so ist

$$\varkappa = \frac{y''}{(y'^2+1)^{3/2}} \quad (y = y(x)).$$

Der *Krümmungsradius* ϱ ist $\frac{1}{\varkappa} = \frac{\dot{x}}{\ddot{y}} = -\frac{\dot{y}}{\ddot{x}}$. Legt man im betreffenden Punkte P einen die Tangente tangierenden Kreis, dessen Radius ϱ ist und der auf der Seite der Tangente liegt, auf der in der Nachbarschaft von P die Kurve liegt, so ist dies der *Krümmungskreis* und sein Mittelpunkt der *Krümmungsmittelpunkt* mit Koordinaten

$$\xi = x - \varrho\,\dot{y} = x - \frac{dy}{d\Theta}, \quad \eta = y + \varrho\,\dot{x} = y + \frac{dx}{d\Theta}. \qquad (*)$$

Nimmt beim Durchgang durch P die Krümmung ab oder zu, so durchsetzt der Krümmungskreis die Kurve in P.

1. Bestimme Krümmungsradius und Krümmungsmittelpunkt der Kurve: $x = t^2$, $y = t - t^3/3$.

2. Bestimme die Krümmung und den Krümmungsradius der Kurven:

$$\text{a)}\ \ y = a\,x^2, \qquad \text{b)}\ \ y = \lg x, \qquad \text{c)}\ \ y = \frac{a}{x}.$$

3. Bestimme die Scheitelpunkte der Kurven:

$$\text{a)}\ \ y^2 = 2\,p\,x, \qquad \text{b)}\ \ y = \lg x, \qquad \text{c)}\ \ y = \frac{a}{2}\,(e^{x/a} + e^{-x/a}).$$

4a) Man leite die Ausdrücke für die Krümmung und den Krümmungsradius her, wenn längs der Kurve die Polarkoordintaen r, φ als zweimal stetig differenzierbare Funktionen eines Parameters gegeben sind.

4b) Ist $r = f(\varphi)$ die Gleichung einer Kurve in Polarkoordinaten, so ist die Krümmung der Kurve gleich

$$\varepsilon\,\frac{r^2 + 2\,r'^2 - r\,r''}{(r'^2 + r^2)^{3/2}},$$

wo $\varepsilon = +1$ oder -1 ist, je nachdem, ob φ beim Durchlaufungssinn der Kurve wächst oder abnimmt.

5. Bestimme die Krümmung und den Krümmungsradius der folgenden in Polarkoordinaten gegebenen Kurven:

$$\text{a)}\ \ r = \frac{a}{\varphi}, \qquad \text{b)}\ \ r = k\,\varphi, \qquad \text{c)}\ \ r = a\sqrt[n]{|\cos n\,\varphi|},$$

$$\text{d)}\ \ r = 2\,a(1 - \cos\varphi).$$

6. Bestimme die Krümmung und den Krümmungsradius der Astroide $x = \cos^3 t$, $y = \sin^3 t$.

7. Bestimme den Krümmungsradius der Kurven:

$$\text{a)} \quad \frac{x^m}{a^m} + \frac{y^m}{b^m} = 1, \qquad \text{b)} \quad 3y^2 = 2x^3.$$

8. Bestimme die Krümmung und den Krümmungsradius der verlängerten und verkürzten Zykloide (vgl. A37 §27 v. Bd.I).

9. Beweise, daß der Krümmungsradius der Zykloide gleich dem Doppelten des Normalenabschnitts zwischen der Kurve und der Rollgeraden ist.

10. Die Kurve $y = x \sin x$ hat im Nullpunkt einen Scheitelpunkt.

11. Betrachte den Halbkreis $x^2 + y^2 = 1$, $y \geqq 0$, und verbinde seinen Punkt $y = 0$, $x = 1$ mit dem Punkt $y = 0$, $x = -1$ durch einen Bogen einer geeigneten Parabel derart, daß der zusammengesetzte Kurvenbogen durchweg stetige Tangente und Krümmung besitzt.

12. Rollt ein Kreis k mit dem Radius r außen oder innen auf einem Kreis K mit dem Radius R, so durchläuft ein Punkt P_0 der Peripherie von k eine *Epi-* bzw. eine *Hypozykloide.* Man stelle die Parameterdarstellungen dieser Kurven auf und diskutiere sie.

13. Ist $\varkappa$ die als stetig vorausgesetzte Krümmung und Θ der Tangentenrichtungswinkel, so gilt

$$\varkappa = \frac{d^2y}{dx^2} \cos^3 \Theta.$$

14. Es mögen sich zwei Kurvenbögen c, C in einem Punkt O berühren, beide auf derselben Seite der gemeinsamen Tangente liegen, und zwar so, daß in der Nähe von O der Bogen C zwischen c und der Tangente verläuft. Besitzen c, C in O Krümmungen, so ist die Krümmung von C höchstens gleich derjenigen von c.

15. Seien in einem Punkte eines Kurvenbogens C die Koordinaten zweimal stetig nach der Bogenlänge s differenzierbar. Versteht man allgemein für ein $h \neq 0$ unter dem Symbol $\Delta f(s)$ die Differenz $f(s+h) - f(s)$, so gilt für $h \to 0$ in jenem Punkte, falls dort $\varkappa \neq 0$ ist:

$$\text{a)} \quad (\Delta x)^2 + (\Delta y)^2 \sim h^2, \qquad \text{b)} \quad \Delta y\, \Delta \dot{x} - \Delta x\, \Delta \dot{y} \sim -\varkappa h^2,$$

$$\text{c)} \quad (\Delta \dot{x})^2 + (\Delta \dot{y})^2 \sim \varkappa^2 h^2;$$

15d) Sind längs der Kurve C die Koordinaten x, y zweimal stetig differenzierbar nach der Bogenlänge s, so liegt C in der Nähe von P

auf derselben Seite der Tangente wie der Ursprung oder auf der entgegengesetzten Seite, je nachdem ob

$$\varkappa(\dot{y}x - \dot{x}y) > 0.$$

oder

$$\varkappa(\dot{y}x - \dot{x}y) < 0.$$

* * *

16. Seien c, C zwei durchweg stetig und positiv gekrümmte Kurvenbögen, die die positive x-Achse im Ursprung berühren und oberhalb der x-Achse verlaufen. Der Tangentenrichtungswinkel längs der beiden Bögen möge monoton wachsend das ganze Intervall $\langle 0, \pi \rangle$ durchlaufen. Bezeichnet man das Minimum des Krümmungsradius ϱ auf C mit R und das Maximum von ϱ auf c mit r, so möge $R \geqq r$ sein und in einer Umgebung des Ursprungs sogar alle Krümmungsradien von C *größer* als alle Krümmungsradien von c. Sind die Gleichungen von C, c bzw. gegeben durch $x = F(y)$ $(0 \leqq y \leqq Y_0)$, $x = f(y)$ $(0 \leqq y \leqq y_0)$, so ist $Y_0 > y_0$, es gilt für $0 < y \leqq y_0$: $F(y) - f(y) > 0$, und ferner wächst die Differenz $F(y) - f(y)$ monoton im eigentlichen Sinn.

17. Man verallgemeinere die Voraussetzungen von A16 dahin, daß c nicht die positive x-Achse im Ursprung zu berühren braucht, sondern mit ihr dort einen Winkel $\Theta_0 (0 \leqq \Theta_0 \leqq \pi)$ bildet, und daß der Tangentenrichtungswinkel längs c, anstatt des Intervalls $\langle 0, \pi \rangle$, das Intervall $\langle \Theta_0, \pi \rangle$ durchläuft. Dann bleiben die Behauptungen von A 16 richtig.

18. Dreht sich beim Durchlaufen eines Kurvenbogens γ die Tangentenrichtung beständig im gleichen Sinn und ist die *Drehung*[1]) von γ nicht $> \pi$, so haben die von zwei verschiedenen Punkten von γ in den entsprechenden Richtungen gezogenen Halbtangenten keine gemeinsamen Punkte.

19. Unter den Voraussetzungen von A15 gilt mit $h \to 0$:

a) $\dot{x}(s+h)\ddot{y}(s) - \dot{y}(s+h)\ddot{x}(s) = \varkappa(s) + o(h)$;

b) $\dot{x}\,\Delta\dot{y} - \dot{y}\,\Delta\dot{x} = h\,\varkappa(s + \Theta h) + o(h^2), \qquad 0 \leqq \Theta \leqq 1$;

c) $\dot{x}\,\Delta x + \dot{y}\,\Delta y = h + o(h^2)$;

d) $\ddot{x}(s)\dot{x}(s+h) + \ddot{y}(s)\dot{y}(s+h) = \varkappa^2 h + o(h)$;

---

[1]) Unter der Drehung eines mit stetiger Tangente versehenen Bogens versteht man die Schwankung des längs des Bogens stetig festgelegten Tangentenrichtungswinkels, d.h. die Differenz zwischen seinem Maximum und Minimum.

e) $\dot{x}\,\Delta y - \dot{y}\,\Delta x = \frac{1}{2}\varkappa h^2 + o(h^2)$;

f) $\ddot{y}\,\Delta x - \ddot{x}\,\Delta y = \varkappa h + o(h^2)$.

20. Unter den Voraussetzungen von A 15 gilt:

$$\dot{x}\,\Delta\dot{x} + \dot{y}\,\Delta\dot{y} = -\frac{1}{2}\varkappa^2 h^2 + o(h^2).$$

21. Unter den Voraussetzungen von A 15 gilt:

$$\Delta\dot{y}\,\Delta x - \Delta\dot{x}\,\Delta y = h^2\varkappa(s + \Theta h) + o(h^3), \qquad 0 \leqq \Theta \leqq 1.$$

22. Unter den Voraussetzungen von A 15 gilt:

$$\dot{x}\,\Delta x + \dot{y}\,\Delta y = h - \varkappa^2 h^3/6 + o(h^3).$$

23. Unter den Voraussetzungen von A 15 gilt:

$$(\Delta x)^2 + (\Delta y)^2 = h^2 - \varkappa^2 h^4/12 + o(h^4).$$

24. Es sei γ ein positiv und stetig gekrümmter Bogen, der von O nach E läuft und sonst die Gerade EO nicht trifft. Seien Θ_0, Θ_1 die Winkel aus dem gerichteten Halbstrahl $|EO$ in die Richtungen der Tangenten an γ bzw. in O und E, wobei diese Winkel nicht negativ und $< 2\pi$ sind. Nimmt längs γ die Krümmung $\varkappa$ monoton von O nach E ab und ist γ kein Kreisbogen, so gilt $\Theta_0 + \Theta_1 < 2\pi$.

25. Es sei in das Dreieck ABC ein positiv und stetig gekrümmter Kurvenbogen γ eingeschrieben, der A mit B verbindet und in diesen Punkten AC bzw. BC berührt. Fällt längs γ die Krümmung monoton von A nach B, und ist γ kein Kreisbogen, so ist der Winkel $CAB >$ Winkel ABC (W. Vogt).

26. Man leite für die Krümmung der durch $f(x, y) = 0$ gegebenen Kurve den Ausdruck her:

$$\varkappa = -(\operatorname{sgn} f'_y)\,\frac{f''_{xx} f'^2_y - 2 f''_{xy} f'_x f'_y + f''_{yy} f'^2_x}{(f'^2_x + f'^2_y)^{3/2}}.$$

27. Wird in A 4b) $1/r = u(\varphi)$ gesetzt, so gilt:

$$\varkappa = \varepsilon u^3 \frac{u'' + u}{(u^2 + u'^2)^{3/2}},$$

wo ε die gleiche Bedeutung wie in A 4b) hat.

28. Es seien längs einer Kurve die Koordinaten $x = \varphi(u,v)$, $y = \psi(u, v)$, wo u und v durch die Gleichung $f(u, v) = 0$ verbunden sind. Dann gilt für die Krümmung $\varkappa$ der Kurve, wenn $\varepsilon = \pm 1$ ist, je nachdem, ob u beim gewählten Durchlaufungssinn wächst oder abnimmt, und wenn

$\Delta x = \partial(\varphi, f)/\partial(u, v)$, $\Delta y = \partial(f, \psi)/\partial(u, v)$ gesetzt wird:

$$\varkappa = -\varepsilon \frac{\dfrac{\partial(\Delta y/\Delta x, f)}{\partial(u, v)}}{[1 + (\Delta y/\Delta x)^2]^{3/2}} \cdot \frac{\operatorname{sgn} f'_v}{|\Delta x|}.$$

29. Ist $r = f(\varphi)$ die Gleichung einer Kurve in Polarkoordinaten, so leite man die notwendige Bedingung für die Wendepunkte her.

30. Ändert sich längs eines Kurvenbogens der Winkel Θ der gerichteten Tangente mit der positiven x-Achse monoton, so ist die Distanz $\sigma(\Theta)$ eines festen Punktes (des Pols) von der dem Winkel Θ entsprechenden Tangente die sogenannte *Stützfunktion* der Kurve. Man beweise, daß, wenn $\sigma \neq 0$ ist, für den Krümmungsradius ϱ gilt: $\sigma + \sigma'' = \varepsilon\,\varrho$, wo $\varepsilon = +1$ oder -1 ist, je nachdem, ob vom Pol aus gesehen die Tangente von rechts nach links oder von links nach rechts durchlaufen wird. Ferner gilt $\varepsilon y = \sigma \sin\Theta + \sigma' \cos\Theta$, $\varepsilon x = -\sigma \cos\Theta + \sigma' \sin\Theta$, wenn der Pol im Ursprung liegt.

31. Ist C eine geschlossene konvexe, mit einer durchweg stetigen Tangente versehene und im positiven Sinne in bezug auf das Innere durchlaufene Kurve, so gilt in jedem Punkt mit einem stetigen Krümmungsradius ϱ die Relation $\sigma + \sigma'' = \varrho$, wenn die Stützfunktion σ zu einem innerhalb C liegenden Pol gehört.

32. Ist $r = r(\varphi)$ die Gleichung einer Kurve in Polarkoordinaten, S das Lot aus dem Koordinatenursprung auf die Tangente, so ist $r = \varepsilon\,\varrho\, dS/dr$, wo $\varepsilon = +1$ oder -1 ist, je nachdem, ob beim gewählten Durchlaufungssinn φ wächst oder abnimmt.

33. Auf einer Kreislinie mit dem Radius R sei ein Punkt Ω gewählt und der Tangentenrichtungswinkel Θ möge beim positiven Umlauf von der Richtung des über Ω fortgesetzten Kreisradius an gezählt werden. Dann ist die zu Ω gehörende Stützfunktion des Kreises $\sigma(\Theta) = R(1 - \sin\Theta)$.

34. Sei C ein Kurvenbogen, der in der Nachbarschaft eines Kurvenpunktes Ω eine sich stetig und monoton drehende Tangente besitzt. $\sigma(\Theta)$ sei die Stützfunktion von C, die zum Pol Ω gehört, wenn Θ von der Tangentenrichtung in Ω ab gezählt wird. Dann gilt $\sigma'(0) = 0$.

35. Es sei C ein Kurvenbogen, längs dessen die Tangente sich stetig und eigentlich monoton dreht und der Krümmungsradius ϱ endlich, stetig und beim gewählten Durchlaufungssinn niemals negativ ist. Ω sei ein Punkt auf C mit der Eigenschaft, daß, abgesehen von der Tangente an C in Ω, keine andere Tangente an C diesen Punkt trifft. Dann gilt,

wenn $\sigma(\Theta)$ die Stützfunktion an C mit dem Pol in Ω ist und ϱ als Funktion des Tangentenrichtungswinkels betrachtet wird:

$$\sigma(\Theta) = \int_{\Theta_0}^{\Theta} \varrho(t) \sin(\Theta - t)\, dt.$$

Hier ist Θ_0 der „Anfangswert" des Tangentenrichtungswinkels in Ω, und Θ wird längs C durchweg stetig fortgesetzt.

36. Unter den Voraussetzungen von A 35 gilt, wenn R eine obere und r eine als positiv vorausgesetzte untere Schranke von ϱ längs C sind:

a) $R[1-\cos(\Theta-\Theta_0)] \geqq \sigma(\Theta) \geqq r[1-\cos(\Theta-\Theta_0)]$
$$(\Theta_0 \leqq \Theta \leqq \Theta_0+\pi);$$

b) $2r\left(\frac{R}{r}-\cos^2\frac{\Theta-\Theta_0}{2}\right) \geqq \sigma(\Theta) \geqq 2R\left(\frac{r}{R}-\cos^2\frac{\Theta-\Theta_0}{2}\right)$
$$(\Theta_0+\pi \leqq \Theta \leqq \Theta_0+2\pi).$$

37. Es sei C ein Kurvenbogen, längs dessen die Tangente sich stetig und eigentlich monoton dreht und der Krümmungsradius endlich, stetig und beim gewählten Durchlaufungssinn niemals negativ ist. Wenn dann C durch die von seinem Anfangspunkt A nach seinem Endpunkt E gezogene Sehne AE zu einem konvexen Bereich ergänzt wird, soll C *im Großen konvex* heißen. – Es sei längs eines Kurvenbogens C beim gewählten Durchlaufungssinn vom Anfangspunkt A zum Endpunkt E der Krümmungsradius ϱ zwischen den Schranken R, r $(R > r \geqq 0)$ gelegen. Ist dann der Gesamtzuwachs von Θ längs C höchstens $\omega = \pi + 2 \arcsin \sqrt{r/R}$, so ist der Bogen C im Großen konvex.

38. Es sei längs eines Kurvenbogens C der Krümmungsradius ϱ durchweg stetig und der Tangentenrichtungswinkel Θ beim Durchlaufen von C monoton wachsend vom Anfangswert Θ_0 bis zum Endwert $\Theta_0 + 2\pi$. Notwendig und hinreichend, damit C geschlossen sei, ist, daß für alle Werte von a_1 und a_2 die Relation besteht:

$$\int_{\Theta_0}^{\Theta_0+2\pi} \varrho(\Theta)\,(a_1 \cos\Theta + a_2 \sin\Theta)\, d\Theta = 0.$$

39. Ersetzt man in den Voraussetzungen von A 38 die Annahme der Stetigkeit des Krümmungsradius ϱ durch die Annahme der Stetigkeit der Krümmung $\varkappa$, so gilt, ob C geschlossen ist oder nicht, für alle a_1, a_2 die Relation: $\int_0^{s_0} \varkappa(\Theta)\,(a_1 \cos\Theta + a_2 \sin\Theta)\, ds = 0$, wo s_0 die Gesamtlänge von C ist.

40. Unter den Voraussetzungen von A 38 sei $\varrho_0 = 1/(2\pi) \int\limits_{\Theta_0}^{\Theta_0+2\pi} \varrho(\Theta)\, d\Theta$ der Mittelwert von ϱ längs C; dann ist, damit C geschlossen sei, notwendig und hinreichend, daß für alle a_0, a_1, a_2 gilt:

$$\int\limits_{\Theta_0}^{\Theta_0+2\pi} (\varrho - \varrho_0)\,(a_0 + a_1 \cos\Theta + a_2 \sin\Theta)\, d\Theta = 0.$$

41. Unter den Voraussetzungen von A 39 sei $\varkappa_0 = 1/s_0 \int\limits_0^{s_0} \varkappa\, ds = 2\pi/s_0$ der Mittelwert der Krümmung $\varkappa$ längs C; dann ist notwendig und hinreichend, damit C geschlossen sei, daß für alle Werte von a_0, a_1, a_2 gilt:

$$\int\limits_0^{s_0} (\varkappa - \varkappa_0)\,(a_0 + a_1 \cos\Theta + a_2 \sin\Theta)\, ds = 0.$$

42. Sei C eine einfache geschlossene Kurve, längs deren der Krümmungsradius ϱ durchweg stetig ist und der Tangentenrichtungswinkel monoton von 0 bis 2π wächst. Dann besitzt C wenigstens 4 Scheitelpunkte. (Vierscheitelsatz von S. Mukhopadhyaya.)

43. Es sei C eine einfache geschlossene Kurve, längs deren die Krümmung $\varkappa$ durchweg stetig ist und der Tangentenrichtungswinkel monoton von 0 bis 2π wächst. Dann besitzt C wenigstens 4 Scheitelpunkte.

44. Es sei C eine einfache geschlossene Kurve, längs deren der Tangentenrichtungswinkel stetig ist und im eigentlichen Sinne monoton von 0 bis 2π wächst. Wenn für jedes Θ, $0 \leqq \Theta \leqq \pi$, die beiden Tangenten t_Θ, $t_{\Theta+\pi}$ bzw. mit den Richtungen Θ, $\Theta+\pi$ eine von Θ unabhängige Distanz β besitzen, nennt man C eine *Kurve konstanter Breite* β. Man zeige, daß dann, wenn P_1, P_2 bzw. die Berührungspunkte der Tangenten t_Θ, $t_{\Theta+\pi}$ sind, die Strecke $P_1 P_2$ senkrecht auf t_Θ und $t_{\Theta+\pi}$ steht.

45. Unter den Voraussetzungen von A 44 seien P_1, P_2 die Berührungspunkte von zwei parallelen und entgegengesetzt gerichteten Tangenten an C. Unter der Annahme, daß C im positiven Sinne in bezug auf das Innere durchlaufen wird, seien die Krümmungsradien in P_1, P_2 stetig und bzw. ϱ_1, ϱ_2; dann gilt $\varrho_1 + \varrho_2 = \beta$.

46. Alle Kurven konstanter Breite β haben denselben Umfang $\beta\pi$ (Barbier).

47. Es möge die Kurve $y = f(x)$ durch den Ursprung hindurchgehen, in der Umgebung des Ursprungs eine sich stetig drehende Tangente besitzen, im Ursprung die x-Achse berühren und dort eine Krümmung $\varkappa_0 \neq 0$ besitzen. Wird dann die Bogenlänge, vom Ursprung aus gezählt,

mit s und die Länge der Sehne nach dem Ursprung mit $\varDelta$ bezeichnet, so gilt:

$$y \sim \frac{\varkappa_0 s^2}{2}, \quad \varDelta \sim |s|, \quad s \sim x \qquad (x \to 0).$$

48. Es besitze ein Kurvenbogen C in der Umgebung eines Punktes P_0 eine stetig sich drehende Tangente und in P_0 eine von 0 verschiedene Krümmung $\varkappa_0$. Wird durch einen benachbarten Punkt P von C ein Kreis gelegt, der in P_0 die Kurve C berührt, so strebt dieser Kreis mit $P \to P_0$ gegen den Krümmungskreis von C in P_0.

49. Unter den Voraussetzungen von A 48 beschreibe man auf der Normale im Punkte P_0 ein beliebig kleines Intervall $\varDelta$ um den Krümmungsmittelpunkt. Dann kann man eine so kleine Umgebung von P_0 auf C finden, daß die Normalen in einem beliebigen Punkte $P \neq P_0$ dieser Umgebung die zu P_0 gehörende Normale im Intervall $\varDelta$ treffen.

50. Unter den Voraussetzungen von A 49 sei auf der Normale an C in P_0 eine Umgebung $\varDelta$ des Krümmungsmittelpunktes gegeben. Dann gibt es eine Umgebung von P_0 auf C mit der Eigenschaft, daß, wenn zwei Punkte P_1 und P_2 in dieser Umgebung und zugleich auf einer und derselben Seite der Normale in P_0 liegen, das Mittellot der Sehne P_1P_2 die Normale in P_0 im Intervall $\varDelta$ trifft.

51. Es möge über die Voraussetzungen von A 48 hinaus in einer gewissen Umgebung von P_0 die Krümmung durchweg existieren, in P_0 stetig und dort von 0 verschieden sein. Dann läßt sich eine Umgebung von P_0 so klein wählen, daß drei verschiedene dort liegende Punkte von C niemals auf einer Geraden liegen.

52. Unter den Voraussetzungen von A 51 gibt es eine solche Umgebung von P_0, daß für zwei verschiedene Punkte P, P_1 aus dieser Umgebung die Normalen sich im Endlichen schneiden und für $P \to P_0$, $P_1 \to P_0$ der Schnittpunkt der Normalen gegen den Krümmungsmittelpunkt von P_0 strebt.

53. Unter den Voraussetzungen von A 51 seien $P_\nu(x_\nu, y_\nu)$ $(\nu = 1, 2, 3)$ drei auf C hinreichend nah bei P_0 gelegene verschiedene Punkte. Streben diese drei Punkte längs C gegen P_0, so strebt der durch P_1, P_2, P_3 gehende Kreis gegen den Krümmungskreis an C in P_0.

54. Hat ein Bogen γ in einem Punkt P den Krümmungskreis K, so wird, wenn der Ursprung nicht auf K liegt, durch eine Transformation durch reziproke Radien K in den Krümmungskreis des Bildbogens von γ im Bildpunkt von P übergeführt.

55. Hat ein im Ursprung einmündender Kurvenbogen γ dort eine endliche, von 0 verschiedene Krümmung $1/\varrho$, so führt die Transformation durch reziproke Radien ihn in einen Bogen Γ über, der im Unendlichen die Bildgerade des Krümmungskreises K im Ursprung zur Asymptote hat.

56. Berühren sich zwei in einen Punkt P_0 einmündende Kurvenbögen γ_1, γ_2 in diesem Punkt und haben sie dort endliche Krümmungen $\varkappa_1, \varkappa_2$, so wird als ihr *Berührungsmaß* β entweder $|\varkappa_1| + |\varkappa_2|$ oder $||\varkappa_1| - |\varkappa_2||$ bezeichnet, je nachdem, ob γ_1 und γ_2 auf verschiedenen Seiten oder auf derselben Seite der gemeinsamen Tangente liegen. Wählt man den Durchlaufungssinn längs γ_1, γ_2 übereinstimmend von P_0 aus, so ist immer $\beta = |\varkappa_1 - \varkappa_2|$. Wählt man P_0 als den Ursprung eines Koordinatensystems und übt auf γ_1, γ_2 die Transformation durch reziproke Radien aus, so gehen γ_1, γ_2 in Kurvenbögen Γ_1, Γ_2 über, die im Unendlichen zwei im Abstand $\beta/2$ voneinander liegende Asymptoten besitzen.

57. Berühren sich in P_0 drei dort einmündende Kurvenbögen $\gamma_1, \gamma_2, \gamma_3$ mit einer gemeinsamen gerichteten Tangente, und liegt ein in P_0 einmündendes Stück von γ_2 zwischen γ_1 und γ_3, so ist das Berührungsmaß β von γ_1 und γ_3 gleich der Summe der Berührungsmaße β' von γ_1, γ_2 und β'' von γ_2, γ_3.

58. Haben zwei in einem Punkte P_0 der Kreislinie $E(x^2 + y^2 = 1)$ einmündende Kurvenbögen dort das Berührungsmaß β, so werden sie durch Transformation durch reziproke Radien in zwei Kurvenbögen übergeführt, die sich in P_0 mit dem gleichen Berührungsmaß berühren.

59. Es möge ein Kurvenbogen C in einem vom Ursprung O verschiedenen Punkt P den von O nach P gerichteten Halbstrahl unter dem Winkel σ aus der Tangentenrichtung in die Halbstrahlrichtung treffen und dort die Krümmung $\varkappa > 0$ besitzen. Ist $|OP| = \gamma$ und hat der Bildbogen C^* von C vermöge der Inversion in dem P entsprechenden Punkt P^* die Krümmung $\varkappa^*$, so gilt:

$$\frac{\varkappa^*}{\gamma} = \varepsilon(\gamma\varkappa - 2\sin\sigma),$$

$\varepsilon = +1$ oder -1 ist, je nachdem, ob O innerhalb oder außerhalb des ...mungskreises von C in P liegt.

...s mögen die beiden Kurvenbögen $y = f_\nu(x)$, $(\nu = 1, 2)$ in O mün... dort OX berühren. Ihr Berührungsmaß sei β. Man übe auf sie ...formation $X = \varphi(x, y)$, $Y = \psi(x, y)$ aus, wo φ, ψ in der Um... O zweimal stetig differenzierbar sind und dort den Relationen genügen $\varphi'_x = \psi'_y$, $\varphi'_y = -\psi'_x$, wobei im Ursprung $T \equiv \varphi'^2_x + \varphi'^2_y > 0$ ist. Dann gehen die beiden Kurvenbögen in zwei Kurvenbögen Γ_1, Γ_2 über, die sich im Bildpunkt von O berühren mit dem Berührungsmaß $\beta/\sqrt{T}$.

61. Es sei c ein im Großen konvexer Bogen (vgl. A 37) mit dem Anfangspunkt O, längs dessen der maximale Wert des Krümmungsradius gleich $r > 0$ ist. Es sei C ein in O den Bogen c mit der gleichgerichteten Tangente berührender Bogen, längs dessen der Krümmungsradius durchweg stetig und $\geqq r$ ist. Übersteigt der Zuwachs des Tangentenrichtungswinkels Θ längs C den Wert π nicht, so trifft C bis auf O den Bogen c nicht, es sei denn, daß c und C einen gemeinsamen von O ausgehenden Kreisbogen vom Radius r haben. Ist C^* der größte derartige Kreisbogen, so haben $c - C^*$ und $C - C^*$ keine gemeinsamen Punkte.

62. Es seien c und C zwei durchweg positiv und stetig gekrümmte geschlossene konvexe Kurven, wobei der Krümmungsradius von C durchweg größer oder gleich dem maximalen Krümmungsradius von c ist. Berühren sich c und C in einem Punkt O und liegen sie auf derselben Seite der gemeinsamen Tangente in O, so liegt c bis auf den Berührungspunkt O vollständig im Inneren von C, wobei höchstens zwei von O ausgehende Teilbögen von c und C zur Deckung gelangen können, wenn sie Kreisbögen mit gleichem Radius sind (H. Brunn).

63. Ist C eine geschlossene, konvexe, durchweg positiv und stetig gekrümmte Kurve, so liegt ihr Umfang zwischen dem Umfang des größten und des kleinsten Krümmungskreises an C (A. Hurwitz).

64 a). Verbindet ein durchweg positiv und stetig gekrümmter konvexer Kurvenbogen C zwei Punkte A, E im Abstand $2r$, und ist der Krümmungsradius längs C durchweg $\leqq r$, so ist C ein Halbkreis mit dem Radius r.

64 b). Verbindet ein stetig gekrümmter Bogen C die Punkte A und E und ist längs C der Krümmungsradius ständig $\geqq R > 0$, während die Drehung längs C genau $= \pi$ ist, so gilt $|A E| \geqq 2R/|\sin\Theta_0|$, wo Θ_0 der Winkel der Tangente t_A an C in A mit dem Strahl $E A$ ist. Das Gleichheitszeichen in der obigen Relation besteht nur, wenn C einen Halbkreis mit dem Radius R enthält, an den eine geradlinige Strecke bis E anstößt.

65. Es möge ein stetig gekrümmter Kurvenbogen C, längs dessen der Krümmungsradius beständig $\geqslant R > 0$ bleibt, zwei Punkte O und E auf der x-Achse verbinden und im übrigen beständig oberhalb der x-Achse bleiben, wobei $|O E| \leqq 2R$ ist. Bezeichnet man die Winkel, die die beiden nach oben gerichteten Tangenten t_0, t_E in den Punkten O und E mit $O E$

bzw. EO bilden, mit Θ_0, Θ_E, so sei die Drehung längs C, $\Delta = \Theta_0 + \Theta_E \leqq \pi$. Ist dann C kein Halbkreis mit dem Radius R, so ist $|OE| < 2R$, die Winkel Θ_0 und Θ_E sind spitz und $\leqq \arcsin |OE|/(2R)$, so daß $\Delta \leqq 2 \arcsin |OE|/(2R)$ ist. In diesen Ungleichungen gilt das Kleinerzeichen, wenn C kein Kreisbogen mit dem Radius R ist.

66. Es seien c, C zwei vom Koordinatenursprung O ausgehende, positiv gekrümmte Kurvenbögen, wobei C in O die positive OX-Achse berührt, während die Tangente an c in O mit OX den Winkel Θ_0 bildet, $0 < \Theta_0 < \pi$. Es möge der Tangentenrichtungswinkel Θ längs C zwischen 0 und π laufen. c sei im Großen konvex. Ist dann der maximale Krümmungsradius r längs c höchstens gleich dem minimalen Krümmungsradius R längs C, so trifft C den Bogen c nur in O.

67. Es sei c ein positiv und stetig gekrümmter, im Großen konvexer Bogen mit dem Anfangspunkt O und dem Endpunkt E. Es sei C ein weiterer positiv und stetig gekrümmter konvexer Bogen, der von O nach E läuft. Sei R der minimale Krümmungsradius auf C und r der maximale Krümmungsradius auf c. Der Tangentenrichtungswinkel Θ längs C durchlaufe ein Intervall $\langle \Theta_1', \Theta_1'' \rangle$, wo $0 < \Theta_1'' - \Theta_1' \leqq 2\pi$ ist. Der Tangentenrichtungswinkel längs c möge aber ein im obigen Intervall enthaltenes Intervall $\langle \Theta', \Theta'' \rangle$ durchlaufen, wo $\Theta_1' \leqq \Theta' < \Theta_1' + \pi$, $\Theta_1'' - \pi < \Theta'' \leqq \Theta_1''$ ist, so daß also die beiden Tangenten in den Punkten O und E Winkel $< \pi$ miteinander bilden. Es sei ferner $R \geqq r$, wobei aber im Falle $R = r$ die Bögen C, c keinen Kreisbogen mit dem Radius $r = R$ gemeinsam haben dürfen. Dann ist $\Theta_1'' - \Theta_1' > \pi$, und c und C haben keine gemeinsamen Punkte, von O und E abgesehen.

68. Es seien c, C zwei durchweg positiv und stetig gekrümmte geschlossene konvexe Kurven. Für ein $r > 0$ mögen alle Krümmungsradien von $c \leqq r$ bleiben und alle Krümmungsradien von $C \geqq r$ sein, wobei c und C keinen gemeinsamen Kreisbogen enthalten. Dann durchsetzen sich c und C in höchstens zwei Punkten (H. Brunn).

69. Ein positiv und stetig gekrümmter Bogen C von der Drehung π möge vom Ursprung O nach dem Punkt E der negativen x-Achse verlaufen und sonst in der oberen Halbebene bleiben. Das Minimum des Krümmungsradius längs C sei R. Es sei c ein positiv und stetig gekrümmter Kurvenbogen, der O mit einem Punkt e der negativen x-Achse verbindet, sonst in der oberen Halbebene bleibt und dessen Anfangstangente in O ins Äußere von C weist (also in den Winkel *zwischen* OX und der Anfangstangente an C). Ist dann der Krümmungsradius längs c durchweg $\leqq R$, so trifft c den Bogen C in einem von O und E verschiedenen Punkt, und e liegt zwischen O und E.

70. Es seien c und C zwei positiv und stetig gekrümmte Kurvenbögen mit dem Anfangspunkt O und dem Endpunkt $E \neq O$. Der minimale Krümmungsradius längs C sei $\geqq$ dem maximalen Krümmungsradius längs c. Beide Bögen mögen auf einer und derselben Seite der Geraden EO liegen, und c sei ferner im Großen konvex. Ist dann längs C die Drehung $\leqq \pi$, so verläuft c bis auf die Punkte E, O vollständig außerhalb des durch C und EO gebildeten Bereichs B, ausgenommen den Fall, wo c, C identische Halbkreise sind; umgekehrt, verläuft c außerhalb B, so ist längs C die Drehung $\leqq \pi$.

71. Es seien c und C zwei stetig und positiv gekrümmte konvexe Bogen, die O mit E verbinden ($E \neq O$) und im übrigen auf einer und derselben Seite der Geraden OE verlaufen. Der minimale Krümmungsradius längs C sei $\geqq$ dem maximalen Krümmungsradius längs c. Ferner sollen c und C weder einen von E noch einen von O ausgehenden Kreisbogen gemeinsam haben. Ist dann längs c die Drehung $\leqq \pi$, so können c und C, von O und E abgesehen, höchstens einen Schnittpunkt haben, in dem die beiden Bögen sich durchsetzen.

72. Es seien c, C zwei stetig und positiv gekrümmte einfache Bögen, die von O nach E laufen ($E \neq O$) und im übrigen oberhalb der Geraden durch EO bleiben. Ist längs C der minimale Krümmungsradius $\geqq$ dem maximalen Krümmungsradius längs c und haben c, C weder bei E noch bei O einen gemeinsamen Kreisbogen, so können sie, von O und E abgesehen, keinen Berührungspunkt und höchstens zwei Durchsetzungspunkte haben.

73. Es sei Γ ein stetig und positiv gekrümmter Bogen, längs dessen die Drehung $\leqq \pi$ ist, und es sei $\varkappa_-$ die minimale und $\varkappa_+$ die maximale Krümmung längs Γ. Spannt dann Γ eine Sehne von der Länge l, so gilt für die Länge $|\Gamma|$ von Γ die Relation

$$\frac{2}{l\varkappa_-} \arcsin \frac{l\varkappa_-}{2} \leqq \frac{|\Gamma|}{l} \leqq \frac{2}{l\varkappa_+} \arcsin \frac{l\varkappa_+}{2}.$$

74. Es sei C ein Kurvenbogen, der in der Umgebung eines Punktes P eine stetige und nichtverschwindende Krümmung besitzt. Sei Γ ein P enthaltender Teilbogen von C und l seine Sehne. Zieht sich Γ auf den Punkt P zusammen, so gilt in der Grenze für die Länge $|\Gamma|$ von Γ: $(|\Gamma| - l)/l^3 \to \varkappa^2/24$, wo $\varkappa$ die Krümmung im Punkte P ist.

75. Es gilt unter den Voraussetzungen und in den Bezeichnungen von A15 für $h \to 0$, wenn ϱ beschränkt ist:

$$(\Delta(\varrho\,\dot{x}))^2 + (\Delta(\varrho\,\dot{y}))^2 - (\Delta\varrho)^2 = h^2 + o(h^2).$$

76. Unter den Voraussetzungen und in den Bezeichnungen von A 75 gilt für $h \to 0$:

$$\Delta x\,\Delta(\varrho\,\dot{y}) - \Delta y\,\Delta(\varrho\,\dot{x}) = h^2 + o(h^2).$$

77. Unter den Voraussetzungen und in den Bezeichnungen von A 39 § 23 gilt, wenn die Fußpunktkurve in bezug auf den allgemeinen Punkt O als Pol gebildet wird, $\varkappa$ die Krümmung längs C und s^* die Bogenlänge längs C^* bedeutet,

$$\frac{s^{*\prime}}{s'} = \varkappa\,|PO|.$$

Insbesondere verschwindet $s^{*\prime}$ in P^* nicht, wenn $P \neq O$ ist und weder $\varkappa$ noch s' in P verschwinden.

78. Bestimme für den durch $x = \cos\Phi$, $y = \sin\Phi$ gegebenen Einheitskreis die Fußpunktkurve zum Pol $x = 1$, $y = 0$ und berechne dafür den Krümmungsradius und die Richtungskosinusse der Tangente.

§ 25. Evolute, Evolvente und Parallelkurven

Der geometrische Ort der Krümmungsmittelpunkte einer ebenen Kurve C ist ihre *Evolute* E. C ist dann eine *Evolvente* von E. E berührt die Normale von C im jeweiligen Krümmungsmittelpunkt, wenn die Ableitung von $\varkappa$ im betreffenden Punkt existiert und $\neq 0$ ist. Wird die Bogenlänge von E mit σ bezeichnet, so gilt $d\sigma/ds = |d\varrho/ds|$. Die Parameterdarstellung der Evolventen von E ist gegeben durch

$$X(\sigma) = \xi(\sigma) - (\sigma + c)\,\xi'(\sigma), \quad Y(\sigma) = \eta(\sigma) - (\sigma + c)\,\eta'(\sigma),$$

wo der Wert des Parameters c die jeweilige Evolvente charakterisiert, ξ und η die Koordinaten längs E sind und die Ableitungen nach der Bogenlänge σ von E genommen werden.

Ist die ebene Kurve C gegeben durch $x = x(s)$, $y = y(s)$ und bedeutet Θ den Tangentenrichtungswinkel längs C, so ist durch die Parameterdarstellung

$$\xi = x(s) - h\,\dot{y}(s), \quad \eta = y(s) + h\,\dot{x}(s)$$

für ein konstantes h eine Kurve C_h gegeben, die die Eigenschaft hat, daß C_h und C gemeinsame Normalen haben und längs dieser Normalen die Distanz der beiden Kurven jedesmal $= |h|$ ist. C_h heißt die *Parallelkurve zu* C *im Abstand* h. Als die Bogenlänge längs C_h läßt sich dann $s_h = s - h\,\Theta$ nehmen, wo Θ der Tangentenrichtungswinkel längs C ist. Dem wachsenden s entspricht auf C_h der durch C induzierte Fortschreitungssinn, für den s_h monoton zunimmt oder abnimmt, je nachdem $1-h\varkappa > 0$ oder < 0 ist. Dann gilt für den Tangentenrichtungswinkel Θ_h längs C_h:

$$\Theta_h = \begin{cases} \Theta & 1-h\varkappa > 0, \\ \Theta+\pi & 1-h\varkappa < 0, \end{cases}$$

und die Krümmung von C_h ist dann $\varkappa/|1-h\varkappa|$. Die Evolventen einer gegebenen Kurve bilden eine Schar von Parallelkurven und umgekehrt stellt eine Schar von Parallelkurven in der Regel eine Schar von Evolventen zu einer festen Kurve dar.

1. Man bestimme den Krümmungsmittelpunkt der Hyperbel $xy = 1$ im Punkt $(1, 1)$.

2. Man bestimme den Krümmungsmittelpunkt der Kurve $y = x^2$ an der allgemeinen Stelle.

3. Man bestimme die Evolventen des Kreises $x^2+y^2 = 1$.

4. Man bestimme die Evolute a) der Parabel $y^2 = 2px$; b) der Hyperbel $xy = a^2$.

5. Man bestimme die Evolute der Kettenlinie $y = a/2\,(e^{x/a}+e^{-x/a})$.

6. Man bestimme die Evolute der Kardioide $r = a(1+\cos\varphi)$.

7. Sei C ein mit stetiger Krümmung versehener Kurvenbogen und C_h die Parallelkurve zu C im Abstand h. Längs C soll $1-h\varkappa \neq 0$ und die Schwankung von $\Theta \leqq \pi$ bleiben. Dann ist C_h doppelpunktfrei.

8. Läßt man in den Voraussetzungen von A 7 die Annahme über die Schwankung von Θ fallen, so gilt $|C_h| = \big||C|-h\,\Delta\Theta\big|$, wo $\Delta\Theta$ der Zuwachs des Tangentenrichtungswinkels Θ längs C ist.

9. Unter den Voraussetzungen von A 8 sei C eine durchweg positiv gekrümmte, einfache geschlossene Kurve. Dann ist auch C_h einfach und geschlossen, sowie positiv und stetig gekrümmt. Ferner gilt dann $|C_h| = \big||C|-2\pi h\big|$.

10. Ist die Krümmung $\varkappa$ längs eines einfachen Bogens C stetig, ändert sie ihr Vorzeichen nicht und ist die Drehung von C nicht größer als π, so haben die längs der Normalen vom Berührungspunkt mit der Evolute auf den entsprechenden Punkt von C zu und darüber hinaus führenden Halbstrahlen keine gemeinsamen Punkte.

11. Es seien längs eines Bogens C der Tangentenrichtungswinkel Θ im eigentlichen Sinn monoton wachsend und die Krümmung $\varkappa$ sowie der Krümmungsradius ϱ stetig. Wird dann für $h \neq 0$ allgemein für eine Funktion $f(\Theta)$ mit $\Delta f(\Theta)$ die Differenz $f(\Theta+h)-f(\Theta)$ bezeichnet, so gilt,

unter ξ, η die Ausdrücke (*) in § 24 für die Koordinaten des Krümmungsmittelpunktes verstanden: $\dot{x}\,\Delta\xi + \dot{y}\,\Delta\eta = \int\limits_0^h [\varrho(\Theta+\lambda) - \varrho(\Theta+h)] \cos\lambda\, d\lambda$, wenn sowohl Θ als auch $\Theta + h$ zum Wertevorrat des Tangentenrichtungswinkels Θ gehören.

12. Es möge längs eines Kurvenbogens C der Tangentenrichtungswinkel Θ im eigentlichen Sinn monoton wachsen. Die Krümmung $\varkappa$ und der Krümmungsradius ϱ seien längs C stetig und durchweg monoton. Sei der zu Θ gehörende Krümmungsmittelpunkt $\Pi(\Theta)$. Es sei für einen Punkt P_0 von C der Tangentenrichtungswinkel Θ_0, und es möge längs C für alle Θ-Werte $|\Theta - \Theta_0| \leqq \pi/2$ gelten. Dann liegt der gesamte Evolutenbogen von C auf einer und derselben Seite der Normale an C in P_0, und zwar liegt er auf der Seite der Normale, in die die Tangentenrichtung Θ_0 weist, wenn $\varkappa$ längs C monoton wächst, und auf der entgegengesetzten Seite, wenn $\varkappa$ monoton fällt. Ferner liegt $\Pi(\Theta)$ dann und nur dann auf der Normale in P_0, wenn $\varrho(\Theta) = \varrho(\Theta_0)$ ist.

13. Die Behauptung von A 12 bleibt richtig, wenn $|\Theta - \Theta_0| \leqq \pi$ längs C gilt.

14. Liegt P_0 unter den Voraussetzungen von A 12 auf einem in C enthaltenen maximalen Kreisbogen mit der Winkelöffnung α, dessen Endpunkte von den Endpunkten von C verschieden sind, so hat die Evolute im zugehörigen Krümmungsmittelpunkt, d. h. im Mittelpunkt des Kreisbogens, eine Ecke von der Öffnung α, deren Halbtangenten die Grenzradien des Kreisbogens sind.

15. Es sei längs eines stetig gekrümmten Kurvenbogens C der Tangentenrichtungswinkel Θ eigentlich monoton wachsend. Die Krümmung möge sich längs C monoton ändern, ohne Null zu werden. Durch den gewählten Durchlaufungssinn längs C wird längs der Evolute von C ein Durchlaufungssinn induziert derart, daß dabei ein Bogen der Evolute in der Nähe seiner Tangente oder Halbtangente links von der Tangente liegt. Zum Punkt P_0 von C, der $\Theta = \Theta_0$ zugeordnet ist, gehört eine Tangente an die Evolute, die die Richtung $\Theta_0 - (\varepsilon\pi/2)$ hat, wo $\varepsilon = +1$ oder -1 ist, je nachdem, ob $\varkappa$ wächst oder abnimmt. Insbesondere enthält die Evolute keine geradlinigen Strecken. Ändert sich $\varkappa$ längs C im eigentlichen Sinn monoton, so ist die Drehung längs des C entsprechenden Evolutebogens gleich der Drehung längs C.

16. Es sei längs eines Bogens C der Tangentenrichtungswinkel Θ im eigentlichen Sinn monoton wachsend und die Krümmung stetig und $\neq 0$. Stößt in einem Punkt P_0 von C ein Bogen mit wachsender Krümmung

mit einem solchen fallender Krümmung zusammen (ein Scheitelpunkt), so hat die Evolute im zugehörigen Krümmungsmittelpunkt eine Spitze, und zwar eine Hellebardenspitze.

17. Durchläuft unter den Voraussetzungen von A 15 § 24 die Bogenlänge s ein abgeschlossenes Intervall $\langle a, b\rangle$, so gelten die drei Relationen von A 15 § 24 gleichmäßig für $s \prec \langle a, b\rangle$, $s+h \prec \langle a, b\rangle$.

18. Es sei γ ein positiv und stetig gekrümmter Bogen, der von O nach E läuft und eine Drehung $\leqq \pi/2$ hat. Dann bildet der vom allgemeinen Punkt P von γ nach O gerichtete Radiusvektor einen stumpfen Winkel mit der gerichteten Tangente t_P in P, und $|PO|$ nimmt monoton zu von O nach E.

19. Seien längs eines Kurvenbogens C die Krümmung $\varkappa \neq 0$ und monoton und ihre Ableitung $\dot{\varkappa}$ nach der Bogenlänge s durchweg vorhanden und nicht 0; wird dann für den im entsprechenden Sinn durchlaufenen Evolutenbogen der Tangentenrichtungswinkel mit Θ^* und die Krümmung mit $\varkappa^*$ bezeichnet, so gilt, wenn Θ der Tangentenrichtungswinkel von C und $\varepsilon = \operatorname{sgn} \dot{\varkappa}$ ist:

$$\Theta^* = \Theta - \varepsilon \frac{\pi}{2}; \qquad \operatorname{sgn} \varkappa^* = \operatorname{sgn} \varkappa; \qquad \varkappa^* = \varepsilon \frac{\varkappa^3}{\dot{\varkappa}}.$$

20. Sind längs eines Bogens der Tangentenrichtungswinkel $\Theta(s)$ sowie die Krümmung $\varkappa(s)$ stetige Funktionen von s, so sind dort auch die Ableitungen $\dot{x}, \dot{y}, \ddot{x}, \ddot{y}$ der Kordinaten stetig.

21. Unter den Voraussetzungen und Bezeichnungen von A 15 § 24 gilt, wenn ϱ beschränkt bleibt, für die durch (*) § 24 gegebenen Koordinaten des Krümmungsmittelpunktes zum allgemeinen Punkt von C:

$$\dot{x}\,\Delta\xi + \dot{y}\,\Delta\eta = h\,\frac{\varrho(s+\Theta h) - \varrho(s+h)}{\varrho(s+\Theta h)} + o(h^2), \qquad 0 < \Theta < 1.$$

22. Unter den Voraussetzungen von A 21 gilt

$$(\Delta\xi)^2 + (\Delta\eta)^2 = (\Delta\varrho)^2 + o(h^2).$$

23. Unter den Voraussetzungen von A 21 gilt

$$\sqrt{(\Delta\xi)^2 + (\Delta\eta)^2} = |\Delta\varrho| + o(h).$$

24. Die Relationen der A 44-46 gelten gleichmäßig längs C, wenn dort sowohl $\varkappa$ als auch ϱ durchweg stetig sind.

25. Es seien längs eines Bogens C der Tangentenrichtungswinkel $\Theta(s)$ sowie die Krümmung $\varkappa(s)$ stetige Funktionen der Bogenlänge s, die ein abgeschlossenes Intervall durchläuft. Ist dann der Krümmungsradius

$\varrho(s)$ längs C eine durchweg monotone Funktion von s, so ist die Länge des Evolutenbogens von C gleich dem Zuwachs von ϱ längs C.

26. Es mögen die Voraussetzungen von A 25 zutreffen, und es sei in einem Punkte P_0 von C, der $s = s_0$ entspricht, der Ausdruck

$$\left|\frac{\varrho(s_0+h)-\varrho(s_0)}{h}\right| \geqq \eta_0 > 0$$

für festes η_0 und für hinreichend kleine $|h|$. Dann berührt die Normale an C in P_0 die Evolute zu C im zugehörigen Krümmungsmittelpunkt, und darüber hinaus ist der Winkel, den eine Sehne an die Evolute durch die s_0, s_0+h entsprechenden Punkte mit dem Krümmungsradius im Punkte s_0 bildet, $O(h)$.

27. Es seien längs eines Bogens C der Tangentenrichtungswinkel Θ im eigentlichen Sinne monoton wachsend und die Krümmung monoton und stetig. Liegt der Endpunkt P_0 von C mit der kleinsten Krümmung nicht auf einem Teilkreisbogen von C, so enthält der Krümmungskreis in P_0 jeden weiteren Krümmungskreis von C in seinem Inneren im engeren Sinn (A. Kneser).

28. Es seien längs eines einfachen Bogens C die Voraussetzungen von A 27 erfüllt. Dann kann C eine Kreislinie K vom Radius R höchstens in zwei Punkten berühren, und zwar höchstens einmal von innen und höchstens einmal von außen. Durchsetzt C aber K in einem Berührungspunkt, so bleibt der Ast wachsender Krümmung ganz innerhalb K und derjenige abnehmender Krümmung ganz außerhalb K (W. Vogt).

§ 26. Enveloppen von Kurvenscharen

Ist eine einparametrige Kurvenschar gegeben in einer der beiden Formen:

$$\text{(I)}\quad y = f(x, c), \qquad \text{(II)}\quad F(x, y, c) = 0,$$

wo c der Scharparameter ist, so heißt eine Kurve (E): $\xi = \xi(c)$, $\eta = \eta(c)$ eine *Enveloppe* oder *Einhüllende* der Schar, wenn E von jeder der Scharkurven berührt wird, in einem dem Scharparameter c entsprechenden Punkt. Wird angenommen, daß $\xi(c)$ stetig differenzierbar für $c \prec \varepsilon(c_1, c_2)$ ist, so muß im Falle der Form (I) $f'_c(\xi(c), c) = 0$ gelten, woraus im allgemeinen $\xi(c)$ und sodann aus (I) auch $\eta(c)$ bestimmt werden kann. Diese Bedingungen sind auch hinreichend, wenigstens in einem Teilintervall von (c_1, c_2), wenn in einer Umgebung eines Punktes von (c_1, c_2) f''_{cx}, f''_{cc} vorhanden, stetig und $\neq 0$ sind. Im Falle der Gestalt (II) ergibt sich analog, daß $F'_c(x, y, c)$ längs E verschwindet. Diese Bedingung ist aber auch hinreichend, wenn längs der daraus sich ergebenden Kurve

$$F'^2_x + F'^2_y \neq 0 \text{ und } F''_{cc}\frac{\partial(F, F'_c)}{\partial(x, y)} \neq 0 \text{ bleibt.}$$

1. Man bestimme die Enveloppe der Kreisschar $x^2+(y-c)^2 = 1$.

2. Man bestimme die Enveloppe der Kreisschar $(x-c)^2+y^2 = c^2/2$.

3. Man bestimme die Enveloppe der Kreisschar $(x-c)^2+y^2 = \alpha c$ für konstantes α.

4. Welche Beziehung besteht zwischen a und b, wenn die Enveloppe der Geradenschar $\dfrac{x}{a}+\dfrac{y}{b} = 1$ der Kreis $x^2+y^2 = 1$ ist?

5. Man bestimme die Enveloppe der Ellipsenschar $x^2/a^2+y^2/b^2 = 1$, wenn $a^2+b^2 = 1$ ist.

6. Man bestimme die Enveloppe der Ellipsenschar $x^2/a^2+y^2/b^2 = 1$, wenn $a+b = \text{const} = d$ ist.

7. Eine Gerade dreht sich mit der konstanten Winkelgeschwindigkeit ω um einen Punkt, der sich längs der x-Achse mit der konstanten Geschwindigkeit v bewegt. Man bestimme die Enveloppe der entstehenden Geradenschar.

8. Man bestimme die Enveloppe einer Schar von Strecken konstanter Länge, die einen Punkt der x-Achse mit einem Punkt der y-Achse verbinden.

9. Von allen Punkten einer Kurve $x = \varphi(s)$, $y = \psi(s)$ (s = Bogenlänge) fälle man auf die beiden Koordinatenachsen die Lote und bestimme die Enveloppe der Verbindungsgeraden der Fußpunkte.

10. Man bestimme die Enveloppe der Geradenschar $x/a+y/b = 1$, wo $a+b = \text{const}$ ist.

11. Eine Kreislinie K vom Radius r rollt auf der x-Achse. Man bestimme die Enveloppe der verschiedenen Lagen eines festen Durchmessers von K.

12. Sei C eine mit stetiger Tangente versehene Kurve und O ein fester Punkt. Die von O ausgehenden Strahlen umhüllen nach ihrer Spiegelung an C eine Kurve K, die die *Kaustik* von C in bezug auf den leuchtenden Punkt O heißt. Sei C^* die Fußpunktkurve von C in bezug auf den Pol O und D die Evolute von C^*. K entsteht aus D durch Dilatation von O aus im Verhältnis 2:1 (Quetelet).

13. Ein leuchtender Punkt möge im Punkt $x = 1$, $y = 0$ liegen. Man finde die Enveloppe der von der Kreislinie $x^2 + y^2 = 1$ reflektierten Strahlen.

14. Ein zu OX paralleles Strahlenbündel fällt auf den konkaven Spiegel $x^2 + y^2 = 1$ $(x > 0)$. Man bestimme die Enveloppe der reflektierten Strahlen.

15. Zu der Ellipse $x^2/a^2 + y^2/b^2 = 1$ errichte man auf jeder zur y-Achse parallelen Sehne als Durchmesser eine Kreislinie und bestimme die Enveloppe dieser Kreise.

16. Zur Parabel $x = a\,y^2$ errichte man auf jeder zur y-Achse parallelen Sehne als Durchmesser eine Kreislinie und bestimme die Enveloppe dieser Kreise.

* * *

17. Ist eine einparametrige Kurvenschar mit dem Scharparameter c durch $x = \varphi(t, c)$, $y = \psi(t, c)$ gegeben, wo φ und ψ stetige Ableitungen erster Ordnung nach t und c haben und t für jede Scharkurve ein regulärer Parameter ist, so ist die Enveloppenbedingung $\partial(x, y)/\partial(t, c) = 0$.

18. Es sei durch $x = \varphi(t, c)$, $y = \psi(t, c)$ eine einparametrige Kurvenschar K_c gegeben mit dem Scharparameter c und dem regulären Kurvenparameter t, wobei φ'_t, ψ'_t, φ'_c, ψ'_c vorhanden und stetig sind. Es möge die Enveloppenbedingung $\partial(x, y)/\partial(t, c) = 0$ eine Lösung $t = \tau(c)$ besitzen, längs deren sowohl $\varphi_t'^2 + \psi_t'^2$ als auch $\varphi_c'^2 + \psi_c'^2$ von 0 verschieden bleiben. Ist τ' stetig und fällt τ in das Parameterintervall der zugehörigen Scharkurve, so ist die Kurve $\xi(c) = \varphi(\tau(c), c)$, $\eta(c) = \psi(\tau(c), c)$ eine Enveloppe der Kurvenschar.

19. Es möge τ' in den Bezeichnungen von A18 in einem c-Intervall durchweg $\neq 0$ sein. Betrachten wir neben der Schar K_c noch die durch dieselben Gleichungen $x = \varphi(t, c)$, $y = \psi(t, c)$ gegebene Kurvenschar K_t^* mit dem Scharparameter t und dem regulären Kurvenparameter c, so ist die Kurve $x = \xi(c)$, $y = \eta(c)$ eine gemeinsame Enveloppe der beiden Scharen K_c, K_t^*.

20. Es sei eine einparametrige Kurvenschar K_c mit dem Scharparameter c durch die Relationen gegeben: $x = \varphi(t_1, t_2, c)$, $y = \psi(t_1, t_2, c)$, wo die Parameter t_1, t_2 miteinander und mit c durch die Bedingung $T(t_1, t_2, c) = 0$ verbunden sind. Besitzen dann φ, ψ, T partielle Ableitungen erster Ordnung nach c, t_1, t_2 und ist längs der Enveloppe

$T'^2_{t_1} + T'^2_{t_2} \neq 0$, so lautet die Enveloppenbedingung

$$\frac{\partial(x, y, T)}{\partial(t_1, t_2, c)} \equiv \begin{vmatrix} x'_{t_1} & x'_{t_2} & x'_c \\ y'_{t_1} & y'_{t_2} & y'_c \\ T'_{t_1} & T'_{t_2} & T'_c \end{vmatrix} = 0.$$

21. Es sei eine einparametrige Kurvenschar durch die Gleichung gegeben: $F(x, y, c_1, c_2) = 0$, wo zwischen den Scharparametern c_1, c_2 die Relation $\varphi(c_1, c_2) = 0$ besteht. Man zeige, daß die Enveloppenbedingung die Gestalt $\partial(F, \varphi)/\partial(c_1, c_2) = 0$ besitzt.

22. Man zeige, daß die Enveloppe der Geradenschar $x \cos\tau + y \sin\tau = f(\tau)$ mit dem Scharparameter τ für eine zweimal stetig differenzierbare Funktion $f(\tau)$ die Parameterdarstellung besitzt: $\xi = f(\tau)\cos\tau - f'(\tau)\sin\tau$, $\eta = f(\tau)\sin\tau + f'(\tau)\cos\tau$, sofern $f + f'' \neq 0$ ist. Ferner ist das Differential der Bogenlänge der Enveloppe gleich $|f(\tau) + f''(\tau)|\, d\tau$. Was geschieht, wenn längs eines τ-Intervalls $f + f'' = 0$ ist?

23. Sei $x = \alpha(s)$, $y = \beta(s)$ ein auf seine Bogenlänge s bezogener, stetig gekrümmter Kurvenbogen C. Für ein $h \neq 0$ betrachte man die Schar der Parallelen zu den Tangenten an C im Abstand h, wobei $h > 0$ jeweils in der positiven Normalenrichtung abzutragen ist. Man zeige, daß die entstehende Geradenschar die Parallelkurve an C im Abstand h (vgl. § 25) als Enveloppe besitzt.

24. Man beweise, daß die Enveloppe der Normalen zu einer stetig gekrümmten Kurve C sich auf die Evolute von C reduziert.

25. Es sei $(x-\alpha)^2 + (y-\beta)^2 = r^2$ eine einparametrige Schar von Kreisen, deren Mittelpunkte eine mit stetiger Krümmung versehene Kurve K: $x = \alpha(s)$, $y = \beta(s)$ durchlaufen und deren Radius mit der Bogenlänge s variiert. Man zeige, daß für die Existenz einer Enveloppe die Bedingung $dr/ds \leqq 1$ notwendig und hinreichend ist. Man zeige ferner, daß $dr/ds = 0$ ein Paar von Parrallelkurven zu C entspricht.

26. Man zeige, daß die Enveloppe zur Kurvenschar $F(x-c, y) = 0$ mit dem Scharparameter c aus allen zur x-Achse parallelen Tangenten der Kurve $F(x, y) = 0$ besteht.

27. Es sei $x = a\cos\tau$, $y = b\sin\tau$ eine Ellipse mit der großen Halbachse a und der kleinen Halbachse b. Der Mittelpunkt dieser Ellipse wird längs eines Leitkreises vom Radius ϱ verschoben, wobei die große Halbachse mit dem nach dem Mittelpunkt gerichteten Kreisradius jeweils den Winkel η bilden soll. Man leite für die entstehende Ellipsenschar die Enveloppenbedingung her und diskutiere geometrisch die Enveloppen.

28. Es sei $x = \alpha(s)$, $y = \beta(s)$ ein stetig gekrümmter, auf seine Bogenlänge bezogener Kurvenbogen C. Man denke sich die Ellipse $x = a\cos\tau$, $y = b\sin\tau$ mit den Halbachsen a und b mit ihrem Mittelpunkt in den allgemeinen Punkt von C gebracht und mit der Halbachse a in die Normalenrichtung gedreht. Man stelle die Enveloppenbedingung dieser Ellipsenschar auf und diskutiere sie.

29. Es möge eine Schar von Parallelkurven durch $\varphi(x, y) = c$ gegeben sein, wo c der Scharparameter ist. Dann ist $\varphi_x'^2 + \varphi_y'^2 \equiv f(\varphi)$, für eine geeignete Funktion f einer Variablen (J. Bertrand).

30. Man bestimme die Funktion $f(\tau)$, für die die Geradenschar $x\cos\tau + y\sin\tau = f(\tau)$ als Enveloppe die Kreislinie $x^2 + y^2 = 1$ hat.

31. Man betrachte die Ellipsenschar $x^2/z^2 + y^2/t^2 = 1$, wo z und t für konstante positive a und b die Relation $z^2/a^2 + t^2/b^2 = 1$ erfüllen, und bestimme die Enveloppe dieser Schar.

32. Man betrachte die Kurvenschar $x^n/z^n + y^n/t^n = 1$, wo die Parameter z und t die Relation $z^m/a^m + t^m/b^m = 1$ für positive a, b, m und n erfüllen, und bestimme die Enveloppe dieser Kurvenschar.

33. Ist eine Kurve C die Enveloppe der Geradenschar $x\cos t + y\sin t = f(t)$, so ist die Evolute von C die Enveloppe der Geradenschar $-x\sin t + y\cos t = f'(t)$ (Dingeldey).

§ 27. Vektoren

Ein *Vektor* ist eine gerichtete Strecke im Raume. Ein Vektor α ist durch seine *Komponenten* a_1, a_2, a_3 charakterisiert, d. h. seine Projektionen auf die Koordinatenachsen. Wir schreiben $\alpha = (a_1, a_2, a_3)$. Diese Darstellung hängt vom gewählten Koordinatensystem ab, während α selbst geometrisch invariant festgelegt ist und auch bei einer Translation invariant bleibt. Komponente α_s eines Vektors α in einer Richtung s ist seine Projektion auf diese Richtung. Die *Länge* von α ist dann $\sqrt{a_1^2 + a_2^2 + a_3^2}$, während, wenn seine Winkel mit den Achsen $\alpha_1, \alpha_2, \alpha_3$ sind, es gilt:

$$a_1 = |\alpha|\cos\alpha_1, \quad a_2 = |\alpha|\cos\alpha_2, \quad a_3 = |\alpha|\cos\alpha_3 .$$

Ein Vektor von der Länge 1 heißt *Einheitsvektor*. Addition und Subtraktion von Vektoren ist komponentenweise definiert, und es gelten dafür die klassische Parallelogrammkonstruktion sowie die Gesetze der Kommutativität und Assoziativität. Der Vektor vom Ursprung nach einem Punkt heißt der *Ortsvektor* dieses Punktes.

Die bisher betrachteten, durch einfache Zahlen charakterisierten Größen heißen in diesem Zusammenhang *Skalare*. Multiplikation eines Vektors mit einem Skalar ist komponentenweise definiert, während es *zwei Vektorprodukte* gibt. Das *skalare Produkt* der Vektoren $\alpha = (a_1, a_2, a_3)$ und $\beta = (b_1, b_2, b_3)$, $\alpha\beta$ oder (α, β), ist ein Skalar, dessen Wert, in Komponenten geschrieben, $a_1 b_1 + a_2 b_2 + a_3 b_3$ ist und vom Koordinatensystem unabhängig, da es $= |\alpha|\,|\beta| \cos(\alpha, \beta)$ ist. Es gilt $(\alpha, \beta) = (\beta, \alpha)$. Das *äußere* oder *vektorielle Produkt* $\alpha \times \beta$ von α und β, in dieser Reihenfolge, hat, wenn das Koordinatensystem ein *Rechtssystem* ist, die Komponenten $a_2 b_3 - a_3 b_2$, $a_3 b_1 - a_1 b_3$, $a_1 b_2 - a_2 b_1$, während im Falle eines Linkssystems die Komponenten von $\alpha \times \beta$ sind: $a_3 b_2 - a_2 b_3$, $a_1 b_3 - a_3 b_1$, $a_2 b_1 - a_1 b_2$. Invariant ist $\alpha \times \beta$ dadurch festgelegt, daß $|\alpha \times \beta|$ gleich dem Flächeninhalt des auf α und β konstruierten Parallelogramms ist, während die Richtung von $\alpha \times \beta$ senkrecht sowohl auf α als auch auf β steht und so orientiert ist, daß die drei Vektoren α, β, $\alpha \times \beta$ ein *Rechtssystem* bilden. Es gilt $\alpha \times \beta = -\beta \times \alpha$.

Wird neben α und β noch ein dritter Vektor $\gamma = (c_1, c_2, c_3)$ betrachtet, so setzt man

$$(\alpha, \beta, \gamma) = \begin{vmatrix} a_1 & a_2 & a_3 \\ b_1 & b_2 & b_3 \\ c_1 & c_2 & c_3 \end{vmatrix} = \alpha(\beta \times \gamma) = \beta(\gamma \times \alpha) = \gamma(\alpha \times \beta).$$

Grenzoperationen an Vektoren und Vektorfunktionen werden komponentenweise definiert.

Die „Lagrangesche Identität" lautet in der Vektorsymbolik:

$$|\alpha|^2\,|\beta|^2 - |\alpha\beta|^2 = |\alpha \times \beta|^2.$$

1. Man bestimme die Richtungskosinusse der Vektoren (1, 1, 1), (1, 2, 3), (1, 0, 1), (3, 0, 4).

2. Man bestimme den Winkel zwischen den Vektoren (0, 1, 1) und (2, 0, 3); (0, 3, 4) und (1, 1, 1).

3. Bestimme die Projektion des Vektors (1, 2, 3) auf eine Gerade durch den Vektor (1, 1, 1).

4. Bestimme die Komponenten a, b, c eines Vektors vom Betrag 10, der mit der x-Achse den Winkel $\pi/3$ und mit der y-Achse den Winkel $\pi/6$ bildet.

5. Man addiere zu (0, 1, 0) das λ-fache von (1, 1, 1) derart, daß der Summenvektor senkrecht auf (1, 2, 3) steht.

6. Es sind λ und μ so zu bestimmen, daß der Vektor $(1, 1, 1) + \lambda(3, 2, 1) + \mu(1, 2, 3)$ senkrecht auf den beiden Vektoren $(4, 0, 1)$ und $(2, 1, 2)$ steht.

7. Sind α und β Ortsvektoren zweier Punkte, so ist $(\alpha + \beta)/2$ der Ortsvektor des Mittelpunktes der Verbindungsstrecke dieser Punkte.

8. Man beweise, daß die drei Vektoren α, β, γ dann und nur dann komplanar, d. h. zu ein und derselben Ebene parallel sind, wenn die Determinante (α, β, γ) verschwindet.

9. Man beweise, daß die drei Vektoren $(3, 2, 5)$, $(2, 7, 9)$, $(1, 1, 2)$ komplanar sind und bestimme die Richtungskosinusse der Normale zur Ebene, zu der sie parallel sind.

10. Man lege durch den Punkt $(1, 1, 1)$ die Ebene, die auf dem Vektor $(1, 2, 3)$ senkrecht steht.

11. Es seien $\alpha(u)$, $\beta(v)$, $\gamma(w)$ drei Vektoren, die bzw. von u, v, w abhängen, und es sei $\alpha'(u)$ vorhanden; dann gilt $\partial/\partial u\big(\alpha(u), \beta(v), \gamma(w)\big) = \big(\alpha'(u), \beta(v), \gamma(w)\big)$.

12. Sind α, β, γ, δ vier beliebige Vektoren, so sind die Vektoren $\alpha \times \beta$, $\alpha \times \gamma$, $\alpha \times \delta$ komplanar.

13. Ist α ein konstanter Vektor und ξ der Ortsvektor (x, y, z), so ist $\operatorname{grad}(\alpha\,\xi) = \alpha$.

14. Sind α und $\beta \neq 0$ zwei Vektoren, so ist die Kurve mit dem Ortsvektor $\alpha + t\beta$ $(-\infty < t < \infty)$ eine Gerade, die zum Vektor β parallel ist und durch den Endpunkt des Ortsvektors α geht.

15. Sind α, β zwei Einheitsvektoren und Θ der Winkel zwischen ihnen, so gilt

$$\sin\frac{\Theta}{2} = \pm\sqrt{\frac{1 - \alpha\beta}{2}}$$

* * *

16. Notwendig und hinreichend, damit es eine Gerade gibt, die zu den drei Ebenen $a_1 x + a_2 y + a_3 z = 0$, $b_1 x + b_2 y + b_3 z = 0$, $c_1 x + c_2 y + c_3 z = 0$ parallel ist, ist das Verschwinden der Determinante

$$\begin{vmatrix} a_1 & a_2 & a_3 \\ b_1 & b_2 & b_3 \\ c_1 & c_2 & c_3 \end{vmatrix}.$$

17. Sind α, β, γ, δ vier Punkte im Raum, so sind die Mittelpunkte der Strecken $\alpha\beta$, $\beta\gamma$, $\gamma\delta$, $\delta\alpha$ Ecken eines Parallelogramms.

18. Man beweise, daß für zwei Vektoren α, β stets $(\alpha\beta)^2 \leqq |\alpha|^2 |\beta|^2$ ist, wobei das Gleichheitszeichen dann und nur dann gilt, wenn entweder α und β parallel sind oder α oder β verschwindet.

19. Die Vektoren $\alpha_1, \alpha_2, \ldots, \alpha_n$ heißen *linear abhängig*, wenn eine Relation $\sum_{\nu=1}^{n} \lambda_\nu \alpha_\nu = 0$ besteht, in der die reellen Konstanten λ_ν nicht sämtlich verschwinden. Sind diese Vektoren nicht linear abhängig, so heißen sie *unabhängig*. Man zeige, daß die Bedingung $(\alpha, \beta, \gamma) = 0$ notwendig und hinreichend für die lineare Abhängigkeit der Vektoren α, β, γ ist.

20. Man beweise, daß, wenn α, β, γ drei linear unabhängige Vektoren sind, dann jeder Vektor ξ sich aus diesen linear, und zwar eindeutig, zusammensetzen läßt: $\xi = \lambda\alpha + \mu\beta + \nu\gamma$, wo λ, μ, ν reelle Konstanten sind. Drei Vektoren sind dann und nur dann linear abhängig, wenn sie komplanar sind.

21. Es sei für drei Vektoren α, β, γ: $(\alpha, \beta, \gamma) > 0$. Dann bilden sie in dieser Reihenfolge ein Rechtssystem.

22. Sind α, β, γ drei unabhängige Vektoren, so gibt es zu jedem Zahlentripel a, b, c einen und nur einen Vektor δ, dessen Komponenten in den Richtungen α, β, γ resp. gleich a, b, c sind.

23. Besteht zwischen vier Vektoren $\alpha_1, \alpha_2, \alpha_3, \alpha_4$ die Relation $\alpha_1 + \alpha_2 + \alpha_3 + \alpha_4 = 0$ und sind $\alpha_1, \alpha_2, \alpha_3$ linear unabhängig, so sind je drei dieser Vektoren unabhängig.

24. Sind $\alpha_1, \alpha_2, \alpha_3$ linear unabhängige Vektoren, so lassen sich eindeutig die Konstanten μ, ν, λ so finden, daß die drei Vektoren α_1, $\bar{\alpha}_2 = \alpha_2 + \mu\alpha_1$, $\bar{\alpha}_3 = \alpha_3 + \nu\alpha_2 + \lambda\alpha_1$ paarweise orthogonal sind.

25. Sind α, β, γ beliebige Vektoren, so gilt $(\alpha\times\beta, \beta\times\gamma, \gamma\times\alpha) = (\alpha, \beta, \gamma)^2$.

26. Ist die Projektion des Vektors α auf die Richtung von β gleich der Projektion von β auf die Richtung von α und sind α und β nicht senkrecht aufeinander, so ist $|\alpha| = |\beta|$.

27. Sind in einem Tetraeder mit den Eckpunkten A, B, C, D je zwei Paare gegenüberliegender Kanten orthogonal, so gilt dasselbe für das dritte Kantenpaar.

28. Für drei beliebige Vektoren α, β, γ gilt $\alpha\times(\beta\times\gamma) = (\alpha\gamma)\beta - (\alpha\beta)\gamma$.

29. Man beweise, daß für drei beliebige Vektoren α, β, γ die Relation besteht: $\alpha\times(\beta\times\gamma) + \beta\times(\gamma\times\alpha) + \gamma\times(\alpha\times\beta) = 0$.

30. Für vier beliebige Vektoren $\alpha, \beta, \gamma, \delta$ gilt $(\alpha\times\beta)(\gamma\times\delta) = (\alpha\gamma)(\beta\delta) - (\alpha\delta)(\beta\gamma)$.

31. Für zwei beliebige Vektoren α, β und vier beliebige Konstanten a, b, c, d gilt $(a\alpha+b\beta)\times(c\alpha+d\beta) = (ad-bc)(\alpha\times\beta)$.

32. $(\alpha\times\beta)\times(\gamma\times\delta) = (\alpha, \gamma, \delta)\beta-(\beta, \gamma, \delta)\alpha$.

33. $(\alpha\times\beta)(\gamma\times\delta)+(\beta\times\gamma)(\alpha\times\delta)+(\gamma\times\alpha)(\beta\times\delta) = 0$.

34. $(\alpha\times\beta)\times(\beta\times\gamma) = (\alpha, \beta, \gamma)\beta$.

35. $(\beta, \gamma, \delta)\alpha = (\alpha, \gamma, \delta)\beta+(\beta, \alpha, \delta)\gamma+(\beta, \gamma, \alpha)\delta$[1].

36. $(\xi\alpha)(\beta\times\gamma)+(\xi\beta)(\gamma\times\alpha)+(\xi\gamma)(\alpha\times\beta) = (\alpha, \beta, \gamma)\xi$[2].

37. Es seien g und h zwei Geraden, die bzw. zu den Vektoren α, β parallel sind, und γ ein Vektor, der von einem Punkt P_1 von g nach einem Punkt P_2 von h führt. Sind α, β nicht parallel ($\alpha\times\beta \neq 0$), so erhält man den kürzesten Abstand zwischen g und h als die Verbindungsstrecke je eines eindeutig bestimmten Punktes von g und h, die senkrecht auf g und h steht. Zugleich ist dieser kürzeste Abstand gleich $|(\alpha, \beta, \gamma)|/|\alpha\times\beta|$.

38. Haben zwei Vektorentripel α, β, γ und α', β', γ' die Eigenschaft, daß α auf β' und γ', β auf α' und γ', γ auf α' und β' senkrecht stehen und daß ferner $\alpha\alpha' = \beta\beta' = \gamma\gamma' = 1$ ist, so heißen sie *reziprok*. Man zeige, daß zu jedem Tripel von drei unabhängigen Vektoren α, β, γ sich stets und eindeutig ein reziprokes Tripel finden läßt.

39. Unter den Voraussetzungen von A38 gilt $(\alpha', \beta', \gamma')(\alpha, \beta, \gamma) = 1$ und ferner

$$\alpha' = \frac{\beta\times\gamma}{(\alpha, \beta, \gamma)}, \quad \beta' = \frac{\gamma\times\alpha}{(\alpha, \beta, \gamma)}, \quad \gamma' = \frac{\alpha\times\beta}{(\alpha, \beta, \gamma)}.$$

40. Unter den Bezeichnungen von A38 gilt für einen beliebigen Vektor ξ:

$$\xi = (\xi\alpha')\alpha+(\xi\beta')\beta+(\xi\gamma')\gamma.$$

41. Ist $\xi\times\xi_1 \neq 0$, so ist die Relation $(\eta, \xi, \xi_1) = 0$ notwendig und hinreichend, damit, für eine Konstante c, $\xi\times\eta = c(\xi\times\xi_1)$ gilt.

42. Sind die Vektoren $\alpha_1, \alpha_2, \alpha_3$ linear unabhängig und $(\alpha_1, \alpha_2, \alpha_3) > 0$, so lassen sich drei Vektoren ξ_1, ξ_2, ξ_3 so finden, daß $\alpha_1 = \xi_2\times\xi_3$, $\alpha_2 = \xi_3\times\xi_1$, $\alpha_3 = \xi_1\times\xi_2$ gilt; und zwar ist durch diese Forderung das

---

[1]) Diese Formel liefert die explizite Zerlegung von α nach drei nichtkomplanaren Vektoren β, γ, δ.

[2]) Für den Fall der unabhängigen Vektoren α, β, γ liefert diese Formel eine explizite Lösung des Gleichungssystems $\xi\alpha = a$, $\xi\beta = b$, $\xi\gamma = c$ in vektorieller Schreibweise, nämlich $\xi = [a(\beta\times\gamma)+b(\gamma\times\alpha)+c(\alpha\times\beta)]/(\alpha, \beta, \gamma)$.

Vektortripel ξ_1, ξ_2, ξ_3 bis auf die Multiplikation mit -1 eindeutig bestimmt.

43. Seien α, β, γ die drei Ecken eines sphärischen Dreiecks auf der Einheitskugel um den Ursprung, ebenso wie die zugehörigen Ortsvektoren und die Dreieckswinkel bei diesen Punkten. Die α, β, γ gegenüberliegenden Seiten seien im Winkelmaß bzw. A, B, C. Seien β_1 und γ_1 bzw. die Projektionen der Punkte β, γ auf den Strahl $O\alpha$ und ebenso die zu diesen Projektionen gehörenden Ortsvektoren. Man zeige, daß die Längen der Vektoren $\beta-\beta_1$ und $\gamma-\gamma_1$ bzw. $\sin C$, $\sin B$ sind und daß diese Vektoren miteinander den Winkel α bilden, daß ferner die Längen der Vektoren γ_1, β_1 bzw. $\cos B, \cos C$ sind, und leite endlich die Relation her (*Kosinussatz der sphärischen Trigonometrie*):

$$\cos A = \cos B \cos C + \sin B \sin C \cos\alpha. \qquad (*)$$

44. Es seien $\alpha, \beta, \gamma, \delta$ vier Vektoren, die ein geschlossenes (räumliches) Viereck bilden, so daß $\alpha+\beta+\gamma+\delta = 0$ ist. Dann gilt

$$|\delta|^2 = |\alpha|^2+|\beta|^2+|\gamma|^2+2\,|\alpha|\,|\beta|\cos(\alpha,\beta)+2\,|\beta|\,|\gamma|\cos(\beta,\gamma) + 2\,|\gamma|\,|\alpha|\cos(\gamma,\alpha).$$

45. Sind die Vektoren α_1, α_2, α_3 unabhängig und sind sie die Orsvektoren der drei Ecken eines Dreiecks F, so ist

$$\alpha = \alpha_1 \times \alpha_2 + \alpha_2 \times \alpha_3 + \alpha_3 \times \alpha_1$$

ein Vektor, dessen Betrag der doppelte Flächeninhalt von F ist und Richtung senkrecht zur Ebene von F und nach der Seite orientiert ist, von der aus gesehen die Ecken α_1, α_2, α_3 im positiven Sinne um F durchlaufen erscheinen.

46. Es seien A_ν $(\nu = 1, \ldots, 4)$ die vier Eckpunkte eines Tetraeders und die zugehörigen Ortsvektoren. Die A_ν gegenüberliegenden Seitenflächen seien mit F_ν bezeichnet, und α_ν $(\nu = 1, \ldots, 4)$ sei der Vektor, dessen Betrag gleich der Fläche $|F_\nu|$ von F_ν ist und der senkrecht zu F_ν ins Innere gerichtet ist. Dann ist $\alpha_1+\alpha_2+\alpha_3+\alpha_4 = 0$. Ferner gilt, wenn allgemein der Winkel zwischen den Vektoren α_ν und α_μ mit $W_{\nu\mu}$ bezeichnet wird,

$$|\alpha_4|^2 = |\alpha_1|^2+|\alpha_2|^2+|\alpha_3|^2+2\,|\alpha_1|\,|\alpha_2|\cos W_{12}+2\,|\alpha_2|\,|\alpha_3|\cos W_{23} + 2\,|\alpha_3|\,|\alpha_1|\cos W_{31};$$

$$\sum_{\nu=1}^{4} |\alpha_\nu| \cos W_{\nu\mu} = 0 \qquad (\mu = 1, \ldots, 4).$$

47. In den Bezeichnungen von A 46 gilt

$$|\cos W_{\nu\mu}| = \begin{vmatrix} \cos W_{11} & \cdots & \cos W_{14} \\ \cdots & \cdots & \cdots \\ \cdots & \cdots & \cdots \\ \cos W_{41} & \cdots & \cos W_{44} \end{vmatrix} = 0.$$

48. Sind $\alpha_1, \alpha_2, \alpha_3, \alpha_4$ vier Vektoren mit verschwindender Summe und $\alpha_1, \alpha_2, \alpha_3$ unabhängig, so gibt es ein Tetraeder derart, daß die α_ν die seinen Flächen wie in A46 zugeordneten Vektoren sind, und zwar ist dieses Tetraeder bis auf Verschiebungen und Spiegelungen eindeutig bestimmt.

49. Man berechne den Abstand des Koordinatenursprungs von der Schnittgeraden der beiden Ebenen $\Xi\,\eta = a$, $\Xi\,\zeta = b$, wo $\Xi = (x_1, x_2, x_3)$ der laufende Ortsvektor und $\eta = (y_1, y_2, y_3)$, $\zeta = (z_1, z_2, z_3)$ zwei gegebene Vektoren mit $\eta \times \zeta \neq 0$ sind, und beweise, daß diese Distanz den Wert hat $|a\,\zeta - b\,\eta|/|\eta \times \zeta|$.

50. Ist für den Vektor $\alpha(t)$ die Ableitung im Punkte t vorhanden und ist dort $\alpha(t) \neq 0$, so gilt $|\alpha|' = \alpha\,\alpha'/|\alpha|$.

51. Ist der Vektor $\alpha(t)$ im Intervall $\langle t_0, t_1\rangle$ durchweg $\neq 0$ und stetig differenzierbar, und ist im ganzen Intervall $\alpha'(t)$ parallel zu $\alpha(t)$, $\alpha'(t) \times \times \alpha(t) = 0$, so hat der Vektor $\alpha(t)$ konstante Richtung.

52. Für drei beliebige Vektoren α, β, γ gilt:

$$|\alpha|^2 + |\beta|^2 + |\gamma|^2 + |\alpha + \beta + \gamma|^2 = |\alpha + \beta|^2 + |\beta + \gamma|^2 + |\gamma + \alpha|^2.$$

53. Für drei beliebige Vektoren α, β, γ gilt,

$$N = |\alpha| + |\beta| + |\gamma| + |\alpha + \beta + \gamma|$$

gesetzt:

$$\begin{aligned} N - |\alpha+\beta| - |\beta+\gamma| - |\gamma+\alpha| &= (|\alpha| + |\beta| - |\alpha+\beta|)\left(1 - \frac{|\alpha| + |\beta| + |\alpha+\beta|}{N}\right) \\ &+ (|\beta| + |\gamma| - |\beta+\gamma|)\left(1 - \frac{|\beta| + |\gamma| + |\beta+\gamma|}{N}\right) \\ &+ (|\gamma| + |\alpha| - |\gamma+\alpha|)\left(1 - \frac{|\gamma| + |\alpha| + |\gamma+\alpha|}{N}\right) \quad \text{(Hlawka).} \end{aligned}$$

54. Für drei beliebige Vektoren α, β, γ gilt:

$$|\alpha| + |\beta| + |\gamma| + |\alpha+\beta+\gamma| \geqq |\alpha+\beta| + |\beta+\gamma| + |\gamma+\alpha| \quad \text{(Hornich).}$$

55. Das Gleichheitszeichen in der Ungleichung von A 54 gilt dann und nur dann, wenn α, β, γ parallel sind und entweder alle gleichgerichtet sind, oder zwei gleichgerichtete eine kleinere Längensumme haben als der dritte Vektor.

§ 28. Schmiegungsebene einer Raumkurve

Eine Raumkurve C mit dem Parameter t ist gegeben durch die Angabe ihres von t abhängigen *Ortsvektors* $\xi(t)$, dessen Komponenten die Koordinaten des allgemeinen Punktes von C sind. Der Vektor $\xi'(t)$ ist dann gleichgerichtet mit der Tangente an C durch den Punkt $\xi(t)$ und wird zumeist durch die zugehörige gerichtete Strecke mit dem Anfangspunkt in $\xi(t)$ dargestellt. $\xi_1(t) = \xi'(t)/|\xi'(t)| = \frac{d\xi(t)}{ds(t)}$ (s die Bogenlänge) ist der zugehörige *Tangenteneinheitsvektor*.

Als *Schmiegungsebene* (*Oskulationsebene*) an C in $\xi(t)$ bezeichnet man die Ebene $(\Xi - \xi(t), \xi'(t), \xi''(t)) = 0$, wo Ξ der Ortsvektor längs dieser Ebene mit den Koordinaten X, Y, Z ist. Wenn allerdings die obige Gleichung der Schmiegungsebene unbestimmt wird, ist diese Ebene zu definieren als die Grenzlage der Ebene durch den Tangentenvektor an C in $\xi(t)$ und durch den Punkt $\xi(t')$ von C ($t' \neq t$), wenn t' nach t strebt. Wird die obige Gleichung der Schmiegungsebene nicht unbestimmt, so wird C durch diese Ebene im Punkt $\xi(t)$ durchsetzt.

1. Man bestimme die Gleichung der Schmiegungsebene zur Kurve $y = x^2, z = x^4$.

2. Die Schmiegungsebene zur Kurve $x = \varphi(t), y = \psi(t), z = a\,\varphi(t) + b\,\psi(t) + c$, wo φ und ψ zweimal differenzierbare Funktionen von t sind.

3. Man bestimme die Schmiegungsebene zur Kurve $x = \cos t, y = \sin t, z = e^t$.

4. Man bestimme die Schmiegungsebene zur Kurve $y^2 - x^2 = a^2, z^2 - x^2 = b^2$ $(a\,b \neq 0)$.

5. Man bestimme die Schmiegungsebene zur Kurve $x = A\,t, y = B\,t^m, z = C\,t^n$ $(n > m > 1)$ für $A\,B\,C\,t \neq 0$.

6. Sei t_0 ein regulärer Parameterwert für die durch den Ortsvektor $\xi(t)$ mit dem Parameter t gegebene Raumkurve, wobei $\xi''(t_0)$ existiert. Wird dann ξ durch die Bogenlänge s ausgedrückt, $\xi(t) = \eta(s)$, und entspricht s_0 dem Parameterwert t_0, so gilt

$$\xi'(t_0) \times \xi''(t_0) = \left(\frac{ds}{dt}\right)^3_{t=t_0} \dot{\eta}(s_0) \times \ddot{\eta}(s_0).$$

7. Gilt unter den Voraussetzungen von A 6 $\xi'(t_0) \times \xi''(t_0) = 0$, so ist $\ddot{\eta}(s_0) = 0$. (Man sagt in diesem Fall, die Kurve habe im Punkt s_0 eine *stationäre Tangente*.)

8. Hat ein Bogen einer Raumkurve in jedem seiner Punkte eine stationäre Tangente, so reduziert sich dieser Bogen auf eine geradlinige Strecke.

9. Werden die Voraussetzungen von A 6 dahin abgeändert, daß die Existenz von $\xi'(t_0)$ anstatt von $\xi''(t_0)$ vorausgesetzt wird, so gilt für $t \to t_0$: $|\xi(t)-\xi(t_0)| \sim |\xi'(t_0)|\,|t-t_0|$.

* * *

10. Seien $x_\nu(z)$ $(\nu = 1, \ldots, 4)$ vier im Intervall (t, τ) zweimal differenzierbare und in $\langle t, \tau\rangle$ stetige Funktionen, y_ν $(\nu = 1, \ldots, 4)$ vier beliebige Konstanten. Dann gilt für ein geeignetes u aus (t, τ):

$$|y_\nu, x_\nu(t), x_\nu'(t), x_\nu(\tau)| = \frac{(\tau-t)^2}{2}|y_\nu, x_\nu(t), x_\nu'(t), x_\nu''(u)|\,^{1)}.$$

11. Seien $x_\nu(z)$ $(\nu = 1, \ldots, 4)$ vier in (t, τ) dreimal differenzierbare und in $\langle t, \tau\rangle$ stetige Funktionen. Dann gilt für ein geeignetes u aus (t, τ):

$$|x_\nu(\tau), x_\nu(t), x_\nu'(t), x_\nu''(t)| = \frac{(t-\tau)^3}{6}|x_\nu(t), x_\nu'(t), x_\nu''(t), x_\nu'''(u)|.$$

12. Unter den Voraussetzungen von A 10 seien t_1, t_2, t_3 drei beliebige untereinander verschiedene Zahlen aus $\langle t, \tau\rangle$; dann gilt für zwei geeignete Werte u, v aus (t, τ) und für $\nu = 1, 2, 3$:

$$|x_\nu(t_1), x_\nu(t_2), x_\nu(t_3)| = \frac{1}{2}(t_1-t_2)(t_2-t_3)(t_3-t_1)|x_\nu(t_3), x_\nu'(u), x_\nu''(v)|$$

(H. A. Schwarz).

13. Unter den Voraussetzungen von A 10 seien t_1, t_2, t_3 drei beliebige untereinander verschiedene Zahlen aus $\langle t, \tau\rangle$; dann gilt für zwei geeignete Werte u, v aus (t, τ):

$$|y_\nu, x_\nu(t_1), x_\nu(t_2), x_\nu(t_3)| = \frac{1}{2}(t_1-t_2)(t_2-t_3)(t_3-t_1)|y_\nu, x_\nu(t_1), x_\nu'(u)\, x_\nu''(v)|.$$

14. Ist in den Bezeichnungen von A 13 $t_1 < t_2 < t_3$, so kann man u und v so wählen, daß $t_1 < v < t_3$, $t_1 < u < t_2$ ist.

---

[1]) Die Ausdrücke rechts und links sind hier in leichtverständlicher Bezeichnung Determinanten vierter Ordnung, bei deren Darstellung wir uns damit begnügen, die allgemeine – nämlich die ν-te – Zeile hinzuschreiben.

15. Unter den Voraussetzungen von A 11 seien t_1, t_2, t_3 drei verschiedene Werte aus (t, τ). Dann gilt

$$|x_\nu(t_1), x'_\nu(t_1), x_\nu(t_2), x_\nu(t_3)|$$
$$= \frac{1}{12}(t_1-t_2)^2(t_1-t_3)^2(t_2-t_3)\,|x_\nu(t_2), x'_\nu(u), x''_\nu(v), x'''_\nu(v)|$$

für geeignete u, v aus (t, τ).

16. Unter den Voraussetzungen von A 10 seien t_1, t_2, t_3 drei verschiedene Werte aus (t, τ). Dann gilt für geeignete u, v aus (t, τ):

$$|x_\nu(t_1), x'_\nu(t_1), x_\nu(t_2), x_\nu(t_3)| = \frac{1}{4}(t_2-t_1)^2(t_3-t_1)^2\,|x_\nu(t_1), x'_\nu(t_1), x''_\nu(u), x''_\nu(v)|.$$

17. Über die Voraussetzungen von A 10 hinaus mögen $x_\nu(z)$ in $\langle t, \tau)$ $(k+1)$-mal differenzierbar sein $(k > 1)$, und es mögen die $k-1$ Determinanten $|y_\nu, x_\nu(t), x'_\nu(t), x_\nu^{(\varkappa)}(t)|$ $(\varkappa = 2, 3, \ldots, k)$ verschwinden. Dann gilt für ein geeignetes u aus (t, τ):

$$|y_\nu, x_\nu(t), x'_\nu(t), x_\nu(\tau)| = \frac{(\tau - t)^{k+1}}{(k+1)!}\,|y_\nu, x_\nu(t), x'_\nu(t), x_\nu^{(k+1)}(u)|.$$

18. Über die Voraussetzungen von A 11 hinaus seien $x_\nu(t)$ in (t, τ) $(k+1)$-mal differenzierbar $(k \geqq 3)$, und es mögen die $k-2$ Determinanten $|x_\nu(t), x'_\nu(t), x''_\nu(t), x_\nu^{(\varkappa)}(t)|$ $(\varkappa = 3, 4, \ldots, k)$ verschwinden. Dann gilt für ein geeignetes u aus (t, τ):

$$|x_\nu(\tau), x_\nu(t), x'_\nu(t), x''_\nu(t)| = -\frac{(\tau - t)^{k+1}}{(k+1)!}\,|x_\nu(t), x'_\nu(t), x''_\nu(t), x_\nu^{(k+1)}(u)|.$$

19. Seien $x_\nu(t)$ $(\nu = 1, \ldots, 3)$ drei in einem Punkt a zweimal differenzierbare und in einer Umgebung von a einmal stetig differenzierbare Funktionen. Dann gilt, wenn t_1, t_2, t_3 so gegen a streben, daß sie dabei verschieden bleiben und daß a im abgeschlossenen Intervall zwischen dem kleinsten und dem größten der t_ν bleibt:

$$\frac{|x_\nu(t_1), x_\nu(t_2), x_\nu t_3)|}{(t_1-t_2)(t_2-t_3)(t_3-t_1)} \to \frac{1}{2}\,|x_\nu(a), x'_\nu(a), x''_\nu(a)| \qquad \text{(Stieltjes).}$$

20. Es sei der von der Variablen t abhängige Vektor $\xi(t)$ k-mal differenzierbar für $t = t_0$. Dann gilt

$$\xi(t) = \sum_{\varkappa=0}^{k-1} \frac{(t-t_0)^\varkappa}{\varkappa!}\,\xi^{(\varkappa)}(t_0) + \frac{(t-t_0)^k}{k!}\,\xi_k(t),$$

wo $\xi_k(t) \to \xi^{(k)}(t_0)$ für $t \to t_0$ ist.

21. Es sei $\xi(t)$ ein zweimal nach t in (A, B) differenzierbarer Vektor, und es seien t, t_1, t_2 drei verschiedene Werte aus (A, B). Dann gilt

a) $[\xi(t), \xi(t_1), \xi(t_2)] = (t_2 - t_1)[\xi(t), \xi(t_1), \xi'(u)]$,

b) $[\xi(t), \xi(t_1), \xi(t_2)] = \frac{1}{2}(t - t_1)(t - t_2)[\xi(t_1), \xi(t_2), \xi''(v)]$,

c) $[\xi(t), \xi(t_1), \xi(t_2)] = \frac{1}{2}(t - t_1)(t - t_2)(t_2 - t_1)[\xi(t_1), \xi'(u), \xi''(v)]$,

wo jedesmal u zwischen t_1 und t_2 und v im Innern des kleinsten abgeschlossenen Intervalls liegt, das t, t_1, t_2 enthält.

22. Es sei der Vektor $\xi(t)$ als Funktion von t an der Stelle $t = t_0$ stetig differenzierbar. Dann gilt für $t_1 \to t_0$, $t_2 \to t_0$, $t_1 \neq t_2$:

$$\frac{\xi(t_2) - \xi(t_1)}{t_2 - t_1} \to \xi'(t_0).$$

23. Wird in den Voraussetzungen von A 22 über $\xi'(t_0)$ nur die Existenz, nicht aber die Stetigkeit vorausgesetzt, so bleibt die Behauptung richtig, wenn t_1 und t_2 so gegen t_0 streben, daß dabei $t_1 \leqq t_0 \leqq t_2$ ist.

24. Existiert $\xi''(t)$ für $t = t_0$ und ist dort stetig, so gilt für $(t_1 - t_2)(t_2 - t_3)(t_3 - t_1) \neq 0$, $t_1 \to t_0$, $t_2 \to t_0$, $t_3 \to t_0$:

$$\frac{1}{t_3 - t_2}\left(\frac{\xi(t_3) - \xi(t_1)}{t_3 - t_1} - \frac{\xi(t_2) - \xi(t_1)}{t_2 - t_1}\right) \to \frac{1}{2}\xi''(t_0).$$

Wird über $\xi''(t_0)$ nur die Existenz, nicht aber die Stetigkeit vorausgesetzt, so bleibt die Behauptung richtig, sofern t_1, t_2, t_3 so gegen t_0 konvergieren, daß dabei t_0 zwischen Max (t_1, t_2, t_3) und Min (t_1, t_2, t_3) bleibt.

25. Existiert $\xi''(t)$ in der Umgebung von a und bleibt dort beschränkt, so gilt, wenn t_1, t_2, t_3 nach a streben, doch so, daß $(t_2 - t_1)(t_2 - t_3)(t_3 - t_1) \neq$ $\neq 0$ bleibt:

$$\frac{\dfrac{|\xi(t_2) - \xi(t_1)|^2}{t_2 - t_1} - \dfrac{|\xi(t_3) - \xi(t_1)|^2}{t_3 - t_1}}{t_2 - t_3} \to |\xi'(a)|^2.$$

26. Existiert $\xi'''(t)$ in der Umgebung von a und bleibt dort beschränkt, streben t_1, t_2, t_3, t_4 so gegen a, daß sie dabei untereinander verschieden bleiben, so konvergiert der Ausdruck

$$\frac{1}{t_3 - t_4}\left[\frac{1}{t_2 - t_3}\left(\frac{[\xi(t_2) - \xi(t_1)]^2}{t_2 - t_1} - \frac{[\xi(t_3) - \xi(t_1)]^2}{t_3 - t_1}\right) - \frac{1}{t_2 - t_4}\left(\frac{[\xi(t_2) - \xi(t_1)]^2}{t_2 - t_1} - \frac{[\xi(t_4) - \xi(t_1)]^2}{t_4 - t_1}\right)\right]$$

gegen $\xi'(a)\,\xi''(a)$.

27. Unter den Voraussetzungen von A 24 gilt in den beiden dort betrachteten Fällen

$$\frac{[\xi(t_2)-\xi(t_1)]\times[\xi(t_3)-\xi(t_1)]}{(t_2-t_1)(t_3-t_1)(t_3-t_2)} \to \frac{1}{2}\xi'(t_0)\times\xi''(t_0).$$

28. Es sei für ein $k \geqq 2$: $\xi^{(k)}(t_0) \neq 0$ und, wenn $k > 2$ ist, $\xi^{(\varkappa)}(t_2) = 0$ $(\varkappa = 2, \ldots, k-1)$. Dann folgt für $t \to t_0$:

$$\frac{\xi'(t_0)\times[\xi(t)-\xi(t_0)]}{(t-t_0)^k} \to \frac{1}{k!}\xi'(t_0)\times\xi^{(k)}(t_0).$$

29. Unter den Voraussetzungen von A 28 gilt, wenn $(\xi'(t_0), \xi^{(k)}(t_0), \eta) \neq 0$ für einen Vektor η ist:

$$(\xi(t)-\xi(t_0), \xi'(t_0), \eta) \sim \frac{(t-t_0)^k}{k!}(\xi^{(k)}(t_0), \xi(t_0), \eta) \qquad (t \to t_0).$$

30. Es sei ξ''' für den von t abhängigen Vektor $\xi(t)$ in einer Umgebung von t_0 stetig. Ist dann $t_1 \to t_0$, $t_2 \to t_0$ $(t_1 \neq t_2, t_1 \neq t_0, t_2 \neq t_0)$, so gilt, wenn man $\Delta = t_2 - t_1$ setzt:

$$\xi'(t_2)\times\xi''(t_2) - \xi'(t_1)\times\xi''(t_1) = O(\Delta),$$
$$(\xi(t_2)-\xi(t_0), \xi'(t_2), \xi''(t_2)) - (\xi(t_1)-\xi(t_0), \xi'(t_1), \xi''(t_1)) = o(\Delta).$$

31. Es sei ein von t abhängiger Vektor $\xi(t)$ in der Umgebung von t_0 viermal differenzierbar und es sei $\xi^{(4)}(t)$ in t_0 stetig. Dann gilt, wenn t_1, t_2, t_3 gegen t_0 streben und dabei untereinander und von t_0 verschieden bleiben:

$$\frac{(\eta_1, \eta_2, \eta_3)}{(t_1-t_2)(t_2-t_3)(t_3-t_1)} \to \frac{1}{2}(\xi'(t_0), \xi''(t_0), \xi'''(t_0))^2.$$

Dabei ist $\eta_\nu = \xi'(t_\nu)\times\xi''(t_\nu)$ $(\nu = 0, 1, 2, 3)$.

32. Über die Voraussetzungen von A 31 hinaus sei $\xi(t_0) = 0$. Dann gilt, wenn t_1, t_2, t_3 ebenso wie in A 31 gegen t_0 streben:

$$S \equiv [\xi(t_1)\eta_1](\eta_2\times\eta_3) + [\xi(t_2)\eta_2](\eta_3\times\eta_1) + [\xi(t_3)\eta_3](\eta_1\times\eta_2) =$$
$$= o[(t_1-t_2)(t_2-t_3)(t_3-t_1)].$$

33. Sei ein von t in $\langle t_1, t_2\rangle$ abhängiger und dort dreimal differenzierbarer Vektor $\xi(t)$ so beschaffen, daß dort durchweg $(\xi, \xi', \xi'') = 0$ ist. Man setze $\eta = \xi\times\xi'$ und bezeichne die x-, y-, z-Komponenten dieses Vektors durch Anhängen der Indizes x, y, z. Gilt dann durchweg in $\langle t_1, t_2\rangle$: $\eta_z \neq 0$, so sind die Größen $a_1 = \eta_x/\eta_z$, $a_2 = \eta_y/\eta_z$ konstant.

34. Es seien die Voraussetzungen von A 33 dahin abgeändert, daß die Annahme $\eta_z \neq 0$ ersetzt wird durch die Annahme, daß durchweg $\eta \neq 0$ ist. Dann hat der Vektor η durchweg konstante Richtung.

35. Es sei ein von t in $\langle t_1, t_2\rangle$ abhängiger Vektor $\xi(t)$ dreimal differenzierbar und es möge in $\langle t_1, t_2\rangle$ durchweg $(\xi, \xi', \xi'') = 0$ sein, während dort der Vektor $\eta = \xi' \times \xi''$ nirgends verschwindet. Dann gilt für einen geeigneten konstanten Vektor α in $\langle t_1, t_2\rangle$: $\alpha\,\xi(t) = 0$.

36. Es sei eine auf ihre Bogenlänge s bezogene Raumkurve C durch ihren Ortsvektor $\xi(s)$ gegeben und es möge $\dot\xi(s_0) = 0$, $\ddot\xi(s_0) \neq 0$ sein. Dann strebt für $s_1 \to s_0$, $s_2 \to s_0$, $s_3 \to s_0$ die Ebene durch die Punkte $\xi(s_1), \xi(s_2), \xi(s_3)$ gegen die Schmiegungsebene an C im Punkte $\xi(s_0)$, wobei entweder vorauszusetzen ist, daß $\ddot\xi$ in s_0 stetig ist oder daß beim Grenzübergang s_0 zwischen $\mathrm{Max}(s_1, s_2, s_3)$ und $\mathrm{Min}(s_1, s_2, s_3)$ enthalten ist.

37. Es möge $\ddot\xi$ für eine auf ihre Bogenlänge s bezogene Raumkurve $C[\xi = \xi(s)]$ im Punkte $s = s_0$ existieren und $\neq 0$ sein. Ist dann $[\Xi - \xi(s_0)]\,\zeta = 0$ die Gleichung einer Ebene durch die Tangente an C in s_0, die von der Schmiegungsebene verschieden ist, so ist (wenn der Normalenvektor ζ zur Ebene ein Einheitsvektor ist) die Distanz eines allgemeinen Punktes $\xi(s)$ von C von dieser Ebene für $s \to s_0$:

$$\sim \frac{(s-s_0)^2}{2}\left|\zeta\,\ddot\xi(s_0)\right|.$$

38. Unter den Voraussetzungen von A37 möge auch $\dddot\xi(s_0)$ existieren. Ist dann $(\dot\xi(s_0), \ddot\xi(s_0), \dddot\xi(s_0)) \neq 0$, so ist die Distanz des allgemeinen Punktes $\xi(s)$ von C von der Schmiegungsebene in Punkte s_0 für $s \to s_0$

$$\sim \frac{|s-s_0|^3}{6}\cdot\frac{\left|(\dot\xi(s_0), \ddot\xi(s_0), \dddot\xi(s_0))\right|}{\left|\dot\xi(s_0)\times\ddot\xi(s_0)\right|}.$$

39. Es sei die Raumkurve $C[\xi = \xi(s)]$ auf ihre Bogenlänge s als Parameter bezogen, man setze $\xi^{(\nu)}(s_0) = \xi_0^{(\nu)}$, und es möge für $s = s_0$ eine ganze Zahl $k \geqq 2$ existieren, so daß $\dot\xi_0 \neq 0$, $\xi_0^{(k)} \neq 0$ ist und, für $k > 2$, $\xi_0^{(\varkappa)} = 0$ $(\varkappa = 2, 3, \ldots, k-1)$ gilt. Dann verschwindet der Vektor $\dot\xi(s_0) \times$ $\times\, \xi^{(k)}(s_0)$ nicht und die durch die Tangente an die Kurve in ξ_0 und den benachbarten Kurvenpunkt $\xi(s)$ gelegte Ebene strebt mit $s \to s_0$ gegen die Ebene $[\Xi - \xi_0][\dot\xi_0 \times \xi_0^{(k)}] = 0$ [Schmiegungsebene im Punkte ξ_0], wo Ξ der Ortsvektor des laufenden Punktes der Ebene ist.

40. Unter den Voraussetzungen von A 39 läßt sich die Gleichung einer Ebene durch die Tangente in $\xi(s_0)$, die von der Schmiegungsebene verschieden ist, in der Form schreiben $[\Xi - \xi_0][\dot\xi_0 \times \eta] = 0$, wo $[\dot\xi_0, \xi_0^{(k)}, \eta] \neq 0$ ist.

41. Unter den Voraussetzungen von A39 wird jede von der Schmiegungsebene in ξ_0 verschiedene Ebene durch die Tangente in diesem Punkt von der Kurve durchsetzt oder nicht durchsetzt, je nachdem ob k ungerade oder gerade ist.

42. Unter den Voraussetzungen von A 39 sei t ein regulärer Parameter von $C[\xi(s) = \eta(t)]$, und es möge $t = t_0$ dem Punkte $s = s_0$ entsprechen. Dann gilt, wenn die Ableitungen von ξ nach s und diejenigen von η nach t genommen und ihre Werte in t_0, s_0 mit dem Index 0 bezeichnet werden:

$$\eta_0' \times \eta_0^{(k)} = s_0'^{k+1} \xi_0' \times \xi_0^{(k)} \neq 0,$$

$$\eta_0' \times \eta_0^{(\varkappa)} = 0 \quad (\varkappa = 2, \ldots, k-1).$$

43. Unter den Voraussetzungen von A 37 lege man durch die Tangente in $\xi(s_0)$ eine Ebene, die zu der Tangente an die Kurve in einem benachbarten Punkt $\xi(s_1)$ parallel verläuft. Dann hat diese Ebene für $s_1 \to s_0$ die Schmiegungsebene in $\xi(s_0)$ zur Grenzlage.

44. Die Behauptung von A 43 bleibt unter den Voraussetzungen von A 39 richtig, auch wenn die Tangente in $\xi(s_0)$ stationär (vgl. A 7) ist.

45. Unter den Voraussetzungen von A 39 ist $\ddot{\xi}(s) \neq 0$ für $k > 2$, sobald $s \neq s_0$ nahe genug an s_0 ist. Im Falle $k = 2$ gilt aber dasselbe, wenn $\ddot{\xi}(s)$ in s_0 stetig ist.

46. Eine auf ihre Bogenlänge s bezogene Raumkurve C sei durch ihren Ortsvektor $\xi(s)$ gegeben, und es möge $\xi(s)$ unter den Voraussetzungen von A 39 an der Stelle s_0 l-mal differenzierbar sein; zugleich sei l die erste ganze Zahl $> k$, für die der Vektor $\xi_0^{(l)}$ unabhängig von den Vektoren $\dot{\xi}_0$, $\xi_0^{(k)}$ ist. Dann ist die Distanz des allgemeinen Kurvenpunktes $\xi(s)$ von der Schmiegungsebene zur Kurve in ξ_0

$$\sim \frac{|s-s_0|^l}{l!} \cdot \frac{|(\dot{\xi}_0, \xi_0^{(k)}, \xi_0^{(l)})|}{|\dot{\xi}_0 \times \xi_0^{(k)}|}.$$

47. Unter den Vorausetzungen von A46 wird die Schmiegungsebene in ξ_0 von der Kurve durchsetzt oder nicht, je nachdem ob l ungerade oder gerade ist.

48. Unter den Voraussetzungen von A 46 sei t ein regulärer Parameter von $C[\xi(s) = \eta(t)]$, und es möge $s = s$ dem Parameterwert $t = t_0$ entsprechen. Dann gilt:

$$(\eta'(t_0), \eta^{(k)}(t_0), \eta^{(l)}(t_0)) \neq 0,$$

$$(\eta'(t_0), \eta^{(k)}(t_0), \eta^{(\lambda)}(t_0)) = 0 \qquad (\lambda = k+1, \ldots, l-1).$$

49. Man bestimme für die Kurve von A 5 im Punkte $t = 0$ die Zahlen k von A 39 und l von A 46. Dabei möge $n > m \geqq 3$ und $ABC \neq 0$ angenommen werden.

50. Unter den Voraussetzungen von A 46 gelten für $s \to s_0$ die Relationen

$$\xi(s) - \xi_0 = (s - s_0)(1 + \varepsilon_1)\,\dot{\xi}_0 + \frac{(s-s_0)^k}{k!}(1+\varepsilon_2)\,\xi_0^{(k)} + \frac{(s-s_0)^l}{l!}(1+\varepsilon_3)\,\xi_0^{(l)};$$

$$\dot{\xi}(s) = (1+\varepsilon_4)\,\dot{\xi}_0 + \frac{(s-s_0)^{k-1}}{(k-1)!}(1+\varepsilon_5)\,\xi_0^{(k)} + \frac{(s-s_0)^{l-1}}{(l-1)!}(1+\varepsilon_6)\,\xi_0^{(l)};$$

$$\ddot{\xi}(s) = \varepsilon_7\,\dot{\xi}_0 + \frac{(s-s_0)^{k-2}}{(k-2)!}(1+\varepsilon_8)\,\xi_0^{(k)} + \frac{(s-s_0)^{l-2}}{(l-2)!}(1+\varepsilon_9)\,\xi_0^{(l)}.$$

Dabei streben $\varepsilon_1, \ldots, \varepsilon_9$ mit $s \to s_0$ gegen 0.

51. In den linearen Darstellungen der A 50 von $\xi(s)$, $\dot{\xi}(s)$, $\ddot{\xi}(s)$ durch $\dot{\xi}_0$, $\xi_0^{(k)}$, $\xi_0^{(l)}$ ist für $s \to s_0$ die Determinante der Darstellungskoeffizienten

$$\sim \frac{(k-1)(l-1)(l-k)}{k!\,l!}(s-s_0)^{k+l-2}.$$

52. Unter den Voraussetzungen von A 46 schneidet sich die Schmiegungsebene an C in $\xi(s)$ mit der Schmiegungsebene an C in ξ_0 in einer Geraden, die für $s \to s_0$ gegen die Tangente an C in ξ strebt. Insbesondere ist die Distanz Δ von ξ_0 nach dieser Schnittgeraden mit $s \to s_0$:

$$\sim \frac{(k-1)(l-k)}{l}\,|\dot{\xi}_0 \times \xi_0^{(k)}|\,\frac{|s-s_0|^k}{k!}.$$

53. Unter den Voraussetzungen von A 39 sei $k > 2$ und *gerade*. Wird dann für $s_1 > s_0 > s_2$ eine Ebene durch die drei Punkte $\xi(s_1)$, $\xi(s_0)$, $\xi(s_2)$ gelegt und streben s_1 und s_2 gegen s_0, so konvergiert diese Ebene gegen die Schmiegungsebene in ξ_0.

54. Unter den Voraussetzungen von A 39 sei k *ungerade*, und es möge $\xi_0^{(k+1)} \equiv \xi^{(k+1)}(s_0)$ existieren und unabhängig von $\dot{\xi}_0$ sein, $\dot{\xi}_0 \times \xi_0^{(k+1)} \neq 0$. Dann konvergiert für $h \to 0$ die Ebene durch die drei Punkte $\xi(s_0 + h)$, $\xi(s_0)$, $\xi(s_0 - h)$ gegen die Ebene durch $\xi(s_0)$ mit dem Normalenvektor $\dot{\xi}_0 \times \xi_0^{(k+1)}$.

55. Unter den Voraussetzungen von A 39 sei $k > 2$ und *gerade*. Wird durch die Tangente in $\xi(s_1)$ eine Ebene gelegt, die zu der Tangente in $\xi(s_2)$ parallel ist, und streben s_1, s_2 so gegen s_0, daß dabei s_0 zwischen s_1 und s_2 bleibt, so konvergiert diese Ebene gegen die Schmiegungsebene in $\xi(s_0)$.

56. Unter den Voraussetzungen von A 54 konvergiert für $h \to 0$ die Ebene durch die Tangente in $\xi(s_0 + h)$, die zur Tangente im Punkt $\xi(s_0 - h)$ parallel ist, gegen die Ebene durch $\xi(s_0)$ mit dem Normalenvektor $\dot{\xi}_0 \times \xi_0^{(k+1)}$.

57. Über die Voraussetzungen von A 38 hinaus möge $\dddot{\xi}(s)$ in einer Umgebung von s_0 existieren und stetig sein. Dann schneiden sich die Schmiegungsebenen in $\xi(s_1)$ und $\xi(s_2)$ $(s_1 \neq s_2, s_1 \neq s_0, s_2 \neq s_0)$, wenn s_1 und s_2 nah genug bei s_0 liegen, längs einer Geraden, die für $s_1 \to s_0, s_2 \to s_0$ in die Tangente in $\xi(s_0)$ übergeht.

58. Über die Voraussetzungen von A 38 hinaus sei $\xi^{(4)}$ in der Umgebung von s_0 vorhanden und in s_0 stetig. Streben dann s_1, s_2, s_3 gegen s_0 derart, daß sie dabei untereinander und von s_0 verschieden bleiben, so schneiden sich die zugehörigen Schmiegungsebenen in einem Punkt, der gegen $\xi(s_0)$ konvergiert.

59. Es sei längs eines Kurvenbogens $\xi = \xi(s)$ (s = Bogenlänge) durchweg $(\dot{\xi}, \ddot{\xi}, \dddot{\xi}) = 0$ und im Innern dieses Bogens durchweg $\dot{\xi} \times \ddot{\xi} \neq 0$. Dann liegt der ganze Bogen in einer Ebene.

60. Ist $\xi(s)$ längs eines Bogens der Raumkurve $\xi = \xi(s)$ dreimal differenzierbar, hat dieser Bogen keine stationären Tangenten (vgl. A 7) und gehen sämtliche Schmiegungsebenen zu den Punkten dieses Bogens durch einen festen Punkt O, so ist dieser Bogen eben.

§ 29. Krümmung und Torsion

In den Bezeichnungen von § 28 setzt man, wenn die Bogenlänge s als Parameter zugrunde gelegt wird und $\ddot{\xi}(s)$ existiert und $\neq 0$ ist,

$$\xi_1 = \dot{\xi}, \quad \varkappa = |\ddot{\xi}|, \quad \xi_2 = \frac{1}{\varkappa}\ddot{\xi}, \quad \varkappa = \sqrt{\ddot{x}^2 + \ddot{y}^2 + \ddot{z}^2}\,.$$

$\varkappa$ heißt die *Krümmung* (gelegentlich die *erste Krümmung*) von C in $P = \xi(s)$ und der Halbstrahl von P aus in der Richtung von $\xi_2(s)$ die *Hauptnormale* an C in P. Man setzt ferner $\xi_3(s) = \xi_1 \times \xi_2$. Dies ist ein Einheitsvektor, und die drei bis auf Ausnahmefälle aufeinander senkrechte Vektoren ξ_1, ξ_2, ξ_3 bilden, von P aus abgetragen, das sogenannte *begleitende Dreikant*. Es gilt $\xi_1 \times \xi_3 = -\xi_2$. Der von P in der Richtung $\xi_3(s)$ gezogene Halbstrahl ist die *Binormale* an C in P. Die durch P, ξ_2 und ξ_3 gelegte Ebene ist die *Normalebene* an C in P und die Ebene durch P, ξ_1 und ξ_3 die *rektifizierbare Ebene* an C durch P. Als *Krümmungskreis* bzw. *Krümmungsmittelpunkt* von C in P bezeichnet man den Krümmungskreis und Krümmungsmittelpunkt in P der Projektion von C auf die Schmiegungsebene in P. Wir setzen $\varrho = 1/\varkappa$.

Die *Torsion* (*Windung* oder auch die *zweite Krümmung*) an C in P ist

$$\tau = \dot{\xi}_2\, \xi_3 = -\dot{\xi}_3\, \xi_2\,,$$

und es gelten dann die *Frenetschen Formeln*

$$\begin{aligned}\dot{\xi}_1 &= \quad\varkappa\,\xi_2 \qquad\qquad ,\\ \dot{\xi}_2 &= -\varkappa\,\xi_1 \qquad +\tau\,\xi_3\,,\\ \dot{\xi}_3 &= \quad -\tau\,\xi_2 \qquad\quad .\end{aligned}$$

$\tau = (\xi', \xi'', \xi''') = 0$ ist charakteristisch für eine ebene Kurve. Es gilt, wenn die Striche die Differentiation nach dem Parameter bedeuten,

$$\tau = \frac{1}{\varkappa^2}(\dot{\xi}, \ddot{\xi}, \dddot{\xi}) = (\xi', \xi'', \xi''')/|\xi' \times \xi''|^2,$$

$$\varkappa = |\xi' \times \xi''|/s'^3, \quad s'^3\,\dot{\xi} \times \ddot{\xi} = \xi' \times \xi'',$$

$$s'^4\,\ddot{\xi} = \xi' \times (\xi'' \times \xi') = |\xi'|^2\,\xi'' - (\xi'\,\xi'')\,\xi', \quad (\xi', \xi'', \xi''') = s'^6\,(\dot{\xi}, \ddot{\xi}, \dddot{\xi}).$$

In den folgenden Hinweisen und Lösungen bedeuten Striche Ableitungen nach dem Parameter $\neq s$, wobei die Wahl des Parameters aus dem Zusammenhang klar ist. $-\infty < \sigma < \infty$ ist der Geradenparameter längs der Hauptnormale und der Binormale. $\Xi = (X, Y, Z)$ ist der Ortsvektor des allgemeinen Punktes der Schmiegungsebene.

1. Man bestimme die Gleichungen der Hauptnormale und Binormale zur Kurve $y = x^2, z = x^4$ und ermittle deren Krümmung und Torsion.

2. Man bestimme die Gleichungen der Schmiegungsebene, Hauptnormale und Binormale zur Kurve $x = t^4/4, y = t^3/3, z = t^2/2$.

3. Man bestimme die Gleichungen der Schmiegungsebene, Hauptnormale und Binormale zur Kurve $x = a\sqrt{z}, y = b\sqrt{z}$ und ermittle deren Krümmung.

4. Man bestimme die Gleichungen der Schmiegungsebene, Hauptnormale und Binormale zur Kurve $x = t - \sin t, y = 1 - \cos t, z = 4 \sin t/2$.

5. Man bestimme die Gleichungen der Hauptnormale und Binormale zur Kurve $x = \cos t, y = \sin t, z = e^t$ und ermittle deren Krümmung und Torsion.

6. Man bestimme die Gleichungen der Schmiegungsebene, Hauptnormale und Binormale zur Kurve $x = e^t \sin t, y = e^t \cos t, z = e^t$ und ermittle deren Krümmung und Torsion.

7. Man bestimme die Krümmung und Torsion der Normkurve ($x = t, y = t^2, z = t^3$).

8. Man diskutiere die konische Schraubenlinie $x = a\,t \cos t, y = a\,t \sin t, z = c\,t$.

9. Man bestimme die Gleichungen der Schmiegungsebene, Hauptnormale und Binormale zur Kurve $y = x^2/(3\,a^2), z = a^2/(2\,x)$ und ermittle deren Krümmung und Torsion.

10. Man bestimme die Gleichungen der Schmiegungsebene, Hauptnormale und Binormale zur Kurve $y^2 = x^2/2$, $z^2 = x^3/6$ und ermittle deren Krümmung und Torsion.

11. Man bestimme die Gleichungen der Schmiegungsebene, Hauptnormale und Binormale zur Kurve $x = a\,y^2$, $z = b/x$ und ermittle deren Krümmung und Torsion*).

12. Man bestimme die Gleichungen der Schmiegungsebene, Hauptnormale und Binormale zur Kurve $y = x^3/3$, $z = a/x$ und ermittle deren Krümmung und Torsion.

13. Man bestimme die Gleichungen der Schmiegungsebene, Hauptnormale und Binormale zur Schnittkurve der Zylinder $x = a\,z^2$, $y^2/b^2 - x^2/a^2 = 1$ und ermittle deren Krümmung und Torsion.

14. Man bestimme die Gleichungen der Schmiegungsebene, Hauptnormale und Binormale zur Schnittkurve von $x^2+y^2+z^2 = 1$ und $y^2 = x(1-x)$.

15. Es gilt unter den Annahmen der Einleitung:

$$\dddot{\xi} = -\varkappa^2\,\xi_1 + \dot{\varkappa}\,\xi_2 + \varkappa\,\tau\,\xi_3, \qquad \dot{\xi}\times\dddot{\xi} = -\varkappa\,\tau\,\xi_2 + \dot{\varkappa}\,\xi_3.$$

16. Ist $\xi(t)$ ein zweimal differenzierbarer, vom Parameter t abhängiger Vektor, bei dem $|\xi'| \equiv |\xi''| \equiv 1$ ist, so ist die Kurve mit dem Ortsvektor $\xi(t)$ eine Raumkurve konstanter Krümmung 1.

17. Wird eine Raumkurve einer Ähnlichkeitstransformation mit dem Ähnlichkeitsverhältnis q unterworfen, so werden dabei ihre Krümmung und Torsion durch q dividiert.

18. Bei der gewöhnlichen Schraubenlinie $X = \varrho\cos t$, $y = \varrho\sin t$, $z = \varrho(\operatorname{tg}\Theta)\,t$ mit der z-Achse als Schraubenachse bilden Tangente und Binormale konstante Winkel mit der Schraubenachse, und die Normale steht senkrecht zur Achse.

* * *

19. Es möge die Kurve C durch den Ursprung gehen, dort die x-Achse zur Tangente und die x-y-Ebene zur Schmiegungsebene haben. Dann gilt, wenn die auf den Ursprung bezüglichen Größen durch den Index 0 markiert werden, $\dot{x}_0 = 1$, $\dot{y}_0 = \dot{z}_0 = 0$, $\ddot{x}_0 = \ddot{z}_0 = 0$, $|\ddot{y}_0| = \varkappa_0$, wo $\varkappa_0$ die Krümmung im Ursprung bezeichnet. Zugleich ist die Krümmung im Ursprung der Projektion C_z von C auf die Schmiegungsebene gleich $\varkappa_0$ oder $-\varkappa_0$, je nach dem längs dieser Projektion gewählten Durchlaufungssinn.

* Es werden nur Werte von x betrachtet, für die $ax \geqq 0$ ist.

20. Man zeige, daß die Frenetschen Formeln sich in der Form zusammenfassen lassen: $\dot{\xi}_\nu = \delta \times \xi_\nu$ $(\nu = 1, 2, 3)$, wo $\delta = \tau\,\xi_1 + \varkappa\,\xi_3$ der sogenannte *Beltramische Drehvektor* ist.

21. Bilden die Vektoren ξ_1, ξ_2, ξ_3 das Vektorentripel des begleitenden Dreikants, so gilt für die μ-te Ableitung der ξ nach der Bogenlänge an jeder regulären Stelle, wenn die Koordinaten hinreichend oft nach der Bogenlänge differenzierbar sind, $\xi_\nu^{(\mu)} = U_{\nu,\mu}\,\xi_1 + V_{\nu,\mu}\,\xi_2 + W_{\nu,\mu}\,\xi_3$ $(\nu = 1, 2, 3;$ $\mu = 1, 2, 3, \ldots)$, wo die $U_{\nu,1}$, $V_{\nu,1}$, $W_{\nu,1}$ durch die Frenetschen Formeln gegeben sind und für $\mu \geqq 1$ die Rekursionsformeln gelten:

$$U_{\nu,\mu+1} = U'_{\nu,\mu} - \varkappa\,V_{\nu,\mu}, \qquad V_{\nu,\mu+1} = V'_{\nu,\mu} + \varkappa\,U_{\nu,\mu} - \tau\,W_{\nu,\mu},$$
$$W_{\nu,\mu+1} = W'_{\nu,\mu} + \tau\,V_{\nu,\mu}.$$

22. Man leite die folgenden Entwicklungen von x, y, z nach Potenzen von s her, wenn das begleitende Dreikant das Bezugssystem ist:

$$x = s - \frac{\varkappa^2}{6}\,s^3 - \frac{\varkappa\,\dot{\varkappa}}{8}\,s^4 - \cdots,$$

$$y = \frac{\varkappa}{2}\,s^2 + \frac{\dot{\varkappa}}{6}\,s^3 + \frac{\ddot{\varkappa} - \varkappa^3 - \varkappa\,\tau^2}{24}\,s^4 + \cdots,$$

$$z = \frac{\tau\,\varkappa}{6}\,s^3 + \frac{\dot{\tau}\,\varkappa + 2\,\dot{\varkappa}\,\tau}{24}\,s^4 + \cdots.$$

23. Unter den Voraussetzungen von A 22 gilt

$$\xi_1(0) \times \xi_1(s) = (0,\,0,\,\varkappa)\,s + (0, -\tau\,\varkappa, \dot{\varkappa})\,\frac{s^2}{2} +$$
$$+ (0, -\dot{\tau}\,\varkappa - 2\,\dot{\varkappa}\,\tau,\; \ddot{\varkappa} - \varkappa^3 - \varkappa\,\tau^2)\,\frac{s^3}{6} + O(s^4).$$

24. Es sei P_0 ein regulärer Punkt einer Raumkurve, P_s ein auf der Kurve in der Kurvendistanz s von P_0 gelegener Punkt. Dann ist für $s \to 0$ die Distanz von P_s zur Oskulationsebene in P_0: $\sim |\tau|\,\varkappa s^3/6$.

25. Unter den Voraussetzungen von A 24 ist für $s \to 0$ die Distanz von P_s zur Tangente in P_0: $\sim \varkappa s^2/2$.

26. Unter den Voraussetzungen von A 24 ist die Differenz zwischen der geradlinigen Distanz von P_0 nach P_s und der Bogendistanz s mit $s \to 0$: $\sim \varkappa^2 s^3/24$.

27. Unter den Voraussetzungen von A 24 ist die kürzeste Distanz der Tangenten in P_0 und P_s für $s \to 0$: $\sim |\tau|\,\varkappa s^3/12$.

28. Sei $\xi = \xi(s)$ $(s' \leqq s \leqq s'')$ ein Bogen C einer auf ihre Bogenlänge bezogenen Raumkurve und $\ddot{\xi}(s)$ durchweg stetig. Ferner sei $\xi(s_0) = \xi_0(x_0, y_0, z_0)$

der Ortsvektor eines Punktes von C mit $s' < s_0 < s''$ und zugleich möge unter ξ_0 auch der Endpunkt des Ortsvektors ξ_0 verstanden werden. Dann entspricht jedem $\varepsilon > 0$ ein $\delta = \delta(\varepsilon) > 0$ derart, daß, wenn P ein Punkt aus der δ-Umgebung $U_\delta(\xi_0)$ von ξ_0 ist, es in der ε-Umgebung von s_0, $U_\varepsilon(s_0)$, einen und nur einen Wert s gibt, so daß die kürzeste Distanz von P nach C gleich der Distanz von P nach $\xi(s)$ ist. Zugleich steht dann die Strecke von P nach $\xi(s)$ senkrecht auf der Tangente an C in $\xi(s)$.

29. Seien $\xi(s)$, $\eta(s_1)$ zwei abgeschlossene Bögen von auf ihre Bogenlängen s, s_1 bezogenen Raumkurven, so daß $\dot{\xi}(s)$, $\dot{\eta}(s_1)$ durchweg stetig sind. Ist die kürzeste Distanz zwischen diesen Bögen gleich der Distanz eines von den Endpunkten verschiedenen Punktes ξ_0 der einen nach einem von den Endpunkten verschiedenen Punkt η_0 der andern Kurve, so steht die Strecke von ξ_0 nach η_0 senkrecht auf den Tangenten der beiden Kurven in den betreffenden Punkten.

30. Ist $\ddot{\xi}(s)$ in der Umgebung von s_0 stetig und $\neq 0$, so lege man durch drei verschiedene Kurvenpunkte $\xi(s_\nu) = \xi_\nu$ $(\nu = 1, 2, 3)$ eine Kreislinie mit dem Radius r, deren Mittelpunkt den Ortsvektor $\xi_1 + \Gamma$ hat. Man zeige, daß, wenn die s_ν gegen s_0 konvergieren und dabei voneinander verschieden bleiben, diese Kreislinie gegen den zu $\xi_0 = \xi(s_0)$ gehörenden Krümmungskreis der Projektion der Kurve auf die Schmiegungsebene in $\xi(s_0)$ konvergiert.

31. Ist $\dddot{\xi}(s)$ in der Umgebung von s_0 vorhanden und in s_0 stetig, ist die Torsion der Kurve in $\xi_0 = \xi(s_0)$ von 0 verschieden, so lege man durch die vier Punkte $\xi(s_\nu) = \xi_\nu$ $(\nu = 1, 2, 3, 4)$ eine Kugel mit dem Radius r, deren Mittelpunkt den Ortsvektor $\xi_1 + \Gamma$ hat. Man zeige, daß, wenn die s_ν gegen s_0 konvergieren und dabei voneinander verschieden bleiben, diese Kugel gegen eine wohlbestimmte Grenzkugel (*Schmiegungskugel*) strebt und daß der Grenzvektor $\Gamma_0 = \operatorname{Lim} \Gamma$ gleich $\Gamma_0 = (\dddot{\xi} \times \dot{\xi}) / (\dot{\xi}, \ddot{\xi}, \dddot{\xi})$ ist.

32. Man zeige, daß der Mittelpunkt der Schmiegungskugel in A 31 durch $\xi + \varrho\, \xi_2 + (\dot{\varrho}/\tau)\, \xi_3$, $\varrho = 1/\varkappa$, gegeben wird, daß dieser Mittelpunkt in der Normalebene liegt und daß der Radius der Schmiegungskugel gleich $\sqrt{\varrho^2 + (\dot{\varrho}^2/\tau^2)}$ ist. Ferner liegt der Krümmungskreis auf der Schmiegungskugel.

33. Man zeige, daß für eine sphärische Kurve mit nichtverschwindender Torsion die Relation $\varrho\,\tau + (d/ds)\,(\dot{\varrho}/\tau) = 0$ charakteristisch ist.

34. Ist C eine Kurve konstanter Krümmung $\varkappa > 0$, so liegt der Mittelpunkt der Schmiegungskugel im Krümmungsmittelpunkt, der geometrische Ort E der Krümmungsmittelpunkte ist gleichfalls eine Kurve derselben konstanten Krümmung $\varkappa$, und C ist der geometrische Ort der Krümmungsmittelpunkte von E.

35. Unter den Voraussetzungen von A31 mögen s_1, s_2, s_3 gegen s_0 streben, ohne dabei untereinander gleich zu werden; dann schneiden sich die Normalebenen an die Kurve $\xi(s)$ zu den Punkten $\xi(s_1)$, $\xi(s_2)$, $\xi(s_3)$ in einem Punkt, der gegen den Mittelpunkt der Schmiegungskugel an die Kurve in $\xi(s_0)$ konvergiert.

36. Unter den Voraussetzungen von A 31 mögen s_1, s_2 so gegen s_0 streben, daß dabei $s_1 \neq s_2$ ist. Dann schneiden sich die Normalebenen an die Kurve in den Punkten $\xi(s_1)$, $\xi(s_2)$ in einer Geraden, die in der Grenze gegen die Parallele zur Binormale in $\xi(s_0)$ durch den Krümmungsmittelpunkt konvergiert (*Krümmungsachse*).

37. Notwendig und hinreichend, damit die durch den vom Parameter t abhängigen dreimal differenzierbaren Vektor $\xi(t)$ gegebene Kurve die konstante Torsion 1 besitzt, ist, daß es einen von t abhängigen dreimal differenzierbaren Vektor $\sigma(t)$ mit $|\sigma| \equiv 1$ und $(\sigma, \sigma', \sigma'') \neq 0$ gibt derart, daß $\xi(t) = \int (\sigma \times \sigma')\, dt$ ist.

38. Man zeige, daß eine sphärische Kurve mit konstanter Krümmung ein Kreis ist.

39. Wird aus einer auf ihre Bogenlänge s bezogenen Kurve $\xi(s)$ eine neue Kurve (*Fadenevolvente*) gebildet mit dem Ortsvektor $\Xi = \xi + (a - s)\,\dot{\xi}$, wo a eine Konstante ist, so trifft diese Kurve in jedem ihrer Punkte die entsprechende Tangente der ursprünglichen Kurve senkrecht. Ferner ist die Ableitung der Bogenlänge σ der zweiten Kurve nach s gleich $|a - s|\,\varkappa$.

40. Wird einer auf ihre Bogenlänge bezogenen Kurve $\xi(s)$ eine zweite Kurve $\Xi(s)$ derart zugeordnet, daß $\Xi(s)$ in jedem ihrer Punkte die s entsprechende Tangente der ersten Kurve senkrecht trifft, so gilt für eine geeignete Konstante a: $\Xi = \xi + (a - s)\,\dot{\xi}$, wenn Ξ nach s differenzierbar ist.

41. Ist $x = \varphi(\sigma)$, $y = \psi(\sigma)$ eine auf ihre Bogenlänge σ bezogene ebene Kurve C_0, so untersuche man für eine Konstante Θ, $|\Theta| < \pi/2$, die Raumkurve C mit $x = \varphi(\sigma)$, $y = \psi(\sigma)$, $z = \sigma \operatorname{tg} \Theta$ (die *allgemeine Schraubenlinie*, deren „Achsenrichtung" parallel zu Oz ist). Ist $\varkappa \neq 0$ die Krümmung längs C_0, so beweise man, daß für die Kurve C die Relationen gelten:

$$\xi_1 = (\varphi' \cos\Theta, \psi' \cos\Theta, \sin\Theta),$$
$$\xi_2 = (-\psi', \varphi', 0) \operatorname{sgn} \varkappa_0,$$
$$\xi_3 = (-\varphi' \sin\Theta, -\psi' \sin\Theta, \cos\Theta) \operatorname{sgn} \varkappa_0,$$

wo die Striche die Ableitungen nach σ bedeuten. Ferner gilt $\varkappa = |\varkappa_0| \cos^2\Theta$, $\tau = |\varkappa_0| \sin\Theta \cos\Theta$, $\tau/\varkappa = \operatorname{tg}\Theta$, unter τ und $\varkappa$ die Torsion und Krümmung längs C verstanden.

42. Man zeige, daß bei der allgemeinen Schraubenlinie (A 41) die Tangente und die Binormale konstante Winkel mit der z-Achse bilden und die Hauptnormale senkrecht auf der z-Achse steht.

43. Eine allgemeine Schraubenlinie ist dann und nur dann eine gewöhnliche Schraubenlinie, wenn ihre Krümmung $\varkappa$ konstant ist.

44. Man zeige, daß Kurven, deren Tangenten mit der z-Achse einen festen Winkel $\pi/2-\Theta$ bilden (*Böschungslinien*), mit den allgemeinen Schraubenlinien identisch sind.

45. Steht die Hauptnormale längs einer Kurve beständig senkrecht auf der z-Achse, so ist die Kurve eine allgemeine Schraubenlinie.

46. Bildet die Binormale längs einer Kurve beständig einen festen Winkel mit der z-Achse, so ist die Kurve eine allgemeine Schraubenlinie.

47. Ist längs einer Kurve das Verhältnis der Torsion zur Krümmung konstant, so ist die Kurve eine allgemeine Schraubenlinie.

48. Eine Raumkurve ist dann und nur dann eine allgemeine Schraubenlinie (A 41), wenn für sie $(\ddot{\xi}, \dddot{\xi}, \xi^{(4)}) = 0$ gilt, sofern man gerade Linien zu den allgemeinen Schraubenlinien zählt (Forsyth).

49. Es möge zur Kurve C eine zweite Kurve C^* derart existieren, daß die Hauptnormalen der beiden Kurven zusammenfallen (*Bertrandsches Kurvenpaar*). Man zeige, daß, wenn die Bogenlängen von C und C^* in den entsprechenden Punkten differenzierbare Funktionen voneinander sind, die Distanz zwischen den entsprechenden Punkten der beiden Kurven konstant ist und daß ferner die Tangenten an C und C^* in den entsprechenden Punkten einen konstanten Winkel miteinander bilden.

50. Verschwindet τ längs einer Kurve C nicht, so gehört C dann und nur dann zu einem Bertrandschen Kurvenpaar, wenn längs C eine lineare Relation $a\varkappa + b\tau = 1$ zwischen der Krümmung und Torsion mit konstanten Koeffizienten a, b besteht.

§ 30. Tangentialebene und Flächennormale

Eine Fläche φ wird gewöhnlich vorgegeben entweder implizite durch eine Gleichung $F(x, y, z) = 0$ oder, indem etwa z als Funktion von x, y gegeben wird: $z = f(x, y)$ oder allgemeiner, indem x, y und z als Funktionen von zwei Parametern, etwa u, v, den sogenannten *Koordi-*

naten auf der Fläche, ausgedrückt werden:

$$x = x(u, v), \quad y = y(u, v), \quad z = z(u, v).$$

Ist $P(x, y, z)$ ein allgemeiner Punkt von φ, so liegen für alle Kurven auf φ durch P die Tangenten zu diesen Kurven in P in einer festen, nur von φ und P abhängigen Ebene, der *Tangentialebene* an φ in P, deren Gleichung in einer der folgenden Formen geschrieben werden kann, entsprechend der oben angegebenen Darstellung, wenn X, Y, Z die laufenden Koordinaten auf der Tangentialebene sind:

$$F'_x(P)(X-x) + F'_y(P)(Y-y) + F'_z(P)(Z-z) = 0,$$

$$Z - z = p(X-x) + q(Y-y), \quad p = f'_x, \quad q = f'_y,$$

$$A(X-x) + B(Y-y) + C(Z-z) = 0,$$

$$A = \begin{vmatrix} y'_u & y'_v \\ z'_u & z'_v \end{vmatrix}, \quad B = \begin{vmatrix} z'_u & z'_v \\ x'_u & x'_v \end{vmatrix}, \quad C = \begin{vmatrix} x'_u & x'_v \\ y'_u & y'_v \end{vmatrix}.$$

Die Normale zur Tangentialfläche in P ist die *Flächennormale* in P. Ihre Richtungskosinusse sind proportional den entsprechenden Koeffizienten in der Gleichung der Tangentialfläche. Daher

$$\cos(x, n) = \frac{F'_x}{\sqrt{F'^2_x + F'^2_y + F'^2_z}} = \frac{A}{\sqrt{A^2 + B^2 + C^2}} = \frac{-p}{\sqrt{1 + p^2 + q^2}},$$

$$\cos(y, n) = \frac{F'_y}{\sqrt{F'^2_x + F'^2_y + F'^2_z}} = \frac{B}{\sqrt{A^2 + B^2 + C^2}} = \frac{-q}{\sqrt{1 + p^2 + q^2}},$$

$$\cos(z, n) = \frac{F'_z}{\sqrt{F'^2_x + F'^2_y + F'^2_z}} = \frac{C}{\sqrt{A^2 + B^2 + C^2}} = \frac{1}{\sqrt{1 + p^2 + q^2}}.$$

1. Bestimme die Tangentialebene zur Fläche $x^m + y^m + z^m = a^m$. Für $m = 1/2$ ist zu zeigen, daß die Achsenabschnitte der Tangentialebene konstante Summe haben.

2. Bestimme die Gleichungen der Tangentialebene und der Normale eines Ellipsoids $x^2/a^2 + y^2/b^2 + z^2/c^2 = 1$. Bestimme insbesondere die Tangentialebene, deren drei Achsenabschnitte einander gleich sind.

3. Bestimme die Gleichungen der Tangentialebene und der Normale für das elliptische Paraboloid $z = x^2/a^2 + y^2/b^2$.

4. Bestimme die Gleichungen der Tangentialebene und der Normale für das hyperbolische Paraboloid $z = x^2/a^2 - y^2/b^2$.

5. Man stelle eine zur Parameterdarstellung der Kugel analoge Parameterdarstellung des Ellipsoids mit den Halbachsen a, b, c auf.

6. Bestimme die Gleichung der Tangentialebene zur Fläche

$$x = u + v, \quad y = u^2 + v^2, \quad z = u^3 + v^3.$$

7. Bestimme die Gleichung der Tangentialebene zur Fläche (*Schraubenfläche*)

$$x = r\cos\varphi, \quad y = r\sin\varphi, \quad z = kr \qquad (0 \leqq \varphi < 2\pi, \ -\infty < r < \infty).$$

8. Bestimme die Gleichungen der Tangentialebene und Normale zur Torusfläche

$$x = (a + r\cos\psi)\sin\varphi, \quad y = (a + r\cos\psi)\cos\varphi, \quad z = r\sin\psi.$$

9. Leite die Parameterdarstellung des Hyperboloids $x^2/a^2 + y^2/b^2 - z^2/c^2 = 1$ in der Form $x = a\sin u \operatorname{Cos} v$, $y = b\cos u \operatorname{Cos} v$, $z = c \operatorname{Sin} v$ her und bestimme die Gleichungen der Tangentialebene sowie der Normale in den Parametern u und v.

10. Die Flächen $x^2 + y^2 + z^2 = \alpha x$ und $x^2 + y^2 + z^2 = \beta y$ schneiden sich rechtwinklig.

11. Die Tangentialebenen zur Fläche $z = x f(y/x)$ gehen durch einen gemeinsamen Punkt.

12. Bestimme die Schnittkurve der Fläche $xy = az$ mit der allgemeinen Tangentialebene.

13. Bestimme die Gleichungen der Tangentialebene und Normale zur Fläche $xyz = a^3$, $a > 0$ sowie die Schnittkurve dieser Fläche mit ihrer Tangentialebene.

14. Man beweise, daß alle Tangentialebenen zur Fläche $F(x, y, z) \equiv z - x - \varphi(y - z) = 0$ einer festen Richtung parallel sind.

* * *

15. Werden anstatt der Flächenkoordinaten u, v neue Flächenkoordinaten r, s eingeführt und werden die auf r, s bezüglichen Größen A, B, C mit A^*, B^*, C^* bezeichnet, so gilt

$$\frac{A^*}{A} = \frac{B^*}{B} = \frac{C^*}{C} = \frac{\partial(u, v)}{\partial(r, s)}.$$

16. Auf dem auf die Hauptachsen bezogenen Ellipsoid projiziert sich der geometrische Ort der Punkte, in denen die Normalen mit der z-Achse einen festen Winkel bilden, auf die (x, y)-Ebene als eine Ellipse.

17. Man zeige, daß für $a^2 > b^2 > c^2$ durch einen beliebigen Punkt drei Flächen

$$\frac{x^2}{a^2 - \lambda^2} + \frac{y^2}{b^2 - \lambda^2} + \frac{z^2}{c^2 - \lambda^2} = 1$$

gehen, die sich dort orthogonal schneiden.

18. Für eine durch die Parameter u, v gegebene Fläche $E: \xi = \xi(u, v)$ mit ξ als Ortsvektor trage man längs jeder Normale vom zugehörigen Flächenpunkt aus die konstante reelle Strecke t ab. Man zeige, daß die entstehende Fläche E_t (*Parallelfläche zu E im Abstand t*) die gleichen Normalen wie E in entsprechenden Punkten hat.

19. Betrachtet man die von den Tangenten zu einer Raumkurve C gebildete Fläche (die *Tangentenfläche von C*), so bleibt die Tangentialebene an diese Fläche längs jeder Tangente fest und fällt zusammen mit der Schmiegungsebene an C im Berührungspunkt der Tangente.

20. Unter einer geradlinigen Fläche F (*Regelfläche*) versteht man eine Fläche, durch deren allgemeinen Punkt eine vollständig auf der Fläche liegende Gerade (*Erzeugende*) hindurchgeht. Man zeige, daß der Ortsvektor der Punkte einer Regelfläche sich durch die Parameter u und t in der Gestalt darstellen läßt $\Xi(u, t) = \eta(u) + t\,\varepsilon(u)$, wo $\varepsilon(u)$ der in die Richtung einer durch den betreffenden Punkt gehenden Erzeugenden weisende Einheitsvektor ist.

21. Hat eine Regelfläche F die Eigenschaft, daß die Tangentialebene längs jeder Erzeugenden fest bleibt, so nennt man eine solche Fläche *abwickelbar*. Man beweise, daß für die Abwickelbarkeit einer Fläche unter Benutzung der Bezeichnungen von A 20 notwendig und hinreichend ist, daß ε, ε', η' linear abhängig sind.

22. Ist, unter Benutzung der Bezeichnungen von A 21, ε' auf abwickelbaren Fläche durchweg Null, so sind alle Erzeugenden dieser Fläche untereinander parallel (*allgemeine Zylinderfläche*).

23. Unter den Voraussetzungen von A 21 möge auf einer abwickelbarer Fläche $\varepsilon'(u)$ im ganzen betrachteten u-Intervall $\neq 0$ bleiben, und es seien η und ε zweimal stetig nach u differenzierbar. Dann gilt für das ganze betrachtete Intervall: $\eta' = a\varepsilon + b\varepsilon'$, $a = (\eta' e)$, $b = (\eta'\,\varepsilon')/\varepsilon^2$.

24. Gilt unter den Voraussetzungen von A 23 im ganzen betrachteten Intervall $((\eta'\,\varepsilon')/\varepsilon'^2)' = \eta'\,\varepsilon$, so geht jede Erzeugende des betreffenden Flächenstücks durch einen festen Punkt hindurch (*allgemeine Kegelfläche*).

25. Bleibt unter den Voraussetzungen von A 23 für eine abwickelbare Fläche längs eines ganzen u-Intervalls

$$\varepsilon' \neq 0, \quad \left(\frac{\eta'\,\varepsilon'}{\varepsilon'^2}\right)' - \eta'\,\varepsilon \neq 0,$$

so stellt das betreffende Flächenstück die Tangentenfläche an einen gewissen Kurvenbogen dar.

26. Es möge eine Schar von Parallelflächen (vgl. A 18) durch $\varphi(x, y, z) = c$ gegeben sein, wo c der Scharparameter ist. Dann ist $\varphi_x'^2 + \varphi_y'^2 + \varphi_z'^2 = f(\varphi)$ für eine geeignete Funktion f einer Variablen.

§ 31. Enveloppen. Geometrie auf der Fläche

Eine *einparametrige* Flächenschar mit dem Scharparameter τ, $F(x, y, z, \tau) = 0$, hat die Fläche φ zur *Enveloppe* (*Einhüllenden*), wenn φ von der allgemeinen Scharfläche längs einer Kurve C_τ (*Charakteristik* der Schar) berührt wird und die C_τ die ganze Fläche φ überdecken. Wird auf C_τ als Kurvenparameter t benutzt und nimmt man an, daß in der Darstellung von φ: $x = x(\tau, t)$, $y = y(\tau, t)$, $z = z(\tau, t)$ die ersten partiellen Ableitungen existieren und die Gleichung der Tangentialebene nicht unbestimmt wird, so ist für die Punkte von C_τ auch die Gleichung $F'_\tau(x, y, z, \tau) = 0$ erfüllt. Allerdings genügen dieser Gleichung auch die *singulären Punkte* der betreffenden Scharflächen, in denen grad $F = 0$ ist.

Eine *zweiparametrige* Flächenschar mit den Scharparametern u, v: $F(x, y, z, u, v) = 0$ hat die Fläche φ zur Enveloppe, wenn φ von jeder Scharfläche berührt wird und der allgemeine Punkt von φ ein solcher Berührungspunkt ist. Dann können u, v als Koordinaten auf φ benutzt werden und wenn die entsprechende Gleichung der Tangentialebene von φ nicht unbestimmt wird, liegt der zu den Parametern u, v gehörende Berührungspunkt zugleich auf den beiden Flächen:

$$F'_u(x, y, z, u, v) = 0, \quad F'_v(x, y, z, u, v) = 0.$$

Doch genügen denselben Gleichungen auch die singulären Punkte der Scharflächen.

Wird auf der Fläche mit den Flächenparametern u, v eine Kurve C betrachtet, indem man u und v als Funktionen des Kurvenparameters t auffaßt, so erhält man das *Bogendifferential* längs C, indem man in einen gewissen Ausdruck von der Form

$$\text{(a)} \quad \Delta = E\,du^2 + 2\,F\,du\,dv + G\,dv^2$$

für du und dv ihre Differentiale unter Zugrundelegung von t als primärer Variablen einsetzt, und zwar hat man

$$\text{(b)} \quad E = x_u'^2 + y_u'^2 + z_u'^2, \quad F = x_u' x_v' + y_u' y_v' + z_u' z_v', \quad G = x_v'^2 + y_v'^2 + z_v'^2.$$

Δ heißt das *Bogenelement* oder auch das *Bogendifferential* oder auch die erste *Differentialform* der Fläche. Es gilt insbesondere in den Bezeichnungen von § 30: $EG - F^2 = A^2 + B^2 + C^2$.

Mit Hilfe von Δ läßt auch der Winkel von zwei Richtungen berechnen, die durch die Differentiale d_1, d_2 charakterisiert sind. Es gilt

$$\text{(c)} \quad \cos(d_1 s, d_2 s) = E\, d_1 u\, d_2 u + F(d_1 u\, d_2 v + d_2 u\, d_1 v) + G\, d_1 v\, d_2 v,$$

$$\text{(c')} \quad \sin(d_1 s, d_2 s) = \sqrt{EG - F^2}(d_1 u\, d_2 v - d_2 u\, d_1 v).$$

Ist eine Fläche durch eine Gleichung $z = f(x, y)$ gegeben, so sind die Abkürzungen üblich:

$$\text{(d)} \quad p = f'_x, \quad q = f'_y, \quad f''_{xx} = r, \quad f''_{xy} = s, \quad f''_{yy} = t.$$

1. Man bestimme die Enveloppe der Schar sämtlicher Ebenen mit den Achsenabschnitten $t^2/(a+t)$, $t^2/(b+t)$, $t^2/(c+t)$ für konstante a, b, c, $a^2+b^2+c^2 > 0$.

2. Man bestimme die Enveloppe der Ebenen, die gleichzeitig die Parabeln $y^2 = 2x$, $z = 0$ und $y^2 = 2z$, $x = 0$ berühren.

3. Man bestimme die Enveloppe sämtlicher Ebenen, für die die Quadratsumme der Achsenabschnitte konstant ist.

4. Man bestimme die Enveloppe der Ebenenschar, für die die Achsenabschnitte a, b, c der Relation $a^n + b^n + c^n = d^n$, $d = \text{const}$, genügen.

5. Man bestimme die Enveloppe der Ebenenschar, für die das Produkt der Achsenabschnitte konstant ist.

6. Von jedem Punkt einer festen Ebene E fälle man Lote auf die drei Koordinatenachsen und lege die Ebene durch die drei Fußpunkte dieser Lote. Die Enveloppe dieser Ebenen ist zu bestimmen.

7. Von jedem Punkt eines Ellipsoids E fälle man Lote auf die Koordinatenachsen und lege Ebenen durch die Fußpunkte dieser Lote. Die Enveloppe dieser Ebenen ist zu bestimmen.

8. Man bestimme die Enveloppe der Schar der Kugeln mit dem Scharparameter t: $(x-at)^2 + (y-bt)^2 + (z-ct)^2 = r^2$.

9. Man bestimme die Enveloppe der Schar der Kugeln mit dem Radius R, deren Mittelpunkte (a, b, c) längs der Kreislinie $a^2+b^2 = r^2$, $c = 0$ gleiten.

10. Man bestimme die Enveloppe der Kugeln durch den Scheitelpunkt einer festen Parabel, deren Mittelpunkte längs dieser Parabel gleiten.

11. Man bestimme die Enveloppe der Schar der Kugeln durch den Mittelpunkt einer festen Ellipse, wenn die Mittelpunkte dieser Kugeln längs der Ellipse gleiten.

12. Man bestimme die Enveloppe der Schar der Kugeln durch den Mittelpunkt eines Ellipsoids E, wenn die Mittelpunkte (X, Y, Z) dieser Kugeln längs E gleiten.

13. Man bestimme die Enveloppe der Schar der Kugeln durch den Scheitelpunkt des elliptischen Paraboloids E: $u^2/a^2+v^2/b^2 = 2w$, wenn die Mittelpunkte der Kugeln längs E gleiten.

14. Man bestimme die Enveloppe der Schar der Ellipsoide x^2/a^2+ $+y^2/b^2+z^2/c^2 = 1$ mit konstanter Halbachsensumme $a+b+c$.

15. Man bestimme die Enveloppe der Schar der Ellipsoide x^2/a^2+ $+y^2/b^2+z^2/c^2 = 1$ mit konstantem Halbachsenprodukt $a\,b\,c$.

* * *

16. Man zeige, daß das Linienelement der allgemeinen Rotationsfläche $x = f(z)\cos t$, $y = f(z)\sin t$, die Gestalt $(1+f'^2)\,dz^2+f^2\,dt^2$ hat.

17. Man bestimme das Linienelement des elliptischen Zylinders, dessen Erzeugende parallel zur z-Achse sind und der die (x, y)-Ebene in der Ellipse $x^2/a^2+y^2/b^2 = 1$ schneidet.

18. Man bestimme das Linienelement der Torusfläche (vgl. A 8 § 30) in der Gestalt $ds^2 = (a+r\cos\psi)^2\,d\varphi^2+r^2\,d\psi^2$.

19. Man bestimme das Linienelement der Schraubenfläche (vgl. A 7 § 30) in der Gestalt $ds^2 = r^2\,d\varphi^2+(k^2+1)\,dr^2$.

20. Werden anstatt der Flächenkoordinaten u, v neue Flächenkoordinaten r, s eingeführt und werden die auf diese Koordinaten bezüglichen Größen E, F, G mit E^*, F^*, G^*, bezeichnet, so gilt

$$\frac{E^*\,G^*-F^{*2}}{E\,G-F^2}=\frac{\partial(u,v)}{\partial(r,s)}.$$

21. Man zeige, daß für die „Mercator-Projektion“ $x = \varphi$, $y =$ $=\lg\operatorname{tg}(\vartheta/2-\pi/4)$ der auf ihre Länge ϑ und Breite φ bezogenen Einheitskugel auf die (x, y)-Ebene die Relationen $dx = d\varphi$, $dy = -d\vartheta/\cos\vartheta$ gelten, und leite daraus her, daß diese Abbildung winkeltreu ist, d. h. daß zwei Kurven auf der Kugel sich unter demselben Winkel schneiden wie in der Ebene.

22. Es möge eine Fläche von der (x, y)-Ebene im Ursprung berührt und von einer Ebene, die durch die z-Achse geht und die (x, y)-Ebene in der Geraden g schneidet, in einer ebenen Kurve C geschnitten werden. Dann hat die Krümmung von C im Ursprung den Wert $r\cos^2\varphi+$ $+2s\cos\varphi\sin\varphi+t\sin^2\varphi$, wo φ der Winkel von g mit der x-Achse ist und r, s, t die Bedeutung von (d) für $x = y = 0$ haben.

23. Werden unter den Voraussetzungen von A 22 aus der betrachteten Fläche verschiedene Normalschnitte herausgeschnitten, indem die Gerade g durch den Ursprung beliebig variiert wird, so liegen die

Krümmungen dieser Normalschnitte im Ursprung zwischen zwei Schranken $\varkappa_1 \leqq \varkappa_2$, die der Gleichung $\varkappa^2 - (r+t)\,\varkappa + r\,t - s^2 = 0$ genügen.

24. Ist unter den Voraussetzungen von A 22 und 23 g_1 die Gerade, für die die Krümmung des Normalschnittes den Extremalwert $\varkappa_1$ annimmt, und ist φ der Winkel der Richtung von g mit der Richtung von g_1, so ist die Krümmung des der Richtung von g_1 entsprechenden Normalschnittes gleich $\varkappa_1 \cos^2\varphi + \varkappa_2 \sin^2\varphi$ (L. Euler).

25. Es möge eine auf einer Fläche liegende Kurve C im Punkte P eine Krümmung $\varkappa$ besitzen und es möge ihre Schmiegungsebene in P mit der Flächennormale in P den Winkel φ bilden. Dann gilt, wenn ξ der Ortsvektor des allgemeinen Flächenpunktes als Funktion der Flächenparameter u, v ist, $|\xi_u' \times \xi_v'|\ \varkappa \cos\varphi = (\ddot{\xi}, \xi_u', \xi_v')$, wo die Punkte Differentiation nach der Bogenlänge längs C im Punkt P bedeuten.

26. Die Determinante rechts in A 25 läßt sich in der Form darstellen:

$$(\xi_{uu}'' \dot{u}^2 + 2\,\xi_{uv}''\,\dot{u}\,\dot{v} + \xi_{vv}''\,\dot{v}^2, \xi_u', \xi_v') = |\xi_u' \times \xi_v'|\, \frac{L\,du^2 + 2\,M\,du\,dv + N\,dv^2}{E\,du^2 + 2\,F\,du\,dv + G\,dv^2},$$

$$L = \frac{(\xi_u', \xi_v', \xi_{uu}'')}{|\xi_u' \times \xi_v'|}, \quad M = \frac{(\xi_u', \xi_v', \xi_{uv}'')}{|\xi_u' \times \xi_v'|}, \quad N = \frac{(\xi_u', \xi_v', \xi_{vv}'')}{|\xi_u' \times \xi_v'|}.$$

Die Zählerform rechts heißt die *zweite Differentialform der Fläche.*

27. Haben zwei auf einer Fläche liegende Kurven in einem Flächenpunkt P gemeinsame Tangente und Schmiegungsebene, die nicht in P die Fläche berührt, so stimmen ihre Krümmungen im Punkte P überein.

28. Für alle Kurven auf einer Fläche, die in einem Flächenpunkt P eine gemeinsame Tangente besitzen, liegen die Krümmungskreise auf einer festen Kugel (Meusnier).

29. Man bestimme die Enveloppe der Ebenenschar mit dem Scharparameter φ: $x \cos\varphi + y \sin\varphi + z = \varphi$ und zeige, daß sie die Tangentenfläche zu einer gewissen Raumkurve ist.

30. Seien $f(t)$, $\varphi(t)$ in (t_1, t_2) stetig und zweimal differenzierbar, sei dort $f'' \neq 0$ und $\varphi''(t)/f''(t)$ stetig differenzierbar und $\neq 0$. Dann ist die Enveloppe der Ebenenschar (E_t) $z = t\,x + f(t)\,y - \varphi(t)$ die Tangentenfläche einer Raumkurve.

31. Man bestimme die Enveloppe der Schar der Ebenen, die zwei gegebene Kugelflächen berühren.

32. Man bestimme die Enveloppe der Normalebenen zu einer sphärischen Ellipse (Schnitt einer Kugel und eines konzentrischen Ellipsoids).

33. Man bestimme die Enveloppe der Ebenenschar $\alpha x+\beta y+\gamma z=p$, wo α, β, γ, p den Bedingungen genügen:

$$\text{(1)}\quad \alpha^2+\beta^2+\gamma^2=1, \quad \frac{\alpha^2}{p^2-a^2}+\frac{\beta^2}{p^2-b^2}+\frac{\gamma^2}{p^2-c^2}=0$$

$$(a, b, c=\text{const}),$$

und zeige, daß diese Enveloppe die sogenannte *Wellenfläche* ist:

$$\frac{a^2 x^2}{x^2+y^2+z^2-a^2}+\frac{b^2 y^2}{x^2+y^2+z^2-b^2}+\frac{c^2 z^2}{x^2+y^2+z^2-c^2}=0.$$

34. Man bestimme die Enveloppe der Schar der Normalebenen zu einer gegebenen Raumkurve und zeige, daß die zugehörigen Charakteristiken die entsprechenden Krümmungsachsen (vgl. A 36 § 29) sind.

35. Man bestimme die Enveloppe der Schar der rektifizierenden Ebenen einer gegebenen Raumkurve.

36. Gleitet eine Kugel von festem Radius mit ihrem Mittelpunkt längs einer gegebenen Kurve C, so heißt die zugehörige Enveloppe eine *Kanalfläche.* Man beweise, daß die Charakteristiken dieser Kugelschar Kreise sind, die in den Normalebenen von C liegen.

37. Sei $z=f(x, y)$ eine Kanalfläche, F, durch eine Kugel vom Radius 1 erzeugt, deren Mittelpunkt sich längs einer ebenen Kurve C in der (x, y)-Ebene bewegt. Dann gilt $f^2(f_x'^2+f_y'^2+1)=1$.

38. Die Enveloppe der Flächenschar $f(t x, t y, t z)=0$ mit dem Scharparameter t ist ein Kegel mit der Spitze im Ursprung.

39. Ist eine einparametrige Flächenschar mit dem Scharparameter c durch die Flächenparameter u, v in der Form $\xi \equiv (x, y, z)=\xi(u, v, c)$ dargestellt, so lautet die Enveloppenbedingung: $\partial(x, y, z)/\partial(u, v, c)=0$, d. h. $(\xi_u', \xi_v', \xi_c')=0$, wenn längs der Charakteristiken für die Scharflächen $\xi_u' \times \xi_v' \neq 0$ ist.

40. Ist eine zweiparametrige Flächenschar mit den Scharparametern s, t durch die Flächenparameter u, v in der Form $\xi \equiv (x, y, z)=\xi(u, v, s, t)$ dargestellt, wo in den Berührungspunkten mit der Enveloppe $\xi_u' \times \xi_v' \neq 0$ ist, so gilt $(\xi_u', \xi_v', \xi_s')=0$, $(\xi_u', \xi_v', \xi_t')=0$.

41. Unter den Vorausetzungen von A 40 möge in den Berührungspunkten mit der Enveloppenfläche E der Schar K: $\xi=\xi(u, v, s, t)$, $\xi_u' \times \xi_v' \neq 0$, $\xi_s' \times \xi_t' \neq 0$, $\partial(s, t)/\partial(u, v) \neq 0$ sein. Dann ist E zugleich die Enveloppe der Flächenschar K^*, die durch $\xi=\xi(u, v, s, t)$ gegeben wird, wenn dort u, v als Scharparameter und s, t als Flächenparameter aufgefaßt werden.

42. Es sei eine einparametrige Flächenschar in der Form $\xi \equiv (x, y, z) = \xi(u, v, w, c)$ gegeben, wo zwischen den Flächenparametern u, v, w und dem Scharparameter c die Relation $T(u, v, w, c) = 0$ besteht. Dann läßt sich die Enveloppenbedingung auf die Form $\partial(x, y, z, T)/\partial(u, v, w, c) = 0$ bringen, sofern längs der Enveloppe $\partial(x, y, T)/\partial(u, v, w) \neq 0$ ist oder allgemeiner eine der drei Determinanten von 0 verschieden ist, die man erhält, wenn man hierin x, y durch y, z oder z, x ersetzt.

43. Es sei eine einparametrige Flächenschar durch $\xi \equiv (x, y, z) = \xi(u, v, c_1, c_2)$ gegeben mit den Flächenparametern u, v, wo zwischen den Scharparametern c_1, c_2 die Relation $T(u, v, c_1, c_2) = 0$ besteht. Dann läßt sich die Enveloppenbedingung auf die Form $\partial(x, y, z, T)/\partial(u, v, c_1, c_2) = 0$ bringen, sofern längs der Enveloppe $\partial(x, y, T)/\partial(u, v, c_2) \neq 0$ ist oder allgemeiner eine der 6 Determinanten von 0 verschieden ist, die man erhält, wenn man hierin x, y durch y, z oder z, x und ebenso c_1 durch c_2 ersetzt.

44. Soll eine Schar von Kugeln $[x-a(t)]^2+[y-b(t)]^2+[z-c(t)]^2 = r^2(t)$ eine Enveloppe besitzen für ein Intervall des Scharparameters t, so muß in diesem Intervall $r'^2 < a'^2+b'^2+c'^2$ gelten.

HINWEISE

§ 1

9. Sei A e. E enthaltende abzählbare Teilmenge v. M u. $R = M - A$, so daß $M = A + R$ ist.

10. M. verschiebe $\langle a, b\rangle$ v. d. x-Achse parallel auf d. Gerade $y = 1$, so daß a in d. Pkt. (0,1) hineinfällt.

11. M. benutze d. Abbildung $y = 1/x$ u. sodann A 9, 10, indem d. Menge aller pos. Zahlen in zwei Intervalle $(0, 1\rangle$ u. $(1, \infty)$ unterteilt wird.

12. M. zerlege d. ganze Zahlengerade in $(-\infty, 0)$ u. $\langle 0, \infty)$.

21. Es sei E e. allgemeines Element v. $M_1 + M_3$.

22. Es sei E e. Element v. M_1.

24. M. benutze A 16.

26. M. ordne d. Intervalle d. Länge nach.

27. M. bilde d. ganze Zahlengerade stereographisch auf e. Kreis ab.

28. M. betrachte getrennt d. Geraden $y = ax + b$ u. $x = c$.

§ 2

7. M. beachte, daß d. Zahlen $\dfrac{1}{m} + 1$ unendlich oft in d. Menge vorkommen u. daß jede HS d. Grenzwert d. Teilfolge $(-1)^{n_\nu} + \dfrac{1}{m_\nu}$ $(\nu = 1, \ldots)$ ist.

18. M. beachte d. Periodizität v. $\sin x$.

19. F. e. konv. Folge $e^{\nu_n + 1/\mu_n}$ kann nicht $\nu_n \to \infty$ sein. F. $\nu_n \to -\infty$ ist 0 d. Grenzwert. Da sonst, f. e. Unterfolge, ν_n konstant $= k$ ist u. daher $\mu_n \to \infty$ gilt, ergibt sich als d. erste Derivierte d. Menge 0, 1, $e^{\pm m}$ $(m = 1, 2, \ldots)$.

20. Dreiecksungl.

22. Seien P e. Pkt. v. $G-A$ u. Q e. HS v. $A-G$.

28. Sind G_1, G_2 bzw. d. Mengen d. inneren Pkt. v. B_1 u. B_2, so gilt $B_1 B_2 = (G_1 + \partial B_1)(G_2 + \partial B_2) = G_1(\partial B_2) + G_2(\partial B_1) + (\partial B_1)(\partial B_2)$.

29. M. bilde $U = B_2 - B_1$, $B_0 = U + U'$.

§ 3

1e) D. Max. u. damit Supremum wird offenbar f. $\mu = \nu = 1$ mit 4 erreicht. Min. u. Infimum sind f. neg. Werte zu suchen, d. h. etwa f. $\nu < \mu$, ν ungerade, μ gerade in $-(1/\nu - 1/\mu)^{\nu+\mu}$ u. hier d. kleinsten Werte f. $\nu = 1$.

2. D. Borelsche Überdeckungssatz.

3. A2.

4. M. setze $x = [x] + \vartheta$, $y = [y] + \vartheta_1$, $0 \leq \vartheta < 1$, $0 \leq \vartheta_1 < 1$.

6. $\lim\limits_{\mu \to \infty} \sin \dfrac{\pi}{2\,\mu^{1/\nu}} = 0$, $\lim\limits_{\nu \to \infty} \sin \dfrac{\pi}{2\,\mu^{1/\nu}} = 1$.

8. $\sqrt[\nu]{\nu} \big/ \sqrt[\mu]{\mu}$ variiert zwischen $\sqrt[3]{3}$ u. $1 \big/ \sqrt[3]{3}$, vgl. L 1b).

10. M. bew. $f(\beta) \geq f(\alpha)$ u. betrachte hierzu d. Supremum ξ aller x aus $\langle \alpha, \beta \rangle$ mit $f(x) = f(\alpha)$.

17. M. wende A 16 auf d. Sphären S_n um d. Ursprung mit d. Radien n $(n = 1, 2, \ldots)$ u. auf d. Mengen $M S_n$ an.

18. M. wende d. Borelschen Überdeckungssatz auf $M + M'$ mit d. Umgebungen v. Radius $r/2$ an.

19. M. betrachte f. jedes ν, $\nu = 1, 2, \ldots$, d. Menge d. Pkt. v. M, deren zugeordnete Umgebungen Radien $\geq 2^{-\nu}$ haben.

24. Ist π e. Grenzpkt. d. P_ν, so liegen in jeder Umgebung v. π alle P_ν bis auf endlich viele, also Pkt. aus allen M_ν bis auf endlich viele.

29. Da Sup $|PQ|$ bei Verengerung d. Konkurrenzfeldes nicht größer wird, wird d. Durchmesser e. Teilmenge nicht größer.

32. M. verfahre zuerst wie bei L 10.

33. M. betrachte $f(x) \pm \varepsilon x$ u. mache dann $\varepsilon \downarrow 0$.

§ 4

9. M. führe e. unbestimmtes Int. $\varphi(x)$ v. $f(x)$ e. u. drücke K durch $\varphi(x)$ aus.

10. M. führe einen Fkt. $\psi(x)$ ein, deren zweite Abl. $f(x)$ ist, u. sodann d. Fkt. $U(t) = \psi(t+y) - \psi(t)$ e. u. drücke K^* durch U aus.

11. OBdA kann $\mathfrak{M} = \mathfrak{N}$ angenommen werden. M. betrachte eine Folge P_ν, f. d. $f(P_\nu) \to m_f$ und beweise, daß $m_g \leq m_f + \varepsilon$ ist.

12. Daß $f^*(x)$ e. Majorante v. $|f(x)|$ ist, folgt aus d. Definition v. $f^*(x)$; d. monotone Abnahme v. $f^*(x)$ mit $x \uparrow \infty$ daraus, daß bei Verkleinerung d. „Konkurrenzfeldes" d. Supremum nicht wächst.

14. D. Relation $f^*(x) \leq f(x)$ u. d. monotone Wachstum v. $f^*(x)$ folgt aus d. Definition.

16. M. setze $\varphi(P) = \dfrac{1}{\sqrt{|f(P)|}}$, wenn $f(P) \neq 0$ ist.

18. D. monotone Abnehmen von $\omega(r, P_0)$ mit $r \downarrow 0$ folgt aus der Verkleinerung d. Konkurrenzfeldes.

21. Wird $\inf |PQ|$ $(Q \prec M)$ „erreicht" für Q_0, so setze man $P_1 = P_2 = \cdots = Q_0$; sonst ist $|P, M|$ e. HS dieser Distanzen und daher der Grenzwert eine Folge $|PQ_\nu|$, $Q_\nu \prec M$.

23. Es sei $\delta = \operatorname{Inf}|PQ|$ $(P \prec N, Q \prec M)$, daher $\delta \geq \operatorname*{Inf}_{Q \prec M} |PQ| = |P, M|$ u. daher $\delta \geq |N, M|$. Andererseits gilt $|N, M| = \operatorname*{Inf}_{P \prec N} |P, M| = \lim\limits_{\nu\to\infty} |P_\nu, M| = \lim\limits_{\nu\to\infty} \lim\limits_{\mu\to\infty} |P_\nu Q_\mu| \geq \operatorname{Inf}|P, Q| = \delta$, wo $P \prec N$, $Q \prec M$ ist. Daher $\delta = |N, M| = |M, N|$, wie beh.

30. D. Bew. wird auf denjenigen f. $\alpha = 0$ zurückgeführt, f. endliche α durch Subtraktion v. α u. f. $\alpha = \pm\infty$ durch Vertauschen v. f, g mit F, G.

§ 5

3. D. vier Fkt. lassen sich bzw. in d. Form schreiben:

$$\text{a) } x \sin\frac{1}{y}; \quad \text{b) } x^2 y \left(\frac{\sin xy}{xy}\right)^2; \quad \text{c) } \frac{x\sqrt{y}}{2}\left(\frac{\sin\dfrac{\sqrt{xy}}{2}}{\sqrt{xy}/2}\right)^2; \quad \text{d) } 2x \lg x.$$

9b) M. benutze, daß $\dfrac{\sin^2 y}{\sin^2 x} = \dfrac{y^2}{x^2}(1 + \varepsilon(x, y))$, wo $\varepsilon(x, y) \to 0$ $(x \to 0, y \to 0)$.

11. M. setze $\delta = \varepsilon^2$.

15. OBdA sei $0 < x < y < 1$, $\tau \equiv y - x \leqq \delta$. M. überzeuge sich, daß $u \lg \frac{1}{u}$ monoton wächst f. $0 < u < 1/e$. F. $x \geqq \tau$ wende m. d. MWS an. M. wähle $\delta < \frac{1}{2e}$ u. so, daß $2\delta \lg \frac{1}{2\delta} < \frac{\varepsilon}{2}$ ist.

16. Es gilt, f. $0 < \varepsilon < \frac{1}{2}$, $\int\limits_0^x f(x)\,dx \geqq \int\limits_{1/2-\varepsilon}^{1/2+\varepsilon} f(x)\,dx$.

20. Vgl. d. Definition d. Durchmessers e. Menge in A 29 § 3.

21. Vgl. d. Definition v. $|P, M|$ in A 21 § 4.

24. Denn sonst gäbe es e. Pkt.-Folge P_ν auf M u. e. Fkt.-Folge $f_\nu(P)$ aus $\mathfrak{M}$, so daß $|f_\nu(P_0)| \leqq K$ u. $f_\nu(P_\nu) \to \infty$ wäre, wobei m. $P_\nu \to P^*$ annehmen kann, $P^* \prec M$. Dann müßte auch $|f_\nu(P^*)| \to \infty$ gelten, da $\Omega(P^*) = 0$ ist.

27. Es ist zu zeigen, daß, wenn $Q_\nu \to Q_0$ ist, wo alle Q_ν, Q_0 in M liegen, dann $m(Q_\nu) \to m_0 \equiv m(Q_0)$ gilt. In d. Annahme, daß dies falsch ist, konstruiere m. e. Pkt.-Folge P_ν aus M, f. d. $P_\nu \to P^*$, $f(P_\nu, Q_\nu) = m(Q_\nu) \to$ $\to m^* < m_0$ gilt.

29. V. Ind.

30. M. nehme an, daß $f(x)$ nicht überall in (α, β) neg. ist, u. wähle e. ξ aus (α, β), f. d. $f(\xi) = \operatorname*{Max}_{\langle\alpha,\beta\rangle} f(x)$ ist u. d. nicht im Innern e. Konstanzintervalls liegt. OBdA sei $f(x) \not\equiv 0$.

31. Auf A 30 zurückzuführen.

33. Werden alle vorkommenden Argumente als in $\langle\alpha, \beta\rangle$ liegend vorausgesetzt, so folgt f. e. $\delta > 0$ aus d. Annahmen: $\varphi(\alpha + 2\delta) - \varphi(\alpha + \delta) \geqq$ $\geqq \varphi(\alpha + \delta) - \varphi(\alpha)$, so daß m. allgemein sagen kann, daß

$$d_\nu = \frac{\varphi(\alpha + \nu\delta) - \varphi(\alpha + (\nu - 1)\delta)}{\delta}$$

mit wachsendem $\nu \geqq 1$ monoton wächst.

34. Aus A 31.

35. Aus A 31.

39. M. wende A 34 auf $\varphi(x)$ u. $\varphi(-x)$ an.

40. M. wende A 32 auf $\varepsilon x^2/2 \mp f(x)$ an.

41. M. wähle als $\langle a_1, a_2\rangle$ d. Maximalintervall, in d. $f(x)$ sein Min. m annimmt.

42. Es genügt zu bew., daß $\varphi(\alpha_\varkappa) = \gamma$ u. $\varphi'(x) = \beta_{\mu+1}(\alpha_\mu < x < \alpha_{\mu+1})$ f. $\nu = 0, 1, \ldots, n$ ist, da dann d. Differenz $f(x)-\varphi(x)$ konstant u. $= 0$ ist. M. benutze d. Relation $[|x-\alpha_\nu|+(x-\alpha_\nu)\operatorname{sgn}\beta_\nu]' = \operatorname{sgn}\beta_\nu + {}$ $+\operatorname{sgn}(x-\alpha_\nu)$.

§ 6

1. a) u. b). M. betrachte d. Grenzwerte f. gerade und ungerade ν.

7. M. suche Abschätzungen f. $\overline{\lim}$ etwa v. d. Folge b_ν.

9. M. wende d. Cauchyschen Konv.-Satz an, indem m. $a_n = \sum_{\nu=1}^{n-1} \sqrt[\nu]{\nu}$, $A_n = n-1$ setzt.

10. D. Cauchysche Konv.-Satz f. $a_n = \sum_{\nu=1}^{n-1} \frac{1}{\nu}$, $A_n = \lg(n-1)$.

11. $a_n = \sum_{\nu=1}^{n} \nu^\nu$, $\quad A_n = n^n$.

12. $a_n = \sum_{\nu=1}^{n} (2\nu-1)^p$, $\quad A_n = n^{p+1}$.

13. D. Cauchysche Konv.-Satz f. beide Beh.

14. $b_n = \sum_{\nu=1}^{n} \nu a_\nu$, $\quad B_n = n(n+1)/2$.

16. Auf A 15 zurückführen.

18. A 15 f. beide Beh.

20. M. setze $b_\nu = \alpha_\nu + \beta$, wo α_ν e. NF ist.

24. A 15.

25. M. setze $b_n = \sum_{\nu=1}^{n} a_\nu/\sqrt{\nu}$, $\quad B_n = \sqrt{n}$.

28. Es genügt, die Ungl. f. $\underline{\lim}$ zu bew., da diese in diejenige f. $\overline{\lim}$ übergeht, wenn sie auf d. $-x_\nu$ angewandt wird. Ferner genügt es, wenn d. $\underline{\lim}\, a_\nu$ endlich ist, d. Annahme $\underline{\lim}\, a_\nu = 0$ zu machen, da m. v. d. a_ν d. $\underline{\lim}\, a_\nu$ abziehen kann.

29. M. überlege, wie bei H 28, daß es genügt, d. erste Relation zu bew, u. ferner, daß m. α als endlich u. sogar $\alpha = 0$ annehmen kann.

30. OBd A sei α endlich. Ersetzt m. a_ν durch $a_\nu - \alpha A_\nu$, so wird d. Bew. auf d. Fall $\alpha = 0$ zurückgeführt. M. setze $b_{\nu+1} = \sum_{\mu=1}^{\nu-1} |a_{\mu+1} - a_\mu|$, $B_{\nu+1} = \sum_{\mu=1}^{\nu-1} |A_{\mu+1} - A_\mu|$, so daß $\frac{b_{\nu+1}-b_\nu}{B_{\nu+1}-B_\nu} \to 0$, $B_\nu \uparrow \infty$ gilt.

31. F. e. $\varepsilon > 0$ gilt v. e. $\nu = n_0$ an, wenn γ endlich ist,

$$(b_\nu - b_{\nu+1})(\gamma+\varepsilon) \geqq a_\nu - a_{\nu+1} \geqq (b_\nu - b_{\nu+1})(\gamma-\varepsilon).$$

34. M. benutze d. Zerlegung

$$c_n - \alpha\beta = \frac{1}{n}\sum_{\nu=1}^{n}(a_\nu-\alpha)\,b_{n-\nu} + \frac{1}{n}\sum_{\nu=1}^{n}(b_{n-\nu}-\beta)\,\alpha.$$

36. $\lg \sqrt[n+1]{x_0 \cdots x_n} = \frac{1}{n+1}\sum_{\nu=0}^{n}\lg x_\nu.$

37. $\int_a^b f^n(x)\,dx \geqq |J|\,\alpha^n.$

38. Indem m. durch $\underset{\langle a,b\rangle}{\operatorname{Max}} f(x)$ dividiert, darf m. annehmen, daß $\underset{\langle a,b\rangle}{\operatorname{Max}} f(x) = 1 = f(x_0)$, $a \leqq x_0 \leqq b$ ist.

39. M. bilde e. geeignete Zwischensumme zu $\int_0^1 \frac{dx}{1+x}$.

40. M. bilde e. geeignete Zwischensumme zu $\int_0^1 \frac{dx}{1+x^2}$.

41. M. betrachte d. Int. $\int_0^3 \frac{dx}{1+x} = \lg 4$ oder benutze A 39.

44. Daß allgemein $M_{k+1} \leqq M_k$ ist, folgt daraus, daß beim Übergang v. k zu $k+1$ d. „Konkurrenzfeld" verkleinert wird.

45. M. zeige zuerst, daß $\lambda_\nu - \lambda_{\nu+1} < \frac{1}{\nu}$ gilt.

46. M. drücke $\lambda_\nu = k_\nu/(\nu+k_\nu)$ durch μ_ν aus.

47. M. setze $\lambda_\nu = \frac{k_\nu}{m_\nu + k_\nu}$.

49. F. $\varepsilon > 0$ gilt mit $x \geqq x_0 = x_0(\varepsilon)$:

$$\big(A(x+d)-A(x)\big)(\alpha+\varepsilon) \geqq f(x+d)-f(x) \geqq \big(A(x+d)-A(x)\big)(\alpha-\varepsilon).$$

53. $\lambda = \frac{x^3-1}{x}$ hat d. Abl. $2x + \frac{1}{x^2} > 0$, so daß λ mit x eigentlich monoton ins Unendliche wächst.

54. $\lambda = \frac{e^x-1}{x}$ hat als Abl. $\frac{1}{x^2}\big(1+(x-1)\,e^x\big) > 0$ f. $x > 0$, da d. Abl. d. Klammerausdruckes $x\,e^x > 0$ f. $x > 0$ ist.

55. M. setze $\lambda_n = n\pi + \pi/2 - \varepsilon_n$. In d. Relation $\operatorname{ctg} \varepsilon_n = k\left(n\pi + \frac{\pi}{2} - \varepsilon_n\right)$, aus d. $\varepsilon_n \to 0$, $\varepsilon_n \sim \frac{1}{k n \pi}$ folgt, benütze m. d. Resultat v. L 25 f) § 25 Bd. I, wonach f. $\varepsilon_n \to 0$ $\operatorname{ctg} \varepsilon_n = \frac{1}{\varepsilon_n} - \frac{1+\delta_n}{3} \varepsilon_n$, $\delta_n \to 0$, ist.

56. Sei β d. Supremum v. $\overline{\operatorname{Lim}}_{P_\nu \to P_0} f(P_\nu)$ f. alle in Betracht kommenden Teilfolgen P_ν. Es sei ferner $U^{(n)} (n = 1, 2, \ldots)$ e. Folge v. Umgebungen d. Grenzlage P_0, d. gegen P_0 konv.

59. Setzt m. $f(x, y) = \left(1 + \frac{1}{x+y}\right)^{x+y}$, so gilt $f(x, y) \to e$ u. $f(x, y)^2 < < z < f(x, y)^3$ f. $x > 0$, $y > 0$.

62. OBdA darf $c = 0$ angenommen werden, da m. c abziehen kann.

64. M. beachte daß $\frac{|PQ|}{|Q, A|} - \frac{|PQ'|}{|Q', A|} = \frac{Z}{|Q, A| \cdot |Q', A|}$ ist, wo $Z = |PQ|(|Q', A| - |Q, A|) + |Q, A|(|PQ| - |PQ'|)$, $|Z| \leqq |Q'Q|(|PQ| + + |Q, A|) = c|Q'Q|$, mit e. v. Q' unabhängigem $c > 0$, wenn Q' u. Q außerhalb A liegen u. $Q' \to Q$ ist.

65. Ist $d > 0$, so daß $U_{2d}(P_0) \prec U_0$, so kann OBdA angenommen werden, daß $|PQ| > d$ ist, so daß f. jedes T wir $\frac{|PQ|}{|Q, A|} > T$ haben, sobald $|P_0 Q| < \frac{d}{T}$ ist.

66. M. benutze A 65 u. A 63, 62. M. kann demnach f. jedes feste $\varepsilon > 0$ OBdA voraussetzen, daß $f(P)$ in A zwischen $\alpha - \varepsilon$ u. $\beta + \varepsilon$ liegt.

68. D. Beh. läuft auf

$$\frac{\alpha_1 + \alpha_2}{x + c} < \frac{\alpha_1}{x + c_1} + \frac{\alpha_2}{x + c_2} + \frac{\alpha_1 \alpha_2}{(x + c_1)(x + c_2)} < \frac{\alpha_1 + \alpha_2}{x + C}$$

hinaus, oder, nach Subtraktion,

$$(*) \quad \alpha_1 \frac{c - c_1}{x + c_1} + \alpha_2 \frac{c - c_2}{x + c_2} + \alpha_1 \alpha_2 \frac{x + c}{(x + c_1)(x + c_2)} > 0,$$

$$(**) \quad \alpha_1 \frac{c_1 - C}{x + c_1} + \alpha_2 \frac{c_2 - C}{x + c_2} - \alpha_1 \alpha_2 \frac{x + C}{(x + c_1)(x + c_2)} > 0.$$

69. OBdA sei $\beta \neq 1$. D. Beh. läuft hinaus auf

$$(*) \quad (x + c)\left[\left(1 + \frac{\alpha}{x + \gamma}\right)^\beta - 1\right] - \alpha \beta > 0,$$

$$(**) \quad (x + C)\left[\left(1 + \frac{\alpha}{x + \gamma}\right)^\beta - 1\right] - \alpha \beta < 0.$$

M. schätze f. $|x| \to \infty$ nach d. Bernoulli-l'Hôpitalschen Regel d. Ausdruck ab:

$$U = x^2\left[\left(1+\frac{\alpha}{x+\gamma}\right)^{\beta} - 1 - \frac{\alpha\beta}{x+\gamma}\right].$$

70. Es genügt, d. rechtsseitige Ungl. zu bew., da sie in d. linksseitige übergeht, wenn m. $f(x)$ durch $-f(x)$ ersetzt. Sei $\overline{\lim_{x\to\infty}} \dfrac{f(x+d)-f(x)}{A(x+d)-A(x)} = \alpha$. Sei, OBdA, $\alpha < \infty$. Ist $\alpha > -\infty$, so gilt f. jedes $\varepsilon > 0$ u. f. $x \geqq x_0 = x_0(\varepsilon)$:

$$f(x+d)-f(x) < (\alpha+\varepsilon)\big(A(x+d)-A(x)\big).$$

71. M. führe d. Beh. auf A 70 zurück durch geeignete Transformation v. x.

74. M. leite aus (*) d. Relation her:

(**) $\quad (n+1)\,K_{n+1} \leqq \alpha \sum\limits_{\nu=0}^{n} T^{n-\nu} K_\nu$ u. führe d. Abkürzungen ein:

$K_\nu/T^\nu = R_\nu,\quad \sum\limits_{\nu=0}^{m} R_\nu = S_m$. Sodann verwende m. d. A 41, A 48 v. § 21 Bd I.

75. M. zerlege d. Int. in $\int\limits_0^{1-\varepsilon} + \int\limits_{1-\varepsilon}^{1}$, wo $\varepsilon > 0$ beliebig klein ist, u. bestimme Schranken f. $\overline{\lim}$ d. zu untersuchenden Produktes. M. hat dabei d. verallgemeinerten MWS d. Int.-Rechnung anzuwenden.

76. Ähnlich wie L 75.

§ 7

2. M. setze $1+\dfrac{1}{3^2}+\dfrac{1}{5^2}+\cdots = s$.

3. Cauchyscher Grenzwertsatz (§ 6). M. setze $s_1 + \cdots + s_n = A_n$.

4. M. zeige, daß d. Logarithmus d. allgemeinen Gliedes gegen $-\dfrac{1}{2}$ strebt.

5. M. benutze d. Ungl. $\lg(1+x) < x \; (x > 0)$.

6. a), b), c). Vgl. A 30, 31, 32 § 2 Bd. I.

7. M. benutze A 3 u. bilde d. Summe $\dfrac{1}{n}\sum\limits_{\nu=1}^{n} s_\nu + \dfrac{1}{n}\sum\limits_{\nu=1}^{n} \nu\, a_\nu$.

10. M. benutze $\lg(1+x) = \sum\limits_{\nu=1}^{\infty} (-1)^{\nu-1}\dfrac{x^\nu}{n}$ u. wende d. Abschätzung d. Leibnizschen Konv.-Kriteriums auf diese f. $1 \geqq x > 0$ alternierende Reihe an.

11. u. 12. D. Abschätzungen d. Leibnizschen Konv.-Kriteriums.

13. Um Schranken f. $f(x) = (\operatorname{tg} x - x)/x^3$ zu finden, beachte m., daß

$$x^4 \cos^2 x\, f'(x) = x(1 + 2\cos^2 x) - 3 \sin x \cos x \equiv g(x),$$

$$g'(x) = 4 \sin x \cos x (\operatorname{tg} x - x) > 0 \text{ f. } 0 < x < \frac{\pi}{2}.$$

14., 16. Quotientenkriterium.

15., 17., 18., 19., 20. Raabesches Kriterium.

22. Vgl. A69 § 6.

29. M. verwende A28 mit $p_\nu = \nu$ u. d. Cauchyschen Konv.-Satz.

30. M. wende d. Ungl. zwischen d. arithmetischen und geometrischen Mittel an.

31. Vgl. § 7 Bd. I.

32. M. wende A30, A31 u. A29 an.

34. Verwendet m. A52 § 11 Bd. I, so folgt

$$\prod_{\nu=1}^{n} \left(\frac{\operatorname{tg} x/2^\nu}{x/2^\nu}\right)^{2^\nu} = \frac{2^{2^{n+1}}}{4 \sin^2 x} \sin^{2^{n+1}}(x/2^n)\, \frac{2^2 \cdot 2^{2\cdot 2^2} \cdot 2^{3 \cdot 2^3} \cdots 2^{n \cdot 2^n}}{x^{2+4+8+\cdots+2^n}}.$$

Hier ist $x^{2+4+\cdots+2^n} = x^{2^{n+1}-2}$ u. aus A10 a) § 17 Bd. I

$$\sum_{\nu=1}^{n} \nu\, 2^\nu = 2\bigl(1 - (n+1)\, 2^n + n\, 2^{n+1}\bigr) = (n-1)\, 2^{n+1} + 2,$$

$$2^{\sum_{\nu=1}^{n} \nu 2^\nu} = 2^{(n-1)\, 2^{n+1}+2}, \text{ so daß}$$

$$\prod_{\nu=1}^{n} \left(\frac{\operatorname{tg} x/2^\nu}{x/2^\nu}\right)^{2^\nu} = \frac{x^2}{\sin^2 x} \left(\frac{\sin x/2^n}{x}\right)^{2^{n+1}} 2^{n\, 2^{n+1}} = \left(\frac{x}{\sin x}\right)^2 \left(\frac{\sin x/2^n}{x/2^n}\right)^{2^{n+1}}. \quad (*)$$

Um d. Grenzwert hiervon zu finden benutze m. d. Maclaurin-Entwicklung v. $\sin y$ mit d. Restglied 3. Ordnung,

$$\sin y = y - \frac{\Theta}{6} y^3, \qquad |\Theta| \leqq 1.$$

35. D. Abelsche Umformung (e).

36. M. beachte L9 a) u. L9 b) v. § 11 Bd. I.

40. M. benutze, daß $\sum_{\nu=1}^{n} \frac{1}{\nu} - \lg n \to C$ ist (A41 § 21 Bd. I).

41. M. wende d. Abelsche Umformung (e) an, um f. $0 < k < n$ d. Summe $\sum_{\nu=k}^{n} M_\nu a_\nu$ abzuschätzen. Es ergibt sich aus (e) d. Formel, wo allgemein $s_\nu = \sum_{\varkappa=1}^{\nu} a_\varkappa$ ist,

$$(*) \qquad \sum_{\nu=k+1}^{n} M_\nu a_\nu = M_n(s_n - s_k) - \sum_{\nu=k+1}^{n-1} (s_\nu - s_k)(M_{\nu+1} - M_\nu).$$

43. M. leite zuerst d. Relation her

$$|a_\nu + a_{\nu+1}| \leqq \frac{1+r}{1-r}\left(|a_\nu| - |a_{\nu+1}|\right),$$

folgere daraus d. Konv. v. $\sum\limits_{\nu=1}^{\infty} |a_\nu + a_{\nu+1}|$ u. benutze A 38 § 8 Bd. I.

44. Sei $|\xi_\nu| < D$ $(\nu = 1, 2, \ldots)$. M. zerlege η_ν in $\sum\limits_{\nu=1}^{n_0} a_\nu^{(n)} \xi_\nu + \sum\limits_{\nu=n_0+1}^{n} a_\nu^{(n)} \xi_\nu$.

47. F. jedes N ist $\sum\limits_{\nu=1}^{N} |a_\nu| = \lim\limits_{n\to\infty} \sum\limits_{\nu=1}^{N} |a_\nu^{(n)}| \leqq C$, daher $\sum\limits_{\nu=1}^{\infty} |a_\nu| = A \leqq$ $\leqq C$ konv., u. damit auch $\sum\limits_{\nu=1}^{\infty} a_\nu \xi_\nu \equiv \alpha$.

48. Wegen $\varepsilon_\nu \to 0$ folgt $(1/n) \sum\limits_{\nu=1}^{n} \varepsilon_\nu \sigma \to 0$ $(n \to \infty)$, so daß OBdA $\sigma = 0$ angenommen werden kann. Sei $s_\nu = x_1 + \cdots + x_\nu$.

49. A 41.

50. M. setze $\sum\limits_{\nu=1}^{n} a_\nu = s_n$ u. wende d. Abelsche Umformung sowie A 49 an.

52. Subtrahiert m. auf beiden Seiten d. Beh. σ, so sieht m., daß m. OBdA $\sigma = 0$ annehmen kann. M. setze

$$\sum_{\nu=1}^{n} x_\nu = n\,\xi_n, \quad a_\nu - a_{\nu+1} = \alpha_\nu,$$

u. wende d. Abelsche Umformung an.

53. Wie in H 52 darf m. OBdA $\sigma = 0$ annehmen. Ist $\varepsilon = +1$ oder -1, je nachdem ob d. p_ν monoton ab- oder zunehmen, so setze m. $p_\nu = p + \varepsilon q_\nu$, wo $q_\nu \downarrow 0$ gilt.

54. M. setze $\sum\limits_{\nu=1}^{n} p_\nu = P_n$, $\sum\limits_{\nu=1}^{n} p_\nu x_\nu / P_n = \xi_n$, $a_\nu - a_{\nu+1} = \alpha_\nu$, wo $\alpha_\nu \downarrow 0$ ist. Dann gilt nach Abelscher Umformung im Zähler u. Nenner:

$$\frac{\sum\limits_{\nu=1}^{n} a_\nu p_\nu x_\nu}{\sum\limits_{\nu=1}^{n} a_\nu p_\nu} = \frac{\sum\limits_{\nu=1}^{n-1} P_\nu \xi_\nu \alpha_\nu + P_n \xi_n a_n}{\sum\limits_{\nu=1}^{n-1} P_\nu \alpha_\nu + P_n a_n} \to \sigma \qquad (n \to \infty).$$

55. Es genügt, d. Ungl. rechts zu bew., da daraus d. linksseitige Ungl. folgt, wenn m. x durch $-x$ ersetzt. Führt m. d. Bezeichnungen v. H 54 e., so ist zu bew.:

$$\varlimsup_{n\to\infty} \frac{\sum\limits_{\nu=1}^{n-1} P_\nu \alpha_\nu \xi_\nu + P_n a_n \xi_n}{\sum\limits_{\nu=1}^{n-1} P_\nu \alpha_\nu + P_n a_n} \leqq \varlimsup_{\nu\to\infty} \xi_\nu.$$

56. Sei $s_n = \sum_{\nu=1}^{n} \varepsilon_\nu$. Dann liefert d. Abelsche Umformung

$$S_n \equiv \sum_{\nu=1}^{n} \varepsilon_\nu a_\nu = \sum_{\nu=1}^{n} a_\nu (s_\nu - s_{\nu-1}) = s_n a_n + \sum_{\nu=1}^{n-1} s_\nu (a_\nu - a_{\nu+1}).$$

57. Es genügt d. Ungl. rechts zu bew., unter d. Annahme, daß $A = \overline{\lim\limits_{n\to\infty}}\, \sigma_n < \infty$ ist.

58. M. spezialisiere geeignet A 49 u. A 56.

59. M. beachte, daß aus d. Annahme d. Aufgabe $x_\nu \to a$ folgt.

60. F. $n = 1$ sind beide Seiten $= a_1$. Beim Übergang v. n zu $n+1$ wächst d. linke Seite um $\frac{(-1)^n}{2^{n+1}} \Delta^n a_1$.

61. M. beachte, daß, wenn a_1 durch $a_1 - x$ ersetzt wird, jedes s_n in A 60 um x vermindert wird u. zugleich in S_n nur d. erste Term a_n gleichfalls um x verändert wird. Daher darf OBdA $s = 0$ angenommen werden.

63. D. beiden ersten Beh. folgen aus $(-1)^\nu \Delta^\nu a_n - (-1)^\nu \Delta^\nu a_{n+1} = (-1)^{\nu+1} \Delta^{\nu+1} a_n \geqq 0$, $(-1)^\nu \Delta^\nu a_n - (-1)^{\nu+1} \Delta^{\nu+1} a_n = (-1)^\nu \Delta^\nu a_{n+1} \geqq 0$.

64. D. Cauchy-Schwarzsche Ungl.

67. A 65.

68. M. benutze d. Relation $r_n / a_{n+1} = 1 + r_{n+1}/a_{n+1}$.

69. Vgl. A 26 § 2 Bd. I.

70a) $(\operatorname{tg} x - \sin x)/x^3 \to \frac{1}{2}$ $(x \to 0)$.

70b) $\lg \frac{\nu+1}{\nu-1} = \lg\left(1 + \frac{1}{\nu}\right) - \lg\left(1 - \frac{1}{\nu}\right) \sim \frac{2}{\nu}$ mit $\nu \to \infty$.

71b) Raabesches Kriterium, sowie A 69 § 6.

72a) $\sqrt[\nu]{a} - \sqrt[\nu+1]{a} = \sqrt[\nu+1]{a}\left(\sqrt[\nu(\nu+1)]{a} - 1\right)$. OBdA $a \neq 0$, $a \neq 1$.

72b) OBdA $a \neq 0$, $a \neq 1$. Sei $\log a = \lambda$, dann

$$a^{1/\nu} + a^{-1/\nu} - 2 = e^{\lambda/\nu} + e^{-\lambda/\nu} - 2 \sim \frac{\lambda^2}{\nu^2}.$$

72c) $\frac{1}{e}\left(e - \left(1 + \frac{1}{\nu}\right)^\nu\right) = 1 - \exp\left(\nu \lg\left(1 + \frac{1}{\nu}\right) - 1\right) = 1 - \exp\frac{\Theta}{\nu}$, wo $\Theta \to \frac{1}{2}$.

73. Mit $\nu \to \infty$ ist $\sin 1/\nu = 1/\nu - \frac{1/6+\varepsilon_\nu}{\nu^3}$, $\varepsilon_\nu \to 0$.

74. Aus d. Annahmen folgen d. Relationen

$$a_n = \delta_n + \delta_{n+1} + \cdots + \delta_m + a_{m+1} = \sum_{\nu=1}^{\infty} \delta_{n+\nu},$$

$$s_n = \sum_{\nu=1}^{n} a_\nu = \sum_{\nu=1}^{n} \nu\,\delta_\nu + n\,a_{\nu+1} = \sum_{\nu=1}^{n} \nu\,\delta_\nu + n \sum_{\nu=1}^{\infty} \delta_{n+\nu}.$$

75. M. betrachte $s_n - n\,a_{n+1}$.

76. M. setze $|u_{\nu+1} - u_\nu| = d_\nu$, $\sum_{\nu=n}^{\infty} d_\nu = a_n$.

77. M. benutze d. Bezeichnung $u_+ = \begin{cases} u & (u \geqq 0) \\ 0 & (u \leqq 0) \end{cases}$ u. beachte, daß $\gamma = \lim u_\nu$ existiert.

78. M. betrachte d. div. Reihe $\sum_{\nu=1}^{\infty} d_\nu$, $d_\nu = \sqrt{s_{\nu+1}} - \sqrt{s_\nu}$.

79. M. betrachte d. konv. Reihe $\sum_{\nu=1}^{\infty} d_\nu$, $d_\nu = \sqrt{r_{\nu-1}} - \sqrt{r_\nu}$.

80. M. betrachte d. Reihe $\sum_{\nu=1}^{\infty} 1/\varphi(\nu)$ in d. Fällen v. Konv. u. Div.

81. M. drücke d. a_ν durch $\delta_\nu = a_\nu - a_{\nu+1}$ u. wende A 79 auf $\sum_{\nu=1}^{\infty} \nu\,\delta_\nu$ an.

82. Analog zu L 80.

85. M. wähle anhand d. Cauchy-Bolzanoschen Konv.-Kriteriums in d. Folge d. natürlichen Zahlen unendlich viele Intervalle I_ν, I'_ν ohne gemeinsame Pkt. derart, daß

$$A_\nu = \sum_{\varkappa < I_\nu} |a_\varkappa| \geqq \nu^2, \qquad B_\nu = \sum_{\varkappa < I'_\nu} |b_\varkappa| \geqq \nu^2$$

wird, u. wähle d. $x_\varkappa$ innerhalb dieser Intervalle in geeigenter Weise.

90. Es gilt f. $|\Theta_\nu| \leqq 1, \nu > 1,$ $\frac{(\nu+1)\lg(\nu+1)}{\nu \lg \nu} = \left(1+\frac{1}{\nu}\right)\left(1+\frac{\frac{1}{\nu}+\frac{\Theta_\nu}{\nu^2}}{\lg \nu}\right) =$

$$= 1 + \frac{1}{\nu} + \frac{1}{\nu \lg \nu} + \frac{\delta_\nu}{\nu \lg \nu}, \quad \delta_\nu \to 0, \quad \frac{\nu \lg \nu}{(\nu+1)\lg(\nu+1)} = 1 - \frac{1}{\nu} - \frac{1-\varepsilon_\nu}{\nu \lg \nu},$$

$$\varepsilon_\nu \to 0.$$

91. $\frac{P(\nu)}{Q(\nu)} = 1 - \frac{A+\varepsilon_\nu}{\nu}$, wo $\varepsilon_\nu \to 0$ $(\nu \to \infty)$.

92. D. Schwarzsche bzw. Höldersche Ungl. Es gibt e. $\delta > 0$ mit $\varrho + \varkappa - 1 - \delta = 0$. M. setze $\varkappa - \delta = \varkappa'$.

93. F. $\alpha < 1$ betrachte m. d. zur Folge $r_\nu^{1-\alpha} \to 0$ $(\nu \to 0)$ gehörende unendliche Reihe u. f. $\alpha = 1$ d. Produkt $\prod_{\nu=1}^{\infty} (1 + (r_{\nu+1} - r_\nu)/r_\nu)$.

94. Da $\sum_\nu (\varepsilon_\nu - \varepsilon_{\nu+1})$ konv., folgt aus A 93, daß auch $\sum_{\nu=1}^{\infty} \frac{\varepsilon_\nu - \varepsilon_{\nu+1}}{\varepsilon_\nu^{1-\alpha}}$ konv.

95. D. Reihe $\sum_{\nu=1}^{\infty} \left(\frac{1}{s_\nu} - \frac{1}{s_{\nu+1}}\right)$ konv. u., wenn A 93 angewandt wird, folgt aus $a_\nu = 1/s_\nu - 1/s_{\nu+1}$: $r_\nu = \frac{1}{s_{\nu+1}}$. M. nehme $\alpha = 1 - \varepsilon$.

96. Aus d. Annahme folgt f. $\nu \to \infty$:

$$A_\nu \equiv \lg s_\nu - \lg s_{\nu-1} = -\lg\left(1 - \frac{s_\nu - s_{\nu-1}}{s_\nu}\right) \sim \frac{s_\nu - s_{\nu-1}}{s_\nu} \equiv a_\nu .$$

97. Nach d. Annahme gilt

$$\lg s_\nu - \lg s_{\nu-1} = -\lg\left(1 - \frac{s_\nu - s_{\nu-1}}{s_\nu}\right) = \frac{s_\nu - s_{\nu-1}}{s_\nu} + \Theta_\nu \left(\frac{s_\nu - s_{\nu-1}}{s_\nu}\right)^2,$$

wo $\Theta_\nu \to \frac{1}{2}$ u. > 0 ist f. $\nu \to \infty$.

98. Wird allgemein $\frac{s_\nu - s_{\nu-1}}{s_\nu} = \alpha_\nu$ gesetzt, so gilt, wenn d. s_ν eigentlich monoton nach ∞ gehen, $0 < \alpha_\nu < 1$ u., wegen $s_n = s_1 \prod_{\nu=2}^{n} 1/(1-\alpha_\nu)$, lassen sich d. Annahmen in α_ν ausdrücken. M. hat dann d. Folge d. α_ν so zu bilden, daß

(a) $\sum_\nu \alpha_\nu = \infty$, (b) $\sum_{\nu=1}^{n} \alpha_\nu^2 / \sum_{\nu=1}^{n} \alpha_\nu \to 0$ $(n \to \infty)$ gilt, andererseits aber d. Relation (c) $-\sum_{\nu=1}^{n} \lg(1-\alpha_\nu) \sim \sum_{\nu=1}^{n} \alpha_\nu$ nicht gilt. M. wird f. d. α_ν im allgemeinen etwa $\alpha_\nu = \frac{1}{\nu}$ setzen, wobei f. gewisse einzelne $\nu = m_\varkappa$ aber $\alpha_{m_\varkappa} > 1/m_\varkappa$ ist.

99. D. a_ν sind bestimmt durch $a_\nu = (a_1 + \cdots + a_{\nu-1}) \frac{\delta_\nu}{1 - \delta_\nu}$ $(\nu \geqq 2)$.

100. M. kann in d. Annahme m als e. natürliche Zahl voraussetzen. Ist p e. d. Zahlen $0, 1, \ldots, m-1$, so gilt f. jedes ganze $\nu \geqq n_0 + 1$:

$$f(\nu m + y) \leqq K f(x) \qquad (\nu - 1 \leqq x \leqq \nu,\ p \leqq y \leqq p+1)$$

u. daraus

$$f(\nu m + p) \leqq K \int_{\nu-1}^{\nu} f(x)\,dx, \qquad \int_{\nu m+p}^{\nu m+p+1} f(x)\,dx \leqq K f(\nu - 1).$$

101. F. $\nu \geqq n_0$ folgt $f(\nu) \leqq K f(x)$ $(\nu + A \leqq x \leqq \nu + A + 1)$ u. f. $x \geqq n_0 - A - 1$ ähnlich $f(x) \leqq K f(\nu)$ $(\nu - A - 1 \leqq x \leqq \nu - A)$.

102. Kann auf A 101 zurückgeführt werden.

103. Es gilt $f(s_{\nu-1}) \geqq f(x) \geqq f(s_\nu)$ $(s_{\nu-1} \leqq x \leqq s_\nu)$ u. daher durch Int.

$$(s_\nu - s_{\nu-1}) f(s_{\nu-1}) \geqq \int_{s_{\nu-1}}^{s_\nu} f(x)\,dx \geqq (s_\nu - s_{\nu-1}) f(s_\nu).$$

104. Es gilt $f(r_{\nu-1}) \leqq f(x) \leqq f(r_\nu)$ $(r_\nu \leqq x \leqq r_{\nu-1})$.

105. Es gilt

$$D_{n+1} - D_n = f(s_n)(s_{n+1} - s_n) - \int_{s_n}^{s_{n+1}} f(x)\,dx \geqq 0,$$

$$d_n - d_{n+1} = \int_{s_n}^{s_{n+1}} f(x)\,dx - f(s_{n+1})(s_{n+1} - s_n) \geqq 0.$$

106. Nach A103 konv. $\sum\limits_{\nu=n_0}^{\infty} (s_\nu - s_{\nu-1})\, g(s_\nu)/s_\nu$.

107. M. setze $r_\nu = 1/s_\nu$, $g(x) = f(1/x)/x$.

110. Trivialerweise gilt

$$\sum_{\nu=1}^{\infty} f(s_\nu)\, a_\nu = \sum_{\nu=1}^{\infty} \frac{a_\nu}{a_1 + \cdots + a_\nu} \, \frac{1}{\lg(a_1 + \cdots + a_\nu)} \ll \sum_{\nu=1}^{\infty} \frac{1}{\lg a_\nu} = \sum_{\nu=1}^{\infty} \frac{1}{\nu^2 \lg 2}.$$

Ferner gilt

$$s_{\nu-1} = 2^{(\nu-1)^2} + 2^{(\nu-2)^2} + \cdots < 2 \cdot 2^{(\nu-1)^2} = 4 \cdot 2^{-2\nu} \cdot 2^{\nu^2}.$$

111. Offenbar gilt $a_{\nu+1} < r_\nu < 2\, a_{\nu+1}$.

112. M. bew. f. $x \geqq x_0$ d. Ungl.

$$\int_{x_0}^{\varphi(x_0)} f(t)\,dt - \int_{x}^{\varphi(x)} f(t)\,dt \geqq (M-1) \int_{\varphi(x_0)}^{\varphi(x)} f(t)\,dt.$$

113. D. in L112 hergeleitete Ungl. (*) ist auf jeden Fall richtig f. $x = x_\nu$, so daß $\int\limits_{\varphi(x_0)}^{\varphi(x_\nu)} f(t)\,dt \leqq C$ bleibt.

114. Nach Annahme ist

$$\int_{x_0}^{x} f(t)\,dt - \int_{\varphi(x_0)}^{\varphi(x)} f(t)\,dt \leqq \int_{x_0}^{x} f(\varphi(t))\,\varphi'(t)\,dt - \int_{\varphi(x_0)}^{\varphi(x)} f(t)\,dt = 0.$$

115. Es gilt f. $\nu \geqq \nu_0$: $(2\nu + 1)\, a_{\nu^2} \geqq a_{\nu^2} + a_{\nu^2+1} + \cdots + a_{(\nu+1)^2-1}$.

116. F. $n \geqq 2$ gilt $(2n-1)\, a_{(n-1)^2} \geqq \sum\limits_{\nu=(n-1)^2}^{n^2-1} a_\nu \geqq (2n-1)\, a_{n^2}$.

117. Aus d. Monotonie v. $\frac{x}{1+x^2}$ folgt:

$$\int_{\nu}^{\nu+1} \frac{x\,dx}{1+x^2} \leqq \frac{\nu}{1+\nu^2} \leqq \int_{\nu-1}^{\nu} \frac{x\,dx}{1+x^2},$$

$$\int_{n}^{3n+1} \frac{x\,dx}{1+x^2} \leqq \sum_{\nu=n}^{3n} \frac{\nu}{1+\nu^2} \leqq \int_{n-1}^{3n} \frac{x\,dx}{1+x^2},$$

oder, ausintegriert,

$$\frac{1}{2}\lg\frac{1+(3n+1)^2}{1+n^2} \leqq \sum_{\nu=n}^{3n} \frac{\nu}{1+\nu^2} \leqq \frac{1}{2}\lg\frac{1+9n^2}{1+(n-1)^2}.$$

118. Wie in H 117 folgt $\frac{\alpha}{\alpha^2+\nu^2} \leqq \int_{\nu-1}^{\nu} \frac{\alpha\,dx}{\alpha^2+x^2}$ $(\alpha \leqq \nu-1)$.

119. Wegen d. monotonen Abnahme v. $\frac{1}{x(\lg x)^2}$ folgt f. $\nu \geqq 3$:

$$\frac{1}{\nu(\lg\nu)^2} \leqq \int_{\nu-1}^{\nu} \frac{dx}{x(\lg x)^2}.$$

120. Aus $x_{\nu+2}-x_{\nu+1} = \varepsilon(\sin x_{\nu+1}-\sin x_\nu)$ folgt nach d. MWS. d. Diff.-Rechnung

$$|x_{\nu+2}-x_{\nu+1}| \leqq \varepsilon|x_{\nu+1}-x_\nu|.$$

122. M. setze $k_\nu = 2^{2\nu}a_{2^\nu}$. Behält m. im Ausdruck v. r_n nur d. a_ν mit $n+1 \leqq \nu \leqq 2n$, so folgt

$$n\,a_{2n} \leqq \sqrt{a_n}/4, \quad (2n)^2 a_{2n} \leqq \sqrt{n^2 a_n}.$$

123. M. beachte, daß $\varepsilon_\nu \to \infty$ u. $\sum_{\nu=1}^{\infty} \varepsilon_\nu^2 < \infty$ ist.

125, 126. M. setze $y_\nu = \nu^\alpha a_\nu$ u. betrachte $y_{\nu+1}/y_\nu$.

§ 8

2. M. unterscheide d. Fälle $x = 0$ u. $x \neq 0$.

3. M. unterscheide d. Fälle, wo x ganz u. nicht ganz ist.

4. M. unterscheide d. 3 Fälle: $x > 0$, $x < 0$, $x = 0$.

5. Majorantenkriterium.

6. M. benutze d. Ungl. $\lg(1+y) \leqq y$, $|\sin y| \leqq y$ $(y > 0)$.

7. Wie H 6.

8. M. stelle, durch geeignete Verwendung d. Identität
$a-b = \dfrac{a^2-b^2}{a+b}$, konv. Majoranten her.

9. M. verwende $1-\cos x = 2\sin^2\dfrac{x}{2}$ u. f. b) benutze m. d. Maclaurinsche Entwicklung v. $\nu \sin x$ mit d. Restglied 3. Ordnung.

10. $\lg \cos y = \lg(1-2\sin^2 y/2)$.

12a) M. bestimme d. Summe $\sum\limits_{\nu=1}^{n}$.

12b) $\dfrac{x}{(1+\nu x)(1+(\nu+1)x)} = \dfrac{1}{1+\nu x} - \dfrac{1}{1+(\nu+1)x}$.

14. D. gliedweise Int. erlaubt, da $\sum\limits_{\nu=1}^{\infty}\dfrac{1}{\nu^2}$ e. Majorante ist.

19. D. Reihe ist $= x^2\sum\limits_{\nu=0}^{\infty}\left(\dfrac{x^2}{1-x}\right)^{\nu}$.

20. $\dfrac{x^\nu}{1+x^{2\nu}} = \dfrac{1}{x^\nu + x^{-\nu}} \to \begin{cases} 0 & (x \neq \pm 1), \\ \dfrac{1}{2} & (x = 1). \end{cases}$

21. M. beachte, daß, wegen A 41 § 21 Bd. I,

$$1+\frac{1}{2}+\cdots+\frac{1}{n} = \lg n + C + \varepsilon_n, \quad \varepsilon_n \to 0 \qquad (n \to \infty).$$

23. M. bestimme f. jedes natürliche ν d. Max. d. allgemeinen Gliedes in $\langle 0, 1\rangle$.

24. $((1+\varepsilon)\lg x - \nu x)' = \dfrac{1+\varepsilon}{x} - \nu = 0$, $\dfrac{1+\varepsilon}{\nu}$ d. Maximalstelle.

25. $(x^\alpha(1-x)^\nu)' = x^\alpha(1-x)^\nu\left(\dfrac{\alpha}{x} - \dfrac{\nu}{1-x}\right) = 0$, $x_{\text{Max}} = \dfrac{\alpha}{\nu+\alpha}$.

26. $(y^{3/2}(1-y)^{\nu/2})'_y = \dfrac{1}{2}y^{3/2}(1-y)^{\nu/2}\left(\dfrac{3}{y} - \dfrac{\nu}{1-y}\right) = 0$, $y_{\text{Max}} = \dfrac{3}{\nu+3}$.

27. Vgl. A 40 § 8 Bd. I.

28. Es ist $\dfrac{\nu}{(x+\nu^2)^2} < \dfrac{\nu}{2\nu-1}\,\dfrac{2\nu-1}{(x+\nu^2)((x+(\nu-1)^2)}$.

30. M. benutze A 27 u. A 28.

31. D. Rest r_n d. Reihe ist $(n+1)\,x\,e^{-(n+1)x}$ u. d. Summe $x\,e^{-x}$.

34. M. zerlege d. Intervall $\langle 0, 1\rangle$ in d. Intervalle

$$\left\langle 0, \frac{1}{2}-\varepsilon\right\rangle, \quad \left\langle \frac{1}{2}-\varepsilon, \frac{1}{2}+\varepsilon\right\rangle, \quad \left\langle \frac{1}{2}+\varepsilon, 1\right\rangle.$$

35. Im Intervall $\langle 0, 1-\varepsilon\rangle$, $0<\varepsilon<1$, konv.

$$\frac{t^{a-1}}{1+t^b} = \sum_{\nu=0}^{\infty} (-1)^\nu t^{\nu b+a-1}$$

gleichmäßig.

36. D. Konv. v. $s(x)$ folgt aus d. Leibnizschen Kriterium.

37. M. benutze, daß $\displaystyle\int_{\nu\pi}^{(\nu+1)\pi} \frac{\sin x}{x}\,dx = (-1)^\nu \int_0^\pi \frac{\sin x}{x+\nu\pi}\,dx$,

$$\int_0^\pi \frac{\sin x}{x+\nu\pi}\,dx > \int_0^\pi \frac{\sin x}{x+(\nu+1)\pi}\,dx \quad \text{ist.}$$

38. M. benutze d. Cauchy-Maclaurinsche Kriterium.

40. M. zeige, daß d. Reihe

$$\sum_{\nu=1}^{\infty}\left(\frac{1}{\nu^s}-\int_{\nu}^{\nu+1}\frac{dx}{x^s}\right) = \sum_{\nu=1}^{\infty}\frac{1}{\nu^s}-\int_1^{\infty}\frac{dx}{x^s} = \sum_{\nu=1}^{\infty}\frac{1}{\nu^s}-\frac{1}{s-1}$$

f. $s \geqq \frac{1}{2}$ gleichmäßig konv.

41. M. benutze d. partielle Summation.

42. M. wähle e. beliebig kleine pos. Zahl ε und behandle getrennt d. Pkt. P, in d. $f_0(P) \leqq 2\varepsilon^\alpha$ ist u. solche, wo $f_0(P) > 2\varepsilon^\alpha$ gilt. M. wähle $n_0 = n_0(\varepsilon)$ so groß, daß $|f_\nu(P)-f_0(P)| \leqq \varepsilon^{1/\alpha}$ f. alle P auf M u. alle $\nu \geqq n_0$ gilt.

43. MWS. d. Diff.-Rechnung, angewandt auf d. Fkt. $\lg x$.

44. Vgl. L 79 u. L 93 § 7.

45. F. $p+q>2$ suche m. d. Max. v. $x/(\nu^p+\nu^q x^2)$. F. $p+q \leqq 2$ betrachte m. d. Wert v. $x = n^{(p-q)/2}$ f. $n \leqq \nu \leqq 2n-1$ u. setze $\gamma = 1/(2^{(p-q)/2}+1)$.

46. Man suche d. Min. v. $\dfrac{\nu p}{\sqrt{x}}+\nu q x^{3/2}$.

47. M. setze $F_\nu(P) = f_\nu(P)$ $(\nu \leqq p(P))$ und $F_\nu(P) = 0$ $(\nu > p(P))$.

48. M. unterteile $\langle a, b\rangle$ in k Intervalle $I_\varkappa$ $(\varkappa = 1, \ldots, k)$ d. Länge $\leqq \delta(\varepsilon) = \varepsilon/(3C)$, wo $\varepsilon > 0$ beliebig klein ist.

49. D. Borelsche Überdeckungssatz.

51. OBdA darf $\varepsilon_\nu(P) \downarrow 0$ vorausgesetzt werden.

53. Es genügt, nach A 51 zu bew., daß in $\langle\delta, 2\pi-\delta\rangle$ d. beiden Ausdrücke $\left|\sum_{\nu=1}^{n}\sin\nu x\right|, \left|\sum_{\nu=1}^{n}\cos\nu x\right|$ gleichmäßig in n u. x beschränkt sind.

59. D. Raabesche Kriterium.

60. M. benutze d. Relation v. A 29 § 5.

62. M. ersetze in d. Formel v. A 61 a_ν durch $1+a_\nu$ u. y durch $1-x$. M. hat dann zu zeigen, daß aus d. Div. v. $\sum\frac{1}{a_\nu}$ auch d. Div. v. $\sum\frac{1}{1+a_\nu}$ folgt.

64. M. leite

$$\sum_{\nu=1}^{n}\cos 2\nu\pi x = \frac{\sin(2n+1)\pi x - \sin\pi x}{2\sin\pi x}$$

aus L 9b) § 11 Bd. I her.

65. M. überlege, daß in d. Bezeichnungen v. A 64 $F_n\left(\frac{1}{2}\right) = \frac{\pi}{2}$ ist u. wende d. MWS d. Diff.-Rechnung zwischen $\frac{1}{2}$ u. x an.

66. M. benutze, daß

$$(3) \quad \varrho_n = \int_0^x \frac{t^n\,dt}{1+t} = x^{n+1}\int_0^1 \frac{\tau^n\,d\tau}{1+x\tau}.$$

67. M. leite zuerst her:

$$(3) \quad \Delta a_{\nu+1} - \Delta a_\nu \to 0 \qquad (\nu\to\infty),$$

$$(4) \quad \Delta a_{\nu+2k+1} - \Delta a_\nu \rightrightarrows 0 \qquad (\nu\to\infty,\ k \geqq 0)$$

u. setze $\Delta a_\nu = d_\nu$.

§ 9

1–8. M. betrachte $\lim\limits_{\nu\to\infty}|a_\nu|/|a_{\nu+1}|$.

9–13. M. betrachte $\lim\limits_{\nu\to\infty}\sqrt[\nu]{|a_\nu|}$.

15. Bricht m. d. Reihe mit $2x^{16}$ ab, so ist d. Fehler $= 2x^{25}+2x^{36}+\cdots < \frac{2x^{25}}{1-x} = \frac{2}{0{,}9}\,\frac{1}{10^{25}}$.

17. $640 = \frac{16}{9}(19^2 - 1)$.

18. $\left(\frac{1}{1-x}\right)' = \frac{1}{(1-x)^2}, \quad \left(\frac{1}{1-x}\right)'' = \frac{2}{(1-x)^3}, \quad \left(\frac{1}{1-x}\right)^{(3)} = \frac{6}{(1-x)^4}$.

20. $\frac{1}{t} \lg \frac{1}{1-t} = \sum_{\nu=1}^{\infty} \frac{t^{\nu-1}}{\nu} \quad (|t| \leqq |x| < 1)$.

26. D. Integrand ist $\sum_{\nu=0}^{\infty} \frac{x^\nu}{\nu+2}$ u. konv. gleichmäßig. f. $0 \leqq x \leqq t < 1$, so daß gilt:

$$\int_0^t = \sum_{\nu=0}^{\infty} \frac{x^{\nu+1}}{(\nu+1)(\nu+2)} \quad (0 < t < 1).$$

29. M. betrachte d. Fkt. $f(x^4)$.

30. M. benutze $[\lg(x + \sqrt{1+x^2})]' = \frac{1}{\sqrt{1+x^2}} - \sum_{\nu=0}^{\infty} \binom{-\frac{1}{2}}{\nu} x^{2\nu}$.

32. Sei $r < 1$ so gewählt, daß $r > \varrho$, aber kleiner als d. Konv.-Radien v. $f(x)$ u. $g(x)$ ist. Dann gilt f. geeignetes c: $|a_\nu| \leqq \frac{c}{r^\nu}$, $|b_\nu| \leqq \frac{c}{r^\nu}$ $(\nu = 1, 2, \ldots)$. M. betrachte $s(P, p) = \sum_{\nu=1}^{P} \sum_{\mu=1}^{p} a_\mu b_\nu x^{\mu\nu}$. F. $|x| \leqq \varrho$, $p \to \infty$ gilt

$$(*) \quad \lim_{p\to\infty} s(P, p) = \sum_{\mu=1}^{P} \sum_{\nu=1}^{\infty} a_\mu b_\nu x^{\mu\nu} = \sum_{\mu=1}^{P} a_\mu g(x^\mu),$$

da d. endlich vielen Potenzreihen rechts konv. M. zeige, daß d. Relation (*) gleichmäßig in P gilt.

36. F. d. zweite Beh.: m. nehme $|x| <$ Min (ϱ, σ) an u. schätze d. beiden Differenzen ab:

$$\sum_{\nu=0}^{n} c_\nu x^\nu - \sum_{\mu=0}^{n/2} a_\mu x^\mu \sum_{\varkappa=0}^{n/2} b_\varkappa x^\varkappa, \quad \sum_{\mu=0}^{n} a_\mu x^\mu \sum_{\varkappa=0}^{n} b_\varkappa x^\varkappa - \sum_{\nu=0}^{n} c_\nu x^\nu.$$

37. F. jedes n folgt $\sum_{\nu=0}^{n} a_\nu = \lim_{x\uparrow 1} \sum_{\nu=0}^{n} a_\nu x^\nu \leqq s$.

38. Sei C pos. beliebig groß. F. e. geeignet gewähltes n ist $\sum_{\nu=0}^{n} a_\nu > 2C$.

39. Beim Bew. d. rechtsseitigen Ungl. darf OBdA $\beta < \infty$ angenommen werden. Dann sei, f. e. beliebiges $\varepsilon > 0$, n so gewählt, daß $a_\nu \leqq (\beta + \varepsilon) b_\nu (\nu \geqq n)$ gilt.

42. Aus A 40.

45. F. jedes natürliche ν sei d. Polynom $Q_\nu(x)$ so gewählt, daß $|Q_\nu(x)-f(x)| < 2^{-\nu-2}$ $(\alpha \leqq x \leqq \beta)$ gilt. M. setze dann $P_\nu(x) = Q_\nu(x) - 2^{-\nu}$ $(\nu = 1, 2, \ldots)$.

48. Ist etwa $a_1 < a_2 <, \ldots < a_n$ u. bildet m. d. Polynome $F(x) = \prod_{\nu=1}^{n}(x-x_\nu)$, $\varphi_i(x) = F(x)/(x-x_i)$, $\varphi_i(x) = \dfrac{F_i(x)}{F_i(x_i)}$, so hat d. Polynom $\Phi(x) = \sum_{\nu=1}^{n} \varepsilon_\nu \varphi_\nu(x)$ d. Eigenschaft, daß $\Phi(x_\nu) = \varepsilon_\nu$ $(\nu = 1, \ldots, n)$ gilt. Zugleich gilt, wenn m. $T = \operatorname*{Max}_{\langle\alpha,\beta\rangle} \sum_{\nu=1}^{n} |\varphi_\nu(x)|$ setzt, offenbar $|\Phi(x)| \leqq T \operatorname*{Max}_{\nu=1,\ldots,n} |\varepsilon_\nu|$.

50. M. approximiere $\left(\sqrt{x^2+\varepsilon^2}\right)'' = \dfrac{\varepsilon^2}{\sqrt{x^2+\varepsilon^2}^{\,3}}$ durch e. Polynom. u. beachte, daß e. Polynom sicher konvex in e. Intervall ist, wenn dort seine zweite Abl. pos. bleibt.

51. M. benutze A 50 u. d. Formel A 42 § 5 f. $f(x)$.

53. Es gilt $\delta = L\dfrac{\sqrt{L^2+\varepsilon^2}-L}{\sqrt{L^2+\varepsilon^2}} = \dfrac{\varepsilon^2 L}{L^2+\varepsilon^2+L\sqrt{L^2+\varepsilon^2}} < \dfrac{\varepsilon^2}{2L}$. Aus A 45 folgt d. Existenz e. Polynoms $Q(x)$ mit

$$(*) \quad 0 < Q(x) - \varphi''(x) < \delta/L^2 \quad (|x| \leqq L).$$

M. setze $P(x) = \int\limits_0^x dy \int\limits_0^y Q(t)\,dt + x + \varepsilon$.

54. Da nach A 29 § 5 mit $f(x)$ auch $f(-x)$ im entsprechenden Intervall konvex ist, kann $f(x)$ als monoton wachsend vorausgesetzt werden. Ferner darf m. $f(x)$ durch e. stückweise lineare konvexe monoton wachsende Fkt. beliebig gut approximieren u. daher OBdA v. Anfang an $f(x)$ in d. Form d. A 42 § 5 annehmen:

$$f(x) = \sum_{\nu=1}^{n} \frac{\beta_{\nu+1}-\beta_\nu}{2}\left(|x-\alpha_\nu| + (x-\alpha_\nu)\right) + f(\alpha),$$

mit nicht neg. β_ν. M. benutze d. Bezeichnungen v. A 53 u. setze $L = 2|\alpha| + 2|\beta| + 1$.

60. M. beachte, daß in d. Taylorschen Formel mit d. Restglied nach d. Annahme d. Aufgabe d. Restglied nicht neg. ist.

63. Sei A d. obere Grenze d. Nullstellen v. $f(x)$ in $\langle\alpha, \beta)$. Es ist zu bew., daß $A = \beta$. M. nehme $A < \beta$ an. Wegen d. Annahmen über $\operatorname{sgn} f^{(\nu)}(x)$ verschwindet $f(x)$ mit sämtlichen Abl. in $\langle a, A)$.

64. Sei $\varphi(x) = \sum_{\nu=0}^{\infty} \frac{(x-a)^\nu}{\nu!} f^{(\nu)}(a)$ d. Taylor-Entwickelung v. $f(x)$ um a. M. betrachte $f(x)-\varphi(x)$ u. wende darauf A 60 u. A 63 an.

66. M. zeige, daß $f'(x) < 0$ im betreffenden Intervall ist.

68. M. leite d. Formeln her:

$$L_n'(x) = -K_{n-1}(x), \quad K_n'(x) = L_n(x) \qquad (n = 1, 2, \ldots)$$

u. benutze d. v. Ind.

69. M. schreibe d. Reihe als $\sum_{\nu=0}^{\infty} (-1)^{\nu-1} a_\nu$, wo $a_\nu = \frac{1 \cdot 3 \cdots (2\nu-1)\, x^\nu}{2^\nu \nu!}$ ist, u. zeige, daß sie f. $0 < x \leqq 1$ d. Leibnizschen Konv.-Kriterium, $a_{\nu+1}/a_\nu < 1$, genügt.

71. D. Beh. läuft darauf hinaus, daß $\gamma_\nu = \nu^{1-\alpha} |\alpha+\nu-1| \, |\alpha+\nu-2| \cdots \cdots |\alpha|/\nu!$ e. pos. Grenzwert hat.

72. D. Beh. läuft darauf hinaus, daß $\gamma_\nu = \nu^{1+\alpha} \left| \binom{\alpha}{\nu} \right|$ e. pos. Grenzwert hat.

73. F. $x = -1$ siehe A 72, f. $x = 1$ d. Leibnizsche Kriterium.

74. M. überlege zuerst, daß $m_\nu = \max_{0 \leqq x \leqq 1} (1-x)^{1/2+\varepsilon} x^\nu$ f. $x = \nu \Big/ \left(\nu + \frac{1}{2} + \varepsilon\right)$ erreicht wird u. daher f. $\nu \to \infty$, $m_\nu = \left(\frac{\frac{1}{2}+\varepsilon}{\nu+\frac{1}{2}+\varepsilon}\right)^{1/2+\varepsilon} \left(1 - \frac{\frac{1}{2}+\varepsilon}{\nu}\right)^\nu \sim$ $\sim \frac{c}{\nu^{1/2+\varepsilon}}$ mit e. pos. Konstante c gilt. Sodann wende m. A 72 f. $\alpha = -\frac{1}{2}$ an.

75. $(1-x)^\beta x^\nu$ erreicht sein Max. in $\langle 0, 1 \rangle$ f. $x = \frac{\nu}{\nu+\beta}$ u. dieses Max. ist $\left(\frac{\beta}{\nu+\beta}\right)^\beta \left(1 - \frac{\beta}{\nu}\right)^\nu \sim \frac{(\beta/e)^\beta}{\nu^\beta}$ $(\nu \to \infty)$. OBdA sei $\alpha \neq 0$ u. keine natürliche Zahl.

76. M. zeige, daß f. hinreichend große n d. Reihe $\sum_{\nu=n}^{\infty} \binom{\alpha}{\nu} x^\nu$ d. Bedingungen d. Leibnizschen Konv.-Kriteriums genügt. M. setze allgemein $\binom{\alpha}{\nu} x^\nu = \tau_\nu$.

77. M. ordne $\sum_{\nu=0}^{n-1}$ nach fallenden ν u. wende darauf d. Leibnizsche Abschätzung an.

78. M. bestimme $m_\nu = \underset{\langle 0,1\rangle}{\operatorname{Max}} x^\nu (1-x)^\beta$ u. benutze A 76 zur Abschätzung v. $r_n = \sum_{\nu=n}^{\infty} \binom{\alpha}{\nu} x^\nu$ im Falle $0 \leqq x \leqq x_n$. Dagegen benutze m. f. $1 > x > x_n$ A 77 u. beachte, daß $r_n = (s+x)^\alpha - \sum_{\nu=0}^{n-1} \binom{\alpha}{\nu} x^\nu$ ist. M. hat zu beachten, daß $\beta > -(\alpha+1) = \varkappa$ ist.

80. M. betrachte $x f'(x) = \sum_{\nu=1}^{\infty} (-1)^{\nu-1} \lambda_\nu a_\nu x^{\lambda_\nu}$.

83. M. verwende: $\varrho = -2 \sum_{\nu=3}^{\infty} (-1)^{\nu-1} \frac{x^{2\nu-6}}{(2\nu)!} (2\nu+3)(\nu-2)$ u. benutze A 81.

84. M. leite her, daß $\varrho = \frac{11}{5040} - 6 \sum_{\nu=1}^{\infty} (-1)^{\nu-1} \frac{(2\nu+11)(\nu+1)}{(2\nu+7)!} x^{2\nu}$ u. wende, f. $x^2 = y$, A 81 an.

85. $[6+4(1-\mu)x+\mu(\mu-1)x^2] \sum_{\nu=0}^{\infty} \binom{\mu}{\nu} x^\nu = 6+(4+2\mu)x +$
$+ \sum_{\nu=2}^{\infty} x^\nu \left[4(1-\mu)\binom{\mu}{\nu-1} + 6\binom{\mu}{\nu}\right].$

86. F. e. beliebiges festes $A > 0$ setze m. $M_\nu = \underset{|x| \leqq A}{\operatorname{Max}} |\varphi_\nu(x)|$. Dann folgt aus (*)

$$(n+1) M_{n+1} \leqq (A + |\sigma_0|) M_n + \sum_{\nu=0}^{n-1} |\sigma_{n-\nu}| M_\nu .$$

Da andererseits, f. e. T mit $r_0 < \frac{1}{T} < r$, nach d. Konv.-Bedingung f. e. Konstante $c > 0$ gilt: $|\sigma_\nu| \leqq c\, T^\nu$ $(\nu \geqq 0)$, folgt $(n+1) M_{n+1} \leqq (A+c) M_n + {}$ $+ c \sum_{\nu=0}^{n-1} M_\nu T^{n-\nu}$ $(n = 0, 1, \ldots)$. M. wende darauf A 74 § 6 an.

87. M. verifiziere d. Relation $\Phi_y + (\Gamma(y) - x)\Phi = 0$ u. setze $\int_0^y \Gamma(y)\, dy - xy = C(x, y)$.

§ 10

1a) M. betrachte zuerst $n = 1$, sodann d. ganzen pos. n.

2. M. verwende d. Taylorsche Formel mit d. Restglied.

14. M. verwende (1) u. nehme an, daß f. e. k, $1 \leqq k < n$, $f^{(k)}(a) \neq 0$, u. daß dieses k d. kleinste mit dieser Eigenschaft ist.

15. M. wende (1) an auf $F(x)$ u. $F'(x)$ mit n u. $n-1$.

16. M. setze $F/F' = G$. Wegen L 15 ist dann f. $x \to a$: $G(x) = (x-a)\left(1/n + \varepsilon(x)\right)$, $\varepsilon(x) \to 0\ (x \to a)$.

18d) M. zeige, daß $f(x) = e^x - \cos x^2 - \sin x$ im Ursprung e. genau zweifache Nullstelle hat u. daß $f(0) = f'(0) = 0$, $f''(0) = 1$ gilt.

21. M. diff. d. Relation v. A 20 $(n+1)$-bzw. $(n+2)$-mal u. wende d. Leibnizsche Regel an. M. setze $Q^n = U$.

22. Es genügt, d. Fall $f(x) = 1$ zu betrachten. M. zeige, daß $(1/g(x))^{(n)} = g(x)^{-n-1}\,\mathrm{Pol}(g, g', \ldots, g^{(n)})$ gilt, wo d. Zähler rechts e. Polynom in $g, g', \ldots, g^{(n)}$ ist.

25. OBdA sei $1 > y > x > 0$. M. betrachte d. Abl. d. Fkt. $f(x, y) - 2(y-x)^2$ nach y.

26. Setzt m. $y(x) = y(e^t) = \varphi(t)$, so gilt $y'(x) = \dfrac{dy}{dt}\Big/\dfrac{dx}{dt} = \dfrac{dy}{dt}\Big/x$,

$$y'(x) = \varphi'(t)\,e^{-t},\ y''(x) = \frac{dy'(x)}{dt}\Big/\frac{dx}{dt} = (\varphi''\,e^{-t} - \varphi'\,e^{-t})/e^t.$$

27. $dy/dx = -z'/\sin t$, $d^2y/dx^2 = (z'/\sin x)_t'\sin t = (z''\sin t - z'\cos t)/\sin^3 t$.

28. M. benutze A 22 oder d. Reihenentwicklung v. e^x.

29. M. bew., daß $f(x) + x/2$ e. gerade Fkt. ist.

30. M. dividiere d. Gl. durch μx^2 u. setze $8/\mu - 9 = \alpha$.

31. F. $n = 1$ läuft d. Beh. auf $\Delta f(x)\,g(x) = f(x+1)\,g(x+1) - f(x)\,g(x) = \left(f(x+1) - f(x)\right)g(x) + f(x+1)\left(g(x+1) - g(x)\right)$ hinaus. V. Ind.

32. OBdA darf $f(x) = x^n$ gesetzt werden. Leibnizsche Regel.

37. Da d. Ausdruck rechts aus d. Int. d. binomischen Entwicklung hervorgeht, genügt es, d. Int.-Darstellung durch v. Ind. nach m zu bew. F. $m = 1$ ist d. Formel klar. M. nimmt sie als richtig f. e. $m < n-1$ an.

39. Unmittelbar aus d. Leibnizschen Regel.

40. V. Ind.

41. Wegen $U_m(0) = 0\ (m > 0)$ folgt aus A 40, daß $U_m^{(\mu)}(0) = 0$ $(0 \leqq \mu < m)$. Bernoulli-L'Hôpitalsche Regel.

42. Nach A 39 gilt f. $1 \leqq \mu \leqq m+2$:

$$\frac{(-1)^\mu}{\mu!}\,x^{\mu+1} D^\mu\left(U_m(x)/x\right) = \sum_{\nu=1}^{\mu} \frac{(-1)^\nu}{\nu!}\,x^\nu\, U_m^{(\nu)}(x).$$

43. OBdA sei $x_0 = 0$. M. setze in A 40-42 $m = n-3$, $\varphi(x) = 1/\gamma F^{(n-3)}(x)$ u. beachte, daß nach d. Int.-Form d. Restgliedes d. Taylorschen Reihe (vgl. § 30 Bd. I) dann folgt: $F(x) = \dfrac{\gamma}{(n-3)!} U_{n-3}(x)$.

45. Bezeichnet m. d. in (α, β) liegenden, wachsend geordneten Sprungstellen v. $f'(x)$ mit $x_1, x_2, \ldots, x_{n-1}$ u. setzt m. $\alpha = x_0$, $\beta = x_n$, so liegt

$$\sum_{\nu=1}^{n} \left(f(x_\nu) - f(x_{\nu-1})\right) \Big/ \sum_{\nu=1}^{n} (x_\nu - x_{\nu-1})$$

zwischen d. größten u. d. kleinsten d. Brüche $\left(f(x_\nu) - f(x_{\nu-1})\right)/(x_\nu - x_{\nu-1})$.

47. M. zeige anhand d. A 34 § 3, daß $f(x) - Mx$ monoton fällt u. $f(x) - mx$ monoton wächst.

48. M. folgere aus A 34 § 5, daß, f. $\varepsilon \downarrow 0$, $[\varphi(x+\varepsilon) - \varphi(x)]/\varepsilon$ fällt u. $[\varphi(x) - \varphi(x-\varepsilon)]/\varepsilon$ wächst.

52. M. wende auf $f(x) - c x^2/2$ A 32 § 5 u. A 48 an.

53. M. wende A 52 auf d. beiden Fkt. $\varphi(x) = Cx^2 + f(x)$, $\psi(x) = Cx^2 - f(x)$ an u. überlege, daß $f'(x) \neq f'_+(x)$ mit A 49 im Widerspruch stände.

54. M. benutze A 39 § 5 u. betrachte diejenige d. Fkt. $\frac{1}{2} Cx^2 \pm f(x) = g(x)$, d. nach oben beschränkt ist.

55. M. benutze d. folgende Int.-Darstellung f. $[t_1 t_2 t_3] f$:

$$[t_1 t_2 t_3] f = \int_0^1 \frac{f'[t_2 + (t_1 - t_2) u] - f'[t_3 + (t_2 - t_3) u]}{t_1 - t_3} \, du.$$

57. $[t_1 t_2 t_3 t_4]$ kann in d. Form e. Bruches geschrieben werden, dessen Nenner $(t_3 - t_4)(t_2 - t_3)(t_2 - t_4)(t_1 - t_2)(t_1 - t_3)(t_1 - t_4)$ ist.

59. Wird d. in Frage kommende Ausdruck mit $F(t_1, t_2, t_3, t_4)$ bezeichnet, so hat er, als Fkt. v. t_4 aufgefaßt, Nullstellen in t_1, t_2, t_3.

60. Wiederholte Diff. v. $uv - 1 = 0$, Division durch $u'v'$ u. geeignete Elimination.

62. F. $c \neq 0$ benutze m. $(au+b)/(cu+d) = a/c + (bc - ad)/[c(cu+d)]$.

63. M. sieht sofort durch v. Ind. e., daß d. Relation gilt:

$$\frac{1}{n!} \frac{d^n F(f(x))}{dx^n} = \sum_{\nu=1}^{n} U_\nu F^{(\nu)}(f),$$

wo d. U_ν nur v. $f', f'', \ldots, f^{(n)}$ abhängen u. in diesen Variablen homogen v. d. Dimension ν sind, dagegen nicht v. F. Sodann wähle m. F geeignet. OBdA darf m. $x = 0$ setzen.

65. Zum Bew. drücke m. $f(a), f(b)$ mit Hilfe d. Taylorschen Formel an d. Stelle x aus; dabei ist es vorteilhaft, $a = -\delta$, $b = \delta$ zu wählen.

66. M. benutze, $a = -\delta$, $b = \delta$ gesetzt, d. Int.-Darstellung

$$f(\delta) - f(-\delta) = \int_{\delta}^{x} f'(x)\,dx + \int_{x}^{\delta} f'(x)\,dx,$$

u. schätze in d. beiden Int. d. Integranden durch $f'(x)$ ab.

77. M. setze $2x = \zeta$ u. $H_n = \sum_{\nu=0}^{n} a_\nu \zeta^\nu$.

85. M. setze $y = \sum_{\nu=0}^{n} a_\nu x^\nu$ an u. leite aus d. Diff.-Gl. v. A 84 e. rekurrente Relation zwischen a_ν u. $a_{\nu+2}$ her.

90. M. setze $y = x P_n + \frac{x^2-1}{n+1} P'_n$, wo y dasselbe höchste Glied hat, wie P_{n+1} u. bew. (*) $(x^2-1)\,y'' + 2\,x\,y' - (n+1)(n+2)\,y = 0$.

93. V. Ind. aus A 92.

95. Vergleich d. Koeffizienten bei t^n.

96. M. schreibe d. Relation d. A 95 in d. Form:

$$\frac{\partial}{\partial t} \lg f(x, t) = f'_t/f = \frac{x-t}{1-2\,x\,t+t^2} = \frac{1}{2}[\lg(1-2\,x\,t+t^2)]'_t.$$

98. Ist x v. allen a_ν verschieden, so gilt $y = \sum_{\nu=1}^{n} \pm (x - a_\nu)\,\varphi_\nu(x)$ f. geeignete Vorzeichen $\pm$, d. fest bleiben, solange x kein a_ν überschreitet. Daher ist dann y stet. diff.

99. M. bezeichne d. Menge sämtlicher Nullstellen aller $f_\nu(x)$ mit $a_1 < a_2 < \cdots < a_k$. Sodann bilde m. d. einseitigen Abl. v. y in d. einseitigen Umgebungen d. $a_\varkappa$.

102. D. Leibnizsche Regel.

103. Es ist $x = \pm \frac{p}{q}$, wo p, q ganz sind. OBdA darf x ganz pos. angenommen werden, da es sonst genügen würde, $(e^x)^{\pm q}$ zu betrachten.

104. M. schreibe d. Beh. auf $W = \frac{U}{x}$ um u. benutze d. Leibnizsche Regel.

105. M. bew. d. Beh. f. e. Polynom v. Grade $n+1$ u. führe sodann d. A 105 auf A 43 zurück.

107. Es gilt offenbar $F' = \frac{1}{2} f^{-1/2} f'$, $F'' = -\frac{1}{4} f^{-3/2} (f')^2 + \frac{1}{2} f^{-1/2} f''$.

108. M. wende auf $g(x) = \frac{f(x)}{A x^2} \equiv F^2(x)$ d. A 106 u. 107 an.

109. Nach d. MWS d. Diff.-Rechnung gilt $f(x) = f(x) - f(0) = x f'(\xi)$.

110. D. Bernoulli-L'Hôpitalsche Regel.

111. Partielle Int.

112. M. zeige, daß $\frac{x}{\sin x} - 1 \equiv g(x)$ stet. u. diff. f. $-\pi < x < \pi$ ist.

113. M. benutze L 9b) § 11 Bd. I. u. int. partiell.

116. Wegen $g^{(\nu)}(0) = 0\ (0 \leqq \nu \leqq n)$, $f^{(n)}(x) - f^{(n)}(y) = g^{(n)}(x) - g^{(n)}(y)$, darf OBdA annehmen, daß $f^{(\nu)}(0) = 0\ (0 \leqq \nu \leqq n)$ ist.

§ 11

7. $f'_x = \sin y^2/z$, $f'_y = 2xy/z \cos y^2/z - 2y \sin y^2/z + 2z/y \cos^{-2} z/y^2$, $f'_z = -x y^2/z^2 \cos y^2/z - 1 - \operatorname{tg}^2 z/y^2$.

8. $u'_x = 3(x^2 - yz)\, e^{-u}$ usw.

10. $\frac{\partial f(r)}{\partial x} = 2x f'(r)$, $\frac{\partial f(r)}{\partial y} = 2y f'(r)$, $\frac{\partial f(r)}{\partial z} = 2z f'(r)$.

12. D. Gradientenkomponenten sind:

a) $10x(x^2+y^2)^4$, $10y(x^2+y^2)^4$; b) $x/\sqrt{x^2-y^2}$, $-y/\sqrt{x^2-y^2}$;

c) $-1/x^2$, $-1/y^2$, $-1/z^2$; d) $y e^{xy}$, $x e^{xy}$.

13. D. Gradientenkomponenten sind: $2, -2$ in $(1, 1)$; $-2, -2$ in $(-1, 1)$.

14. D. Gradientenkomponenten sind:

a) $\frac{2(x-a)}{(x-a)^2+(y-b)^2}$, $\frac{2(y-b)}{(x-a)^2+(y-b)^2}$;

b) $\frac{2}{y \sin(2x/y)}$, $\frac{-2x}{y^2 \sin(2x/y)}$;

c) $\frac{y(ay-bx)}{(x^2+y^2)^3}$, $\frac{-x(ay-bx)}{(x^2+y^2)^3}$.

15. $|\operatorname{grad}(x^2+y^2)| = 2\sqrt{x^2+y^2}$.

18. $f'_\xi = \alpha f'_x + \gamma f'_y$, $f'_\eta = \beta f'_x + \delta f'_y$.

19. D. Komponenten sind aus H10 zu entnehmen.

22. F. $y = 0$ wird d. Fkt. im Falle a) zu x, in d. Fällen b) u. c) zu 0.

23. $g'_r = f'_x \cos\varphi + f'_y \sin\varphi$, $\quad g'_\varphi = -r f'_x \sin\varphi + r f'_y \cos\varphi$.

24. Durch Diff. nach x ergeben sich d. Relationen:

$$2yy' - 3z' + 3x^2 = 0, \qquad -4yy' + 2zz' - 1 = 0.$$

25. M. setze $\xi = \lg|x|$, $\eta = \lg|y|$.

26. M. führe y^2 als neue Variable η e.

27. M. führe d. Hilfsfkt. $\varphi(t) = f(x+ht,\ y+k) + f(x,\ y+kt)$ e.

30. Aus d. 2. Gl. folgt durch partielle Diff. nach x: $-1 =$ $= \alpha'_x \left[2 + \frac{y-\varphi}{\varphi'^2}\varphi''\right]$ u. sodann aus d. 1. Gl. $z'_x = -\alpha'_x[y-\varphi]\left[2 + \frac{y-\varphi}{\varphi'^2}\varphi''\right]$ u. daher $z'_x = y - \varphi$.

31. Durch Diff. v. (I) nach x folgt, vermöge (II):

$$z'_x(z-\varphi) = \alpha'_x[(z-\varphi)\varphi' - x^2\alpha] + x(y^2-\alpha^2) = x(y^2-\alpha^2).$$

38. M. kann $V(P)$ als im ganzen Raum stet. annehmen, vgl. A 67 § 6.

§ 12

1. $\frac{\partial}{\partial x}(x^2+y^2)^{-1/2} = -x(x^2+y^2)^{-3/2}$.

2a) $f'_x = -2y/(x^2-y^2)$; $\quad$ 2b) $f'_y = x(x^2+y^2)^{-1}$;

2c) $f'_y = (1+x^2)^{-1}(1+y^2)^{-1}$.

3. $u'_x = 2x(x^2+y^2)^{-1}$.

4. M. setze $u = (x^2+y^2+z^2)^{-1/2}$. Dann ist $u'_x = -x/u^3$.

5. Setzt m. $r = \sqrt{x^2+y^2}$, so gilt $\frac{\partial}{\partial x} f(r) = \frac{x}{r} f'(r)$.

6. $\frac{\partial}{\partial x} f(r) = \frac{x}{r} f'(r)$, $\quad \frac{\partial^2}{\partial x^2} f(r) = \frac{x^2}{r^2} f''(r) + \frac{r^2-x^2}{r^3} f'(r)$.

9. $z'_x = a(\varphi' - \psi')$, $\quad z'_y = \varphi' + \psi'$.

10. M. setze $u = x^n \varphi(y/x)$ u. benutze $u'_x = n x^{n-1}\varphi - x^{n-2} y \varphi'$, $u'_y = x^{n-1}\varphi'$, $\quad u''_{xx} = n(n-1)x^{n-2}\varphi - 2(n-1)x^{n-3} y\varphi' + y^2 x^{n-4}\varphi''$, $u''_{xy} = (n-1)x^{n-2}\varphi' - x^{n-3} y \varphi''$, $\quad u''_{yy} = x^{n-2}\varphi''$.

12. Aus § 19 Bd. I folgt $z z'_x = -x c^2/a^2$.

13. M. setze $x-1=u$, $y-2=v$ u. führe in d. Ausdruck $x=u+1$, $y=v+2$ e.

14. D. Determinante ist $x^3+(a_{11}+a_{22}+a_{33})\,x^2+A\,x+B$, wo A u. B nicht v. x abhängen.

15. $f'_x=-\sin x\cos y$, $f'_y=-\cos x\sin y$, $f''_{xx}=f''_{yy}=-f$, $f''_{xy}=\sin x\sin y$.

17. M. benutze $z=\dfrac{1-xy}{x+y}=\dfrac{1+y^2}{x+y}-y$.

18. M. wende d. Leibnizsche Formel auf z an.

20. M. setze $u=\lg|z|$.

21. $z'_x=a\,z$, $z'_y=b\,z$, $z''_{xx}=a^2 z$, $z''_{xy}=a\,b\,z$, $z''_{yy}=b^2 z$.

22. $u'_x=a\,\varphi'_\xi+a'\,\varphi'_\eta$.

23. M. bestimme zuerst $r'_x=x/r=\cos\varphi$, $r'_y=y/r=\sin\varphi$, $\varphi'_x=$ $=-\dfrac{\sin\varphi}{r}$, $\varphi'_y=\dfrac{\cos\varphi}{r}$, $f'_x=\Phi'_r\cos\varphi-\Phi'_\varphi\dfrac{\sin\varphi}{r}$, $f'_y=\Phi'_r\sin\varphi+\Phi'_\varphi\dfrac{\cos\varphi}{r}$.

24. M. diff. $y'=-f'_x/f'_y$ nochmals nach x u. setze d. Wert v. y' e.

25. Spezialisierung v. L 24.

26. M. benutze d. Eulersche Diff.-Gl. f. homogene Fkt.

27. M. setze $u=t^\alpha x$, $v=t^\beta y$, $w=t^\gamma z$.

31. F. $y\neq 0$ ist $\varphi'_x=y\dfrac{x^4+4x^2y^2-y^4}{(x^2+y^2)^2}$ u. f. $x\neq 0$ $\varphi'_y=$ $=-x\dfrac{y^4+4x^2y^2-x^4}{(x^2+y^2)^2}$, wo d. Faktoren bei $-x$ u. y absolut $\geqq 2$ sind.

32. OBdA sei $f(0,0)=0$. M. setze $e^{-a/h^2}=\xi$, $e^{-b/h^2}=\eta$ u. entwickle $f(2h,\xi)$ u. $f(h,\eta)$ in d. Taylorsche Reihe in d. Form (1) f. $n=2$.

33. Es gilt d. Majorisierung

$$\sum_{\nu=0}^{n}\frac{H_\nu(x)}{\nu!}|y|^\nu \ll \sum_{\nu=0}^{n}\frac{(2|x||y|+y^2)^\nu}{\nu!} \ll e^{2|xy|+y^2}.$$

34. Durch gliedweise Diff. v. (d) in A 33 nach x folgt

$$2y\sum_{\nu=0}^{\infty}\frac{H_\nu(x)}{\nu!}y^\nu=\sum_{\nu=0}^{\infty}\frac{H'_\nu(x)}{\nu!}y^\nu,$$

wo deshalb gliedweise diff. werden darf, weil d. diff. Reihe gleichmäßig in x konv., da sie als Majorante $2|y|\,e^{2|xy|+y^2}$ hat.

35. M. setze $f'_x(a,b+y)=F(y)$, so daß $F'(0)$ existiert.

37. M. betrachte d. Fkt. $f(a+h+tk)-f(a+tk) = F(t)$.

38. Es gilt $x^\beta \frac{\partial^\alpha}{\partial x^\alpha}(x^\gamma) = c_0 \frac{\partial^\alpha}{\partial x^\alpha} x^{\beta+\gamma}$, $\quad c_0 = \dfrac{\binom{\gamma}{\alpha}}{\binom{\beta+\gamma}{\alpha}}$.

§ 13

2. $\begin{vmatrix} \cos^3\varphi & -3\,r\cos^2\varphi\sin\varphi \\ \sin^3\varphi & 3\,r\sin^2\varphi\cos\varphi \end{vmatrix}$.

3. $\begin{vmatrix} (y^2-x^2)(x^2+y^2)^{-2} & -2\,x\,y\,(x^2+y^2)^{-2} \\ -2\,x\,y\,(x^2+y^2)^{-2} & (x^2-y^2)(x^2+y^2)^{-2} \end{vmatrix}$.

4. Setzt m. $x^2+y^2+z^2 = r$, so ist d. betreffende Determinante

$$\begin{vmatrix} (y^2+z^2-x^2)/r^2 & -2\,x\,y/r^2 & -2\,x\,z/r^2 \\ -2\,x\,y/r^2 & (x^2+z^2-y^2)/r^2 & -2\,y\,z/r^2 \\ -2\,x\,z/r^2 & -2\,y\,z/r^2 & (x^2+y^2-z^2)/r^2 \end{vmatrix}.$$

5. $\begin{vmatrix} \sin\varphi\cos\psi & \sin\varphi\sin\psi & \cos\varphi \\ r\cos\varphi\cos\psi & r\cos\varphi\sin\psi & -r\sin\varphi \\ -r\sin\varphi\sin\psi & r\sin\varphi\cos\psi & 0 \end{vmatrix}$.

7. $\dfrac{\partial(\varrho,\varphi,\psi)}{\partial(x,y,z)} = \dfrac{\partial(\varrho,\varphi,\psi)}{\partial(r,\varphi,\psi)}$, $\quad \dfrac{\partial(r,\varphi,\psi)}{\partial(x,y,z)} = \dfrac{\partial\varrho}{\partial r} \Big/ \dfrac{\partial(x,y,z)}{\partial(r,\varphi,\psi)}$.

8. $\partial F'_{x_\mu}/\partial y_\nu = \partial F'_{y_\nu}/\partial x_\mu$.

13. M. setze $u = f(x,y)$, $v = f(y,z)$, $w = f(z,x)$.

15. Setzt m. $N = 1-x_1-x_2-x_3$, so gilt $\dfrac{\partial y_\nu}{\partial x_\nu} = 1/N + y_\nu/N$, $\dfrac{\partial y_\nu}{\partial x_\mu} = \dfrac{y_\nu}{N}$ $(\nu \neq \mu)$.

16. D. einzelnen Kolonnen d. Determinante $\left(\dfrac{\partial G_\nu}{\partial x_\nu}\right)$ enthalten d. Faktoren $\varphi_1'(x_1)$, $\varphi_2'(x_2)$, ...

17. D. einzelnen Kolonnen d. Jacobischen Determinante enthalten d. Faktoren: $\psi_1'(F_1)$, $\psi_2'(F_2)$, ...

19. Es gilt $z_\nu = \sqrt{y_\nu}$ f. d. y_ν v. A18. M. wende A17 an f. $\psi_\nu(x) = \sqrt{x}$, $F_\nu = y_\nu$.

20. M. setze $N = 1-x_1-x_2-x_3$, $u_\nu = \alpha_\nu x_\nu/N$, u. beachte

$$\frac{\partial y_\nu}{\partial x_\nu} = y_\nu/N + y_\nu\alpha_\nu/x_\nu, \quad \frac{\partial y_\nu}{\partial x_\mu} = y_\nu/N \qquad (\nu \neq \mu).$$

21. M. setze: $\delta_\nu = \alpha_\nu/(\beta_\nu \gamma_\nu)$, $w_\nu = x_\nu^{\beta_\nu}$, $z_\nu = \dfrac{w_\nu^{\delta_\nu}}{1-w_1-\cdots-w_n}$.

23. M. setze $N = x_1+x_2+\cdots+x_{n+1}$; dann gilt $\dfrac{\partial y_\nu}{\partial x_\nu} = \dfrac{1-y_\nu}{N}$, $\dfrac{\partial y_\nu}{\partial x_\mu} = -\dfrac{y_\nu}{N}$ $(\mu \neq \nu)$.

25. Durch Elimination v. T aus d. gegebenen Gl. erhält m.

(a) $\operatorname{tg}\psi_2 = \dfrac{C}{B}\operatorname{tg}\varphi_2$,

(b) $T = \sqrt{A^2\cos^2\varphi_1 + B^2\sin^2\varphi_1\cos^2\varphi_2 + C^2\sin^2\varphi_1\sin^2\varphi_2}$,

(c) $\operatorname{tg}\psi_1 = \dfrac{B}{A}\cos\varphi_2(\operatorname{tg}\varphi_1)/\cos\psi_2$.

M. setze $t_1 = \cos\psi_2\operatorname{tg}\psi_1$, $t_2 = \operatorname{tg}\psi_2$.

27. Um d. Verschwinden v. W an e. bestimmten Stelle P zu bew., spalte m. v. y u. z je e. lineare Fkt. ab.

28. M. benutze an Hand d. Resultats v. A 27 d. v. Ind. sowie d. in H 27 angegebenen Kunstgriff.

29. M. benutze d. Jacobische Identität v. A 28.

32. M. führe d. Transformation in zwei Schritten aus, indem m. zuerst nur d. x_ν transformiert u. d. Jacobische Determinante d. Abl. $\partial F/\partial y_\mu$ $(\mu = 1, \ldots, n)$ betrachtet.

§ 14

4. M. kann d. allgemeine Formel benutzen: $d^2 f(u) = f''(u)\,du^2 + f'(u)\,d^2u$.

7. Bei Berechnung d. Abl. benutze m.:

$$z = \frac{1-xy}{x+y} = \frac{1+y^2}{x+y} - y = \frac{1+x^2}{x+y} - x.$$

9. D. Bedingung ist notwendig, da m. setzen kann:

$$f_1(x, y) = f(x, \eta), \quad f_2(x, y) = f(x, y) - f(x, \eta).$$

12. Durch. v. Ind. folgt $d^n(uv) = \sum_{\nu=0}^{n} C_\nu^{(n)}\, d^\nu u\, d^{n-\nu} v$ mit *konstanten* $C_\nu^{(n)}$.

14. Durch Diff. v. $r = \sqrt{x^2+y^2}$, $\varphi = \operatorname{arc\,tg}\dfrac{y}{x}$ folgt:

$$dr = \frac{x\,dx + y\,dy}{r}, \quad d\varphi = \frac{x\,dy - y\,dx}{r^2}.$$

17. M. benutze $dX_\nu = dx_\nu + d\dfrac{p_\nu}{\sqrt{p_1^2 + \cdots + p_n^2}}$, sowie A 16.

18. M. benutze d. Eulersche Diff.-Gl. f. d. homogene Fkt. T.

23. Wegen d. Symmetrie d. Legendreschen Transformation kann m. in d. Relation v. A 22 x_1, x_2, y mit p_1, p_2, z vertauschen.

25. M. wende d. Legendresche Transformation (e) auf $u_1, \ldots, u_n$ u. $E = y$ an.

26 a). Aus d. binomischen Entwicklung folgt $\left(1+\sqrt[3]{x\,y^2}\right)^{-1/2} = 1 + {}$ ${}+\varkappa\sqrt[3]{x\,y^2},\ |\varkappa| \leqq C\ \left(|x| \leqq \frac{1}{2},\ |y| \leqq \frac{1}{2}\right)$ u. analog f. $\left(1-\sqrt[3]{x\,y^2}\right)^{-1/2}$.

26 b). Es gilt $\sin u = u + \varepsilon_1 u$, wo $\varepsilon_1 \to 0$ mit $u \to 0$ ist.

27. Wegen $\left(|x|+\sqrt[4]{|y|}\right)^{1/2} - \sqrt{|x|} = \sqrt[4]{|y|}\Big/\left[\sqrt{|x|+\sqrt[4]{|y|}}+\sqrt{|x|}\right]$ läßt sich d. Fkt. in d. Form $\dfrac{x}{1+u}$ schreiben, mit $u = |y|^{5/36}\Big/\left[\sqrt{|x|+\sqrt[4]{|y|}}+\sqrt{|x|}\right]$

29. OBdA darf $x = y = 0$, $f_\nu(0,0) = 0$ vorausgesetzt werden. Wir setzen im Ursprung $\alpha_\nu = \partial f_\nu/\partial x_\nu$, $\beta_\nu = \partial f_\nu/\partial y_\nu$ $(\nu = 1, 2)$ u. $\varrho_\nu = \sqrt{h_\nu^2 + k_\nu^2}$.

31. M. beachte, daß f. d. Diff.-Operatoren nach d. u_μ u. nach d. x_ν d. Relationen

$$\frac{\partial}{\partial u_\mu} = \sum_{\nu=1}^{n} \alpha_{\nu,\mu}\frac{\partial}{\partial x_\nu}, \qquad \alpha_{\nu,\mu} = \frac{\partial x_\nu}{\partial u_\mu},$$

gelten, deren Koeffizienten d. gleichen sind wie in d. Ausdrücken d. Q_μ durch d. P_ν, u. drücke zuerst $(\partial Q_\varrho/\partial u_\sigma) - (\partial Q_\sigma/\partial u_\varrho)$ durch d. entsprechenden Ausdrücke in d. P_ν aus

32. M. beachte A 15.

§ 15

1. Es muss $\dfrac{\partial}{\partial y}(y\,x^2 - y^3 + x^6 - c) \equiv x^2 - 3\,y^2 \neq 0$ f. jeden Pkt. v. $x^2/a^2 - y^2/b^2 = t^2$ sein.

6. $(x^3 + y^3 - 3\,x\,y)'_y = 3(y^2 - x) = 0$, $x = y^2$, $y^6 + y^3 - 3\,y^3 = 0$; $y = 0$, $y = \sqrt[3]{2}$, so daß $x = 0$, $x = \sqrt[3]{4}$ auszuschließen ist.

8. $y^n + 1 - \dfrac{2\,x}{x-y} = 0$, $\quad \left(y^n + 1 - \dfrac{2\,x}{x-y}\right)'_y = n\,y^{n-1} - \dfrac{2\,x}{(x-y)^2}$.

13. D. Jacobische Matrix ist

$$\frac{\partial(\xi, \eta)}{\partial(x, y, z)} = \begin{pmatrix} 2x & 2y & 2z \\ 1 & 1 & 1 \end{pmatrix}.$$

14. M. setze $M = 1/\mu$ u. bringe d. Gl. auf d. Form

$$(10^M)^{-z} = 10^{-Mx} + 10^{-(M-1)x}.$$

15. M. setze $\alpha = \sqrt{x^2+y^2}$, $\beta = \sqrt{x^2-y^2}$, $f(x, y) = \alpha+\beta-c$ u. benutze $\alpha'_x = x/\alpha$, $\alpha'_y = y/\alpha$, $\beta'_x = x/\beta$, $\beta'_y = -y/\beta$.

17. $f'_y = 2y-x$, $f'_x = 2x-y$, $y' = (y-2x)/(2y-x)$ $= (y/x-2)/(2y/x-1)$.

18. M. schreibe d. Gl. in d. Form $f(x, y) \equiv (\sin y^2 x)/(xy) - 1 = 0$, wobei d. Minuend $= y$ f. $x = 0$ u. $= 0$ f. $y = 0$ zu setzen ist.

19. M. schreibe d. Gl. in d. Form $f(x, y) \equiv \dfrac{(e^{y(1+x)}-1)^7}{\sin[y^6(1-x)]} + \sin x = 0$.

22. M. spalte v. d. gegebenen Gl. d. Gl. ab:

$$\left(y\sqrt[3]{1+y^3x^3}\right)^2 + \left(y\sqrt[3]{1+y^3x^3}\right) x\sqrt[3]{\sin x^3} + \left(x\sqrt[3]{x\sin^2 x^3}\right)^2 = 0.$$

Da u^2+uv+v^2 nur verschwinden kann, wenn $u = v = 0$ ist, folgt sofort, daß diese Gl. in d. Nähe d. Ursprungs nur f. $x = y = 0$ erfüllt ist.

23. M. spalte d. Faktor ab:

$$y^2\sqrt{1+y^4x^4} + x^2\sqrt{\frac{\sin y^4 x^4}{y^4}},$$

d. in d. Nähe d. Ursprungs nur f. $x = y = 0$ verschwindet.

27. M. setze $f(x) = A x^2 F^2(x)$, $F(0) = 1$, u. bestimme X aus d. Gl. $x^2 F(x)^2 - X^2 F(-X)^2 = 0$ unter Benutzung v. A 107 § 10. Es ergibt sich $A = \dfrac{1}{2} f''(0)$ u. d. gegebene Gl. zerfällt in

$$[x F(x) - X F(-X)][x F(x) + X F(-X)] = 0,$$

wo aber wegen $F(0) = 1$ d. 2. Faktor $\neq 0$ in d. Nähe v. $x = 0$, $X = 0$ bleibt. Setzt m. $g(X, x) \equiv x F(x) - X F(-X)$, so gilt $\partial g(X, x)/\partial X\big|_{x=0,\, X=0} =$ $= -F(-X)\big|_{X=0} = -1$, so daß d. Gl. nach X auflösbar ist.

34. M. beachte, daß nach A 33 gilt:

$$x'_t = \mu\Delta, \quad \mu'_t = \mu\frac{\partial(\mu, f)}{\partial(u, v)}, \quad \Delta'_t = \mu\frac{\partial(\Delta, f)}{\partial(u, v)}.$$

38. Setzt m. $x^2z^2 = u$, $y^2z^2 = v$, $z^4 = w$, so geht d. Gl.-System über in

$$u(1-u) + v(1+v) = 2w\cos v,$$
$$u(1+u) - v(1-v) = w\cos u.$$

§ 16

14. M. führe neben u als zweite neue Variable $v = x - x_0$ e.; dann folgt

$$\frac{\partial z}{\partial x} = \frac{\partial z}{\partial u}(y - y_0) + \frac{\partial z}{\partial v}.$$

15. D. erste Beh. folgt aus d. sofort zu verifizierenden Relation:

$$\begin{vmatrix} u'_x & u'_y & u'_z & u \\ v'_x & v'_y & v'_z & v \\ w'_x & w'_y & w'_z & w \\ t'_x & t'_y & t'_z & t \end{vmatrix} = t^4 \frac{\partial\left(\frac{u}{t}, \frac{v}{t}, \frac{w}{t}\right)}{\partial(x, y, z)}.$$

16. Es genügt, d. Beh. f. φ zu bew. M. löse d. beiden Gl. nach ψ auf:

$$\psi = H(\varphi, x, y), \quad \psi = K(\varphi, u, v).$$

Ist d. Auflösung unmöglich, so hängt φ entweder vermöge d. F-Gl. v. x u. y allein ab, oder vermöge d. G-Gl. nur v. u u. v ab, u. (*) ist in beiden Fällen trivial. – M. setze $\Delta = H'_\varphi - K'_\varphi$. Ist $\Delta \equiv 0$, so muß $H = K$ sein, da sonst x, y, u, v abhängig vären, u. m. erhält e. Abhängigkeit zwischen φ u. ψ, da dann z. B. H v. x u. y nicht abhängt. M. kann daher annehmen, daß $\Delta \not\equiv 0$ ist.

19. M. beachte, daß d. Reihe f. $0 < x < 2$ v. $\nu = 2$ an d. Leibnizschen Konv.-Regel genügt, daß dasselbe f. $f'(x) = -1 + \sum_{\nu=1}^{\infty} (-1)^{\nu-1} \frac{x^\nu}{(\nu+1)!\,\nu!}$ v. $\nu = 1$ gilt u. daß nach A81 § 9 $f'(x)$ monoton wächst f. $0 < x < 2$.

§ 17

1a) $f'_x = 6x - 2y - 2 = 0, \ f_y = 3 - 2x = 0.$

1b) $f'_x = -y/12 - 2x/3 + 47/3 = 0, \ f'_y = -x/12 - y/2 + 47/4 = 0.$

1c) $f'_x = -6x + 8y - 2 = 0, \ f'_y = 8y + 8x - 16 = 0, \ f''_{xx} = -6, \ f''_{yy} = 8.$

1d) $f'_x = 4(x^3 + y - x) = 0, \quad f'_y = 4(y^3 + x - y) = 0, \quad f''_{xx} = 4(3x^2 - 1),$ $f''_{xy} = 4, \quad f''_{yy} = 4(3y^2 - 1).$

1e) $f'_x = x^2 + y^2 - 5 = 0, \quad f'_y = 2xy + y^2 - 5 = 0, \ f''_{xx} = 2x, \quad f''_{xy} = 2y,$ $f''_{yy} = 2(x + y).$

2. $f'_x = x^2 y^2 (3a - 4x - 3y) = 0, \ f'_y = x^3 y (2a - 3y - 2x) = 0.$

3. $f'_x = 3(x^2 + ay) = 0, \quad f'_y = 3(ax - y^2) = 0, \quad f''_{xx} = 6x, \quad f''_{xy} = 3a,$ $f''_{yy} = -6y, \ \Delta = 9(a^2 + 4xy).$

4. $f'_x = 2(a\,x+b\,y-e) = 0$, $f'_y = 2(b\,x+c\,y-g) = 0$, $\Delta = 4(b^2-a\,c)$.

5. $f'_x = y/27-x^{-2} = 0$, $f'_y = x/27+y^{-2} = 0$, $f''_{xx} = 2\,x^{-3}$, $f''_{xy} = 1/27$, $f''_{yy} = -2\,y^{-3}$.

6. $f'_x = 2\,x+y-a^3/x^2 = 0$, $f'_y = 2\,y+x-a^3/y^2 = 0$, $f''_{xx} = 2+2\,a^3/x^3$, $f''_{xy} = 1$, $f''_{yy} = 2+2\,a^3/y^3$.

7. $f'_x = \dfrac{3\,x}{y\,z}-f/x = 0$, $f'_y = \dfrac{3\,y}{x\,z}-f/y = 0$, $f'_z = \dfrac{3\,z}{x\,y}-f/z = 0$. Da f homogen v. d. Dimension 1 ist, darf m. OBdA $x+y+z = 1$ setzen.

8. $f = (a-x)\,(a-y)\,(a-x-y)$, $f'_x = (y-a)\,(2\,x+y-2\,a) = 0$, $f'_y = (x-a)\,(2\,y+x-2\,a) = 0$.

9. M. sieht sofort, daß $|f| < 1$ bleibt, f. $0 < x < \pi$ oder $0 < y < \pi$, während d. Max. $= 1$ f. $x = y = 0$; $x = \pi$, $y = 0$; $x = 0$, $y = \pi$ erreicht wird. D. Min., d. neg. ist, ist in d. inneren Pkt. zu suchen. Es gilt dann $f'_x = -\cos y \sin(2\,x+y) = 0$, $f'_y = -\cos x \sin(2\,y+x) = 0$, $f''_{xx} = -2\cos x \cos(2\,x+y)$, $f''_{xy} = -\cos(2\,x+y)$, $f''_{yy} = -2\cos y \cos(2\,y+x)$. OBdA sei $x \geqq y$.

10. $f'_x = [a-(a\,x+b\,y)\,2\,\alpha^2\,x]\,e^{-\alpha^2 x^2-\beta^2 y^2} = 0$, $a\,x+b\,y = \dfrac{a}{2\,\alpha^2\,x} = \dfrac{b}{2\,\beta^2\,y}$. Setzt m. $e^{-\alpha^2 x^2-\beta^2 y^2} = E$, so folgt, da $f'_x = f'_y = 0$ ist, $f''_{xx} = -(4\,a\,\alpha^2\,x+2\,b\,\alpha^2\,y)\,E = -2\,\alpha^2(2\,a\,x+b\,y)\,E$, wenn m. d. Symmetrie berücksichtigt. M. setze $b^2\,\alpha^2/(a^2\,\beta^2) = \gamma$.

11. $f = \sin x/2 \sin y/2 \sin z/2$, $z = \pi-x-y$, $f'_x = \dfrac{1}{2}\sin y/2(\cos x/2 \sin z/2 - \sin x/2 \cos z/2)$, $f'_x = \dfrac{1}{2}\sin y/2 \sin\dfrac{z-x}{2} = 0$, $f'_y = \dfrac{1}{2}\sin x/2 \sin\dfrac{z-y}{2} = 0$.

12. $\varphi'(r) = 6\,r(r-1)$, $\varphi'_x = 12\,r(r-1)\,x$, $\varphi'_y = 12\,r(r-1)\,y$, $\varphi'^2_x+\varphi'^2_y = 144\,r^3(r-1)^2$.

14. $f(x) = (x-a)^2+(y-b)^2$, $y = -\dfrac{A\,x+C}{B}$, $f'_x = 2(x-a) - 2\dfrac{A}{B}(y-b) = 0$.

15. $f = x\,y-\lambda(x^2+y^2-1)$, $f'_x = y-2\,\lambda\,x = 0$, $f'_y = x-2\,\lambda\,y = 0$.

16. $f = x+y+\lambda(x^{-2}+y^{-2}-a^2)$, $f'_x = 1-\dfrac{2\,\lambda}{x^3} = 0$.

17. $f = x\,y\,z-\lambda(x+y+z-a)$, $f'_x = \dfrac{x\,y\,z}{x}-\lambda = 0$.

18. M. führe A 18 auf A 17 zurück.

19. $f = x\,y+y\,z+z\,x-\lambda(x\,y\,z-b)$, $f'_x = y+z-\lambda\,y\,z = 0$.

20. $f = x^2+y^2+z^2-\lambda(x+y+z-a)$, $f'_x = 2x-\lambda = 0$.

21. $f = x^m y^n z^p - \lambda(x+y+z-a)$. M. setze $x^m y^n z^p = P$, dann gilt $f'_x = mP/x-\lambda = 0$.

22. $f = x+y+z+\lambda(a/x+b/y+c/z-1)$, $f'_x = 1-\dfrac{a\lambda}{x^2} = 0$.

* * *

24. M. setze $x^2 = u$, $y^2=v$. Dann $f = (au+bv)\,e^{-\alpha^2 u-\beta^2 v}$, $f'_x = \left(a-\alpha^2(au+bv)\right)e^{-\alpha^2 u-\beta^2 v} = 0$. M. unterscheide 2 Fälle: *1. Fall*: $a/\alpha^2 = b/\beta^2$; *2. Fall*: $a/\alpha^2 \neq b/\beta^2$.

25. $f'_x = y(2ax+by+c) = 0$, $f'_y = x(2by+ax+c) = 0$,

$$f''_{xx} = 2ay,\quad f''_{xy} = 2(ax+by),\quad f''_{yy} = 2bx.$$

26. M. setze $x = a\xi$, $y = \eta\xi$, $z = \zeta\xi$ u. $b = \tau^4$, sodann

$$f = \lg\frac{(\xi+1)(\eta+1)(\eta+\zeta)(\zeta+b/\xi)}{\eta\zeta},\quad f'_\xi = \frac{1}{\xi+1}-\frac{b}{\xi(b+\zeta\xi)} = 0,$$

$$f'_\eta = \frac{1}{\eta+1}-\frac{1}{\eta}+\frac{1}{\eta+\zeta} = 0,\quad f'_\zeta = \frac{1}{\eta+\zeta}-\frac{1}{\zeta}+\frac{1}{\zeta+b/\xi} = 0.$$

27. Da d. Ausdruck homogen in x, y, z ist, setze m. $y = x\eta$, $z = x\zeta$. Dann wird er zu $f(\eta,\zeta) = \dfrac{1}{\eta+\zeta}+\dfrac{\eta}{1+\zeta}+\dfrac{\zeta}{1+\eta}$ u. daher

$$f'_\eta = \frac{1}{1+\zeta}-\frac{1}{(\eta+\zeta)^2}-\frac{\zeta}{(1+\eta)^2} = 0,\quad f'_\zeta = \frac{1}{1+\eta}-\frac{1}{(\eta+\zeta)^2}-\frac{\eta}{(1+\zeta)^2} = 0.$$

28 a). $(2z+8x-1)z'_x = -8z-4x = 0$, $(2z+8x-1)z'_y = 4y = 0$, $(2z+8x-1)z''_{xx} = -4$, $(2z+8x-1)z''_{yy} = 4$, $y = 0$, $x = -2z$, $2z+8x-1 = -(14z+1)$.

b). $(2z+1)z'_x = 3(1-x^2) = 0$, $(2z+1)z'_y = 2(y-2) = 0$, $(2z+1)z''_{xx} = -6x$, $(2z+1)z''_{xy} = 0$, $(2z+1)z''_{yy} = 2$.

c). $(z^2-ax)z'_x = az-x^2 = 0$, $(z^2-ax)z''_{xx} = -2x$. M. betrachte d. Fall $x = 0$, $z = 0$ besonders u. setze in diesem Fall $x = t^2$, $z = \zeta t$ oder $z = x^2\eta$.

29. $f'_x = 2(x-y^2) = 0$, $f'_y = -y(5y^3-4y^2+4x) = 0$, $f''_{xx} = 2$, $f''_{xy} = -4y$, $f''_{yy} = -20y^3+12y^2$.

30. $f = \dfrac{1}{\alpha}x^\alpha+\dfrac{1}{\beta}y^\beta-\lambda(xy-1)$, $f'_x = x^{\alpha-1}-\lambda y = 0$, $f'_y = y^{\beta-1}-\lambda x = 0$.

31. M. beachte, daß es genügt, d. x_μ d. abgeschlossene Intervall $\langle(1+1/s)^{-n}, (1+s)^n\rangle$ durchlaufen zu lassen, in d. d. Min. sicher existiert.

32. M. setze $1 = x_0$, $s^{n+1} = x_{n+1}$, $f = \sum_{\nu=0}^{n} \lg(x_\nu + x_{\nu+1}) - \sum_{\nu=1}^{n} \lg x_\nu$. Dann folgt f. $\mu = 1, \ldots, n$: $f'_{x_\mu} = \frac{1}{x_\mu + x_{\mu-1}} + \frac{1}{x_\mu + x_{\mu+1}} - \frac{1}{x_\mu} = 0$. Ausmultipliziert folgt $x_\mu^2 = x_{\mu-1} x_{\mu+1}$, $x_\mu / x_{\mu-1} = x_{\mu+1}/x_\mu$ ($\mu = 1, \ldots, n$). Ist q d. gemeinsame Wert des Quotienten, so folgt $q^{n+1} = x_{n+1}/x_0 = s^{n+1}$, $q = s$, $x_\mu = s^\mu$, u. d. gesuchte Max. ist $(1 + s^{n+1})$.

33. M. überzeuge sich durch direkte Rechnung, daß d. Diskriminante v. $(1/4)\ \partial(\varphi, \psi)/\partial(x, y)$ identisch ist mit d. Diskriminanten d. Form

$$\chi(x, y) = (b\,x + b'\,y)^2 - (a\,x + a'\,y)\,(c\,x + c'\,y).$$

34. M. benutze d. Parameterdarstellung d. Ellipse $x = a \cos t$, $y = b \sin t$ u. bezeichne d. A, B entsprechenden Parameter mit t_1, t_2. D. Flächeninhalt d. Dreiecks ABC ist proportional d. absoluten Betrag d. Determinante

$$\begin{vmatrix} \cos t_1 & \sin t_1 & 1 \\ \cos t_2 & \sin t_2 & 1 \\ \cos t & \sin t & 1 \end{vmatrix}.$$

35. D. Gl. d. Normalen zur Ellipse in d. Hesseschen Normalform ist $(a^4 y^2 + b^4 x^2)^{-1/2} [a^2 y (\xi - x) - b^2 x (\eta - y)] = 0$, mit laufenden Koordinaten ξ, η.

36. D. Abstand d. Mittelptk. v. d. Tangente, d. in (x, y) d. Ellipse berührt, ist $a^2 b^2 (b^4 x^2 + a^4 y^2)^{-1/2}$ u. d. Quadrat d. reziproken Wertes $x^2/a^4 + y^2/b^4$, daher $f = x^2/a^4 + y^2/b^4 - \lambda(x^2/a^2 + y^2/b^2 - 1)$.

39. D. Int. ist $\alpha^2 + \alpha\beta + \beta^2/3 - 4\alpha/3 - 4\beta/5 + \frac{1}{2} = f(\alpha, \beta)$.

40. M. forme d. Aufgabe wie folgt um: f. welche Werte v. P hat d. Gl. $u^3 - 5u^2 + 8u - P = 0$ drei reelle Wurzeln? M. überlege d. Situation anhand d. Zeichnung d. Kurve $y = x^3 - 5x^2 + 8x$.

41. $f = xyz - \lambda(axy + byz + czx - d)$, $f'_x = yz - \lambda(ay + cz) = 0$, $xz - \lambda(ax + bz) = 0$, $xy - \lambda(by + cx) = 0$. OBdA darf $xyz > 0$ angenommen werden.

44. M. vgl. A 29 § 5.

48. Aus A 47.

50. M. stelle d. Geraden in d. Parameterform dar:

$$x - a = \tau \cos\alpha, \qquad y - b = \tau \cos\beta, \qquad z - c = \tau \cos\gamma,$$
$$x_1 - a' = \tau' \cos\alpha', \quad y_1 - b' = \tau' \cos\beta', \quad z_1 - c' = \tau' \cos\gamma',$$
$$f = (a - a' + \tau \cos\alpha - \tau \cos\alpha')^2 + (b - b' + \tau \cos\beta - \tau' \cos\beta')^2 + (c - c' + \tau \cos\gamma - \tau' \cos\gamma')^2.$$

51. M. verwende d. identische Relation

$$C(B'^2 - A'C') + A'(AA' + 2BB' + CC') = AA'^2 + 2BA'B' + CB'^2. \quad (^*)$$

55. Vgl. A 52 u. 53.

56. Sei z_0 e. Extremalwert v. z. M. nehme an, es sei etwa

$$F'_x(x_0, y_0, z_0) \neq 0.$$

58. M. entwickle d. Fkt. $f(x, y, z)$ nach Potenzen v. $z - z_0$ in d. Form $f(x, y, z_0) + f'_z(x, y, z_0)(z - z_0) + O[(z - z_0)^2]$ u. beachte, daß $f(x, y, z_0)$ e. semidefinite quadratische Form ist. Ferner benutze m. d. Relation

$$f(x, y, z_0) = A(z_0)x^2 + 2B(z_0)xy + C(z_0)y^2 = \frac{1}{A(z_0)}\left(A(z_0)x + B(z_0)y\right)^2.$$

60. Wenn d. Existenz d. Min. vorausgesetzt wird, liefert d. Lagrangesche Multiplikationsregel, angewandt auf $\sum x^2 - 2\lambda\left(\sum a_\nu x_\nu - 1\right)$:

$$x_\nu - \lambda a_\nu = 0, \quad a_\nu x_\nu = \lambda a_\nu^2, \quad x_\nu^2 = \lambda a_\nu x_\nu.$$

61. Es exististiert e. Min., da, wenn f. irgendein Wertsystem x_ν^0 mit $\sum_{\nu=1}^{n} b_\nu x_\nu^0 = 1$, $\sum_{\nu=1}^{n} a_\nu x_\nu^0 = 0$ etwa $\sum_{\nu=0}^{n} x_\nu^2 = R^2$ ist, m. sich auf d. abgeschlossene Pkt.-Menge innerhalb d. abgeschlossenen Sphäre $\sum_{\nu=1}^{n} x_\nu^2 = R^2$ zu beschränken braucht, u. d. Schnitt dieser abgeschlossenen Sphäre mit d. beiden durch d. Nebenbedingungen gegebenen Hyperebenen immer noch abgeschlossen ist.

65. M. benutze A 64.

66. M. setze $S(a, a, a) = S_0$, $T(a, a, a) = T_0$. Es gilt, $x - a = \xi$, $y - a = \eta$, $z - a = \zeta$ gesetzt, wenn alle Abl. im Pkt. P genommen werden,

$$S - S_0 = S'(\xi + \eta + \zeta) + \frac{1}{2}(S''_{xx} + \varepsilon_1)(\xi^2 + \eta^2 + \zeta^2) + (S''_{xy} + \delta_1)(\xi\eta + \eta\zeta + \zeta\xi),$$

wo hier u. später $\varepsilon_1, \delta_1, \varepsilon_2, \delta_2, \varepsilon_3, \delta_3$ mit $\xi^2 + \eta^2 + \zeta^2$ gegen 0 gehen.

68. M. benutze A 64.

70. Aus Homogenitätsgründen darf m. $x^2 + y^2 = 1$, $x \geqq 0$, $y \geqq 0$ annehmen. Eliminiert m. dann y, so wird d. abzuschätzende Ausdruck gleich $f(x) = \alpha x + \beta\sqrt{1 - x^2}$, dessen Schranken f. $0 \leqq x \leqq 1$ zu finden sind.

71. Da d. abzuschätzende Ausdruck homogen in x, y, z ist, darf m. $x^2 + y^2 + z^2 = 1$ voraussetzen u. z^2 eliminieren, so daß wir d. Fkt.

$$f(x, y) = \sqrt{x^2 + y^2} + \sqrt{1 - x^2} + \sqrt{1 - y^2}$$

$(x^2+y^2 \leqq 1)$ abzuschätzen haben, d. offenbar auf d. Kreisscheibe $x^2+y^2 \leqq 1$ sowohl Max. als auch Min. besitzt. OBdA sei $x \geqq 0$, $y \geqq 0$.

72. Setzt m. $u = 2s = a+b+c$, wo a, b, c d. drei Seiten d. Dreiecks sind, so hat m. auf d. Menge, d. durch $a \geq 0$, $b \geq 0$, $c \geq 0$, $a+b+c = 2s$ bestimmt ist, d. Max. v. $V = s(s-a)(s-b)(s-c)$ zu suchen, d. sicher vorhanden ist, da am Rande der Ausdruck $= 0$ ist. Man hat $f = (s-a)(s-b)(s-c) - \lambda(a+b+c-2s)$ zu betrachten.

73. Ist d. doppelte Inhalt v. ABC etwa V, so gilt $ax+by+cz = V$. Im Falle a) ist $f = x^2+y^2+z^2-\lambda(ax+by+cz-V)$ zu setzen u. im Falle b) $f = xyz-\lambda(ax+by+cz-V)$.

74. D. 8-fache Quadrat d. Flächeninhalts ist

$$(a+x+y)(x+y-a)(a+x-y)(a+y-x).$$

M. eliminiere y.

76. Es ergeben sich als notwendige Bedingungen f. d. Extremum:

$$z'_x = \frac{y-f}{N} = 0, \quad z'_y = \frac{x-g}{N} = 0.$$

77. M. betrachte $\Phi(r) = r\varphi'(r)^2$.

§ 18

1. M. benutze d. Formel (d).

5. $x_1 = 1$, $x_2 = 2$, $x_3 = 4$, $x_4 = 8$; $f_1 = 2$, $f_2 = 1$, $f_3 = 8$, $f_4 = 4$;

$$\varphi_1^* = (x-2)(x-4)(x-8) = x^3-14x^2+56x-64,$$
$$\varphi_2^* = (x-1)(x-4)(x-8) = x^3-13x^2+44x-32,$$
$$\varphi_3^* = (x-1)(x-2)(x-8) = x^3-11x^2+26x-16,$$
$$\varphi_4^* = (x-1)(x-2)(x-4) = x^3-7x^2+14x-8,$$
$$\varphi_1^*(x_1) = -21, \quad \varphi_2^*(x_2) = 12, \quad \varphi_3^*(x_3) = -24, \quad \varphi_4^*(x_4) = 168.$$

6. $x_1 = 0$, $x_2 = 1$, $x_3 = -1$, $x_4 = 2$, $x_5 = -2$; $f_1 = 0$, $f_2 = 1$, $f_3 = -1$, $f_4 = f_5 = 0$; $L(x) = x(x^2-4)g(x)$, $g(1) = -\frac{1}{3}$, $g(-1) = \frac{1}{3}$.

7. $x_1 = 0$, $x_2 = 1$, $x_3 = -1$, $x_4 = 2$, $x_5 = -2$; $f_1 = 1$, $f_2 = \sqrt{\frac{1}{2}}$, $f_3 = -\sqrt{\frac{1}{2}}$, $f_4 = f_5 = 0$; $f(x) = (x^2-4)g(x)$, $g(0) = -\frac{1}{4}$, $g(1) = -\frac{1}{3}\sqrt{\frac{1}{2}}$, $g(-1) = \frac{1}{3}\sqrt{\frac{1}{2}}$.

8. $x_1 = 1$, $x_2 = -1$, $x_3 = 2$, $x_4 = -2$; $f_1 = 1$, $f_2 = -1$, $f_3 = \frac{1}{2}$, $f_4 = -\frac{1}{2}$; $\Psi = (x^2-1)(x^2-4)$, $\varphi_1^* = x^3+x^2-4x-4$, $\varphi_2^* = x^3-x^2-4x+4$, $\varphi_3^* = x^3+2x^2-x-2$, $\varphi_4^* = x^3-2x^2-x+2$, $\varphi_1^*(x_1) = -6$, $\varphi_2^*(x_2) = 6$, $\varphi_3^*(x_3) = 12$, $\varphi_4^*(x_4) = -12$.

12. M. setze in (c) u. (*d*) $f(x) = x\,g(x)$.

17. M. diff. $(k+1)$-mal d. Identität $\Psi(x_\nu)(x-x_\nu)\varphi_\nu(x) = \Psi(x)$ nach d. Leibnizschen Regel.

18. M. setze e. Polynom in d. Form an:

$$K(x) = \sum_{\nu=1}^{n} f_\nu'' u_\nu(x)\,\varphi_\nu^{*3}(x) \qquad (^*)$$

u. versuche, d. $u_\nu(x)$ als quadratische Polynome so zu wählen, daß d. gestellten Bedingungen f. $K(x)$ befriedigt sind. Es seien zuerst alle $f_\nu'' \neq 0$.

19. D. Differenzenschema f. e^x mit d. Abszissen 2; 2, 1; 2, 2; 2, 3 ist:

7,38906			
	0,77711		
8,16617		0,08173	
	0,85884		0,00860
9,02501		0,09033	
	0,94917		
9,97418			

M. wende (e) mit $h = 0{,}1$ an u. schätze einzeln d. Formelfehler aus (e) u. d. Abrundungsfehler ab. D. Werte d. Binomialkoeffizienten sind: $\binom{0{,}5}{1} = \frac{1}{2}$, $\binom{0{,}5}{2} = \frac{-1}{8}$, $\binom{0{,}5}{3} = \frac{1}{16}$, $\binom{0{,}5}{4} = \frac{-5}{128}$.

27. M. benutze, daß d. Koeffizient links bei $L(x)$ nicht $= 0$ ist, als d. Vandermondesche Determinante.

31. Beim Bew. d. Eindeutigkeit ist v. d. Tatsache Gebrauch zu machen, daß d. Determinante mit d. Zeilenindex μ:

$$|1 \cos\nu x_\mu \sin\nu x_\mu| \qquad (\nu = 1, \ldots, n; \quad \mu = 0, 1, \ldots, 2n)$$

v. Null verschieden ist. Ferner verifiziere m. durch direkte Rechnung, daß $\sin\frac{x-\alpha}{2}\sin\frac{x-\beta}{2}$ e. trigonometrisches Polynom d. Ordnung 2 ist, und zwar $\frac{1}{2}\cos\frac{\beta-\alpha}{2} - \frac{1}{2}\left(\cos\frac{\alpha+\beta}{2}\cos x + \sin\frac{\alpha+\beta}{2}\sin x\right)$. $\qquad (^{**})$

34. F. $n = 1$ sind d. Beh. trivial. Weiter benutze m. d. Formeln

$$\cos(n+1)\varphi = x\cos n\varphi + (x^2-1)\frac{\sin n\varphi}{\sin\varphi},$$

$$\frac{\sin(n+1)\varphi}{\sin\varphi} = \cos n\varphi - \frac{\sin n\varphi}{\sin\varphi}x.$$

35. M. bestimme $T_n'(x)$.

36. Vgl. A 11.

41. Setzt m. $\cos\varphi = x$, $\cos\varphi_\nu = x_\nu$, so gilt wie in L 35:

$$\frac{2^{n-1}}{n}T'(x) = \frac{\sin n\varphi}{\sin\varphi}, \quad \frac{2^{n-1}}{n}T''(x) = \frac{\sin n\varphi\cos\varphi - n\cos n\varphi\sin\varphi}{\sin^3\varphi}$$

u., da $\cos n\varphi_\nu$ verschwindet f. $x_\nu = \cos\varphi_\nu$, $\dfrac{T'(x_\nu)}{T''(x_\nu)} = \dfrac{\sin^2\varphi_\nu}{\cos\varphi_\nu} = \dfrac{1-x_\nu^2}{x_\nu}$, woraus d. beiden Gl. folgen.

44. Aus d. Diff.-Gl. d. A 84 § 10 folgt an e. Nullstelle v. P_n: $\dfrac{P_n'}{P_n''} = \dfrac{1-x_\nu^2}{2x_\nu}$, woraus d. erste Gl. folgt.

52. V. Ind. Sei $P_1(x) = a_1x^n + Q_1(x)$, wo Q_1 v. Grade $n-1$ ist.

53. Sei $P(x)$ e. quadratisches Polynom, f. d. mit $h = 1$ gilt: $\Delta e^{2x}P(x) = e^{2x}(x^2-x)$. M. setze $e^2 - 1 = \gamma$.

55. Aus A 54 f. $h = 1$, $u(x) = 2x+1$ folgt

$$\frac{3n-2}{(2n+1)(2n+3)(2n+5)} = \frac{3}{2}\,\frac{1}{(2n+1)(2n+3)} - \frac{19}{2}\,\frac{1}{(2n+1)(2n+3)(2n+5)} = \Delta\left[-\frac{3}{4}\,\frac{1}{2n+1} - \frac{19}{8}\,\frac{1}{(2n+1)(2n+3)}\right].$$

56. V. Ind.

60. V. Ind.

61. M. setze $x - \frac{1}{2} = y$ u. $F(y) = \left(y^2 - \frac{1}{4}\right)^2 f\left(y^2 - \frac{1}{4}\right)$.

62. M. setze $x - \frac{1}{2} = y$, $F(y) = 2yf\left(y^2 - \frac{1}{4}\right)$.

67. $\Phi_\nu = \varphi_\nu^m[(\varphi_\nu^m - 1)^{2m} - + \cdots - (\varphi_\nu^m - 1) + 1]$.

§ 19

1. F. $n = 2$, $x_\nu = 0, \frac{1}{4}, \frac{1}{2}, \frac{3}{4}, 1$ sind d. Werte d. Integranden bzw. $1, \frac{1}{256}, \frac{1}{16}, \frac{81}{256}, 1$ u. d. Simpsonsche Näherungswert d. Int. ist $\frac{1}{12}\left[1+2\frac{1}{16}+4\left(\frac{1}{256}+\frac{81}{256}\right)\right] = \frac{77}{384}$.

2. F. $n = 3$, $x_\nu = 2, 2\frac{1}{6}, 2\frac{1}{3}, 2\frac{1}{2}, 2\frac{2}{3}, 2\frac{5}{6}, 3$ sind d. Werte d. Integranden bzw. $\frac{1}{4}, \frac{6}{25}, \frac{3}{13}, \frac{2}{9}, \frac{3}{14}, \frac{6}{29}, \frac{1}{5}$. D. damit gebildete Simpsonsche Näherungswert ist 0,223 143 610 316 ....

3. F. $n = 4$, $x_\nu = \frac{\nu-1}{8}$ $(\nu = 1, 2, \ldots, 9)$ sind d. Werte d. Integranden bzw. 1; 0,998051; 0,984616; 0,949908; 0,888889; 0,803768; 0,703297; 0,598830; 0,5. D. Simpsonsche Näherungswert ergibt sich zu 0,835659.

4. D. Fkt.-Werte, mit $\frac{\pi}{2}$ multipliziert, sind d. Reihe nach

$$\frac{\pi}{2}; \qquad 4\sin\frac{\pi}{8} = 1{,}530792;$$

$$2\sin\frac{\pi}{4} = \sqrt{2} = 1{,}414214; \qquad \frac{4}{3}\sin\frac{3\pi}{8} = 1{,}231840.$$

Damit ergibt sich als d. Simpsonsche Näherungswert 1,287459.

5. D. Werte d. Integranden sind f. 2; 2,25; 2,5; 2,75; 3 bzw.

$$1{,}4427\,(\pm 1); \quad 1{,}2332 \pm (0{,}5); \quad 1{,}0913\,(\pm 0{,}6); \quad 0{,}9881\,(\pm 0{,}5); \quad 0{,}9099\,(\pm 0{,}3),$$

wobei jedesmal d. Fehler höchstens 10^{-4} ist. Daraus folgt als d. Simpsonsche Näherung 1,1184 ($\pm$1,25).

6. D. Werte d. Integranden f. $x_\nu = 0, \frac{1}{4}, \frac{1}{2}, \frac{3}{4}, 1$ sind bzw. $1, \frac{16}{17}, \frac{4}{5}, \frac{16}{25}, \frac{1}{2}$ u. d. Simpsonsche Näherungswert ist $\frac{1}{12}\left[1{,}5+2\cdot\frac{4}{5}+4\left(\frac{16}{17}+\frac{16}{25}\right)\right] = 0{,}785\,392 \pm 7\cdot 10^{-6}$. Ferner gilt

$$\left(\frac{1}{1+x^2}\right)^{(4)} = 24(1-10x^2+5x^4)(1+x^2)^{-5}.$$

7. M. stelle d. obigen Ausdruck als e. Int. über d. Differenz $F'(t+h)-$ $-F'(t-2h)$ dar.

8. M. wende d. Relation auf 1, x u. x^2 an.

9. M. stelle d. Zähler f. $x=0$, $f'(0)=0$ in d. Form dar:

$$-8\int_0^h\int_0^t\int_0^u[f^{(3)}(2v)+f^{(3)}(-2v)-f^{(3)}(v)-f^{(3)}(-v)]\,dv\,du\,dt.$$

10. M. wende d. Relation auf $f(x)=x$ u. $f(x)=x^3$ an.

12. M. wähle in $F(z)=f'(z)-L'(z)-K\,\Psi'(z)$ d. Konstante K so, daß diese Funktion an d. Stelle x verschwindet.

21. Aus d. Simpsonschen Formel (d) folgt ($a=2\nu-1$, $b=2\nu+1$):

$$\int_{2\nu-1}^{2\nu+1}\lg x\,dx=\frac{1}{3}(\lg(2\nu+1)+\lg(2\nu-1)+4\lg 2\nu)+\frac{1}{15}\,\frac{1}{(2\nu+\vartheta_\nu)^4};$$

durch Summation nach ν folgt:

$$\int_1^{2n+1}\lg x\,dx=\frac{1}{3}[2\lg(2n)!+2\lg n!+2n\lg 2+\lg(2n+1)]+$$
$$+\frac{1}{15}\sum_{\nu=1}^{n}\frac{1}{(2\nu+\vartheta_\nu)^4}.$$

M. führe hier d. Wert d. Int. links, sowie f. $\lg n!$ und $\lg(2n)!$ d. Werte aus (e) e.

22. M. schätze d. Summe durch Int. ab wie beim Bew. d. Cauchy-Maclaurinschen Int.-Kriteriums.

23. M. bilde $(R_n+R_{2n})-(R_{2n}+R_{4n})$ u. verwende d. Maclaurinsche Formel f. $\lg(1+x)$ mit d. Restglied fünfter Ordnung.

25. M. setze $(a+b)/2=\alpha$, $(b-a)/2=h$ u. diff. nach h.

26. M. setze $F(x)\equiv\int_a^x f(x)\,dx-\frac{x-a}{2}(f(a)+f(x))+\frac{(x-a)^3}{12}f''(a)$.

27. Setzt m. $S(h)=\int_{\alpha-h}^{\alpha+h}f(x)\,dx=-\frac{h}{3}[f(\alpha-h)+4f(\alpha)+f(\alpha+h)]$, so folgt durch wiederholte Diff.

$$S^{(3)}(h)=-\frac{h}{3}(f^{(3)}(\alpha+h)-f^{(3)}(\alpha-h)).\qquad(*)$$

29. F. $\frac{b-a}{2} = h$, $\frac{b+a}{2} = \alpha$ wird d. zu untersuchende Ausdruck:

$$F(h) \equiv \int_{\alpha-h}^{\alpha+h} f(x)\,dx - h\big(f(\alpha+h)+f(\alpha-h)\big)+\frac{h^2}{3}\big(f'(\alpha+h)-f'(\alpha-h)\big).$$

M. verfahre wie bei d. A 25 u. klammere bei jeder Diff. d. höchstmögliche Potenz v. h aus.

31. Aus A 30 folgt mit $f(x) = \lg x$, $a = \nu$, $b = \nu+1$ f.

$$r_\nu \equiv \int_{\nu}^{\nu+1} \lg x\,dx - \frac{1}{2}\big(\lg \nu + \lg(\nu+1)\big):$$

$$r_\nu = \frac{1}{12}\left(\frac{1}{\nu}-\frac{1}{\nu+1}\right)-\frac{2}{720}\left(\frac{1}{\nu^3}-\frac{1}{(\nu+1)^3}\right)+\frac{12}{3024}\,\frac{1}{(\nu+\xi_\nu)^6}, \quad 0 \leqq \xi_\nu \leqq 1.$$

M. beachte, daß aus (e) folgt

$$R_\nu - R_{\nu+1} = \lg\left(\frac{\nu+1}{\nu}\right)^{\nu+1/2} - 1.$$

33. D. Beh. läßt sich nach A 18 schreiben als

$$\int_{\alpha-h}^{\alpha+h} f(x)\,dx = h\,\varphi_{1,0} - \frac{h^2}{3}\varphi_{1,1} + \frac{h^4}{45}\varphi_{1,3} + \frac{1}{720}\int_{0}^{h} \varphi_{1,6}(t)\,\beta(t)\,dt,$$

$$\beta(t) = (t^2-h^2)^2\,(t^2-3\,h^2).$$

Partielle Int. d. Int. rechts.

38. M. setze $f(x) = x^{2\varkappa}$, wo $\varkappa$ v. 0 bis k läuft, falls $n = 2k+1$ ist, u. v. 0 bis $k-1$ f. $n = 2k$.

40. M. setze in A 39: $\alpha_0 = 2{,}5$, $\alpha_1 = 1{,}5$; $\alpha_2 = 0{,}5$ u. $\gamma_0 = \frac{5}{288}\cdot 19$, $\gamma_1 = \frac{5}{288}\cdot 75$, $\gamma_2 = \frac{5}{288}\cdot 50$. Dann folgt

$$\frac{288\cdot 2^{\nu-1}}{5^3}F^{(\nu)}(h) = (144-19\,\nu)\,5^{\nu-3}\varphi_{5/2,\,\nu-1} - 3^\nu\,\nu\,\varphi_{3/2,\,\nu-1} - 2\,\nu\,\varphi_{1/2,\,\nu-1} - \frac{h}{2}\left[19\cdot 5^{\nu-2}\varphi_{5/2,\,\nu} + 3^{\nu+1}\varphi_{3/2,\,\nu} + 2\,\varphi_{1/2,\,\nu}\right].$$

41. M. setze in A 40 $= \frac{a-b}{2}$, $h = \frac{b-a}{5}$.

§ 20

1a) 3 Schritte Newton-Raphson, beginnend mit $x_0 = 0{,}7$.

1b) 4 Schritte Newton-Raphson, beginnend mit $x_0 = 2{,}7$.

1c) 3 Schritte Newton-Raphson, beginnend mit $x_0 = 1{,}6$.

1d) 3 Schritte Newton-Raphson, beginnend mit $x_0 = 2{,}3$.

2. Newton-Raphson.

3a) Newton-Raphson oder regula falsi, je nachdem ob m. e. ausführliche Tafel natürlicher Werte d. trigonometrischen Fkt. hat oder nicht.

3b) Wie bei 3a).

4. F. $f(x) = \lg(1+x) - \frac{3}{4}x$, $f'(x) = \frac{1}{4}\frac{1-3x}{1+x}$, folgt, daß f wächst in $\left(-1, \frac{1}{3}\right)$ u. v. da an fällt.

5. Durch Betrachtung d. Logarithmentafel erkennt m. 0,672 als e. gute Näherung. V. da an Newton-Raphson.

6. F. $f(x) = \cos x - \sqrt{x}, f'(x) = \frac{1}{2\sqrt{x^3}} - \sin x$, erkennt m. d. Winkel v. 30° als e. brauchbare Näherung. V. da an regula falsi günstiger als Newton-Raphson, so lange m. nicht über e. große Tafel u. Rechenmaschine verfügt.

7. D. Quotient $\frac{ff''}{f'^2}$ f. d. Polynom $f = x^{3+p} - 2x^{2+p} - x^p$ nimmt in d. Nähe d. pos. Nullstelle, f. $x = 2{,}25$ d. Gestalt

$$17\,\frac{17p^2 + 1765p + 3078}{(17p+891)^2},$$

u. dies wächst f. $p \geqq 0$ monoton v. $p = 0$ an.

8. F. $f_1 = x e^x - 1$ ist $\left|\frac{f_1 f_1''}{f_1'^2}\right| = |x - e^{-x}|\,\frac{x+2}{(x+1)^2}$, während, f. $f_2 = x - e^{-x}$, $\left|\frac{f_2 f_2''}{f_2'^2}\right| = |x - e^{-x}|\,\frac{e^{-x}}{(e^{-x}+1)^2}$ gilt u. dies ist in d. Nähe d. Wurzel f. $x = 0{,}57$, $e^{-x} = 0{,}5655$ etwa 2/5 d. obigen Wertes. Daneben ist $e^{-x} - x$ aus d. Tafel leichter abzulesen als $x e^x - 1$.

10. D. gesuchte x liegt in $(1, 2)$, da $\int_0^1 < \int_0^1 x^2\,dx = \frac{1}{3} < \frac{1}{2}$ u. $\int_1^2 >$
$> \int_1^2 \frac{dx}{1+x^{-2}} > \int_1^2 \frac{dx}{2} = \frac{1}{2}$ ist.

D. Formel (c) § 19 ist zur Berechnung d. Int. v. $x = 0$ an ungünstig, da f'' bis 2 ansteigt. Dagegen gestattet sie e. Überschlag, wenn m. $f(x)$ mit Abstand 0,2 tabelliert. So folgt, daß d. gesuchte Nullstelle zwischen 1,4 u. 1,6 liegt. $\int_0^{1,4}$ berechnen wir nach Simpson, $\int_0^1$ mit $n = 5$ u. $\int_1^{1,4}$ mit $n = 1$. Dabei ist d. Fehler $\leq 14 \cdot 10^{-6}$ zu halten u. $\left[\frac{x^2\,dx}{1+x^2}\right]^{(4)} = \frac{1-10\,x^2+5\,x^4}{(1+x^2)^5}$ zu berücksichtigen.

11. M. überlege zuerst, daß $J'(x) < 0$ f. $x \leq 3$ ist u. beginne mit $x_0 = 3$. Newton-Raphson oder regula falsi.

12. M. folgere aus d. MWS d. Diff.-Rechnung d. Relation

$$\frac{x_{\nu+1}}{x_\nu} = \frac{f'(x_\nu) - f'(\xi_\nu)}{f'(x_\nu)}, \tag{*}$$

wo ξ_ν zwischen 0 u. x_ν liegt.

13. F. jedes x_ν aus $\langle -a, a\rangle$ gilt d. Relation (*) v. L 12, wo ξ_ν zwischen 0 u. x_ν liegt. Da nach Annahme d. Ausdruck rechts absolut < 1 bleibt, folgt $|x_{\nu+1}| < |x_\nu|$, so daß alle folgenden x_ν in $(-a, a)$ bleiben u. zugleich $|x_\nu| \downarrow \varkappa$ gilt.

§ 21

1. M. verwende (c).

2a) M. wähle in (a) $g(x) = (x-1)^p\,x^q$.

2b), 2c), 2d) M. wähle in (a) $g(x)$ geeignet.

3. M. benutze (b).

5a) u. 5b) folgen aus 4a) f. geeignet gewählte $g(x)$.

7. M. verwende (d) u. (c).

8. Es genügt, A 8 f. e. Potenz zu bew., $f(x) = x^n$.

9. Koeffizientenvergleich bei verschiedenen Potenzen v. x.

10. Entwicklung d. symbolischen Polynoms.

12. B_n bestimmt sich aus d. Gl.-System

$$\begin{aligned} &1+2B_1 &&= 0\\ &1+3B_1+3B_2 &&= 0\\ &\dots\dots\dots\dots\dots\dots\dots\dots\dots\\ &1+\binom{n+1}{1}B_1+\binom{n+1}{2}B_2+\cdots+\binom{n+1}{n}B_n &&= 0, \end{aligned}$$

d. mit Hilfe d. Determinanten nach B_n aufgelöst werden kann.

13. M. benutze (a) mit $g(x) = x^s(x-1)^r(x-2)^q(x-3)^p$ u. verwende $g'(0) = g'(1) = g'(2) = 0$.

14. M. wähle in (a) $g(x) = (x+1)\cdots(x+n)$.

15. M. verwende (a) m. $g(x) = x\,B_{2n}(x)$ u. benutze L. 1 u. $g'(0) = B_{2n}$, so daß aus (a) folgt: $g(B+1)-g(B) = B_{2n}$.

16. D. Möglichkeit d. Darstellung durch v. Ind. F. $\nu \geqq 1$ wende m. d. Operator Δ auf beide Seiten an.

17. Folgt aus A 16.

18. M. entwickle nach Potenzen v. $x-\frac{1}{2}$ u. berücksichtige (d).

20. Partielle Int. u. A 19.

21. Zweimalige Anwendung v. (a).

22. M. zeige, daß f. $0 \leqq x \leqq 1$ d. Formeln gelten:

$$\text{(I)}\qquad \int_0^x \varphi_n(t)\,dt = \frac{1}{2n+1}\,\psi_n(x) \qquad (n \geqq 1),$$

$$\text{(II)}\qquad \int_0^x \psi_n(t)\,dt = \frac{1}{2n+2}\,\varphi_{n+1}(x)+c_n \qquad (n \geqq 1),$$

$$\text{(III)}\qquad \int_0^x B_1(x)\,dx = \frac{1}{2}\,\varphi_1(x)+c_0 \qquad (0 \leqq x \leqq 1),$$

wo $c_0, c_1, \dots$ geeignete Konstanten sind.

24. M. multipliziere auf beiden Seiten mit d. Potenzreihe v. $\frac{1}{t}(e^t-1)$.

25a) Herleitbar aus A 24 mit $2t$ an Stelle v. t;

25b) Aus 25a) durch Multiplikation mit $\frac{\operatorname{Sin} t}{t}$;

25c) Verifikation durch Multiplikation mit $\frac{\sin t}{t}$.

26a) M. drücke $\operatorname{tg} t$ linear durch $\operatorname{ctg} t$ u. $\operatorname{ctg} 2t$ aus;

26b) M. gehe ähnlich vor wie bei A 26a.

27a) M. drücke $1/\sin t$ u. $1/\operatorname{Sin} t$ durch $\operatorname{ctg}\frac{t}{2}$ u. $\operatorname{ctg} t$ bzw. $\operatorname{Ctg}\frac{t}{2}$ u. $\operatorname{Ctg} t$ aus;

27b) M. diff. $\operatorname{ctg} t$ u. $\operatorname{Ctg} t$ aus 25a) u. 25c).

28. Es gilt

$$\frac{e^{xt}-1}{e^t-1} = x\,\frac{e^{xt}-1}{xt}\,\frac{t}{e^t-1} = \sum_{\nu=0}^{\infty} \frac{A_\nu(x)}{(\nu+1)!}\,t^\nu,$$

wo $A_0(x) = x$ u. allgemein $A_\nu(x)$ e. Polynom v. Grade $\leqq \nu+1$ ist, wobei $A_\nu(0) = 0$ ist.

29. M. ersetze t in d. Formel v. A 28 durch $m\tau$ u. x durch $x+\frac{\mu}{m}$:

$$\frac{e^{m\tau(x+\mu/m)}-1}{e^{m\tau}-1} = \sum_{\nu=0}^{\infty} \frac{B_{\nu+1}\left(x+\frac{\mu}{m}\right) - B_{\nu+1}}{(\nu+1)!}\,m^\nu\tau^\nu$$

u. summiere über μ v. 0 bis $m-1$.

30. Es genügt, d. Beh. f. jede Potenz x^n $(n = 1, 2, \ldots)$ zu beweisen.

31. M. verwende d. Entwicklungen A 27a) u. A 27b) sowie A 15.

32. M. multipliziere miteinander d. Entwicklungen v. $\frac{x}{2}\operatorname{Ctg}\frac{x}{2}$ u. $\frac{x}{2}\operatorname{Tg}\frac{x}{2}$.

33. Man überlege, daß $\frac{B_{2n-2}(x)}{B_{2n}}$ in d. Umgebung d. Ursprungs neg. ist.

35. M. bew. zuerst

$$\sum_{\nu=1}^{\infty} \frac{1}{\nu^n} < \frac{1}{1-\frac{1}{2^{n-1}}} \qquad (n>1).$$

36. M. bew.

$$\sum_{\nu=1}^{\infty} \frac{1}{\nu^s} > 1+\frac{1}{2^s-2}.$$

§ 22

5. M. verwende A 4 mit $m = 1$.

6. M. wende f. natürliche p u. q, $p < q$, d. Formel v. A 1 in geeigneter Weise an, wobei (*) v. A 2 benutzt wird:

$$(*) \quad h \sum_{\nu=p}^{q} f^*(a+\nu h) = \int_{a+ph}^{a+qh} f^*(x)\,dx +$$

$$+ \sum_{\mu=1}^{m} B_{2\mu} \frac{h^{2\mu}}{(2\mu)!} [f^{*(2\mu-1)}(a+qh) - f^{*(2\mu-1)}(a+ph)] -$$

$$- \Theta B_{2m} \frac{h^{2m}}{(2m)!} [f^{*(2m-1)}(a+qh) - f^{*(2m-1)}(a+ph)]$$

u. bew., daß d. Grenzwert $C_1 = \lim\limits_{q\to\infty} \int_a^{a+qh} f^*(x)\,dx$ existiert.

7. F. $f(x) = \dfrac{1}{x^2+p^2}$ ist $f'(x) = \dfrac{-2x}{(x^2+p^2)^2}$, $\dfrac{1}{2} f''(x) = \dfrac{3x^2-p^2}{(x^2+p^2)^3}$, $\dfrac{1}{24} f^{(4)}(x) = \dfrac{5x^4 - 10x^2p^2 + p^4}{(x^2+p^2)^5}$. M. wende A 6 f. geeignete a, n an u. verwende $\displaystyle\int_0^n \frac{dx}{x^2+p^2} = \frac{1}{p} \operatorname{arc\,tg} \frac{n}{p}$.

8. Da d. Integrand an d. Stelle t unstet. ist, hat m. $t = 0$ getrennt zu betrachten. F. $0 < t < 1$ wird d. Int. zerlegt in

$$\int_0^t + \int_t^1 = \int_0^t \left(t - z - \frac{1}{2}\right) \varphi'(hz)\,dz - \int_t^1 \left(z - t - \frac{1}{2}\right) \varphi'(hz)\,dz.$$

9. Partielle Int. sowie § 21, (d) u. A 34.

10. Aus A 8 u. A 9.

11. M. setze in A 9 $n = m+1$, $\varphi(x) = f^{(m)}(a+x)$ u. multipliziere mit h^{m+1}.

12. Aus A 10 u. A 11.

13. M. ersetze a in A 12 durch $a, a+1, \ldots, a+n$, multipliziere mit h u. summiere.

14. M. benutze A 7 u, A 33 von § 21.

19. Folgt unmittelbar aus

$$\sum_{n=p}^{q-1} f^{(2n)}(\nu+t) = S_{2n}(q+t) - S_{2n}(p+t).$$

21. M. leite zuerst her:

$$\int_0^1 B_{2n}(t) \sum_{\nu=p}^{N-1} f^{(2n)}\big((\nu+t)\,h\big)\,dt = \int_0^1 B_{2n}(t)\, S_{2n,h}\big((N+t)\,h\big)\,dt - \\ - \int_0^1 B_{2n}(t)\, S_{2n,h}\big((p+t)\,h\big)\,dt.$$

22. M. zeige zuerst, daß f. $x \geqq x_0$

$$\Phi(x+1) - \Phi(x) = f(x+t)$$

ist.

23. M. zeige, daß

$$R_{2m} = R_{2m+2} + \frac{B_{2m+2}(t)}{(2m+2)!} f^{(2m+1)}(x).$$

24. M. vgl. d. Vorzeichen v. R_{2m} u. R_{2m+2} mit Hilfe d. Int.-Darstellung v. A 23.

25. M. wende A 22 mit $t = 0$, $x_0 = 1$, $n = 2m$ an u. benutze A 24. D. Konstante c_e wird durch $n \to \infty$ bestimmt.

26. M. wende A 22 an mit $t = \frac{1}{2}$, $n = 2m$, $x_0 = 0$, $f(x) = \lg\left(x + \frac{1}{2}\right)$, sowie A 24.

27. Setzt m. $g(x) = f(2x)$, so gilt

$$\sum_{\nu=1}^{2n-1} (-1)^{\nu-1} f(\nu) = \sum_{\nu=1}^{2n-1} f(\nu) - 2\sum_{\nu=1}^{n-1} g(\nu).$$

M. ersetze m in A 22 durch $2m$.

§ 23

1. Da, unabhängig v. Vorzeichen v. $x + x^2$, durchweg $y'^2 = (1+2x)^2$, ist $\int_{-1}^{1} \sqrt{1+(1+2x)^2}\,dx$ zu berechnen. M. setze $2x+1 = t$, $dt = 2\,dx$.

2. Unabhängig v. Vorzeichen v. $(x-1/3)(x-2/3)$ ist $y'^2 = (2x-1)^2$, so daß $\int_{-1}^{1} \sqrt{1+(2x-1)^2}\,dx$ zu berechnen ist.

3. M. verifiziere, daß $(X^2+Y^2)(x^2+y^2) = 1$ ist. Ferner, wenn $x = \alpha t$, $y = \beta t$, $\alpha^2 + \beta^2 = 1$ ist, gilt $X = \alpha\tau$, $Y = \beta\tau$, $\tau = \frac{1}{t}$.

4. D. Kreis $x^2+y^2+2ux+2vy=0$ entspricht d. Gerade $2uX+$ $+2vY+1=0$ u. umgekehrt, wobei diese Gerade parallel d. Tangente an d. Kreis im Ursprung, $uX+vY=0$, ist.

6. Sind A, B Schranken f. $|f(x)|$ bzw. $|g(x)|$, so gilt

$$|f(x)g(x)-f(y)g(y)| \leqq B|f(x)-f(y)|+A|g(x)-g(y)|.$$

7. M. bew. d. Beh. zuerst f. $1/\varphi(x)$, indem m. auf d. Definition d. Fkt. v. beschränkter Variation zurückgreift.

8. M. wende d. MWS d. Diff.-Rechnung auf $f(\varphi(x_{\nu+1}))-f(\varphi(x_\nu))$ an.

10. M. benutze zur Bestimmung d. Extrema v. $f(x): \operatorname{tg} y - y = 0$ u. benutze, daß diese Gl. in jedem Intervall $\left(k\pi-\frac{\pi}{2},\, k\pi+\frac{\pi}{2}\right)$ f. ganzzahlige k genau e. Wurzel besitzt, deren Abstand v. $k\pi+\pi/2$ gegen 0 strebt (A 55 § 6).

11. Es genügt zu bew., daß, wenn $f(x)$ in $\langle\alpha, \beta\rangle$ nicht konstant ist, d. Totalvariation v. $f(x)$ pos. ist.

12. Aus d. MWS d. Diff.-Rechnung folgt

$$|f(x_\nu)-f(x_{\nu-1})| = f'(\eta_\nu)\,|x_\nu - x_{\nu-1}|,$$

wo η_ν zwischen $x_{\nu-1}$ u. x_ν liegt.

13. Es genügt, d. Beh. unter d. Annahme zu bew., daß $f(x)$ in $(a, b) \neq 0$ ist.

14. V. Ind. nach d. Anzahl d. Seiten v. S_1.

15. M. schreibe in σ_1 e. Streckenzug s_1 e., dessen Länge $|\sigma_1|$ beliebig genau approximiert.

16. M. ersetze e. genügend kleinen Teilbogen v. σ_2, d. nicht geradlinig ist u. ausserhalb σ_1 verläuft, durch e. Sehne, d. auch außerhalb σ_1 verläuft.

17. Liegt e. Seite v. S_1 vollständig auf e. Seite v. S_2, so folgt d. Beh. aus A 14, da m. diese Seite v. S_1 mit d. Strecke AB identifizieren kann.

18. E. in σ_1 eingeschriebenes konvexes Polygon S_1 ist in σ_2 gelegen, u. es läßt sich dann in σ_2 e. Polygon S_2 einschreiben, d. σ_1 enthält.

19. M. schreibe in C e. Polygon P mit d. sukzessiven Ecken $P_\nu(x_\nu, y_\nu, z_\nu)$ $(\nu = 0, 1, \ldots, n)$ e. u. setze $x_{\nu+1}-x_\nu = a_\nu$, $y_{\nu+1}-y_\nu = b_\nu$, $z_{\nu+1}-z_\nu =$ $= c_\nu$. Vgl. A 70 § 17,

20. M. folgere aus A 70 § 17 d. Ungl.

$$\alpha|a|+\beta\sqrt{b^2+c^2} \leqq \sqrt{a^2+b^2+c^2} \leqq |a|+\sqrt{b^2+c^2} \quad (\alpha^2+\beta^2=1;\ \alpha, \beta > 0). \ (*)$$

21. Setzt m.

$$u = \sqrt{\dot{y}^2+\dot{z}^2}, \quad v = \sqrt{\dot{z}^2+\dot{x}^2}, \quad w = \sqrt{\dot{x}^2+\dot{y}^2},$$

so hat m. d. Identitäten zu benutzen:

$$\sqrt{6}\,|C| - |C_{xy}| - |C_{yz}| - |C_{zx}| = \int_0^{|C|} [u+v+w-2(\dot{x}^2+\dot{y}^2+\dot{z}^2)]\,ds,$$

$$|C_{xy}|+|C_{yz}|+|C_{zx}|-2\,|C| = \int_0^{|C|} \frac{(4\,v-u)\,u+(w-v)\,(2\,u+v-w)}{2+u+v+w}\,ds.$$

22. M. bew. zuerst

$$T+|C_{yz}|-|C| = 2\int_0^{|C|} \frac{|\dot{x}|\sqrt{\dot{y}^2+\dot{z}^2}}{1+|\dot{x}|+\sqrt{\dot{y}^2+\dot{z}^2}}\,ds,$$

$$|C|-\alpha\,T-\beta\,|C_{yz}| = \int_0^{|C|} \frac{(\beta\,\dot{x}-\alpha\sqrt{\dot{y}^2+\dot{z}^2})^2}{1+\alpha\,|\dot{x}|+\beta\sqrt{\dot{y}^2+\dot{z}^2}}\,ds.$$

23. M. wähle e. beliebiges $\varepsilon > 0$ u. e. $\eta > 0$ so, daß $\delta(t,h) \leqq \varepsilon$ f. $|h| \leqq \eta$ ist u. schreibe in C e. Polygon, $\pi = P(t_0)\,P(t_1) \cdots P(t_n)$ e., so daß $t_0 = a$, $t_n = b$ u. $0 < t_{\nu+1}-t_\nu \leqq \eta$ ist.

24. M. ordne jedem v aus $\langle a, b\rangle$ d. Intervall $J(v) = < v-\frac{H(v)}{2}, v+\frac{H(v)}{2} >$ zu u. wende d. Borelschen Überdeckungssatz an.

25. M. wende A 24 an.

26. M. schreibe in C e. Polygon $\pi = P(a)\,P(\tau_1) \cdots P(\tau_{n-1})\,P(b)$ e. u. bew., daß $|\pi| \leqq \sigma(b)-\sigma(a)$ ist.

28. Sind d. Richtungscosinusse d. Richtungen v. γ u. γ_1 bzw. α, β u. α_1, β_1, so ist d. Sinus d. Winkels aus d. Richtung v. γ in d. Richtung v. γ_1 gleich $\alpha\,\beta_1-\alpha_1\,\beta$. Ferner sind längs Γ in P d. Diff. v. x, y: $dx = \alpha\,t$, $dy = \beta\,t$, $t > 0$. Daher längs Γ in P:

$$dX = \varphi'_x\,dx+\varphi'_y\,dy = (\alpha\,\varphi'_x+\beta\,\varphi'_y)\,dt, \quad dY = (\alpha\,\psi'_x+\beta\,\psi'_y)\,dt.$$

Es folgen f. d. Richtungscosinusse d. Tangente an Γ in P d. Ausdrücke:

$$\frac{\alpha\,\varphi'_x+\beta\,\varphi'_y}{\sqrt{D(\alpha,\beta)}}, \quad \frac{\alpha\,\psi'_x+\beta\,\psi'_y}{\sqrt{D(\alpha,\beta)}},$$

$$D(\alpha,\beta) = (\alpha\,\varphi'_x+\beta\,\varphi'_y)^2+(\alpha\,\psi'_x+\beta\,\psi'_y)^2.$$

30. OBdA sei P d. Pkt $x = \gamma$, $y = 0$ und d. Mittelpkt. v. C: (a, b). D. Parameterdarstellung v. C ist $x-a = R\cos t$, $y-b = R\sin t$, wo t beim pos. Umlauf wächst. Daher sind d. Richtungscosinusse d.

Tangente an C in P: $(-\sin t, \cos t) = \left(\frac{b-y}{R}, \frac{x-a}{R}\right) = \left(\frac{b}{R}, \frac{\gamma-a}{R}\right)$,

woraus $\sin\sigma_1 = \frac{\gamma-a}{R}$ folgt.

33. Ergibt sich unmittelbar, wenn m. $y = |x|$ in d. Umgebung v. $x = 0$ zeichnet.

34. Aus Symmetriegründen genügt es, d. Pkt. $x = 1$ zu betrachten. Setzt m. $x = 1+\xi$, so folgt, bei $\xi = 0$:

$$y = \frac{1}{2}|\xi(2+\xi)| = \left(1+\frac{\xi}{2}\right)|\xi|.$$

Hier hat offenbar d. rechtsseitige Tangente d. Steigung 1 u. d. linksseitige d. Steigung -1.

37. M. benutze d. Parameterdarstellung durch $t = y/x$.

39. Da (ξ, η) auf d. Kreise K_P liegt, dessen Durchmesser O mit P verbindet, ist P^* d. Schnittpkt v. K_P mit d. Geraden

$$x+\sigma x', \quad y+\sigma y' \qquad (-\infty < \sigma < \infty).$$

40. OBdA sei O d. Koordinatenursprung u. d. Parameterdarstellung v. $C: x = 2\varphi(t)$, $y = 2\psi(t)$, wo φ u. ψ als stet. differenzierbar vorausgesetzt werden. Dann sind d. Koordinaten d. Mittelpkt. M_P v. K_P: $\varphi(t)$, $\psi(t)$, u. wenn d. Koordinaten v. P^* als Fkt. v. t mit $\xi(t)$, $\eta(t)$ bezeichnet werden, gilt:

$$\xi^2+\eta^2-2\varphi\xi-2\psi\eta = 0 \quad (*).$$

§ 24

1. M. hat $x' = 2t$, $y' = 1-t^2$, $s' = 1+t^2$, $y''x'-x''y' = -2s'$.

2a) Mit x als Parameter $y' = 2ax$, $s' = \sqrt{1+4a^2x^2}$;

2b) Mit x als Parameter $y' = 1/x$, $y'' = -1/x^2$, $s' = \sqrt{1+1/x^2}$;

2c) $y' = -a/x^2$, $y'' = 2a/x^3$, $s' = \sqrt{x^4+a^2}/x^2$.

3a) Mit y als Parameter $x' = y/p$, $x'' = 1/p$;

3b) F. x als Parameter $y' = 1/x$, $y'' = -1/x^2$, $\varrho^2 = (x^2+1)^3/x^2$. M. setze $x^2 = u > 0$;

3c) F. x als Parameter $y' = \frac{1}{2}(e^{x/a}-e^{-x/a})$, $s' = \frac{1}{2}(e^{x/a}+e^{-x/a})$, $s' = y/a$, $y'' = (e^{x/a}+e^{-x/a})/2a = y/a^2$, $\varrho = y^2/a$.

4a) Es gilt, wenn r u. φ durch e. Parameter ausgedrückt sind,

$$x' = r'\cos\varphi - \varphi' r \sin\varphi, \quad y' = r'\sin\varphi + \varphi' r \cos\varphi$$

u., $\alpha = r'/r$, $\beta = r''/r$ gesetzt,

$$x'' = (\beta - \varphi'^2)\,x - (2\,\alpha\,\varphi' + \varphi'')\,y,$$
$$y'' = (2\,\alpha\,\varphi' + \varphi'')\,x + (\beta - \varphi'^2)\,y.$$

5a) $r' = -a/\varphi^2$, $r'' = 2\,a/\varphi^3$, $s' = |a|\sqrt{\varphi^2+1}/\varphi^2$;

5b) $r' = k$, $r'' = 0$, $\varphi' = 1$, $\varphi'' = 0$, $s' = |k|\sqrt{\varphi^2+1}$;

5c) $r' = -r\,\mathrm{tg}\,n\,\varphi$, $r''/r = (1-n)\,\mathrm{tg}^2 n\,\varphi - n$, $s' = |a|^n r^{1-n}$;

5d) Es folgt $r' = 2\sin\varphi$, $r'' = 2\cos\varphi$, $s' = \left|\frac{4}{a}\sin\frac{\varphi}{2}\right|$, während d. Zähler im Ausdruck v. A 4b) gleich $24a^2\sin^2\varphi/2$ ist.

6. $x' = -3\sin t\cos^2 t$, $y = 3\cos t\sin^2 t$, $s' = 3\,|\sin t\cos t|$, $x''/3 = 2\cos t\sin^2 t - \cos^3 t$, $y''/3 = 2\sin t\cos^2 t - \sin^3 t$, $(y''\,x' - x''\,y')/3 = -3\sin^2 t\cos^2 t$.

7a) Mit d. Parameterdarstellung $x = a\cos^p t$, $y = b\sin^p t$, $p = 2/m$, folgt $x' = -p\,a\cos^{p-1}t\sin t$, $y' = p\,b\sin^{p-1}t\cos t$, $x'' = p\,a\big((p-1)\times\cos^{p-2}t\sin^2 t - \cos^p t\big)$, $y'' = p\,b\big((p-1)\sin^{p-2}t\cos^2 t - \sin^p t\big)$, $y''\,x' - x''\,y' = a\,b\,p^2(2-p)\sin^{p-1}t\cos^{p-1}t$. M. setze

$$w = \sqrt{a^2\cos^{2p-4}t + b^2\sin^{2p-4}t};$$

7b) M. benutze d. Parameterdarstellung durch $t > 0$, $x = t^2/\sqrt[3]{2}$, $y = t^3/\sqrt{3}$, $s' = t\sqrt{3\,t^2+\sqrt[3]{16}}$.

8. In d. Bezeichnungen v. L 37 § 27 v. Bd. I gilt $x'' = h\sin t$, $y'' = h\cos t$, $s' = \sqrt{r^2 - 2\,r\,h\cos t + h^2}$.

9. Aus H 8 u. L 8 f. $h = r$ folgt $\varrho = 2\,r\,|\sin t/2|$. D. Gl. d. Normalen in (x, y) ist $(\xi - x)/\sin t = (y - \eta)/(1-\cos t)$.

10. F. $x \to 0$ gilt $y' = \sin x + x\cos x = 2\,x + O(x^3)$, $1 + y'^2 = 1 + 4\,x^2 + O(x^4)$, $1/\sqrt{1+y'^2} = 1 - 2\,x^2 + O(x^4)$.

11. M. setze d. Parabel in d. Form an: $F(x, y) \equiv (x + b\,y)^2 - c\,x - dy - e = 0$.

12. Sei $\sigma = r/R$. Aus Dimensionsgründen darf $R = 1$ angenommen werden. Dann ist d. Parameterdarstellung d. Epizykloide, wenn t d. Drehwinkel in k ist:

$$x = (1+\sigma)\cos t - \sigma\cos(1+1/\sigma)\,t,$$
$$y = (1+\sigma)\sin t - \sigma\sin(1+1/\sigma)\,t,$$

während f. d. Hypozykloide σ durch $-\sigma$ zu ersetzen ist.

14. OBdA sei O d. Ursprung u. d. geminsame Tangente d. x-Achse, wobei $C(y = F(x))$ u. $c(y = f(x))$ oberhalb d. x-Achse liegen.

15d) D. Gl. d. Tangente an C in $P(x(s), y(s))$ ist

$$\dot{y}(s)\,\xi - \dot{x}(s)\,\eta + \dot{x}(s)\,y(s) - \dot{y}(s)\,x(s) = 0.$$

Setzt m.

$$\varphi(h) \equiv \dot{y}(s)\,(x(s+h) - x(s)) - \dot{x}(s)\,(y(s+h) - y(s)),$$

so hat m. zu untersuchen, ob sgn $\varphi(h)$ f. kleine $|h|$ dasselbe ist wie sgn$(\dot{x}y - \dot{y}x)$.

16. Da $F(0) = f(0) = 0$ ist, ist zu bew., daß $F'(y) > f'(y)\,(y < 0)$ ist, solange beide definiert sind. Sind Θ_C, Θ_c d. Tangentenrichtungswinkel in d. Pkt. mit d. Ordinaten y auf C u. c, so genügt es, wegen $\operatorname{ctg}\Theta_C = dF/dy$, $\operatorname{ctg}\Theta_c = df/dy$, $\Theta_C < \Theta_c$ zu bew.

17. Längs c hat m. f. d. e. $\Theta > \Theta_0$ entsprechneden Wert $y(\Theta) = = \int_{\Theta_0}^{\Theta} \varrho_c \sin\eta\, d\eta$.

18. Folgen 2 Tangenten t_1, t_2 mit d. Berührungspkt. P_1, P_2 aufeinander, so darf OBdA vorausgesetzt werden, daß t_1 d. pos. x-Achse u. P_1 d. Koordinatenursprung ist. U. m. darf sich auf d. Teilbogen v. γ zwischen P_1 u. P_2 beschränken.

19a) Subtrahiert m. $\varkappa(s)$ v. d. Ausdruck links, so ergibt sich $\ddot{y}\,\Delta\dot{x} - \ddot{x}\,\Delta\dot{y}$;

19b) M. wende auf d. *ganzen* Ausdruck links als Fkt. v. h d. MWS d. Diff.-Rechnung an, u. nicht etwa auf d. beiden Terme einzeln;

19c) M. entwickle d. Ausdruck links nach Taylor mit d. Restglied 2. Ordnung;

19d) M. beachte, daß d. Ausdruck links f. $h = 0$ verschwindet;

19e) M. wende auf d. Ausdruck links d. Taylorsche Entwicklung an;

19f) M. diff. d. Ausdruck links nach h.

20. Wird d. Ausdruck links als Fkt. v. h mit $F(h)$ bezeichnet, so gilt

$$F(0) = 0,\ F'(h) = \dot{x}(s)\,\ddot{x}(s+h) + \dot{y}(s)\,\ddot{y}(s+h).$$

21. Wird d. Ausdruck links mit $F(h)$ bezeichnet, so gilt

$$F'(h) = (\ddot{y}(s+h)\,\Delta x - \ddot{x}(s+h)\,\Delta y) + (\dot{x}(s+h)\,\Delta\dot{y} - \dot{y}(s+h)\,\Delta\dot{x}).$$

22. M. bezeichne d. Ausdruck links mit $F(h)$ u. beachte, daß $F(0) = 0$ ist.

23. Bezeichnet m. d. Ausdruck links mit $F(h)$, so folgt $F(0) = 0$ u.

$$\frac{1}{2}\,F'(h) = \dot{x}(s+h)\,\Delta x + \dot{y}(s+h)\,\Delta y.$$

24. OBdA sei O d. Ursprung u. E e. Pkt. auf d. x-Achse links v. O, während γ sonst, wegen $\varkappa > 0$, in d. oberen Halbebene liegt u. zugleich $0 < \Theta_0 < \pi < \Theta_1 < 2\pi$ gilt. Ist $\varrho(\Theta)$ d. Krümmungsradius längs γ als Fkt. d. Tangentenrichtungswinkels Θ, so gilt $\Theta_0 \leqq \Theta \leqq \Theta_1$ u., wegen $dy/d\Theta = \varrho(\Theta)\sin\Theta$:

$$\int_{\Theta_0}^{\Theta_1} \varrho(\eta)\sin\eta\, d\eta = 0.$$

(Vgl. Fig. 3 in L 65.)

25. Sei d. Winkel $\sphericalangle\, BAC = \alpha$, $\sphericalangle\, ABC = \beta$. M. wende A 24 an.

26. M. wende A 5 § 15 an.

28. Nach A 33 § 15 gilt, wenn d. Bodenlänge s im gewählten Durchlaufungssinn wächst u. d. Punkte d. Abl. nach s bedeuten, $\mu = \dfrac{\dot u}{f'_v}$ gesetzt,

$$\dot x = \mu\, \Delta x, \quad \dot y = -\mu\, \Delta y, \quad \mu^2\big((\Delta x)^2 + (\Delta y)^2\big) = 1.$$

M. verwende ferner A 34 § 15.

30. M. verlege d. Ursprung in d. Pol u. setze

$$\text{(a)} \quad x\cos\tau + y\sin\tau = \sigma(\Theta),$$

d. Hessesche Normalform d. Tangentengl. an, d. Θ entspricht.

33. M. benutze d. Hessesche Normalform d. Tangente.

34. M. darf annehmen, daß Ω d. Koordinatenursprung u. d. Tangente an C in Ω d. Halbstrahl OX ist. Dann hat C d. Gl. $y = f(x)$, wo $f(0) = f'(0) = 0$ u. $\operatorname{tg}\Theta(x) = f'(x)$ stetig ist in d. Nachbarschaft v. $x = 0$, so daß f. $x \to 0$: $\Theta(x) \sim f'(x)$ gilt.

35. Nach A 30 gilt

$$\sigma(t) + \sigma''(t) = \varrho(t),$$

wenn t d. Tangentenrichtungswinkel f. d. zu Ω benachbarten Pkt. ist, da f. solche Pkt. d. Faktor ε, aus A 30, $= 1$ ist. Nach d. Definition v. ε kann aber ε sein Vorzeichen nur ändern, wenn d. sich stet. drehende Tangente über Ω hinweggeht, was längs C ausgeschlossen ist.

36. F. $0 \leqq \Theta - \Theta_0 \leqq \pi$ gilt, wegen A 35, da $\sin(\Theta - t)$ pos. bleibt,

$$R\int_{\Theta_0}^{\Theta} \sin(\Theta - t)\, dt \geqq \sigma(\Theta) \geqq r\int_{\Theta_0}^{\Theta} \sin(\Theta - t)\, dt,$$

woraus (a) folgt.

37. M. kann annehmen, daß A mit d. Koordinatenursprung zusammenfällt u. d. Anfangs-Tangente in d. Richtung OX weist, so daß

auf C, bis auf E, $\Theta < \omega$ ist. Wäre C nicht im Großen konvex, so gäbe es auf C e. v. A verschiedenen Pkt., in d. d. gerichtete Tangente an C d. Pkt. A trifft.

38. Ist d. Länge v. $C = s_0$, so ist offenbar f. d. Geschlossenheit v. C notwendig u. hinreichend

$$\int_0^{s_0} \dot{x}\, ds = \int_0^{s_0} \dot{y}\, ds = 0.$$

41. D. in d. Beh. vorkommende Int. ist offenbar

$$\int_0^{s_0} (\varkappa - \varkappa_0)\, a_0\, ds + \int_0^{s_0} \varkappa\, (a_1 \cos\Theta + a_2 \sin\Theta)\, ds - \varkappa_0 \int_s^{s_0} (a_1 \cos\Theta + a_2 \sin\Theta)\, ds.$$

Hier verschwindet d. erste Int. nach Definition v. $\varkappa_0$ u. d. zweite nach A 39.

47. Es genügt, nur d. Werte $x \geqq 0$ zu betrachten. Sei $\Theta = \Theta(s)$ d. Tangentenrichtungswinkel; dann gilt $\Theta(0) = 0$, $\left(\dfrac{d\Theta}{ds}\right)_{s=0} = \varkappa_0$. Aus $f'(x) = \operatorname{tg}\Theta$ folgt, daß $f'(x)$ in d. Umgebung d. Ursprungs stet. ist u. daher $\dfrac{ds}{dx} = \sqrt{1 + f'^2}$ gleichfalls stet. u. $\to 1$ f. $x \downarrow 0$.

48. OBdA. darf hier u. in d. folgenden Aufgaben bis A 53 vorausgesetzt werden, daß P_0 d. Ursprung O u. d. Ursprungstangente v. C d. pos. x-Achse ist. Ferner darf $\varkappa_0 > 0$ angenommen werden, da m. sonst C nur a. d. x-Achse zu spiegeln braucht.

49. Wie in H 48 darf m. annehmen, daß $y = f(x)$ d. Gl. v. C ist, wo $f(0) = f'(0) = 0$ u. $K_0 > 0$ ist.

50. Wie in d. Lösung v. A 48 u. 49, darf d. Gl. v. C in d. Gestalt $y = f(x)$ vorausgesetzt werden, wo $f(0) = f'(0) = 0$, $f''(0) = \varkappa_0 > 0$ ist.

51. Aus d. Annahme folgt, daß $\varkappa$ in $U(P_0)$ durchweg dasselbe Vorzeichen behält, so daß dort Θ – d. Tangentenrichtungswinkel – sich im eigentlichen Sinne monoton ändert.

52. OBdA darf m., wie bei H 48, annehmen, daß d. Gl. v. C d. Gestalt hat $y = f(x)$, $f(0) = f'(0) = 0$, $f''(0) = \varkappa_0 > 0$.

53. M. nehme d. Gl. v. C in d. Form an: $y = f(x)$, $f(0) = f'(0) = 0$, $f''(0) = \varkappa > 0$, u. betrachte d. Fkt. $F(x) \equiv (x-a)^2 + (f(x)-b)^2 - R^2$, wo a u. b d. Mittelpunktskoordinaten u. R d. Radius d. durch P_1, P_2, P_3 hindurchgehenden Kreises sind. Ist etwa $x_1 < x_2 < x_3$, so folgt aus $F(x_\nu) = 0$ $(\nu = 1, 2, 3)$ nach d. Rolleschen Satz d. Existenz v. ξ_1 u. ξ_2 mit $x_1 < \xi_1 < x_2 < \xi_2 < x_3$ derart, daß $F'(\xi_\mu) = 0$ $(\mu = 1, 2)$ gilt u.,

nach abermaliger Anwedung d. Rolleschen Satzes, $F''(\eta) = 0$, wo η zwischen ξ_1 u. ξ_2 liegt.

55. Zeichnet m. d. γ im Ursprung berührenden Kreislinien K_ε u. $K_{-\varepsilon}$ mit d. Radien $\varrho + \varepsilon$ u. $\varrho - \varepsilon$, deren Mittelpkt. im Abstand ε v. Mittelpkt. v. K liegen, so ist e. im Ursprung einmündender Teil v. γ in d. Spitze zwischen d. Kreisbögen gelegen.

56. OBdA darf m. annehmen, daß d. gemeinsame Tangente v. γ_1, γ_2 d. Halbstrahl OX ist. Es mögen zuerst γ_1, γ_2 auf derselben Seite v. OX liegen, so daß $\operatorname{sgn} \varkappa_1 = \operatorname{sgn} \varkappa_2$ ist u. $\beta = |\varkappa_1 - \varkappa_2|$. Es seien

$$\varrho_1 = \frac{1}{\varkappa_1}, \quad \varrho_2 = \frac{1}{\varkappa_2}$$

d. zugehörigen Krümmungsradien.

57. OBdA darf m. d. Ursprung als d. Bildpkt. u. OX als d. gemeinsame Tangente voraussetzen.

58. Wegen A 54 darf m. d. beiden Kurvenbögen als Kreisbögen γ_1, γ_2 voraussetzen. Ihre Bildbögen seien entsprechend γ_1^*, γ_2^*.

60. Aus d. Annahmen folgt

$$f_\nu(0) = f_\nu'(0) = 0; \qquad f_\nu''(0) = \varkappa_\nu \qquad (\nu = 1, 2).$$

Dann ist d. Parameterdarstellung v. Γ_ν:

$$X = \varphi(x, f_\nu(x)), \quad Y = \psi(x, f_\nu(x))$$

u. daher, wenn d. Striche ohne Indizes d. Abl. nach x bedeuten:

$$X' = \varphi_x' + \varphi_y' f_\nu', \quad Y' = -\varphi_y' + \varphi_x' f_\nu'.$$

61. OBdA darf m. voraussetzen, daß d. Anfangstangente an C u. c in OX weist; ferner, daß d. Tangentenrichtungsschwankung längs c nicht kleiner als π ist, da wir sonst c durch e. Kreisbogen ergänzen können*). Ebenso darf m. über C voraussetzen, daß Θ längs C genau v. 0 bis π wächst.

64b). OBdA sei $A = O$ u. E auf d. neg. x-Achse gelegen, während C in d. oberen Halbebene verlaufen möge. F. $\Theta_0 = \frac{\pi}{2}$ folgt d. Beh. aus d. folgenden Relation, in d. Θ d. Tangentenrichtungswinkel bedeutet:

$$|EA| = \int_{\pi/2}^{3\pi/2} \varrho(\Theta)(-\cos\Theta)\, d\Theta \geqq -\int_{\pi/2}^{3\pi/2} R \cos\Theta \, d\Theta = 2R.$$

*) M. überlege, daß so wieder e. im Großen konvexer Bogen entsteht.

Falls $\Theta_0 \neq \frac{\pi}{2}$, kann OBdA angenommen werden, daß Θ_0 spitz ist, indem m. nötigenfalls A u. E vertauscht.

65. Es sei O d. Koordinatenursprung, E auf d. neg. x-Achse gelegen. M. zeichne d. v. O u. E ausgehenden, in d. obere Halbebene gerichteten Tangenten an C, t_0 bzw. t_E. K sei e. t_0 in O berührender Kreis mit d. Radius R, dessen Mittelpkt. auf derselben Seite v. t_0 liegt wie E. Nach A 61 kann eventuell e. Anfangskreisbogen K_0 zugleich auf C u. K liegen. Sonst aber verläuft C außerhalb v. K. M. beweise zuerst, daß Θ_0 u. Θ_E spitz sind.

66. Zeichnet m. d. c in O berührenden Kreis mit d. Radius r, dessen Mittelpkt. auf d. gerichteten Normalen zu c liegt, so ist c in diesem Kreis enthalten, so daß es genügt, c v. vornherein als e. Kreislinie v. Radius r anzunehmen.

67. Wäre $\Theta_1'' - \Theta_1' \leqq \pi$, so könnte C nach A 66, v. seinem Anfangspkt. O abgesehen, c nicht mehr treffen. Ist aber $\Theta_1'' - \Theta_1' > \pi$, so sei P_0 e. Pkt. auf C, in d. $\Theta = \Theta_1' + \pi$ ist.

69. M. zeichne d. c in O berührenden Kreis K v. Radius R. Dann ist $|O\,c| \leqq 2R$ u. nur dann $|O\,c| = 2R$, wenn c e. Kreisbogen v. Radius R ist.

70. OBdA sei O d. Ursprung u. E e. Pkt. auf d. neg. x-Achse, so daß c, C im Übrigen in d. oberen Halbebene verlaufen. Bildet d. Tangente an c in O e. größeren Winkel mit $O\,X$ als diejenige v. C, so wäre nach A 66 d. Schnittpkt. E unmöglich. Auch im Falle d. Berührung in O wäre nach A 61 d. Schnittpkt. in E nur dann möglich, wenn C u. c identische Halbkreise wären. D. gleiche Überlegung gilt auch f. E, so daß in diesen beiden Pkt. d. Tangenten an c ins Äußere v. C gerichtet sind. Ebenso kann C v. keinem Teilbogen von c durchsetzt werden, weil d. obige Überlegung auf seine Endpkt. anwendbar wäre. Gäbe es aber zwischen O u. E Berührungspkt., so wären wiederum nach A 61 d. Treffpkt. E u. O nur möglich, wenn C, c identische Halbkreise wären.

71. Sei O d. Ursprung u. E e. Pkt. d. neg. x-Achse. B sei d. v. c u. d. Strecke $E\,O$ begrenzte Bereich. M. nehme an, daß c u. C wenigstens 2 Schnittpkt. haben, d. $\neq O$ u. $\neq E$ sind. Würden d. Tangenten an C sowohl bei O als auch bei E ins Innere v. B weisen, so wäre d. Drehung längs $C \leqq \pi$ u. nach A 67 gäbe es keinen weiteren Schnittpkt. U. hier ist d. Fall d. Berührung bei O oder E eingeschlossen. Daher weist e. d. Tangenten ins Äußere v. B.

72. Es sei etwa P e. Berührungspkt. v. c u. $C(P \neq E, P \neq O)$. Dann hat e. d. Bögen OP, PE v. C e. Drehung $\leqq \pi$. Es sei dies PE.

73. OBdA seien d. Endpkt. v. Γ etwa $\pm \frac{l}{2}$ auf d. x-Achse, u. Γ möge im übrigen oberhalb d. x-Achse liegen. M. verbinde d. beiden Endpkt. durch Kreisbögen C_- bzw. C_+, d. zu d. Radien $\frac{1}{\varkappa_-}$, $\frac{1}{\varkappa_+}$ gehören, oberhalb d. x-Achse liegen u. beide d. Drehung $\leqq \pi$ haben.

74. Sind $\varkappa_-$, $\varkappa_+$ bzw. d. minimale u. d. maximale Krümmung längs Γ, so sei OBdA $\varkappa_- > 0$. Dann folgt aus A 73:

$$\frac{\varkappa_-^2}{4} \frac{\frac{l}{2} \arcsin \varkappa_- - \frac{l}{2} \varkappa_-}{\left(\frac{l \varkappa_-}{2}\right)^3} \leqq \frac{|\Gamma| - l}{l^3} \leqq \frac{\varkappa_+^2}{4} \frac{\frac{l}{2} \arcsin \varkappa_+ - \frac{l}{2} \varkappa_+}{\left(\frac{l \varkappa_+}{2}\right)^3}.$$

75. D. Ausdruck links in d. Beh. ist:

$$(\varrho(s+h)\,\dot{x}(s+h) - \varrho(s)\,\dot{x}(s))^2 + (\varrho(s+h)\,\dot{y}(s+h) - \varrho(s)\,\dot{y}(s))^2 -$$
$$- (\varrho(s+h) - \varrho(s))^2 = 2\,\varrho(s+h)\,\varrho(s)\,[1 - \dot{x}(s+h)\,\dot{x}(s) - \dot{y}(s+h)\,\dot{y}(s)].$$

M. verwende A 20.

76. D. Ausdruck links ist:

$$\Delta x[\varrho(s+h)\,\dot{y}(s+h) - \varrho(s)\,\dot{y}(s)] - \Delta y[\varrho(s+h)\,\dot{x}(s+h) - \varrho(s)\,\dot{x}(s)] =$$
$$= \varrho(s+h)[\dot{y}(s+h)\,\Delta x - \dot{x}(s+h)\,\Delta y] - \varrho(s)[\dot{y}\,\Delta x - \dot{x}\,\Delta y] =$$
$$= \varrho(s+h)[\Delta\dot{y}\,\Delta x - \Delta\dot{x}\,\Delta y] + (\Delta\varrho)[\dot{y}\,\Delta x - \dot{x}\,\Delta y].$$

77. OBdA sei O d. Ursprung $(0, 0)$. Dann folgt aus d. Formeln v. A 39 durch direkte Diff.:

$$\frac{s'}{\varkappa}\xi' = 2\,x\,x'\,y' + y(y'^2 - x'^2), \qquad (*)$$
$$\frac{s'}{\varkappa}\eta' = x(y'^2 - x'^2) - 2\,y\,x'\,y'.$$

78. D. Koordinaten ξ, η d. zum Pkt. mit d. Parameter φ gehörenden Pkt. d. Fußpunktkurve ergeben sich aus $\xi = \cos\varphi - t\sin\varphi = 1 + \sigma\cos\varphi$, $\eta = \sin\varphi + t\cos\varphi = \sigma\sin\varphi$, wo t d. Parameter längs d. Tangente u. σ derjenige längs d. Lotes auf d. Tangente ist. F. $t = -\sin\varphi$, $\sigma = 1 - \cos\varphi$ ergibt sich:

$$\xi = \cos\varphi + \sin^2\varphi,$$
$$\eta = \sin\varphi - \sin\varphi\cos\varphi.$$

§ 25

1. Bezeichnen d. Striche d. Abl. nach x, so gilt im Pkt. (1,1):

$$y' = \frac{-1}{x^2} = -1, \quad y'' = \frac{2}{x^3} = 2, \quad s' = \sqrt{2},$$

$$\dot{x} = \frac{1}{\sqrt{2}}, \quad \dot{y} = -\frac{1}{\sqrt{2}}, \quad \varrho = \sqrt{2}.$$

2. $y' = 2x$, $y'' = 2$, $s' = \sqrt{1+4x^2}$,

$$\varrho = \frac{(1+4x^2)^{3/2}}{2}, \quad \dot{x} = \frac{1}{\sqrt{1+4x^2}}, \quad \dot{y} = \frac{2x}{\sqrt{1+4x^2}}.$$

4a) F. d. Zweig $y = \sqrt{2px}$ gilt:

$$y' = \sqrt{p/2}\, x^{-1/2}, \quad s'^2 = 1+p/(2x), \quad y'' = -\sqrt{p/8}\, x^{-3/2}.$$

4b) $y = \dfrac{a^2}{x}$, $y' = -\dfrac{a^2}{x^2}$, $s'^2 = \dfrac{x^4+a^4}{x^4}$, $y'' = \dfrac{2a^2}{x^3}$.

5. $y = a \operatorname{Cos} x/a$, $y' = \operatorname{Sin} x/a$, $s'^2 = \operatorname{Cos}^2 x/a$, $y'' = \dfrac{1}{a}\operatorname{Cos} x/a$.

6. Wegen A 4b) § 24 sowie H 25 § 28 v. Bd. I gilt

$$x' = -a(\sin\varphi + \sin 2\varphi), \quad y' = a(\cos\varphi + \cos 2\varphi), \quad s'^2 = 2ar, \quad \varrho = \frac{2}{3}s'.$$

7. M. benutze A 45 § 27 v. Bd. I.

10. M. benutze A 18 § 24.

11. M. benutze $\dot{x} = \cos\Theta$, $\dot{y} = \sin\Theta$, $\varrho = \dfrac{ds}{d\Theta}$,

$$\Delta x = \int_s^{s+\Delta s} \dot{x}\, ds = \int_\Theta^{\Theta+h} \varrho \cos\Theta\, d\Theta, \quad \Delta y = \int_\Theta^{\Theta+h} \varrho \sin\Theta\, d\Theta.$$

12. D. Normalengl. f. Θ_0 ist in laufenden Koordinaten X, Y:

$$F(X,Y) \equiv (X - \xi(\Theta_0))\cos\Theta_0 + (Y - \eta(\Theta_0))\sin\Theta_0 = 0.$$

Es genügt zu bew., daß

$$F(\xi(\Theta_0+h), \eta(\Theta_0+h)) \equiv G(h) \equiv (\xi(\Theta_0+h) - \xi(\Theta_0))\cos\Theta_0 + \\ + (\eta(\Theta_0+h)) - \eta(\Theta_0))\sin\Theta_0$$

f. alle in Frage kommenden Werte v. h sein Vorzeichen nicht ändert u., bis auf d. Wert 0, d. d. Monotoniecharakter v. $\varkappa$ entsprechende Vorzeichen hat.

13. Hat m. d. Vorzeichen v. $G(h)$ in A 12 f. $\frac{\pi}{2} \leqq |h| \leqq \pi$ zu diskutieren, so setze m. f. $h > 0$ bzw. $h < 0$:

$$\delta(\lambda) = \varrho(\Theta_0 + \lambda) - \varrho(\Theta_0 + h) \qquad (h > 0),$$
$$\delta(\lambda) = \varrho(\Theta_0 - |h|) - \varrho(\Theta_0 - \lambda) \qquad (h < 0).$$

15. Enthielte d. Evolute e. geradlinige Strecke, so müßten d. zugehörigen Kurvenpkte. auf d. Verlängerung dieser Strecke liegen u. daher auch e. Strecke bilden, während diese Strecke d. Normale in d. betreffenden Pkt. sein muss.

18. M. betrachte d. Winkel $\Theta = \sphericalangle\, t_p O X$ u. d. Fusspkt. L d. v. O auf t_p gefällten Lotes.

19. Durch Diff. d. Formeln (*) v. § 24 ergibt sich

$$(*) \qquad \dot{\xi} = -\dot{\varrho}\,\dot{y}, \quad \dot{\eta} = \dot{\varrho}\,\dot{x},$$

woraus d. Relation zwischen Θ^* u. Θ sofort folgt.

22. Vgl. im § 24 d. Relation (*) sowie d. A 23, 75, 76.

23. A 22.

24. A 17.

25. A 20, 23, 24 sowie A 23 § 23.

26. A 21, 23.

27. A 12.

28. A 27.

§ 26

2. $F \equiv (x-c)^2 + y^2 - \frac{c^2}{2} = 0, \; F'_c = -2(x-c) - c = 0, \; c = 2x.$

4. M. beachte, daß d. Schargeraden Kreistangenten sein müssen.

5. M. setze $a = \cos\varphi$, $b = \sin\varphi$, $0 \leqq \varphi < 2\pi$ u.

$$F(x, y, \varphi) \equiv \frac{x^2}{\cos^2\varphi} + \frac{y^2}{\sin^2\varphi} - 1 = 0,$$

$$F'_\varphi = 2\frac{x^2}{\cos^3\varphi}\sin\varphi - 2\frac{y^2}{\sin^3\varphi}\cos\varphi = 0.$$

6. $F(x, y, a) \equiv \frac{x^2}{a^2} + \frac{y^2}{(d-a)^2} - 1 = 0, \; \frac{1}{2}F'_a = \frac{y^2}{(d-a)^3} - \frac{x^2}{a^3} = 0.$

7. OBdA sei d. Schnittpkt. d. Schargeraden mit d. x-Achse $x = vt$ (t d. Zeit), so daß d. Gl. d. Schargeraden $\frac{y}{x-vt} = \operatorname{tg}(\omega t + c)$ ist, oder, $\frac{v}{2\omega} = r$, $2\omega t + 2c = \tau$ gesetzt, $F \equiv y - (x - r\tau + 2rc)\operatorname{tg}\tau/2 = 0$. M. zeige, daß d. Enveloppe durch einfache geometrische Transformationen in d. Zykloide übergeht.

8. D. Gl. d. Geradenschar mit d. Parameter φ ist $F \equiv \frac{x}{\cos\varphi} + \frac{y}{\sin\varphi} - d = 0$.

9. D. Gl. d. Geradenschar mit d. Scharparameter s ist $F \equiv \frac{x}{\varphi(s)} + \frac{y}{\psi(s)} - 1 = 0$.

10. $F \equiv \frac{x}{a} + \frac{y}{c-a} - 1 = 0$, wo c konstant u. a d. Scharparameter ist.

11. Wenn d. Mittelpkt. v. K sich um $r\varphi$ verschiebt, dreht sich d. feste Durchmesser um φ, so daß seine Gl. $F \equiv y - r - (x - r\varphi)\operatorname{tg}(\varphi_0 - \varphi) = 0$ ist.

12. Anstatt d. Evolute D v. C^* v. O aus im Verhältnis 2:1 zu dilatieren, erhält m. dasselbe Resultat, wenn m. C^* v. O aus im Verhältnis 2:1 dilatiert u. v. d. entstehenden Kurve $\bar{C}$ d. Evolute bildet. M. vgl. d. Fig. 1, in d. P d. allgemeine Pkt. v. C ist, P_t d. Tangente an C in P, P^* d. entsprechende Pkt. v. C^*, Q d. entsprechende Pkt. v. $\bar{C}$, d. zu P^* spiegelbildlich in bezug auf PP^*t liegt u. P^*S, QT bzw. d. Tangenten an C^* in

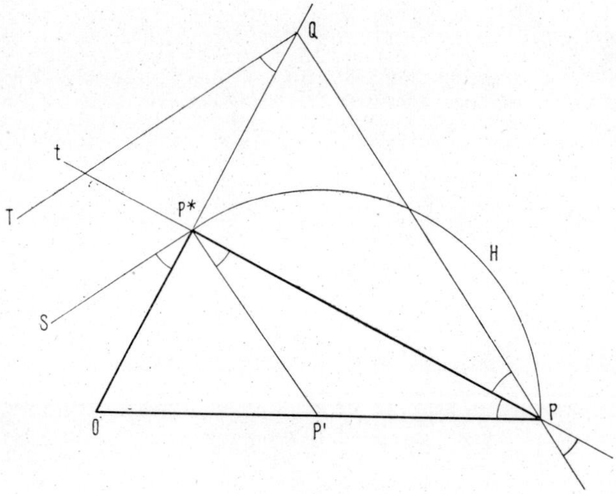

Fig. 1.

P^* u. an $\bar{C}$ in O, während P' d. Mittelpkt. v. OP ist u. d. ausgezeichnete Halbkreis H d. Mittelpkt. P' hat. M. vgl. miteinander d. in d. Fig. vorgemerkten Winkel.

13. M. benutze A 12 sowie A 78 § 24.

14. Wird d. allgemeine Pkt. d. Kreislinie als $x = \cos\varphi$, $y = \sin\varphi$ angesetzt, so ist d. Gl. d. gespiegelten Strahles

$$\frac{y-\sin\varphi}{x-\cos\varphi} = \operatorname{tg} 2\varphi, \qquad F \equiv y - x \operatorname{tg} 2\varphi + \cos\varphi \operatorname{tg} 2\varphi - \sin\varphi = 0.$$

15. Ist $x = \alpha$, $y = 0$ d. Mittelpkt. d. Kreises auf d. zugehörigen Sehne d. Ellipse, so ist sein Radius $b\sqrt{1-\frac{\alpha^2}{a^2}}$. Wenn α als d. Kreisscharparameter angenommen wird u. d. laufenden Koordinaten ξ, η sind, setze m.:

$$F(\xi, \eta, \alpha) = (\xi-\alpha)^2 + \eta^2 - b^2\left(1-\frac{\alpha^2}{a^2}\right) = 0.$$

16. Ist $x = \alpha$, $y = 0$ d. Mittelpkt. d. Kreises auf d. zugehörigen Sehne, so ist sein Radius $\sqrt{\frac{\alpha}{a}}$ u. daher, wenn ξ, η d. laufenden Koordinaten sind, seine Gl.:

$$F(\xi, \eta, \alpha) = (\xi-\alpha)^2 + \eta^2 - \frac{\alpha}{a}.$$

17. Ist in e. Enveloppenpkt. $\varphi'_t \neq 0$, so läßt sich in d. Nähe dieses Pkt. $x = \varphi(t, c)$ nach t auflösen durch $t = T(x, c)$, wobei $T'_x = \frac{1}{\varphi'_t}$, $T'_c = -\frac{\varphi'_c}{\varphi'_t}$.

20. Ist etwa in e. Enveloppenpkt. $T'_{t_2} \neq 0$, so folgt in seiner Nähe, durch Auflösung d. Gl. $T = 0$: $t_2 = \tau(t_1, c)$, wo $\tau'_{t_1} = -\frac{T'_{t_1}}{T'_{t_2}}$, $\tau'_c = -\frac{T'_c}{T'_{t_2}}$ ist.

22. Aus d. Schargl. zusammen mit d. Enveloppenbedingung

$$y\cos\tau - x\sin\tau = f'(\tau)$$

folgt durch Auflösung nach x u. y d. beh. Darstellung v. ξ u. η sofort.

23. Ist Θ d. Tangentenrichtungswinkel, so ist d. Gl. d. Tangente an C im allgemeinen Pkt.

$$\xi\sin\Theta - \eta\cos\Theta = \alpha\sin\Theta - \beta\cos\Theta,$$

wobei d. Ausdruck rechter Hand pos. ist, wenn d. Koordinatenursprung links v. d. gerichteten Tangente liegt.

25. Ist Θ d. Tangentenrichtungswinkel an K, so kann d. Enveloppenbedingung geschrieben werden:

$$(x-\alpha)\cos\Theta+(y-\beta)\sin\Theta-r\dot{r}=0;$$

Dies besagt, daß auf d. entsprechenden Scharkreis zwei Enveloppenpkte. liegen, u. zwar in d. Schnittpkt. d. Kreises mit e. auf d. Tangente an K senkrechten Geraden, d. v. Mittelpkt. d. Abstand $|r\dot{r}|$ hat.

26. Wird e. Kurve $F(x, y)=0$ parallel zur x-Achse verschoben, so ist d. Gl. d. so entstehenden Kurvenschar $F(x-c, y)=0$. Es ist geometrisch unmittelbar einleuchtend, daß bei dieser Schar jede zur x-Achse parallele Tangente d. Kurve $F(x, y)=0$ e. Enveloppe d. Schar ist.

27. Ist d. Leitkreis durch $x=\sigma\cos t$, $y=\sigma\sin t$ gegeben, so erhält m. f. d. Koordinaten d. d. Parameter t entsprechenden Scharellipse mit d. Parameter τ längs d. Ellipse:

$$x=\sigma\cos t-a\cos\tau\cos(t+\eta)+b\sin\tau\sin(t+\eta),$$
$$y=\sigma\sin t-a\cos\tau\sin(t+\eta)-b\sin\tau\cos(t+\eta).$$

28. Ist Θ d. Winkel d. Tangente an C mit OX u. τ e. Parameter längs d. Scharellipse, so sind d. Koordinaten längs d. Scharellipsen gegeben durch

$$x=\varphi\equiv\alpha+a\cos\tau\sin\Theta+b\sin\tau\cos\Theta,$$
$$y=\psi\equiv\beta-a\cos\tau\cos\Theta+b\sin\tau\sin\Theta,$$
$$\varphi'_s=\cos\Theta+\varkappa(a\cos\tau\cos\Theta-b\sin\tau\sin\Theta),$$
$$\psi'_s=\sin\Theta+\varkappa(a\cos\tau\sin\Theta+b\sin\tau\cos\Theta),$$
$$\varphi'_\tau=-a\sin\tau\sin\Theta+b\cos\tau\cos\Theta,\quad \psi'_\tau=a\sin\tau\cos\Theta+b\cos\tau\sin\Theta,$$

wo $\varkappa$ d. Krümmung längs C ist.

29. Wird längs d. Normalen zu e. festen Scharkurve mit Parameter c_1, $\varphi=c_1$, d. Strecke h zurückgelegt, so erhält m. d. Pkt.:

$$x+h\frac{\varphi'_x}{\sqrt{\varphi'^2_x+\varphi'^2_y}},\quad y+h\frac{\varphi'_y}{\sqrt{\varphi'^2_x+\varphi'^2_y}},$$

d. wiederum auf e. Scharkurve mit d. Parameter c_2 liegen muss. Hier hängt c_2 v. c_1 u. h ab, so daß $c_2=F(h, c_1)$ ist.

30. M. benutze A 22 u. unterscheide 2 Fälle, je nachdem, ob $f'=0$ oder $f'\neq 0$ ist.

31. Drückt m. d. Parameter z, t vermöge $z=a\cos\varphi$, $t=b\sin\varphi$ durch d. Parameter φ aus, so erhält m. f. d. allgemeine Scharellipse d. Parameterdarsellung:

$$x=a\cos\varphi\cos\psi,\quad y=b\sin\varphi\sin\psi.$$

§ 27

3. D. Kosinus d. Winkels zwischen d. Vektoren ist $\frac{6}{\sqrt{3}\sqrt{14}}$.

4. $a^2+b^2+c^2=100, \quad \frac{a}{10}=\frac{1}{2}, \quad \frac{b}{10}=\frac{\sqrt{3}}{2}$.

6. $5+13\lambda+7\mu=0, \quad 5+10\lambda+10\mu=0$.

9. Sind d. Richtungskosinusse d. Normalenvektors a, b, c, so hat m. d. Gl.-System zu lösen:

$$\begin{aligned} 3a+2b+5c&=0\\ 2a+7b+9c&=0\\ a+\ b+2c&=0. \end{aligned}$$

* * *

22. OBdA darf m. α, β, γ als Einheitsvektoren annehmen, $\alpha = (a_1, a_2, a_3)$, $\beta = (b_1, b_2, b_3)$, $\gamma = (c_1, c_2, c_3)$. δ wird als (d_1, d_2, d_3) angesetzt.

23. Es genügt zu zeigen, daß $\alpha_2, \alpha_3, \alpha_4$ unabhängig sind.

24. M. bestimme zuerst μ aus $\alpha_2\alpha_1+\mu|\alpha_1|^2=0$ u. drücke α_2 in d. Formeln durch $\bar{\alpha}=\alpha_2+\mu\alpha_1$ aus.

27. M. benutze d. Identität.

$$(d-a)(b-c)+(d-b)(c-a)+(d-c)(a-b)=0.$$

28. Da jede Richtung zur x-Richtung gemacht werden kann, genügt es, d. beh. Relation nur f. x-Komponenten beider Seiten zu bew.

29. Aus A 28.

30, 32. Da beide Seiten d. beh. Identität linear homogen in d. Komponenten v. α sind, genügt es, d. Beh. f. d. drei Fälle zu bew.:

$$\alpha=(1,0,0), \quad (0,1,0), \quad (0,0,1).$$

Aus d. analogen Grunde braucht m. f. β nur diese drei Vektoren zu wählen. Sei $\gamma=(c_1, c_2, c_3)$, $\delta=(d_1, d_2, d_3)$.

35. M. schreibe d. beh. Relation in d. Form $(\beta, \gamma, \delta)\alpha-(\alpha, \gamma, \delta)\beta = (\gamma, \alpha, \beta)\delta-(\delta, \alpha, \beta)\gamma$ u. benutze A 32.

36. Sind α, β, γ unabhängig, so genügt es zu zeigen, daß d. skalare Multiplikation d. beiden Seiten mit jedem d. drei Vektoren zu e. richtigen Gl. führt.

37. Sind α_0 bzw. β_0 d. Ortsvektoren v. P_1, P_2, so sind d. Parameterdarstellungen d. Geraden g, h durch Parameter s bzw. t nach A14 gegeben durch

$$\xi = \alpha s + \alpha_0, \quad \eta = \beta t + \beta_0,$$

u. m. hat

$$\xi - \eta = \alpha s - \beta t - \gamma.$$

Soll $|\xi - \eta|^2$ Min. sein, so folgen durch Diff. nach s bzw. t: $\alpha(\xi - \eta) = 0$, $= \beta(\xi - \eta) = 0$ als notwendige Bedingungen.

42. M. benutze A 25. u. A38, 39.

43. M. multipliziere skalar d. beiden Summen $\beta = (\beta - \beta_1) + \beta_1$, $\gamma = (\gamma - \gamma_1) + \gamma_1$.

46. OBdA darf m. annehmen, daß v. A_4 aus gesehen A_1, A_2, A_3 aufeinander im pos. Sinne um F_4 folgen. Dann folgen aber, v. A_3 aus gesehen, A_1, A_2, A_4 im neg. Sinne um F_3, v. A_2 aus gesehen, A_1, A_3, A_4 im pos. Sinne um F_2 u., v. A_1 aus gesehen, A_2, A_3, A_4 im neg. Sinne um F_1. M. wende A45 an.

49. M. hat d. Min. v. $\Xi^2 - \lambda\,\eta\,\Xi - \mu\,\zeta\,\Xi$ zu suchen.

53. M. setze $|\alpha| = a, \ldots, |\gamma| = c$, $\alpha + \beta = \gamma'$, $\gamma + \alpha = \beta'$, $\beta + \gamma = \alpha'$, $|\alpha'| = a'$, $|\beta'| = b'$, $|\gamma'| = c'$, $|\alpha + \beta + \gamma| = s$, wo $N = a + b + c + s$ u., wegen A52, $s^2 = a'^2 + b'^2 + c'^2 - a^2 - b^2 - c^2$ ist; dann reduziert sich d. Beh. nach Multiplikation mit N auf

$$N^2 - (a' + b' + c')\,N = (a + b - c')\,(c - c' + s) + (b + c - a')\,(a - a' + s) + \\ + (c + a - b')\,(b - b' + s).$$

55. Um zu zeigen, daß d. Bedingungen hinreichend sind, dürfen OBdA d. parallelen Vektoren α, β, γ durch reelle Zahlen ersetzt werden u. zwei gleichgerichtete unter ihnen durch pos. Zahlen. Entspricht auch d. dritten Vektor e. pos. Zahl, so ist d. Gleichheitszeichen klar. Entspricht aber d. dritten Vektor e. neg. Zahl $-r$, u. d. beiden gleichgerichteten Vektoren d. pos. Zahlen p, q, wobei $r > p + q$ ist, so ist d. Relation $|p + q - r| + r - |p - r| - |q - r| = 0$ zu bew., u. sie läuft hinaus auf d. Relation $(r - p - q) + r - (r - p) - (r - q) = 0$, d. identisch erfüllt ist.

§ 28

2. $$\begin{vmatrix} x - \varphi & \varphi' & \varphi'' \\ y - \psi & \psi' & \psi'' \\ z - a\,\varphi - b\,\psi & a\,\varphi' + b\,\psi', & a\,\varphi'' + b\,\psi'' \end{vmatrix} = 0.$$

6. D. Differenzierbarkeitseigenschaften d. Ortsvektors bleiben erhalten, wenn t durch s ersetzt wird. $s' = \frac{ds}{dt}$ ist $\neq 0$ in e. regulären Pkt. v. C. Es gilt, wenn allgemein d. Striche d. Abl. nach t u. d. Pkt. d. Abl. nach s bedeuten,

$$\xi' = s'\dot{\xi}, \quad \xi'' = s''\dot{\xi} + s'^2\ddot{\xi}.$$

10. Wird d. Determinante links als Fkt. v. τ mit $\varphi(\tau)$ bezeichnet, so ist $\varphi(t) = 0$, $\varphi'(t) = 0$.

12. M. beachte, daß d. Determinante links als Fkt. v. t_1, $\varphi(t_1)$, f. $t_1 = t_2$ u. $t_1 = t_3$ verschwindet, u. wende d. verallgemeinerten Cauchyschen Quotientensatz v. § 10 an.

13. $\Delta(t) \equiv |y_\nu, x_\nu(t_1), x_\nu(t_2), x_\nu(t)|$ gesetzt, folgt nach d. verallgemeinerten Cauchyschen Quotientensatz v. § 10, auf $Q \equiv \frac{\Delta(t_3)}{(t_3-t_1)(t_2-t_3)}$ als Fkt. v. t_3 angewandt,

$$Q = -\frac{1}{2}|y_\nu, x_\nu(t_1), x_\nu(t_2), x_\nu''(v)|.$$

15. Sei $\Delta(t) \equiv |x_\nu(t_1), x_\nu'(t_1), x_\nu(t_2), x_\nu(t)|$, dann gilt, nach d. verallgemeinerten Cauchyschen Quotientensatz v. § 10, $Q = \frac{\Delta(t_3)}{(t_3-t_1)^2(t_3-t_2)}$:

$$Q = \frac{1}{6}|x_\nu(t_1), x_\nu'(t_1), x_\nu(t_2), x_\nu'''(v)|.$$

16. M. setze

$$\Delta(t_3) \equiv |x_\nu(t_1), x_\nu'(t_1), x_\nu(t_2), x_\nu(t_3)|, \quad Q_1 = \frac{\Delta(t_3)}{(t_3-t_1)^2}$$

u. verwende d. verallgemeinerten Cauchyschen Quotientensatz v. § 10.

19. Vgl. A 56 §10.

21. Vgl. d. verallgemeinerten Cauchyschen Quotientensatz v. § 10.

27. F. d. z-Komponenten besagt d. Beh.:

$$\frac{1}{(t_2-t_1)(t_3-t_1)(t_3-t_2)}\begin{vmatrix} x(t_2)-x(t_1) & y(t_2)-y(t_1) \\ x(t_3)-x(t_1) & y(t_3)-y(t_1) \end{vmatrix} \to \frac{1}{2}\begin{vmatrix} x'(t_0) & y'(t_0) \\ x''(t_0) & y''(t_0) \end{vmatrix}.$$

Vgl. A 19.

30. OBdA sei $\xi(t_0) = 0$. Es gilt, wenn $\xi(t_2)$, $\xi'(t_2)$, $\xi''(t_2)$ in e. Umgebung v. t nach Potenzen v. Δ entwickelt werden, $\xi(t_1) = \xi_1$, $\xi^{(\nu)}(t_1) = \xi_1^{(\nu)}$ gesetzt:

$$\xi(t_2) = \xi_1 + \Delta\xi_1' + o(\Delta),$$
$$\xi'(t_2) = \xi_1' + \Delta\xi_1'' + o(\Delta),$$
$$\xi''(t_2) = \xi_1'' + \Delta\xi_1''' + o(\Delta).$$

Setzt m. diese Werte in d. linke Seite d. ersten d. beh. Relationen e., so ergibt sich diese Relation sofort.

31. M. setze $\eta(t) = \xi'(t)\times\xi''(t)$, $\xi(t_\nu) = \xi_\nu$, $\eta(t_\nu) = \eta_\nu$ u. benutze A 21 c) sowie A 12 u. A 25 aus § 27.

32. M. setze $\xi_\nu = \xi(t_\nu)$ $(\nu = 1, 2, 3)$. Wird. S als Fkt. v. t_1 aufgefaßt, so verschwindet S f. $t_1 = t_2$, $t_1 = t_3$. Daher, wenn d. verallgemeinerte Cauchysche Quotientensatz v. § 10 auf d. Komponenten v. S angewandt wird,

$$\frac{2S}{(t_1-t_2)(t_1-t_3)} = (\xi_1\,\eta_1)''\,(\eta_2\times\eta_3)+(\xi_2\,\eta_2)\,(\eta_3\times\eta_1'')+(\xi_3\,\eta_3)\,(\eta_1''\times\eta_2).$$

Dabei sind in $(\xi_1\,\eta_1)''$, sowie in d. Komponenten v. η_1'' anstatt t_1 eine geeignete, v. t_1, t_2, t_3 abhängige Größe einzusetzen, die zwischen Max. (t_1, t_2, t_3) und Min. (t_1, t_2, t_3) liegt.

33. M. setze $a_3 = 1$, $\alpha = (a_1, a_2, a_3) = \dfrac{1}{\eta_z}\eta$, so daß, wegen $\eta\,\xi^{(\nu)} = 0$, auch $\alpha\,\xi^{(\nu)} = 0$ folgt $(\nu = 0, 1, 2)$.

36. M. diskutiere d. Normalenvektor zur Ebene $(\xi-\xi_1, \xi_2-\xi_1, \xi_3-\xi_1) = 0$ u. benutze A 24.

42. M. beachte d. allgemeine durch v. Ind. bew. Relation:

$$(*)\quad \eta^{(\nu)} = \xi' s^{(\nu)} + \xi^{(\nu)} s'^{\,\nu} + \sum_{\mu=2}^{\nu-1} \xi^{(\mu)} P_\mu(s', s'', \ldots, s^{(\nu)}),$$

wo P_μ Polynome in s', s'', $\ldots$, $s^{(\nu)}$ sind.

46. Vgl. A 37.

48. Aus (*) in H 42 folgt nach d. Annahmen in d. Bezeichnungen v. A 42:

$$\eta_0^{(\varkappa)} = \xi_0^{(\varkappa)} s_0'^{\,\nu} \quad (1 \le \varkappa \le k-1), \qquad \eta_0^{(k)} = \xi_0' s_0^{(k)} + \xi_0^{(k)} s_0'^{\,k},$$
$$\eta_0^{(\lambda)} = \xi_0' s_0^{(\lambda)} + \xi_0^{(k)} P_\lambda \quad (k < \lambda < l),$$
$$\eta_0^{(l)} = \xi_0' s_0^{(l)} + \xi_0^{(k)} P_l + \xi_0^{(l)} s_0'^{\,l},$$

wo $P_\lambda (k < \lambda \le l)$ skalare Größen sind.

52. Unter Benützung d. Bezeichnungen u. Annahmen v. A 50, f. $s_0 = \xi(s_0) = 0$, sind d. Normalvektoren auf d. beiden Schmiegungsebenen bzw.

$$\dot\xi_0\times\xi_0^{(k)}, \quad \dot\xi(s)\times\ddot\xi(s),$$

so daß d. Schnittgerade d. Vektorprodukt

$$(\dot\xi(s)\times\ddot\xi(s))\times(\dot\xi_0\times\xi_0^{(k)})$$

parallel ist. Dies ist nach A 32 § 27 gleich

$$(*) \qquad (\xi(s), \dot{\xi}_0, \xi_0^{(k)})\, \dot{\xi}(s) - (\dot{\xi}(s), \dot{\xi}_0, \xi_0^{(k)})\, \xi(s).$$

Entwickelt m. in d. ersten Determinante links $\dot{\xi}(s)$ nach Potenzen v. s bis s^{l-1}, wie in L 50, so nimmt sie d. Gestalt an:

$$\frac{s^{l-1}}{(l-1)!}(\xi_l(s), \dot{\xi}_0, \xi_0^{(k)}), \qquad \xi_l(s) \to \xi_0^{(l)} \qquad (s \to 0),$$

u. d. erste Term v. (*) ist $O(s^{l-1})$ f. $s \to 0$. F. d. zweite Determinante in (*) folgt analog

$$(\dot{\xi}(s), \dot{\xi}_0, \xi_0^{(k)}) \sim \frac{s^{l-2}}{(l-2)!}(\dot{\xi}_0, \xi_0^{(k)}, \xi_0^{(l)}),$$

wo d. letzte Determinante rechts nach d. Annahme $\neq 0$ ist. Daher ist wegen $l-2>0$ d. ganze Ausdruck (*)

$$\sim -\frac{s^{l-2}}{(l-2)!}(\dot{\xi}_0, \xi_0^{(k)}, \xi_0^{(l)})\, \dot{\xi}_0,$$

woraus folgt, daß d. Richtung d. Schnittgeraden in d. Grenze in diejenige v. $\dot{\xi}_0$ übergeht. Vgl. ferner A 49 § 27.

53. OBdA sei $s_0 = \xi(s_0) = 0$, so daß $s_1 > 0 > s_2$ ist. M. setze ferner $\xi^{(\nu)}(s_0) = \xi_0^{(\nu)}$ u. verwende A 20.

54. OBdA sei $s_0 = \xi_0 = 0$. Dann gilt f. $s \to 0$:

$$\xi(s) = s\,\dot{\xi}_0 + \frac{s^k}{k!}\xi_0^{(k)} + \frac{s^{k+1}}{(k+1)!}\xi_{k+1}(s), \qquad \xi_{k+1}(s) \to \xi_0^{(k+1)}.$$

57. OBdA sei $s_0 = \xi_0 = 0$. D. auf d. Pkt. s_1, s_2 bezüglichen Größen seien durch d. Indizes 1 bzw 2 ausgezeichnet. D. Schnittgerade existiert, wenn d. Vektor

$$(\dot{\xi}_1 \times \ddot{\xi}_1) \times (\dot{\xi}_2 \times \ddot{\xi}_2) = (\dot{\xi}_1, \dot{\xi}_2, \ddot{\xi}_2)\, \ddot{\xi}_1 - (\ddot{\xi}_1, \dot{\xi}_2, \ddot{\xi}_2)\, \dot{\xi}_1$$

nicht verschwindet, u. zugleich ist sie dann diesem Vektor parallel.

58. OBdA sei $s_0 = \xi_0 = 0$ u. allgemein $\xi_0(s_\nu) = \xi_\nu$, $\dot{\xi}_\nu \times \ddot{\xi}_\nu = \eta_\nu$ ($\nu = 0, 1, 2, 3$). D. Gl. d. drei Schmiegungsebenen

$$\Xi\,\eta_\nu = \xi_\nu\,\eta_\nu \qquad (\nu = 1, 2, 3)$$

haben nach A 31 e. v. 0 verschiedene Determinante, sobald $|s_1|$, $|s_2|$, $|s_3|$ klein genug sind.

59. A 34.

60. A 35.

§ 29

1. $\xi = (x, x^2, x^4)$, $\xi' = (1, 2x, 4x^3)$, $\xi'' = (0, 2, 12x^2)$, $\xi''' = (0, 0, 24x)$, $s'^2 = 1 + 4x^2 + 16x^6$, $\xi' \times \xi'' = (16x^3, -12x^2, 2)$, $(\xi'' \times \xi') \times \xi' = (-4x - 48x^5, 2 - 64x^6, 12x^2 + 32x^4)$, $(\xi', \xi'', \xi''') = 48x$.

2. $\xi' = (t^3, t^2, t)$, $\xi'' = (3t^2, 2t, 1)$, $\xi''' = (6t, 2, 0)$, $s'^2 = t^2 + t^4 + t^6$, $\xi' \times \xi'' = (-t^2, 2t^3, -t^4)$, $\xi' \times (\xi'' \times \xi') = (t^6 + 2t^4, t^3 - t^7, -2t^6 - t^4)$.

3. Da längs d. Kurve $bx - ay = 0$ ist, ist sie eben, was in $(\xi', \xi'', \xi''') = 0$ zum Ausdruck kommt. D. formalen Teilrechnungen ergeben:

$$\xi' = \left(\frac{a}{2\sqrt{z}}, \frac{b}{2\sqrt{z}}, 1\right), \quad \xi'' = \frac{-1}{4\sqrt{z^3}}(a, b, 0), \quad s'^2 = 1 + \frac{a^2 + b^2}{4z},$$

$$\xi' \times \xi'' = \frac{1}{4\sqrt{z^3}}(b, -a, 0), \; \xi' \times (\xi'' \times \xi') = \frac{1}{8z^2}(-2a\sqrt{z}, -2b\sqrt{z}, a^2 + b^2).$$

4. $\xi' = \left(1 - \cos t, \sin t, 2\cos\frac{t}{2}\right)$, $\xi'' = \left(\sin t, \cos t, -\sin\frac{t}{2}\right)$,

$$s'^2 = 2 - 2\cos t + 4\cos^2\frac{t}{2} = 4\sin^2\frac{t}{2} + 4\cos^2\frac{t}{2} = 4, \quad s' = 2,$$

$$\dot\xi \times \ddot\xi = \frac{-1}{4}\left(\cos^3\frac{t}{2}, -\sin\frac{t}{2}\left(1 + \cos^2\frac{t}{2}\right), \sin^2\frac{t}{2}\right),$$

$$\dot\xi \times (\ddot\xi \times \dot\xi) = \frac{-1}{4}\left(\sin t, \cos t, -\sin\frac{t}{2}\right).$$

5. $\xi' = (-\sin t, \cos t, e^t)$, $\xi'' = (-\cos t, -\sin t, e^t)$,

$\xi''' = (\sin t, -\cos t, e^t)$, $s'^2 = 1 + e^{2t}$,

$\xi' \times \xi'' = (e^t \cos t + e^t \sin t, -e^t \cos t + e^t \sin t, 1)$,

$\xi' \times (\xi'' \times \xi') = -(\cos t + e^{2t}(\cos t - \sin t), \sin t + e^{2t}(\cos t + \sin t), -e^t)$,

$$(\xi', \xi'', \xi''') = \begin{vmatrix} -\sin t & \cos t & e^t \\ -\cos t & -\sin t & e^t \\ \sin t & -\cos t & e^t \end{vmatrix} = 2e^t.$$

6. $\xi' = e^t(\cos t + \sin t, \cos t - \sin t, 1)$,

$\xi'' = e^t(2\cos t, -2\sin t, 1)$, $\xi''' = e^t(2(\cos t - \sin t), -2(\cos t + \sin t), 1)$,

$s' = \sqrt{3}\, e^t$, $\xi' \times \xi'' = e^{2t}(\cos t + \sin t, \cos t - \sin t, -2)$,

$\xi \times (\xi'' \times \xi') = 3e^{3t}(\cos t - \sin t, -\cos t - \sin t, 0)$,

$$(\xi', \xi'', \xi''') = \begin{vmatrix} \cos t + \sin t & \cos t - \sin t & 1 \\ 2\cos t & -2\sin t & 1 \\ 2(\cos t - \sin t) & -2(\cos t + \sin t) & 1 \end{vmatrix} e^{3t} = -2e^{3t}.$$

7. $\xi' = (1, 2t, 3t^2)$, $\xi'' = (0, 2, 6t)$, $\xi''' = (0, 0, 6)$, $s'^2 = 1+4t^2+9t^4$, $\xi' \times \xi'' = (6t^2, -6t, 2)$, $\xi' \times (\xi'' \times \xi') = (-4t - 18t^3, 2 - 18t^4, 6t + 12t^3)$, $(\xi', \xi'', \xi''') = 12$.

8. $\xi' = \big(a(\cos t - t\sin t), a(\sin t + t\cos t), c\big)$, $s'^2 = c^2 + a^2(t^2+1)$,

$$\frac{1}{a}\xi'' = (-2\sin t - t\cos t, 2\cos t - t\sin t, 0),$$

$$\frac{-1}{a}(\xi' \times \xi'') = \big(c(2\cos t - t\sin t), c(2\sin t + t\cos t), -a(2+t^2)\big),$$

$$-\frac{1}{a}\xi' \times (\xi'' \times \xi') = \big(a^2(t^2+2)(\sin + t\cos t) + c^2(2\sin t + t\cos t),$$
$$a^2(t^2+2)(t\sin t - \cos t) + c^2(t\sin t - 2\cos t), act\big),$$

$$\frac{1}{a^2}(\xi', \xi'', \xi''') = \begin{vmatrix} a(\cos t - t\sin t) & a(\sin t + t\cos t) & c \\ 2\sin t + t\cos t & t\sin t - 2\cos t & 0 \\ 3\cos t - t\sin t & 3\sin t + t\cos t & 0 \end{vmatrix} = c(t^2+6).$$

9. $\xi = \left(x, \dfrac{x^2}{3a^2}, \dfrac{a^2}{2x}\right)$, $\xi' = \left(1, \dfrac{2x}{3a^2}, -\dfrac{a^2}{2x^2}\right) =$

$$= \frac{1}{6a^2x^2}(6a^2x^2, 4x^3, -3a^4),$$

$$s'^2 = 1 + \frac{4x^2}{9a^4} + \frac{a^4}{4x^4}, \quad \xi'' = \frac{1}{3a^2x^3}(0, 2x^3, 3a^4),$$

$$\xi' \times \xi'' = \frac{1}{3a^2x^3}(3a^2x, -3a^4, 2x^3),$$

$$\xi' \times (\xi'' \times \xi') = \frac{1}{18a^4x^5}\big(9a^8 - 8x^6, 9a^6x + 12a^2x^5, 18a^6x^2 + 12a^2x^4\big),$$

$$(\xi', \xi'', \xi''') = -\frac{2}{x^4}.$$

10. $\xi = \left(x, \dfrac{x}{\sqrt{2}}, \dfrac{x\sqrt{x}}{\sqrt{6}}\right)$, $\xi' = \left(1, \dfrac{1}{\sqrt{2}}, \sqrt{\dfrac{3x}{8}}\right)$, $\xi'' = \left(0, 0, \dfrac{\sqrt{3}}{4\sqrt{2x}}\right)$,

$$s'^2 = \frac{3}{2} + \frac{3x}{8}, \quad \xi' \times \xi'' = \frac{1}{8}\sqrt{\frac{3}{x}}(1, -\sqrt{2}, 0),$$

$$\xi' \times (\xi'' \times \xi') = \frac{3}{16}\left(-1, \frac{1}{\sqrt{2}}, \sqrt{\frac{6}{x}}\right), \quad (\xi', \xi'', \xi''') = 0,$$

da d. Kurve eben ist.

11. $\xi = \left(x, \sqrt{\dfrac{x}{a}}, \dfrac{b}{x}\right)$, $\xi' = \left(1, \dfrac{1}{2\sqrt{a\,x}}, -\dfrac{b}{x^2}\right)$, $\xi'' = \left(0, \dfrac{-1}{4\sqrt{a\,x^3}}, \dfrac{2\,b}{x^3}\right)$,

$$\xi''' = \left(0, \frac{3}{8\sqrt{a\,x^5}}, -\frac{6\,b}{x^4}\right), \quad s'^2 = 1 + \frac{1}{4\,a\,x} + \frac{b^2}{x^4},$$

$$\xi'' \times \xi' = \frac{1}{4\,x^3\sqrt{a\,x}}(-3\,b, 8\,b\sqrt{a\,x}, x^2),$$

$$\xi' \times (\xi'' \times \xi') = \frac{1}{8\,a\,x^6}(x^4 + 16\,a\,b^2 x, (3\,b^2 - 2\,x^4)\sqrt{a\,x}, 16\,a\,b\,x^3 + 3\,b\,x^2),$$

$$(\xi', \xi'', \xi''') = \begin{vmatrix} 1 & \dfrac{1}{2\sqrt{a\,x}} & -\dfrac{b}{x^2} \\ 0 & \dfrac{-1}{4\,x\sqrt{a\,x}} & \dfrac{2\,b}{x^3} \\ 0 & \dfrac{3}{8\,x^2\sqrt{a\,x}} & -\dfrac{6\,b}{x^4} \end{vmatrix} = \frac{3\,b}{4\,x^5\sqrt{a\,x}}.$$

12. $\xi' = \left(1, x^2, -\dfrac{a}{x^2}\right)$, $\xi'' = \left(0, 2\,x, \dfrac{2\,a}{x^3}\right)$, $\xi''' = \left(0, 2, \dfrac{-6\,a}{x^4}\right)$,

$$s'^2 = 1 + x^4 + \frac{a^2}{x^4}, \quad \xi' \times \xi'' = \left(\frac{4\,a}{x}, -\frac{2\,a}{x^3}, 2\,x\right),$$

$$\xi' \times (\xi'' \times \xi') = \frac{2}{x^5}(a^2 - x^8, 2\,a^2 x^2 + x^6, a\,x^2 + 2\,a\,x^6),$$

$$(\xi', \xi'', \xi''') = \frac{-16\,a}{x^3}.$$

13. D. Parameterdarstellung d. Kurve durch d. hyperbolischen Fkt. lautet, wenn m. d. Kürze halber $S = \operatorname{Sin} t$, $C = \operatorname{Cos} t$ setzt:

$$\xi = (a\,S, b\,C, \sqrt{S}), \quad \xi' = \left(a\,C, b\,S, \frac{1}{2}\frac{C}{\sqrt{S}}\right),$$

$$\xi'' = \left(a\,S, b\,C, \frac{1}{4}(2\,S^2 - C^2)/S^{3/2}\right),$$

$$\xi''' = \left(a\,C, b\,S, \frac{1}{8}(3\,C^3 - 2\,C\,S^2)/S^{5/2}\right),$$

$$s'^2 = a^2 C^2 + b^2 S^2 + C^2/4\,S,$$

$$\xi' \times \xi'' = \frac{1}{4\,S^{3/2}}(b(2\,S^3 - 3\,C^2 S), a\,C^3, 4\,a\,b\,S^{3/2}),$$

$$\xi' \times (\xi'' \times \xi') = \frac{1}{4\,S^2}\Big(-4\,a\,b^2\,S^3 + \frac{1}{2}\,a\,C^4,\ \frac{1}{2}\,b\,C\,(3\,C^2\,S - 2\,S^3) + {}$$

$$+ 4\,a^2\,b\,C\,S^2,\ -a^2\,C^4\,S^{1/2} - b^2\,(C^2+2)\,S^{5/2}\Big),$$

$$(\xi', \xi'', \xi''') = \begin{vmatrix} a\,C & b\,S & \frac{1}{2}\,C/\sqrt{S} \\ a\,S & b\,C & \frac{1}{4}\,(2\,S^2 - C^2)/S^{3/2} \\ a\,C & b\,S & \frac{1}{8}\,(3\,C^2 - 2\,S^2)\,C/S^{5/2} \end{vmatrix}$$

$$= a\,b\,C\,(3\,C^2 - 6\,S^2)/(8\,S^{5/2}) = 3\,a\,b\,C\,(1 - S^2)/(8\,S^{5/2}).$$

14. $\xi = (1 - z^2,\ z\sqrt{1 - z^2},\ z)$*), $\xi' = (-2\,z,\ (1 - 2\,z^2)/\sqrt{1 - z^2},\ 1)$,

$$\xi'' = (-2,\ (2\,z^3 - 3\,z)/\sqrt{1 - z^2}^{\,3},\ 0), \quad \xi''' = (0,\ -3\sqrt{1 - z^2}^{\,5},\ 0),$$

$$\xi' \times \xi'' = ((3\,z - 2\,z^3)/\sqrt{1 - z^2}^{\,3},\ -2,\ 2/\sqrt{1 - z^2}^{\,3}),$$

$$(1 - z^2)^2\,\xi' \times (\xi'' \times \xi') = (-2\,z^4 + 8\,z^2 - 4,\ (2\,z^3 - 7\,z)\sqrt{1 - z^2},\ -z).$$

18. M. hat $\xi' = (-\varrho \sin t,\ \varrho \cos t,\ \varrho \operatorname{ctg} \Theta)$, $s' = \varrho/\cos\Theta$ u. daher $\xi_1 = {}$ $= \dot{\xi} = (-\sin t \cos\Theta,\ \cos t \cos\Theta,\ \sin\Theta)$, $\ddot{\xi} = \dfrac{\cos\Theta}{\varrho}(-\cos t \cos\Theta,$ $-\sin t \cos\Theta,\ 0)$, $\varkappa = |\ddot{\xi}| = \dfrac{\cos^2\Theta}{\varrho}$, $\xi_2 = (-\cos t,\ -\sin t,\ 0)$, $\xi_1 \times \xi_2 = {}$ $= (\sin t \sin\Theta,\ -\cos t \sin\Theta,\ \cos\Theta)$.

19. Da $\dot{\xi}_0$ in d. Tangentenrichtung weist, ist $\dot{y}_0 = \dot{z}_0 = 0$ u., bei geeigneter Wahl d. Durchlaufungsrichtung, $\dot{x}_0 = 1$. Da d. Gl. d. Schmiegungsebene als $z = 0$ geschrieben werden kann, folgt $\ddot{x}_0\,\dot{z}_0 - \ddot{z}_0\,\dot{x}_0 = 0$ u. daher $\ddot{z}_0 = 0$. Andererseits folgt aus $\dot{\xi}_0\,\ddot{\xi}_0 = 0$, daß auch $\ddot{x}_0 = 0$ ist. Da ferner $\varkappa_0 = |\ddot{\xi}_0|$ ist, gilt $|\ddot{y}_0| = \varkappa_0$.

22. M. erhält sukzessive aus A 21 d. Werte

$$U_{1,1} = 0, \quad V_{1,1} = \varkappa, \quad W_{1,1} = 0,$$

$$U_{1,2} = -\varkappa^2, \quad V_{1,2} = \dot{\varkappa}, \quad W_{1,2} = \tau\,\varkappa,$$

u. daraus weiter

$$U_{1,3} = -3\,\varkappa\,\dot{\varkappa}, \quad V_{1,3} = \ddot{\varkappa} - \varkappa^3 - \tau^2\,\varkappa, \quad W_{1,3} = \dot{\tau}\,\varkappa + 2\,\dot{\varkappa}\,\tau.$$

30. OBdA sei $s_0 = \xi_0 = 0$. M. eliminiere r^2 aus d. Gl. $|\Gamma|^2 = r^2$, $|\xi_\mu - \Gamma|^2 = r^2$ $(\mu = 1, 2, 3)$, u. beachte A 24, 25 v. § 28, sowie A 19.

---

*) Hier kann $\sqrt{1 - z^2}$ auch mit negativem Vorzeichen genommen werden.

31. M. verfahre wie bei H 30 u. L 30, indem neben A 24–26 v. § 28 noch A 57 § 10 benutzt wird.

37. Da die behauptete Formel d. Aufgabe in d. Form $\xi(t) = \int (\sigma \times d\,\sigma)$ geschrieben werden kann, ist ihre Gültigkeit v. d. Wahl d. Parameters unabhängig u. es darf $t = s$ vorausgesetzt werden. Ist d. Torsion d. Kurve $= 1$, so kann $\sigma = \xi_3(s)$ gesetzt werden, u. d. Bedingung ist erfüllt, nach d. Frenetschen Formeln. Zugleich gilt:

$$\dot\sigma = -\xi_2(s), \quad \ddot\sigma = \varkappa\,\xi_1(s) - \xi_3(s), \quad (\sigma, \dot\sigma, \ddot\sigma) = \varkappa > 0.$$

48. Vgl. A 22, 43, 47.

49. Wir bezeichnen d. Bogenlängen sowie d. verschiedenen Vektoren längs C^* durch Anhängen v. *. D. Pkt. bezeichnen d. Diff. nach s. Ist dann $u(s)$ d. längs d. Hauptnormale genommene, mit entsprechendem Vorzeichen versehene Distanz v. e. Pkt. $\xi(s)$ v. C bis zum entsprechenden Pkt. v. C^*, so gilt

$$\xi^* = \xi(s) + u(s)\,\xi_2(s).$$

§ 30

5. D. Parameterdarstellung d. Kugel, an d. anzuknüpfen ist, lautet:

$$x = r\cos\vartheta\cos\varphi, \quad y = r\cos\vartheta\sin\varphi, \quad z = r\sin\vartheta$$

$$\left(-\frac{\pi}{2} \leqq \vartheta \leqq \frac{\pi}{2},\ -\pi < \varphi \leqq \pi\right).$$

Hier ist ϑ d. „Länge“ u. φ d. „Breite“.

12. D. Gl. d. Tangentialebene zum Flächenpkt. (x_0, y_0, z_0) ist

$$a(Z - z_0) = y_0(X - x_0) + x_0(Y - y_0).$$

13. D. Gl. d. Tangentialebene im Flächenpkt. (x_0, y_0, z_0) ist

$$X/x_0 + Y/y_0 + Z/z_0 = 3.$$

16. F. $x^2/a^2 + y^2/b^2 + z^2/c^2 = 1$ gilt $\cos(n, z) = z/\sqrt{z^2 + c^4 x^2/a^4 + c^4 y^2/b^4}$.

17. D. Gl. in λ,

$$F \equiv \frac{x^2}{a^2 - \lambda^2} + \frac{y^2}{b^2 - \lambda^2} + \frac{z^2}{c^2 - \lambda^2} - 1 = 0$$

hat f. $a^2 > b^2 > c^2$ drei pos. Wurzeln, $\lambda_1^2, \lambda_2^2, \lambda_3^2$, da F beim Durchgang durch c^2, b^2, a^2 jedes Mal v. ∞ nach $-\infty$ springt.

19. Ist $\xi(s)$ d. Ortsvektor v. C in Abhängigkeit v. d. Bogenlänge s, so erhalten wir f. d. Ortsvektor d. allgemeinen Pkt. d. Tangente an C:

$$(*) \qquad \Xi(s, t) = \xi + t\,\dot\xi \qquad (-\infty < t < \infty).$$

(*) stellt d. Tangentenfläche durch d. Parameter s u. t dar. M. erhält ferner $\frac{\partial \Xi}{\partial s} = \dot{\xi} + t\ddot{\xi}$, $\frac{\partial \Xi}{\partial t} = \dot{\xi}$,

$$\frac{\partial \Xi}{\partial t} \times \frac{\partial \Xi}{\partial s} = \dot{\xi} \times (\dot{\xi} + t(\dot{\xi} \times \ddot{\xi})) = t(\dot{\xi} \times \ddot{\xi}) = t\varkappa\xi_3,$$

wo ξ_3 d. Binormalenvektor u. $\varkappa$ d. Krümmung v. C ist.

§ 31

1. D. Gl. d. Scharebenen ist $(a+t)x+(b+t)y+(c+t)z-t^2 = 0$, d. Enveloppenbedingung lautet $x+y+z-2t = 0$.

2. D. gemeinsame Berührungsebene d. beiden Parabeln ist $X+Y = uY - u^2/2$, während die Berührungspunkte $y = u$ entsprechen.

3. D. Schargl. ist $F \equiv x/a+y/b+z/c-1 = 0$, $a^2+b^2+c^2 = d^2$, d konstant. Wird c als Fkt. v. a u. b aufgefaßt, so gilt $c'_a = -a/c$, $c'_b = -b/c$.

4. $F \equiv x/a+y/b+z/c-1 = 0$, $a^n+b^n+c^n = d^n$, $n \neq -1$, a, b, c pos.

5. $F \equiv x/a+y/b+z/c-1 = 0$, $abc = k \neq 0$, $c = \frac{k}{ab}$, $c'_a = -c/a$, $c'_b = -c/b$.

6. D. Gl. d. Ebene sei $\alpha x+\beta y+\gamma z-\delta = 0$. D. Ebene durch d. Pkt. $(x, 0, 0)$, $(0, y, 0)$, $(0, 0, z)$ ist $F \equiv X/x+Y/y+Z/z-1 = 0$, $z = \frac{1}{\gamma}(\delta-\alpha x-\beta y)$, $z'_x = -\alpha/\gamma$, $z'_y = -\beta/\gamma$.

7. $F \equiv x/\xi+y/\eta+z/\zeta-1 = 0$, $\xi^2/a^2+\eta^2/b^2+\zeta^2/c^2-1 = 0$, $\zeta = f(\xi, \eta)$, $\zeta'_\xi = -\xi c^2/(\zeta a^2)$, $\zeta'_\eta = -\eta/\zeta \cdot c^2/b^2$.

8. Führt m. d. Vektoren e.: $\alpha = (a, b, c)$, $\xi = (x, y, z)$, so ist d. Schargl. $|\xi - t\alpha|^2 - r^2 = 0$, u. d. Enveloppenbedingung wird $\alpha(\xi - t\alpha) = 0$.

9. $F \equiv (x-r\cos t)^2+(y-r\sin t)^2+z^2-R^2 = 0$, $-F'_t = -2r\sin t(x-r\cos t)+2r\cos t(y-r\sin t) = 0$, $\operatorname{tg} t = y/x$.

12. M. kann ansetzen $F \equiv (x-X)^2+(y-Y)^2+(z-Z)^2-(X^2+Y^2+Z^2) = 0$, $X^2/a^2+Y^2/b^2+Z^2/c^2 = 1$. f. $Z = f(X, Y)$ gilt $Z'_X = -c^2/a^2 \times X/Z$, $Z'_Y = -c^2/b^2 \cdot Y/Z$.

14. D. Schargl. $F \equiv x^2/a^2+y^2/b^2+z^2/c^2-1 = 0$, $c = k-a-b$, $F'_a = -2x^2/a^3+2z^2/c^3 = 0$, F'_b analog u. f. e. geeignetes $\gamma \neq 0$: $x^2/a^3 = y^2/b^3 = z^2/c^3 = \gamma^{-3}$.

21. D. Aufgabe bezieht sich auf d. Parameterdarstellung v. H 5 § 30. M. rechnet dafür leicht nach, daß $ds^2 = r^2(d\vartheta^2 + \cos^2\vartheta\, d\varphi^2)$, $EG - F^2 = r^4\cos^2\vartheta$ ist. Ferner gilt f. d. Mercatorprojektion:

$$\frac{dy}{d\vartheta} = \left[\lg\operatorname{tg}\left(\frac{\vartheta}{2} - \frac{\pi}{4}\right)\right]' = \frac{1}{\sin(\vartheta - \pi/2)} = \frac{-1}{\cos\vartheta}.$$

M. bezeichne d. Bogenlänge in d. x-y-Ebene mit $d\sigma$.

22. Ist $z = f(x, y)$ d. Gl. d. Fläche in d. Nähe d. Ursprungs, so gilt im Ursprung $p = q = 0$ u. nach d. Taylorentwickelung $z = \frac{1}{2}(r x^2 + 2 s x y + t y^2)$, wo r, s u. t in e. Pkt. d. Strecke v. Ursprung nach (x, y) zu nehmen ist.

26. M. benutze $\dot\xi = \xi'_\mu \dot u + \xi'_\nu \dot v$, $\ddot\xi = \xi''_{\mu\mu}\dot u^2 + 2\,\xi''_{\mu\nu}\dot u\,\dot v + \xi''_{\nu\nu}\dot v^2 + \xi'_\mu \ddot u + \xi'_\nu \ddot v$.

27. OBdA sei P d. Ursprung, d. gemeinsame Schmiegungsebene $z = 0$ u. d. gemeinsame Tangente d. x-Achse. M. leite aus A 22 § 29 f. d. Koordinaten d. beiden Kurven resp. d. Relationen her: $y = \frac{\varkappa_i}{2} x^2 + o(x^2)$, $z = o(x^2)$ $(i = 1, 2)$.

30. D. Enveloppenbedingung ist $x = \varphi'(t) - y f'(t)$ (E_t^*). M. setze $Y = \varphi''(t)/f''(t)$ u. betrachte d. Kurve C: $X = \varphi' - f' Y$, $Z = tX + fY - \varphi$.

31. D. gegebenen Kugelflächen seien (K_1) $x^2 + y^2 + z^2 = r^2$, (K_2) $(x-a)^2 + (y-b)^2 + (z-c)^2 = \varrho^2$. D. Tangentialebene an K_1 in (x_1, y_1, z_1) ist

$$(1) \quad \xi x_1 + \eta y_1 + \zeta z_1 = r^2.$$

Soll sie K_2 in (x_2, y_2, z_2) berühren, so muß $x_1 x_2 + y_1 y_2 + z_1 z_2 = r^2$ sein u. $(x_2 - a)/x_1 = (y_2 - b)/y_1 = (z_1 - c)/z_1$ gelten; als gemeinsamer Wert dieser Quotienten ergibt sich einmal $\varepsilon\varrho/r$, $\varepsilon = \pm 1$, u. andererseits, wenn $\sigma = a x_1 + b y_1 + c z_1$ gesetzt wird, $(r^2 - \sigma)/r^2$, woraus folgt:

$$(2) \quad \sigma = a x_1 + b y_1 + c z_1 = r^2(1 - \varepsilon\varrho/r).$$

32. M. nehme d. Kugel u. d. Ellipsoid bzw. in d. Form an: $x^2 + y^2 + z^2 = r^2$, $a x^2 + b y^2 + c z^2 = 1$. D. Richtungskosinusse d. Tangente an d. Schnittkurve im allgemeinen Pkt. sind proportional zu $(b-c)yz : (c-a)zx : (a-b)xy$, so daß d. Gl. d. Normalebene durch d. Pkt. (x_1, y_1, z_1) ist:

$$(3) \quad \frac{b-c}{x_1} x + \frac{c-a}{y_1} y + \frac{a-b}{z_1} z = 0.$$

33. D. Diff.-Relationen lauten: $x\,d\alpha+y\,d\beta+z\,d\gamma=0,\ \alpha\,d\alpha+\beta\,d\beta+$ $+\gamma\,d\gamma-dp=0,$

$$\frac{\alpha\,d\alpha}{p^2-a^2}+\frac{\beta\,d\beta}{p^2-b^2}+\frac{\gamma\,d\gamma}{p^2-c^2}-\sigma=0,$$

wo

$$\sigma=p\left(\frac{\alpha^2}{(p^2-a^2)^2}+\frac{\beta^2}{(p^2-b^2)^2}+\frac{\gamma^2}{(p^2-c^2)^2}\right)$$

gesetzt wurde. Drückt m. d. erste Gl. durch d. übrigen aus, so folgt, f. geeignete λ u. μ:

$$x=\lambda\alpha+\mu\frac{\alpha}{p^2-a^2},\quad y=\lambda\beta+\mu\frac{\beta}{p^2-b^2},\quad z=\lambda\gamma+\mu\frac{\gamma}{p^2-c^2},$$

$$1=\mu\sigma,$$

oder, wenn d. Wert v. μ eingetragen wird u. d. ersten drei Gl., multipliziert bzw. mit α, β, γ, addiert, werden, wegen (1), $\lambda=p$, u. wir erhalten d. Darstellungen

$$(2)\qquad x=p\alpha+\frac{\alpha}{\sigma}\,\frac{1}{p^2-a^2},\quad y=p\beta+\frac{\beta}{\sigma}\,\frac{1}{p^2-b^2},$$

$$z=p\gamma+\frac{\gamma}{\sigma}\,\frac{1}{p^2-c^2}.$$

M. setze ferner $R=x^2+y^2+z^2$.

37. M. hat zu zeigen, daß längs F gilt: $\cos(n,z)=\dfrac{1}{\sqrt{f_x'^2+f_y'^2+1}}=z.$ M. rechnet vorteilhaft mit Cauchyschen Diff.